21世纪高等职业教育计算机系列规划教材

平面图像处理应用实例教程

（Photoshop CS5+Illustrator CS5）

于宗琴　主　编

楼　瑾　吴海燕　帖　军　副主编

電子工業出版社

Publishing House of Electronics Industry

北京・BEIJING

内 容 简 介

本书是一本基于工作过程的教材，以Photoshop CS5和Illustrator CS5的应用为主线，以培养学生解决实际问题为目标，通过讲解简单实用又很有市场的项目制作方法，把在工作岗位中解决实际问题的过程进行了详细描述。全书共分七个项目：项目一，认识图形图像处理软件；项目二，数码照片处理技术；项目三，相册设计；项目四，宣传册设计；项目五，淘宝网店装修和网站页面设计；项目六，书籍装帧设计和包装设计；项目七，广告设计。七个项目又分解成41个工作任务，基本涉及这两个软件的所有应用领域。教师通过这41个工作任务来组织教学过程，学生在完成工作任务的过程中理解基本概念，掌握各种工具的操作技巧，通过对工作任务的分解及详细讲解，使学生在完成这些任务的同时体会到企业的工作过程，培养学生较强的工作能力。

本书工作任务丰富翔实，具有很强的实用性和可操作性，简单易学。可作为高职高专电脑美术设计类专业学生的教材，也适用于各类培训班的学员使用，还可以作为想从事设计印刷行业的自学者的参考用书。

图书在版编目（CIP）数据

平面图像处理应用实例教程（Photoshop CS5+Illustrator CS5）/ 于宗琴主编. —北京：电子工业出版社，2011.11
（21 世纪高等职业教育计算机系列规划教材）
ISBN 978-7-121-14240-6

Ⅰ. ①平…　Ⅱ. ①于…　Ⅲ. ①图形软件，Photoshop CS5、Illustrator CS5－高等职业教育－教材
Ⅳ. ①TP391.41

中国版本图书馆 CIP 数据核字(2011)第 153672 号

策划编辑：徐建军（xujj@phei.com.cn）
责任编辑：郝黎明　文字编辑：裴　杰
印　　刷：
装　　订：北京建筑工业印刷厂
出版发行：电子工业出版社
北京市海淀区万寿路 173 信箱　邮编 100036
开　　本：787×1092　1/16　印张：21　字数：537.6 千字
印　　次：2011 年 11 月第 1 次印刷
印　　数：3000 册　定价：38.00 元（含 DVD 光盘 1 张）

凡所购买电子工业出版社图书有缺损问题，请向购买书店调换。若书店售缺，请与本社发行部联系，联系及邮购电话：（010）88254888。

质量投诉请发邮件至 zlts@phei.com.cn，盗版侵权举报请发邮件至 dbqq@phei.com.cn。

服务热线：（010）88258888。

前　言

平面设计在中国已存在了数十年，是一个涵盖内容十分广泛的行业，主要包括广告设计、产品宣传册设计、产品包装装潢设计、企业形象识别系统设计、数码相册设计、网页设计、logo 设计、出版印刷物设计、服饰图案设计、产品造型设计等各个领域，现在已与人们的工作和生活密不可分。而随着近几十年来中国经济的飞速发展和计算机技术在图形图像处理能力方面的高速发展，在中国现代意义上所说的平面设计已经从传统的手绘设计、人工排版转变成利用计算机来完成了。

计算机在进入平面设计领域后，大大提高了平面设计的工作效率和精美程度，再加上中国民众在近几十年来对设计的审美观念的转变，目前只能说只有少量的人能接受用传统人工手绘的技法来表现平面设计方面的作品，当然近两年来这样的人数在慢慢变多，但中国民众的审美观念和整体欣赏水平不是一朝一夕就可以转变的。现在大量的平面设计作品仍选择用计算机来完成，并且在短期内在中国仍是以计算机平面设计为主，它的市场还是非常广泛的。

计算机图形图像应用技术近几年来虽被冠以各种各样的名词，如“数字媒体技术”、“计算机多媒体技术”、“数字图像处理应用技术”等等，但万变不离其宗，都是以介绍 Photoshop 和 Illustrator 的基本操作为主的。

本书是一本完全基于工作过程的教程，是从一个刚刚毕业走上图文制作或设计行业的从业人员的角度出发，以项目的方式来编排本书的，本书共设计了七个项目，下面来对它们做一个简单介绍。

项目一：认识图形图像处理软件。主要为大家介绍一下在中国市场目前常用的一些图形图像处理软件。

项目二：数码照片处理技术。主要介绍了对各种不同的数码照片的分析与在 Photoshop CS5 中如何根据分析对这些数码照片进行一些修正处理。

项目三：相册设计。相册的设计也是目前 Photoshop 的重要应用领域之一，它重点体现如何将摄影艺术与计算机图形图像处理技术完美结合，其中有个别技术选择用 Illustrator CS5 来实现。

项目四：宣传册设计。它是刚走上工作岗位的毕业生比较容易上手又比较容易接触到的一个项目，它完全体现了从素材收集到设计印刷的企业真实的工作过程，排版主要选择用 Illustrator CS5 来完成，其中有些图像的设计和处理选择用 Photoshop CS5 来实现。

项目五：淘宝网店装修和网站页面设计。是近几年来发展最为快速的图形图像处理技术应用领域之一，即使是在校大学生也有很多人参与其中，是最接近在校大学生的一个实例，主要选择用 Photoshop CS5 来实现。

项目六：书籍装帧设计和包装设计。书籍装帧设计主要讲了书的封面封底和书脊设计，而包装设计主要讲了易拉罐饮料的包装设计，它们也是选择用 Photoshop CS5 来实现。

项目七：广告设计。计算机广告设计是在计算机平面设计技术应用的基础上，随着广告行业发展所形成的一个新职业，它是在计算机上通过相关设计软件对图形图像、文字色彩以及排版等广告元素的综合描述，来达到广告的目的和意图，所进行平面艺术创作的一种设计活动或过程。

七个项目有很多项目都是由两个软件结合来完成的，也更接近于实际工作过程，强调真正的设计岗位的操作规范，让学员们养成设计和完成每个不同的东西应该选择用不同的工具和软件来完成，而不是所有的有关图形图像的设计都只需要用 Photoshop 就可以完成。

本书所选择的项目都是 Photoshop 和 Illustrator 应用最为广泛的领域，内容全面，体现了相关企业的工作过程，注重对学生实际动手操作能力的培养。本教程总学时为 96 学时，建议老师在教学过程中只起引导作用，大部分时间由学生亲自动手操作，学生在实现一个个项目的过程中学习各种操作技巧，老师多做个别指导，达到更好的学习效果，从而提高学生的社会适应能力和创新能力，同时要经常让学生进行总结，并让学生当着大家的面将自己的想法大胆表达出来，提高口语表达能力和自信心，以提高学生们的综合素质。

本书适合作为高职高专电脑美术设计类专业学生的教材使用，也适合作为中等职业技术学校、高等专科学校、各种培训机构和成人高等教育计算机广告设计、计算机图形图像、数字媒体技术等相关专业教学使用。也可以作为刚走上广告设计或图文制作、网页设计、网店装修等方面工作岗位的初学者的入门级自学教程来使用。

本书由于宗琴担任主编，楼瑾、吴海燕和中南民族大学的帖军担任副主编，其中项目五的淘宝网店装修任务由楼瑾编写，网站页面规划设计由吴海燕编写，其余项目由于宗琴编写，设计师何磊参加了部分项目的编写，全书由于宗琴统稿，方玉燕对全书进行了审读，李玉清、李平、蒋旭波、金智鹏、参加了部分项目的案例及素材的编写工作。另外，工作于企业一线的王涛、廖叶樟、高虹、严峰提供了本书部分案例素材，在此一并表示感谢。

为了方便教师教学，本书配有电子教学课件，请有此需要的教师登录华信教育资源网（www.hxedu.com.cn）免费注册后进行下载，有问题时可在网站留言板留言或与电子工业出版社联系（E-mail:hxedu@phei.com.cn）。

由于对项目式教学法正处于经验积累和改进过程中，同时，由于编者水平有限和时间仓促，书中难免存在疏漏和不足。希望同行专家和读者能给予批评和指正。

编　者

目　　录

项目一

认识图形图像处理软件

- 任务一　认识常用的图形图像处理软件
- 任务二　认识 Photoshop CS5 的界面
- 任务三　认识 Illustrator CS5 的界面
- 任务四　认识 Photoshop CS5 的工具箱
- 任务五　认识 Illustrator CS5 的工具箱

[素材位置]：本教学任务中无素材。

[效果图位置]：本教学任务中无效果图。

[教学重点]：认识各种国内常用的图形图像处理软件，主要有Photoshop、Illustrator、CorelDRAW、美图秀秀、光影魔术手等。

对教师的建议

[课前准备]：安装国内常用的图形图像处理软件，并对它们进行一定的了解，重点要熟悉Photoshop和Illustrator软件。

[课内教学]：主要采用“演示法”向同学们演示常用图形图像处理软件，特别是Photoshop和Illustrator的一些基本操作技巧。

[课后思考]：及时了解学生对这些软件的掌握程度，根据实际情况调整教学思路和进度。

对学生的建议

[课前准备]：预习教材，通过前言和目录了解本教材的重点，若自备电脑，请提前安装好Photoshop CS5和Illustrator CS5。

[课内学习]：建议同学们紧跟教师的演示，在熟练掌握这些软件基本操作的基础上，能总结出鼠标的微妙变化对图形或图像效果的一些控制技巧。

[课后拓展]：同学们在学习Photoshop和Illustrator这两个相对较专业的图形图像处理软件的同时，也请了解一下国内自我开发的美图秀秀和光影魔术手软件，虽不是很专业，但有些操作较为简单，对于一些简单的处理效果可以直接选用它们来完成。

[教学设备]：电脑结合投影仪，学生保证一人一台电脑。

随着社会经济文化的发展和科技的进步，在传统服务业的基础上，又出现了设计研发、情报信息、咨询、广告、旅游等现代服务业，而在这些现代服务业中，设计服务业是目前我国重点发展的服务业。实际上，现代服务业在欧美等发达国家起步较早，经过几十年的发展，已形成一套分工越来越细的完整体系，依照北美产业分类体系，加拿大特殊设计服务业是指专门从事特殊设计服务的产业，包括室内设计服务、工业设计服务、平面设计服务、其他特殊设计服务等，其中平面设计服务是其主体。而从美国特殊设计服务业的发展概况来看，1997—2002 年间，美国特殊设计服务业近 90%的产值是由室内设计服务和平面设计服务两项业务贡献的，设计服务业有很大的发展的前景（信息来源自上海情报服务平台，网址：http://www.istis.sh.cn）。从以上信息中我们可以看出，平面设计在设计服务业中所占的地位是相当重要的。

那么什么是平面设计呢？这是我们要了解的一个基本概念。平面设计一词的英文全称为“Graphic Design”。“平面”即“Graphic”，这个术语的含义指作品是二维空间的、平面的，这一点与单张单件的艺术品是一致的，但这里所说的“平面”还具有能批量生产的含义，这就与单张单件的艺术品有所区别。另外，“设计”一词总是与“艺术”连在一起的，从某种意义上来说，“设计”就是对一件艺术作品在人脑中的“构思”，当平面与设计连在一起时，就说明它既具有平面的含义，又具有一定的艺术表现手法。所以，我们可以这样来理解平面设计，即平面设计就是用一定的艺术表现手法来表现一些可批量生产的平面作品。具体来说，平面设计就是将不同的基本图形图像、文字等按照一定的规则在平面上组合成一些具有一定意义的图案。现在意义上的平面设计通常可指设计的过程，也可指最后完成的作品。这里需要特别说明的一点就是，平面设计所表现的立体空间感并非实在的三维空间，而仅仅是图形对人的视觉引导作用形成的幻觉空间。

那么平面设计在中国的发展又如何呢？这是我们要了解的又一个基本知识点。中国现代平面设计真正的兴起是在 20 世纪 80 年代，随着中国改革开放的步伐，中国经济高速发展，迅速带动了我国平面设计行业的发展。近几年来，在上海、杭州等大城市，平面设计行业虽然又出现了手绘这一高档的设计理念，但绝大多数的平面设计仍用相关设计软件来完成。由于使用相关设计软件进行平面设计的效率高、速度快、成本低，有着很大的优势，所以它短期内在中国市场是不会被淘汰的。

近十几年来，随着中国平面设计的成熟和发展，中国平面设计师就像中国服装设计师一样，逐步形成了融入各种不同的中国元素、中国传统文化等在内的平面设计作品，尤其是中国的汉字有着几千年的悠久历史，几年前就在中国的平面设计师当中掀起了用现代平面设计的理念和方法挖掘中国汉字所携带的中国文化热潮，中国平面设计的学习者和研究者，已经在有意识或无意识地吸取汉字及其各种艺术形式的营养，并取得了一些成果。

现在的平面设计技术都有哪些呢？这是我们要了解的第三个知识点。在这里我们认为现在的平面设计技术无非有两种，一种是利用手绘来实现，对于一个优秀的平面设计师来说，对手绘功底的要求是很高的，否则只能停留在处理、美化图片的层次；另一种是利用计算机平面设计类软件来实现，计算机平面设计类软件的广泛应用，丰富了平面设计的表现手法，促进了平面设计的发展，是现代平面设计高速发展的技术基础。对于中国目前的大多数平面设计的相关使用人员和企业来说，利用计算机平面设计类软件设计作品的速度快、成本低、效果好，是绝大多数相关人员和企业的首选。下面，通过完成以下几个任务来了解一些具体的计算机平面设计技术。

任务一　认识常用的图形图像处理软件

目前，比较流行的图形图像处理软件有以下几个。

一、Adobe Photoshop

Photoshop 是美国 Adobe 公司旗下最为出名的图像处理软件之一，是集图像扫描、编辑修改、图像制作、广告创意、图像输入与输出于一体的图像处理软件，深受广大平面设计人员和电脑美术爱好者的喜爱。它在出版印刷、广告设计、美术创意、图像编辑等领域得到了极为广泛的应用，2010 年 4 月 12 日推出的最新版本 Adobe Creative Suite 5 设计套装软件正式发布。Adobe CS5 共有 15 个独立程序和相关技术，五种不同的组合构成了五个不同的组合版本，分别是大师典藏版、设计高级版、设计标准版、网络高级版、产品高级版。Photoshop CS5 有标准版和扩展版两个版本，其设计标准版适合摄影师及印刷设计人员使用。

二、Adobe Illustrator

Adobe Illustrator 是美国 Adobe 公司推出的专业矢量绘图工具，是出版、多媒体和在线图像的工业标准矢量插画软件。无论您是生产印刷出版线稿的设计者和专业插画家、生产多媒体图像的艺术家，还是互联网页或在线内容的制作者，都会发现 Illustrator 不仅是一个艺术产品工具，而且能适合大部分小型设计到大型的复杂项目。作为全球最著名的图形软件，Adobe Illustrator 以其强大的功能和操作简单的界面占据了全球矢量编辑软件中的大部分份额。据不完全统计，全球有 37%的设计师在使用 Adobe Illustrator 进行艺术设计，它已经完全占领专业的印刷出版领域。

三、CorelDRAW

CorelDRAW 是 Corel 公司推出的集矢量图形设计、印刷排版、文字编辑处理和图形高品质输出于一体的平面设计软件，深受广大平面设计人员的喜爱，目前主要在广告制作、图书出版等方面得到了广泛的应用，功能与其类似的软件有 Illustrator、Freehand。

2010 年 CorelDRAW X5 发布，最新版专业平面图形套装 CorelDRAW Graphics Suite X5，拥有五十多项全新及增强功能。CorelDRAW Graphics Suite X5 套装的主要组件有矢量绘图和排版软件 CorelDRAW X5、专业图形编辑软件 Corel PHOTO-PAINT X5、位图矢量文件转换工具 Corel PowerTRACE X5、屏幕捕捉工具 Corel CAPTURE X5、全屏浏览器、Corel CONNECT 等。其启动界面和主操作界面分别如图 1-1-1 和图 1-1-2 所示。

图 1-1-1　CorelDRAW X5 启动界面

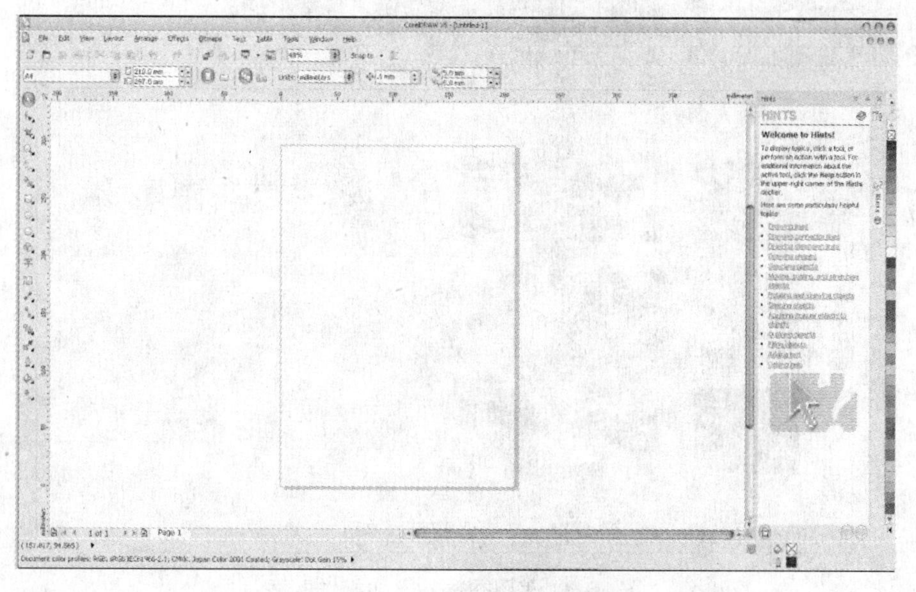

图 1-1-2　CorelDRAW X5 主操作界面

四、Freehand

Freehand 是一款全方位的、可适合不同应用层次用户需要的矢量绘图软件，可以在一个流程化的图形创作环境中，提供从设计理念完美过渡到实现设计、制作、发布所需要的一切工具，而且这些操作都在同一个操作平台中完成。其最大的优点是可以充分发挥人的想象空间，始终以创意为先来指导整个绘图，目前在印刷排版、多媒体、网页制作等领域得到了广泛的应用。但 Macromedia 公司被 Adobe 公司并购后，Adobe 公司决定继续发展 Illustrator 而将 Freehand 软件退出市场，因此，学生对其进行简单了解即可，教师无需进行演示。

五、美图秀秀

美图秀秀（又称美图大师）是一款很好用的国产免费照片处理软件，软件的操作和程序相对于专业图片处理软件，如光影魔术手、PhotoShop 来说比较简单。美图秀秀独有的图片特效、人像美容、可爱饰品、文字模板、智能边框、魔术场景、自由拼图、摇头娃娃等功能可以让用户在短时间内做出影楼级照片。美图秀秀还能做非主流闪图、非主流图片、QQ 表情、QQ 头像、QQ 空间图片等。美图秀秀已经通过 360 安全认证和中国优秀软件审核，是 2009 百度搜索风云榜年度十大软件之一。但它目前主要用于非专业的照片处理方面，专业的产品宣传册、广告等的设计还无法用它来完成，所以，如果是做一些简单的儿童相册的设计时可以使用它来快速完成，但做一些相对专业的宣传册、广告等时一般不会选用它来完成。美图秀秀 2.6.5 主操作界面如图 1-1-3 所示。

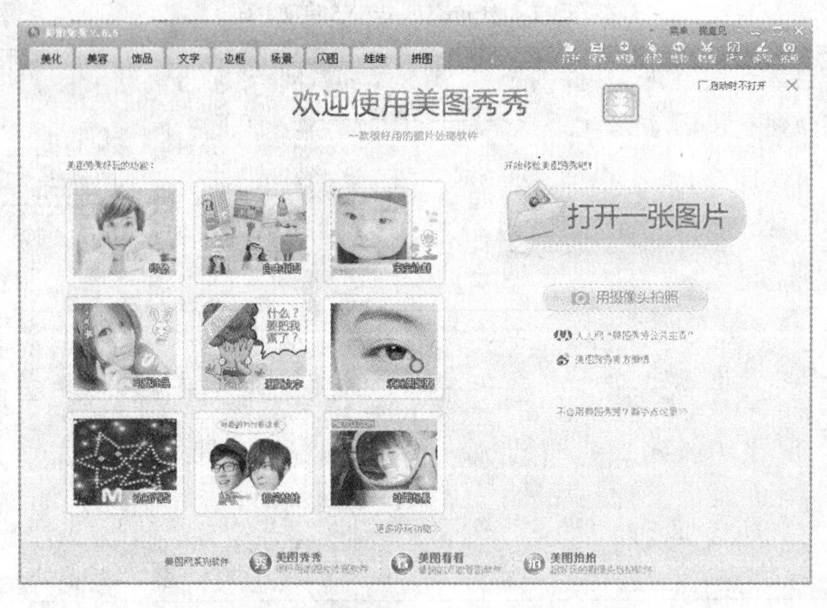

图 1-1-3　美图秀秀 2.6.5 主操作界面

六、光影魔术手

光影魔术手是国内最受欢迎的图像处理软件之一，它曾被电脑报、天极、PCHOME 等多家权威媒体及网站评为 2007 年最佳图像处理软件。光影魔术手是一个对数码照片画质进行改善及效果处理的软件，简单、易用，每个人都能利用它制作出精美相框、艺术照、专业胶片效果，而且完全免费。不需要任何专业的图像技术，就可以制作出专业胶片摄影的色彩效果，是摄影作品后期处理、图片快速美容、数码照片冲印整理时必备的图像处理软件。光影魔术手能够满足绝大部分照片后期处理的需要，批量处理功能非常强大。它的安装也非常简单，无需改写注册表，如果对它不满意，可以随时恢复你以往的使用习惯。

从以上描述中我们可以看出，光影魔术手在国内仍然主要用于照片处理方面，它对照片的处理比美图秀秀要更专业一些，但它在其他商业领域，如宣传册设计、广告设计等方面仍不能起到很好的作用，所以它在这些领域最多只能起到辅助作用，而不能占主导地位。光影魔术手主操作界面如图 1-1-4 所示。

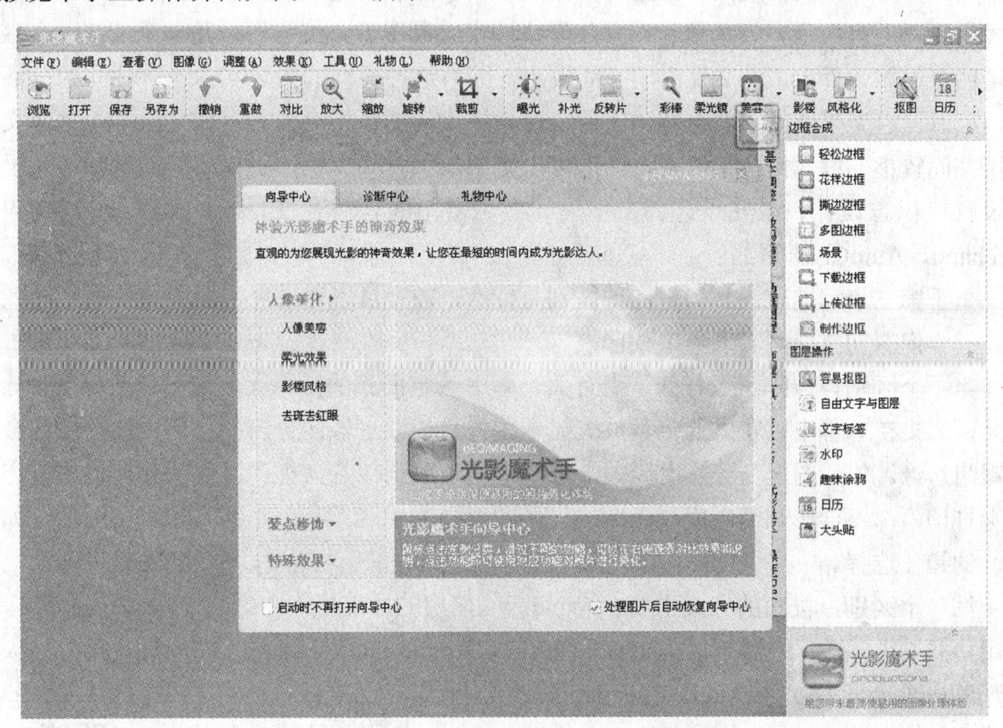

图 1-1-4　光影魔术手主操作界面

通过对上述几种软件的调查分析发现，目前在中国专业的平面设计市场领域内使用最广泛的软件主要是 Adobe 公司的 Photoshop 和 Illustrator 软件，下面我们就来认识这两个软件。

Adobe Photoshop 是最常使用的位图处理软件，而 Adobe Illustrator 是最常使用的矢量图处理软件。

在这里涉及两个概念即位图和矢量图，那么什么是位图？什么是矢量图？两者之间的区别是什么？这便是接下来要介绍的一些基本概念。

关于第一个问题什么是位图，举一个最简单的例子，目前大家拍照片时很多都选用数码相机，用数码相机拍出的照片即为位图最常见的一种。位图是由像素（Pixel）点组成的，像素是位图最小的信息单元，每个像素都具有特定的位置和颜色值，一张位图按从左到右、从上到下的顺序来记录图像中每一个像素的信息（这些信息主要有像素在屏幕上的位置、像素的颜色等，且每一个像素点只能显示一种颜色）。位图图像的质量是由单位长度内的像素数来决定的，单位长度内像素越多，分辨率越高，图像的效果就越好。位图亦称为点阵图像、绘制图像或栅格图像，当放大位图时，可以看见构成整个图像的无数单个方块。扩大位图尺寸实际上是增大单个像素，从而使线条和形状显得参差不齐，这即是我们常说的锯齿现象。然而，如果从稍远的位置观看，位图图像的颜色和形状则是连续的。

关于第二个问题什么是矢量图，笔者通过对很多资料的学习与理解后认为矢量图是用一系列计算指令来表示的图，因此矢量图是用数学方法描述的图，本质上是很多个数学表达式的编程语言命令。矢量图是根据几何特性来绘制图形，矢量可以是一个点或一条线，矢量图只能靠软件生成，文件占用空间较小，因为这种类型的图像文件包含独立的分离图像，可以自由无限制的重新组合。它的特点是放大后图像不会失真，和分辨率无关，文件占用空间较小，以几何图形居多，图形可以无限放大，不变色、不模糊。矢量图常用于图形设计、标志设计、版式设计、文字设计等，常用的软件有 Illustrator、CorelDRAW、Freehand、AutoCAD 等。

关于第三个问题位图和矢量图的区别是什么，教师可以通过展示原图和放大后的效果图让同学们深切体会两者表象上的区别。

第一个区别，点阵图像与分辨率有关，即在一定面积的图像上包含固定数量的像素。因此，如果在屏幕上以较大的倍数放大显示图像，或以过低的分辨率打印，位图图像会出现锯齿边缘。矢量图形与分辨率无关，可以将它缩放到任意大小和以任意分辨率在输出设备上打印，都不会影响清晰度。因此，矢量图形是文字（尤其是小字）和线条图形（如徽标）的最佳选择。

第二个区别，位图的格式主要有 Windows 使用的标准格式 BMP、网页中显示图像的通用格式 GIF、照片的常用格式 JPG 和 JPEG、Adobe Photoshop 的*.PSD 格式等；而矢量图形的格式也很多，如 Adobe Illustrator 的*.AI 格式、*.EPS 和 SVG、AutoCAD 的*.dwg 格式和 dxf 格式、Corel DRAW 的*.cdr 格式、Windows 标准图元文件的*.wmf 格式和增强型图元文件的*.emf 格式等。

任务二　认识 Photoshop CS5 的界面

Adobe Photoshop CS5 是由 Adobe 公司于 2010 年 4 月 12 日推出的新产品，Adobe 公司始创于 1982 年，是广告、印刷、出版和 Web 领域首屈一指的图形设计、出版和成像软件设计公司，同时也是世界上第二大桌面软件公司。公司为图形设计人员、专业出版人员、文档处理机构和 Web 设计人员，以及商业用户和消费者提供了首屈一指的软件。使用 Adobe 的软件，用户可以设计、出版和制作具有精彩视觉效果的图像和文件。

一、软件的运行

常用的运行方式有两种，一种是直接双击桌面上的 Photoshop 图标；另一种是执行“开始”→“程序”→“Adobe Photoshop CS5”菜单命令即可。

二、软件界面介绍

Photoshop CS5 设计标准版运行后的界面如图 1-2-1 所示。

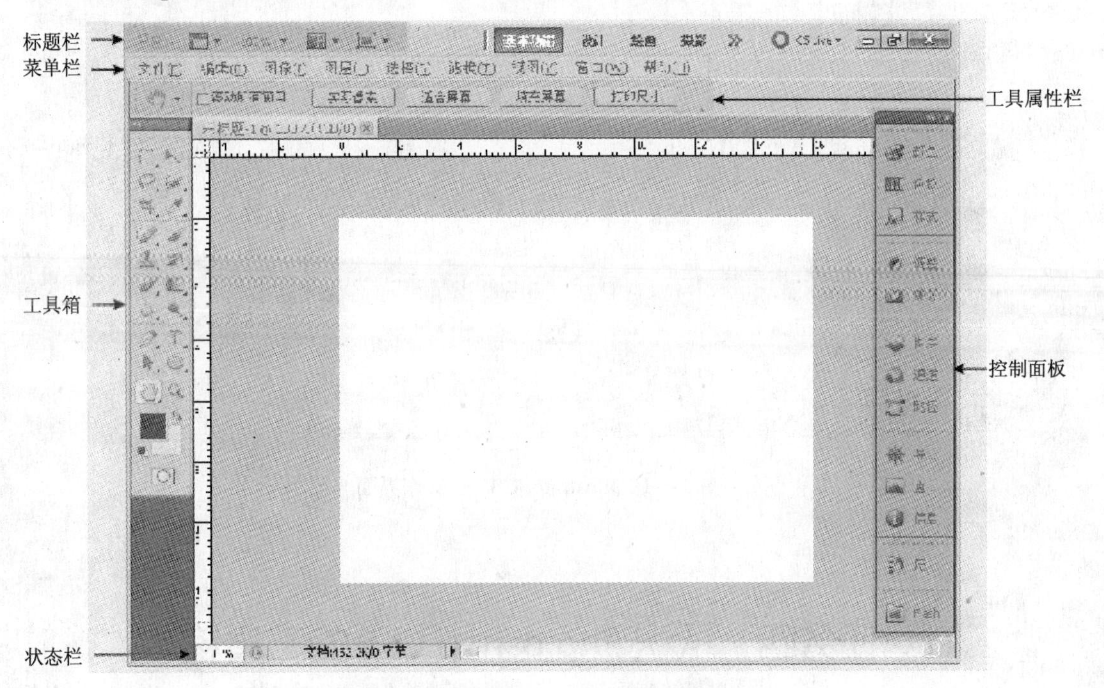

图 1-2-1　Photoshop CS5 主操作界面

任务三　认识 Illustrator CS5 的界面

一、软件的运行

常用的运行方式有两种，一种是直接双击桌面上的 Illustrator 图标；另一种是执行“开始”→“程序”→“Adobe Illustrator CS5”菜单命令即可。

二、软件界面介绍

Illustrator CS5 运行后的界面如图 1-3-1 所示。

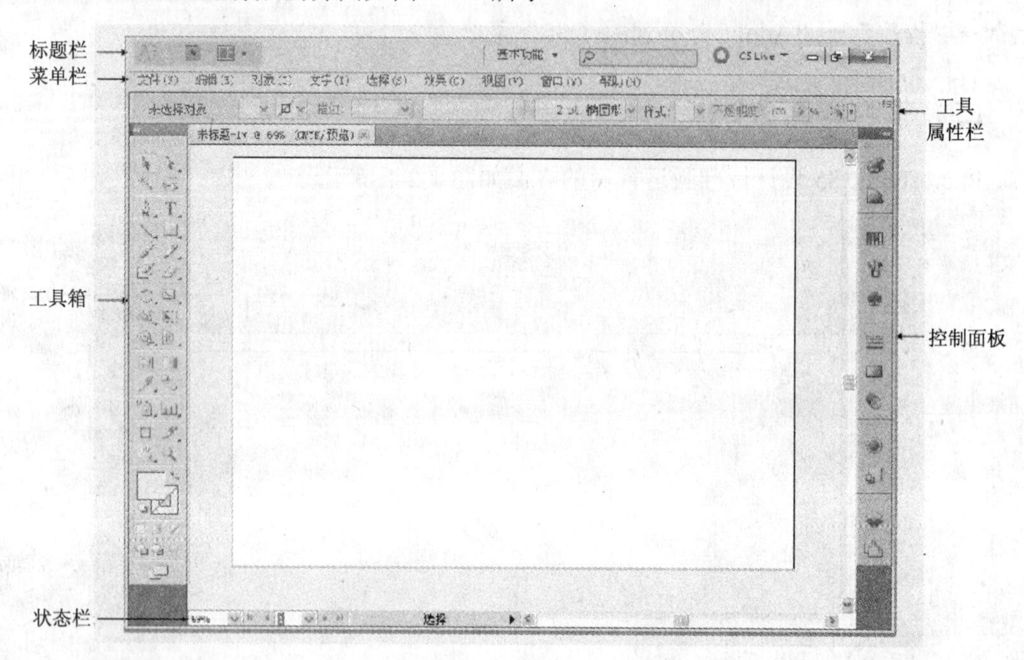

图 1-3-1　Illustrator CS5 主操作界面

任务四　认识 Photoshop CS5 的工具箱

Photoshop CS5 的工具箱是设计师们使用最多的，程序运行后它位于界面的最左边，工具箱的最上边有两个三角形箭头，单击一次可以让工具箱变成单列显示，再单击一次工具箱又变成双列显示。如果没有找到工具箱，可以执行“窗口”→“工具”菜单命令，再次执行该命令可以关闭工具箱。

Photoshop CS5 的工具箱包含了大量功能强大的工具，这些工具可以让设计师们做出更加精彩的效果，工具箱如图 1-4-1 所示。

我们可以看出，Photoshop CS5 的工具箱中有些工具的右下角有个黑色的小三角形，这表示该工具是一个工具组，选择该工具并按住鼠标左键不放，就会弹出这个工具组。下面我们就来认识 Photoshop CS5 所有的工具组。

（1）图像操作：主要包括以下 3 个工具组，如图 1-4-2～图 1-4-4 所示。

（2）建立选区：主要包括以下 3 个工具组，如图 1-4-5～图 1-4-7 所示。

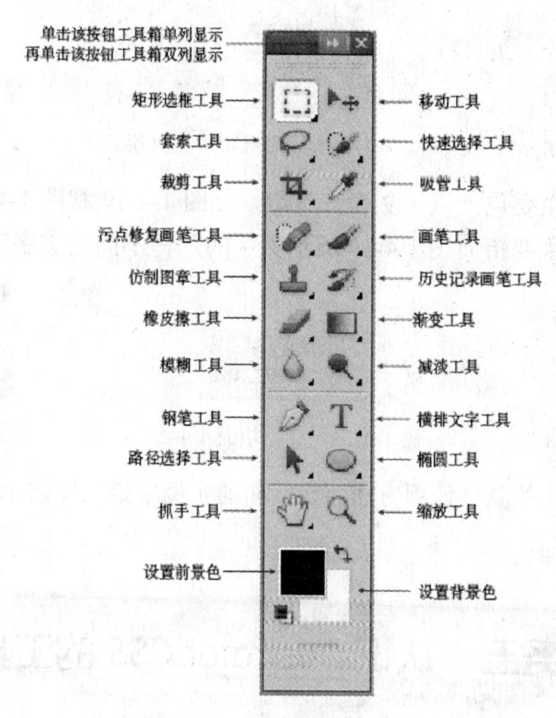

图 1-4-1　PhotoShop CS5 工具箱

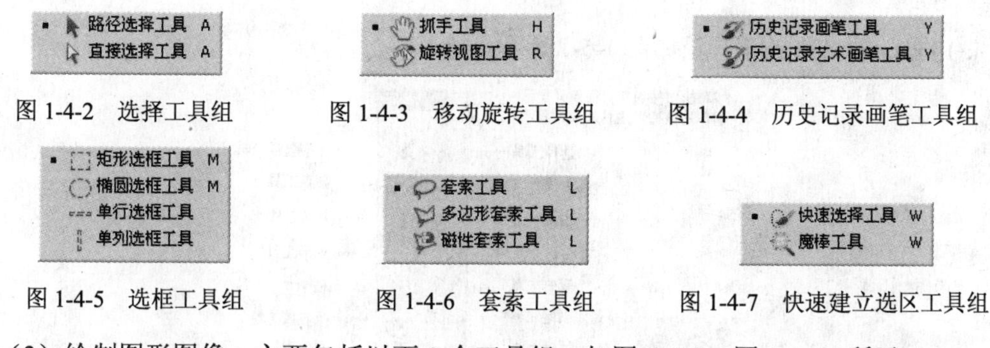

图 1-4-2　选择工具组　　图 1-4-3　移动旋转工具组　　图 1-4-4　历史记录画笔工具组

图 1-4-5　选框工具组　　图 1-4-6　套索工具组　　图 1-4-7　快速建立选区工具组

（3）绘制图形图像：主要包括以下 3 个工具组，如图 1-4-8～图 1-4-10 所示。

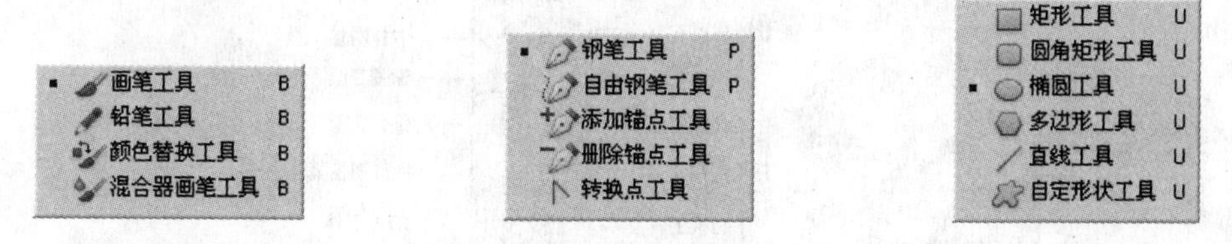

图 1-4-8　绘制图像工具组　　图 1-4-9　钢笔工具组　　图 1-4-10　绘制图形工具组

（4）图像修饰：主要包括以下 6 个工具组，如图 1-4-11～图 1-4-16 所示。

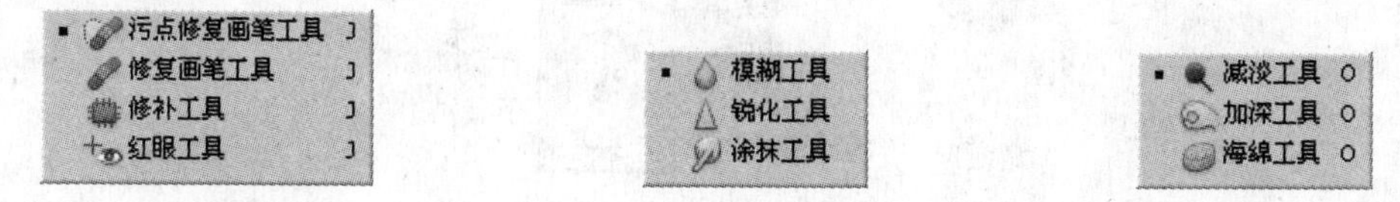

图 1-4-11　图像修饰工具组　　图 1-4-12　图像处理工具组（1）　　图 1-4-13　图像处理工具组（2）

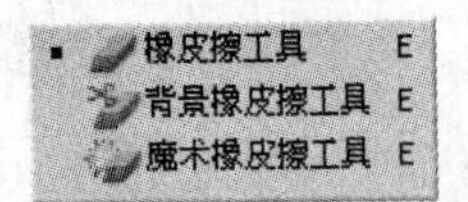

图 1-4-14 橡皮擦工具组

图 1-4-15 裁剪切片工具组

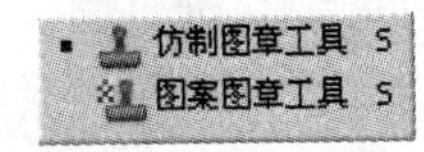

图 1-4-16 图章工具组

（5）色彩应用：主要包括以下 2 个工具组，如图 1-4-17 和图 1-4-18 所示。

（6）文字编排：主要指如图 1-4-19 所示文字的几种不同的文字工具组。

图 1-4-17 颜色拾取工具组

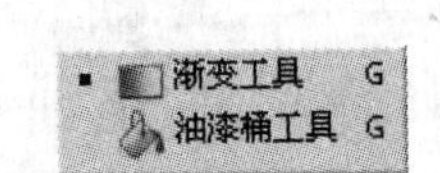

图 1-4-18 颜色填充工具组

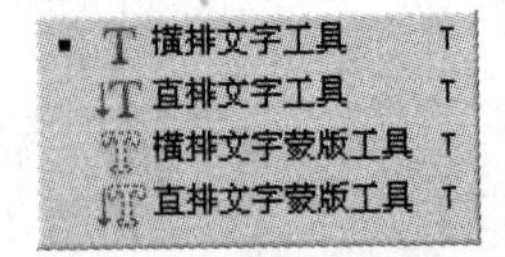

图 1-4-19 文字工具组

这些工具及工具组的具体使用方法将在后面的实例中给大家演示，这里不再详细赘述。

任务五 认识 Illustrator CS5 的工具箱

Illustrator CS5 的工具箱如图 1-5-1 所示。

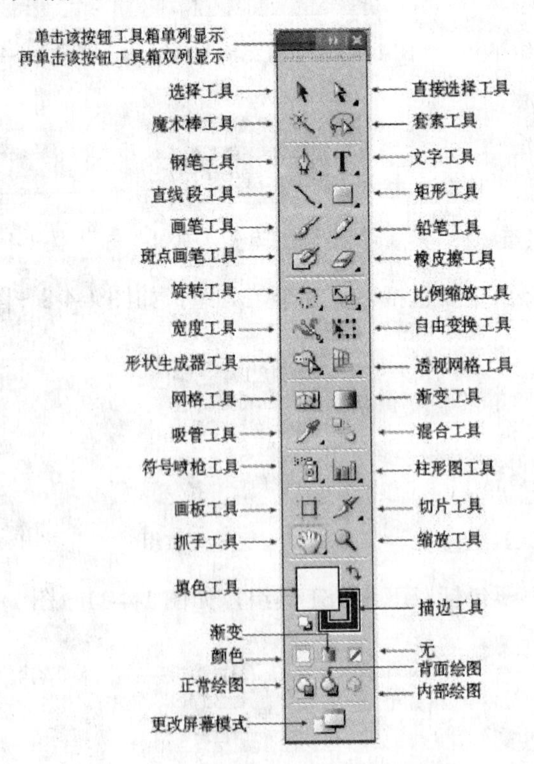

图 1-5-1 Illustrator CS5 工具箱

仔细观察可以看出，Illustrator CS5 的工具箱与 Photoshop CS5 的工具箱非常相似，一些工具的右下角也有个黑色的小三角形，同样表示该工具是一个工具组，选择该工具并按住鼠标左键不放，就会弹出这个工具组。两者之间虽有很多相似之处但也有些区别，下面我们就来认识 Illustrator CS5 所有的工具组。

（1）图像操作：主要包括以下 2 个工具组，如图 1-5-2 和图 1-5-3 所示。

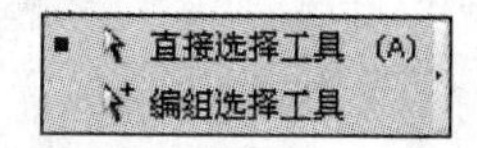

图 1-5-2　选择工具组

图 1-5-3　移动工具组

（2）绘制图形：主要包括以下 4 个工具组，如图 1-5-4～图 1-5-7 所示。

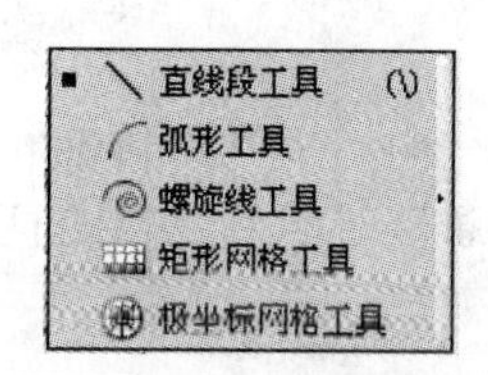

图 1-5-4　线工具组

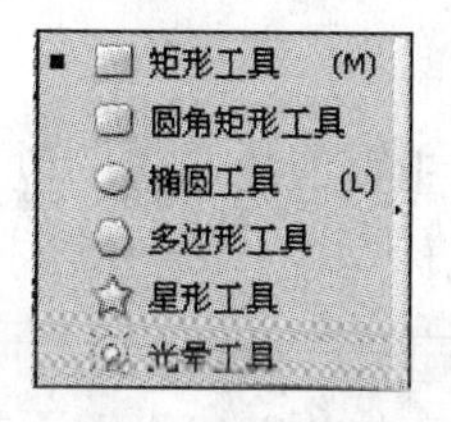

图 1-5-5　图形工具组

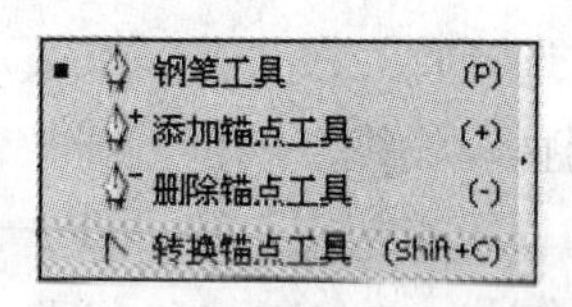

图 1-5-6　钢笔工具组

图 1-5-7　铅笔工具组

（3）色彩应用：主要包括以下 3 个工具组，如图 1-5-8～图 1-5-10 所示。

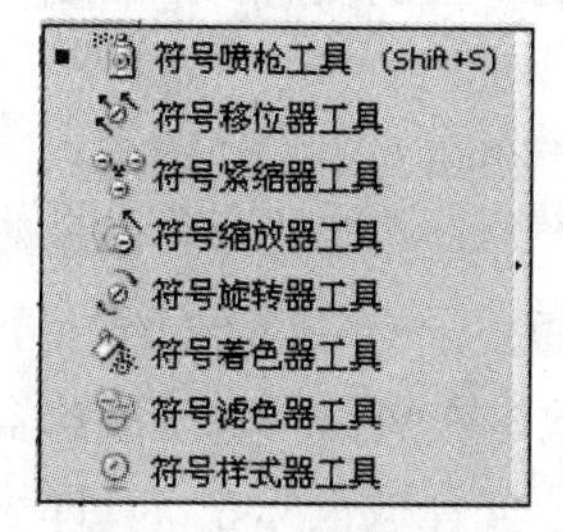

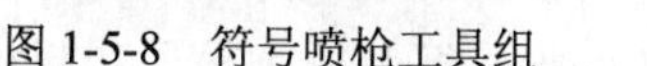
图 1-5-8　符号喷枪工具组

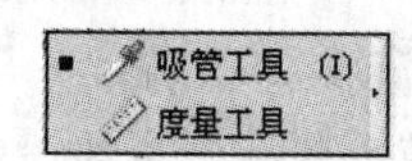

图 1-5-9　吸管工具组

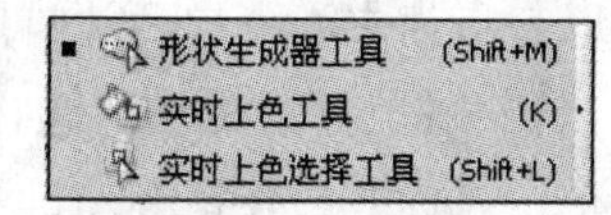

图 1-5-10　形状生成器工具组

（4）文字编排：如图 1-5-11 所示的文字工具组。

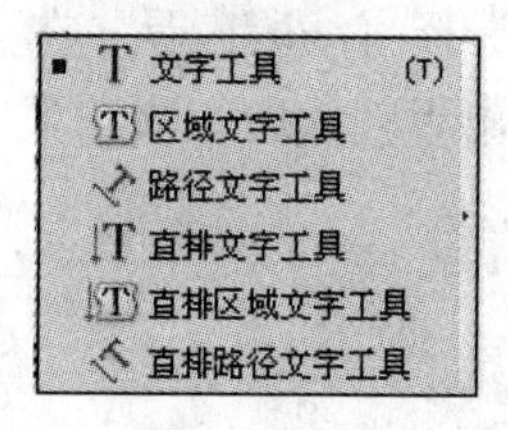

图 1-5-11　文字工具组

（5）图形修改：主要包括以下 3 个工具组，如图 1-5-12～图 1-5-14 所示。

图 1-5-12　橡皮擦工具组

图 1-5-13　旋转工具组

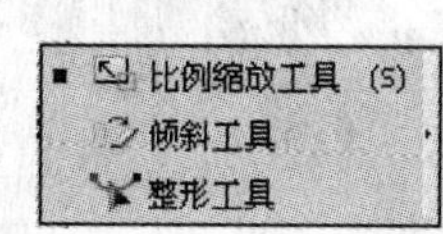

图 1-5-14　比例缩放工具组

（6）其他：主要包括以下2个工具组，如图1-5-15和图1-5-16所示。

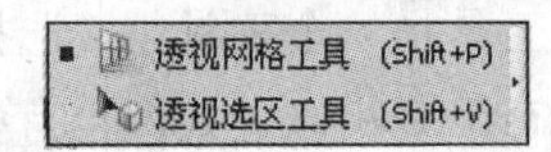

图1-5-15　透视网格工具组

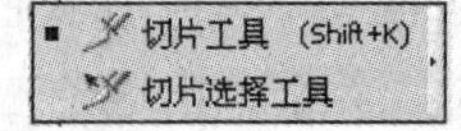

图1-5-16　切片工具组

在这些工具组中，图形工具组在平面设计中的应用非常广泛，对这些工具的使用方法也比较多，在后面的实例中虽也有应用，但相对来说描写的应用步骤体现不出操作方法的多样性，所以此处对其进行一个较为全面的介绍。

一、绘制直线段工具

绘制直线段工具的使用方法有以下5种。

（1）鼠标拖曳法：选择直线段工具，在页面中直线段起点的位置单击鼠标并按住鼠标左键不放，拖曳鼠标到直线段终点的位置释放鼠标左键，即可绘制一条从起点到终点的直线段，直线段的角度和长短由起点和终点决定。

（2）Shift+鼠标拖曳法：选择直线段工具，按住“Shift”键不放，在页面中直线段起点的位置单击鼠标并按住鼠标左键不放，拖曳鼠标到直线段终点的位置释放鼠标左键，即可绘制一条从起点到终点的角度为0°、45°、90°、135°的直线段，直线段的长短由起点和终点决定。

（3）Alt+鼠标拖曳法：选择直线段工具，按住Alt键不放，在页面中直线段起点的位置单击鼠标并按住鼠标左键不放，拖曳鼠标到直线段终点的位置释放鼠标左键，即可绘制一条以起点为中心点向两边扩展的直线段，直线段的角度和长短由起点和终点决定。

（4）～+鼠标拖曳法：选择直线段工具，按住“～”键不放，在页面中直线段起点的位置单击鼠标并按住鼠标左键不放，拖曳鼠标到直线段终点的位置释放鼠标左键，即可绘制出以起点为中心的多条直线段，多条直线段虽由系统自动设置，但其排列效果和鼠标拖曳移动的路径有关，要求同学们最后能绘制出与如图1-5-17所示的例子相似的图形。

（5）精确绘制直线段的方法：选择直线段工具，在页面中直线段起点的位置单击鼠标左键，或双击直线段工具，就会弹出“直线段工具选项”对话框，如图1-5-18所示。

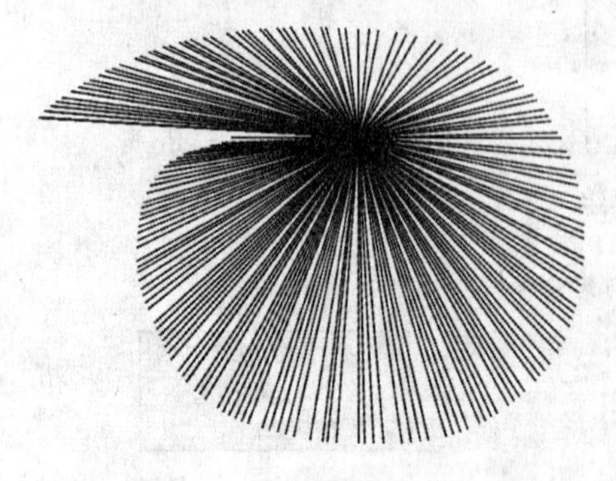

图1-5-17　绘制直线段效果图

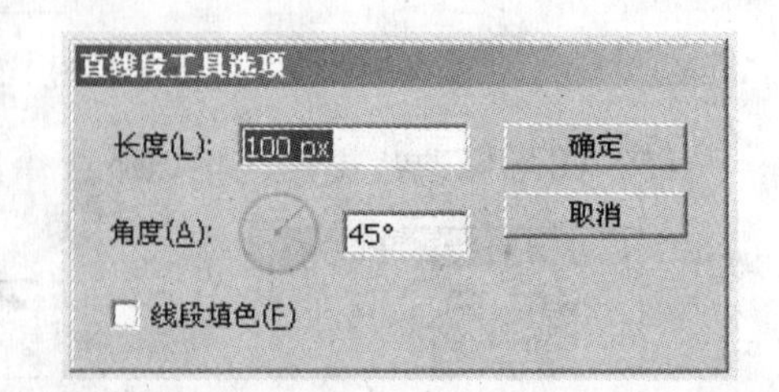

图1-5-18　“直线段工具选项”对话框

这样可以绘制以鼠标左键单击的位置为起点，长度为100px，角度为45°的直线段。

绘制直线段工具的使用方法与绘制弧形工具的使用方法相似，也有5种方法，具体不一一详述，请同学们自己练习即可。

二、绘制螺旋线工具

绘制螺旋线工具的使用方法有以下3种。

（1）鼠标拖曳法：选择螺旋线工具，在页面中任意位置单击鼠标并按住鼠标左键不放，拖曳鼠标到终点的位置释放鼠标左键，即可绘制出螺旋线，如图1-5-19所示。

（2）～+鼠标拖曳法：选择螺旋线工具，按住“～”键不放，在页面中任意位置单击鼠标并按住鼠标左键不放，拖曳鼠标到终点的位置释放鼠标左键，即可绘制出多条螺旋线，多条螺旋线虽由系统自动设置，但其排列效果和鼠标拖曳移动的路径有关，要求同学们最后能绘制出与如图1-5-20所示的例子相似的图形。

图1-5-19　绘制螺旋线效果图

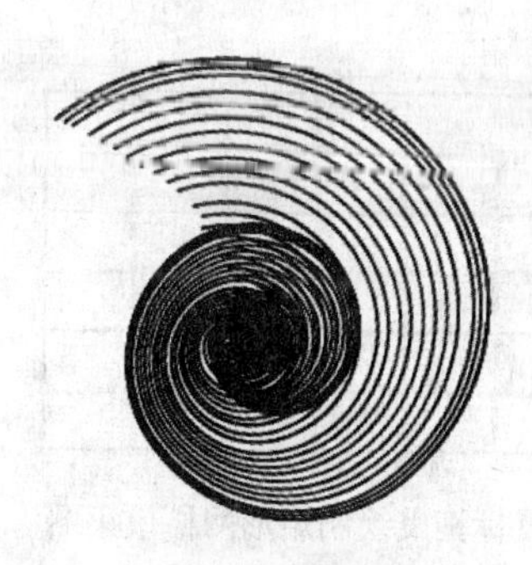

图1-5-20　绘制多条螺旋线效果图

（3）精确绘制螺旋线的方法：选择螺旋线工具，在页面中任意位置单击鼠标左键，或双击螺旋线工具，就会弹出“螺旋线”对话框，如图1-5-21所示。

在“选项”栏中，有4个参数可供选择或输入，“半径”是指从螺旋线的中心点到螺旋线终点之间的距离，“衰减”是指螺旋线内部线条之间的螺旋圈数，“段数”是指螺旋线从内到外共分为多少段，“样式”是一个二选一的单选按钮，表示螺旋线的旋转方向，进行如图1-5-21所示的设置后，效果图如图1-5-22所示。

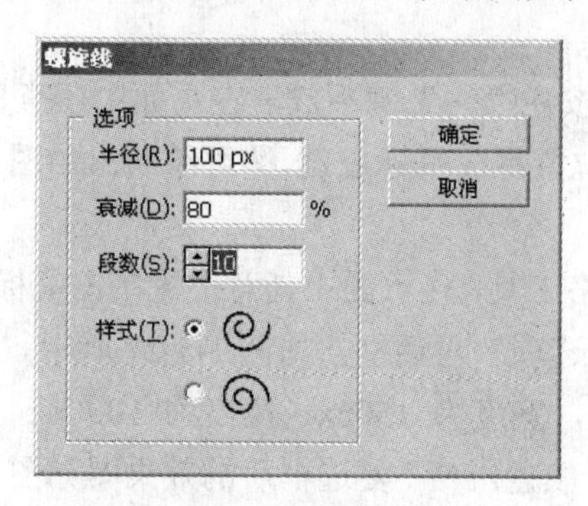

图1-5-21　“螺旋线”对话框

图1-5-22　精确绘制螺旋线效果图

同学们可看出，螺旋线从中心开始到结束的位置一共被11个锚点分成10段，开口是向上的，这和参数“段数”和“样式”有关，请同学们将参数进行多样变化，并仔细观察参数发生变化后绘制的图形有何不同，最后能根据需要进行精确绘制。

三、绘制矩形网格工具

绘制矩形网格工具的使用方法有以下6种。

（1）鼠标拖曳法：选择矩形网格工具，在页面中任意位置单击鼠标并按住鼠标左键不放，拖曳鼠标到终点的位置释放鼠标左键，即可在页面中绘制一个矩形网格，如图1-5-23所示。

（2）Shift+鼠标拖曳法：选择矩形网格工具，按住“Shift”键不放，在页面中任意位置单击鼠标并按住鼠标左键不放，拖曳鼠标到终点的位置释放鼠标左键，即可在页面中绘制一正方形网格，如图1-5-24所示。

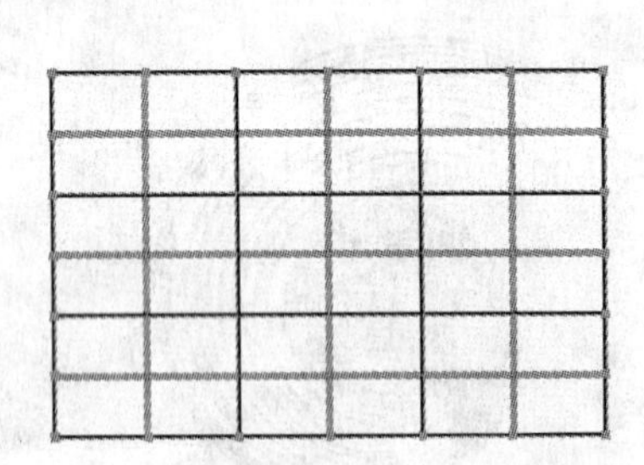

图1-5-23　鼠标拖曳绘制矩形网格效果图

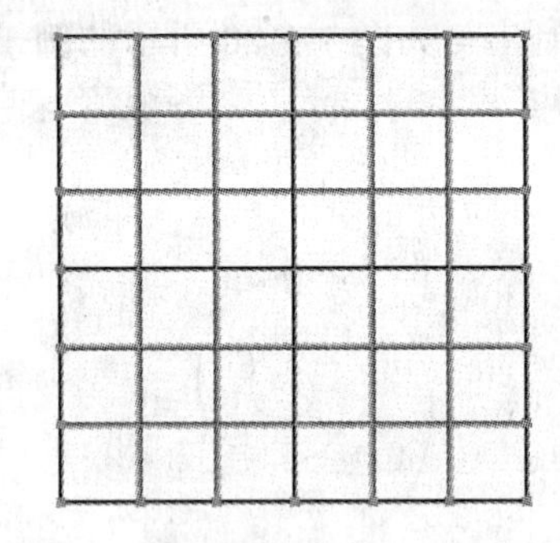

图1-5-24　鼠标拖曳绘制正方形网格效果图

（3）Alt+鼠标拖曳法：选择矩形网格工具，按住“Alt”键不放，在页面中任意位置单击鼠标并按住鼠标左键不放，拖曳鼠标到终点的位置释放鼠标左键，即可绘制一个以起点为中心点向四周扩展的矩形网格，矩形网格的高度和宽度由起点和终点决定，效果如图1-5-25所示。

（4）Shift+Alt+鼠标拖曳法：选择矩形网格工具，同时按住“Shift”和“Alt”键不放，在页面中任意位置单击鼠标并按住鼠标左键不放，拖曳鼠标到终点的位置释放鼠标左键，即可绘制一个以起点为中心点向四周扩展的正方形网格，正方形网格的高度和宽度由起点和终点决定。

（5）～+鼠标拖曳法：选择矩形网格工具，按住“～”键不放，在页面中任意位置单击鼠标并按住鼠标左键不放，拖曳鼠标到终点的位置释放鼠标左键，即可绘制出如图1-5-26所示的效果图。

（6）精确绘制矩形网格的方法：选择矩形网格工具，在页面中任意位置单击鼠标左键，或双击矩形网格工具，就会弹出“矩形网格工具选项”对话框，如图1-5-27所示。

这样可以绘制以鼠标左键单击的位置为起点，宽度为150px，高度为100 px，11×6的矩形网格，选中“使用外部矩形作为框架”和“填色网格”复选框后的效果图如图1-5-28所示。

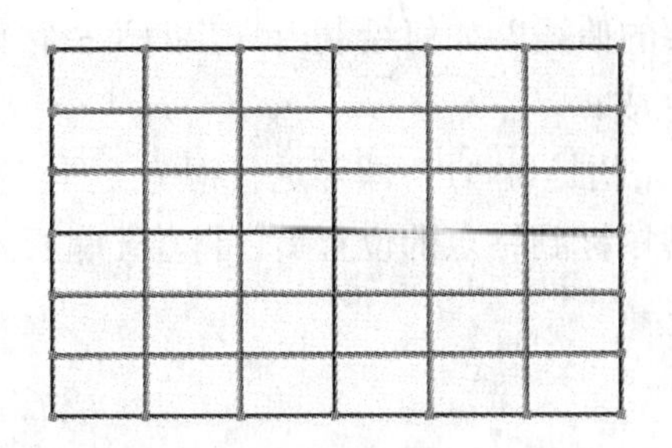

图 1-5-25　从中心点开始绘制矩形网格效果图

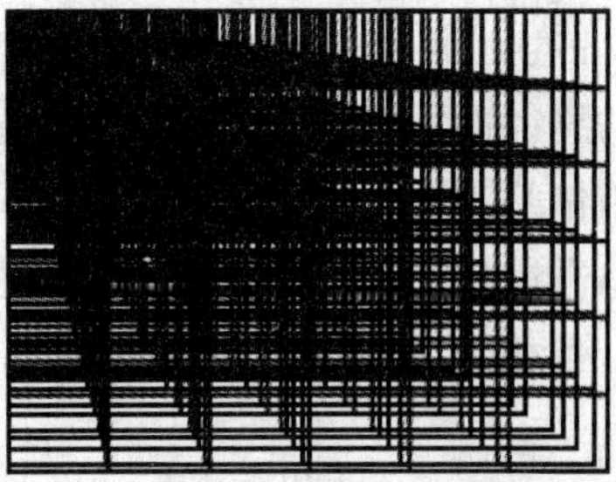

图 1-5-26　按住～键绘制矩形网格效果图

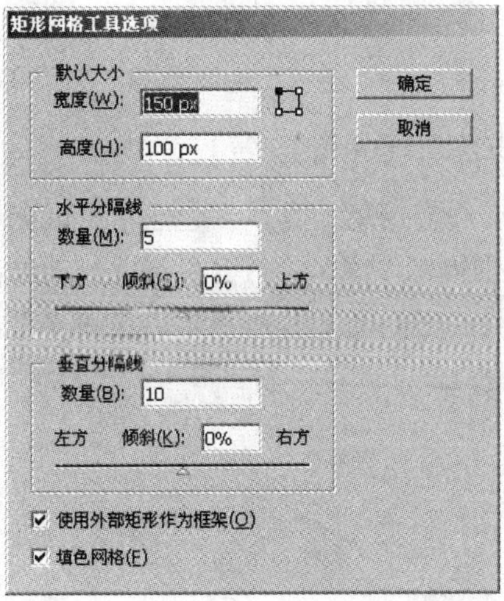

矩形网格工具选项
默认大小
宽度(W): 150 px
高度(H): 100 px
确定
取消
水平分隔线
数量(M): 5
下方　倾斜(S): 0%　上方
垂直分隔线
数量(B): 10
左方　倾斜(K): 0%　右方
☑ 使用外部矩形作为框架(O)
☑ 填色网格(F)

图 1-5-27 “矩形网格工具选项”对话框

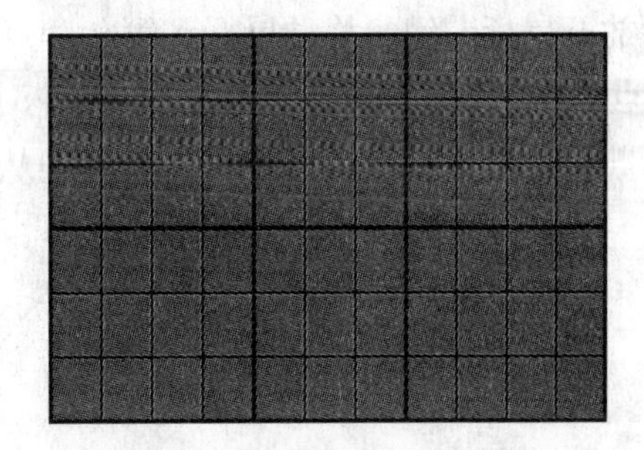

图 1-5-28　精确绘制矩形网格效果图

绘制极坐标网格工具的使用方法与绘制矩形网格工具的使用方法相似，也有 6 种方法，具体不再一一详述，请同学们自己练习即可。

另外一组绘制基本图形工具有绘制矩形、绘制圆角矩形、绘制椭圆、绘制多边形、绘制星形、绘制光晕，其具体的操作方法均与上面的一些操作方法类似，一般都有 4～6 种不同的方法，这里就不再一一详述，在以后的教学情境中使用到时会进行详细描述。

钢笔工具在 Photoshop 和 Illustrator 中都有，操作技巧都是一样的，在平面设计中使用的频率很高，在 Photoshop 中钢笔工具的主要用途是抠图，在 Illustrator 中钢笔工具主要用来绘制一些图形。下面我们就来认识钢笔工具。

四、钢笔工具

首先来简要介绍钢笔工具和路径的概念。

（1）钢笔工具属于矢量绘图工具，其优点是可以绘制平滑的曲线，在缩放或者变形之后仍能保持平滑效果。

（2）钢笔工具画出来的矢量图形称为路径，路径是矢量的，允许是不封闭的开放状，如果把起点与终点重合绘制就可以得到封闭的路径。

在 Photoshop 和 Illustrator 中，如何得到想要的曲线？如何绘制出复杂的路径？如何编辑已有的路径曲线？这些都可以用钢笔工具来完成。

使用钢笔工具画直线时，在 Photoshop 中单击快捷键“P”即可选择钢笔工具，在起点的位置单击鼠标左键，然后放开鼠标左键，移动鼠标到终点的位置后，再单击鼠标左键即可绘制一条如图 1-5-29 所示的直线段。

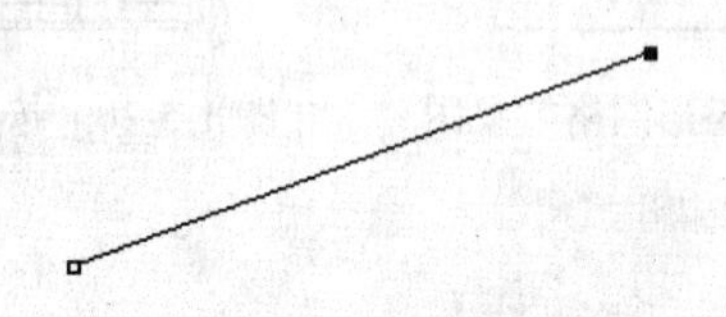

图 1-5-29　钢笔工具绘制直线段效果图

使用钢笔工具画折线时，单击快捷键“P”后选择钢笔工具，在起点单击鼠标左键，之后放开鼠标左键，移动鼠标到第 2 个点时再单击鼠标左键，再放开鼠标并移动鼠标到第 3 个点的位置单击鼠标左键，如此循环多次便可绘制出如图 1-5-30 所示的折线（最左边的点为起点，最右边的点为终点，顺序是从左到右的）。

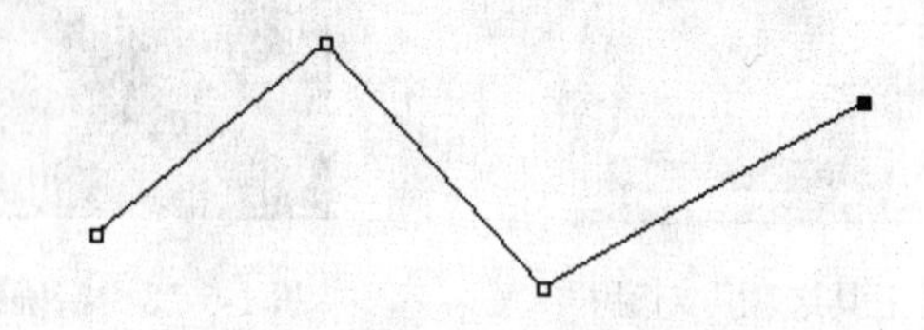

图 1-5-30　钢笔工具绘制折线效果图

从图 1-5-30 中可以看出，在单击的 4 处地方，每个单击的点上都有一个小正方形，有空心有实心，这些点称为锚点，每两个锚点间的线段称为片断，实心的锚点表示当前锚点处于选中状态。

当我们选择直接选择工具后，在需要的锚点处单击，即可选中该锚点，对于选中的锚点可以用鼠标拖动的方法来改变片断的方向、长短等，如图 1-5-31 所示即是将第 2 个锚点选中后往右下角拖动后的效果。

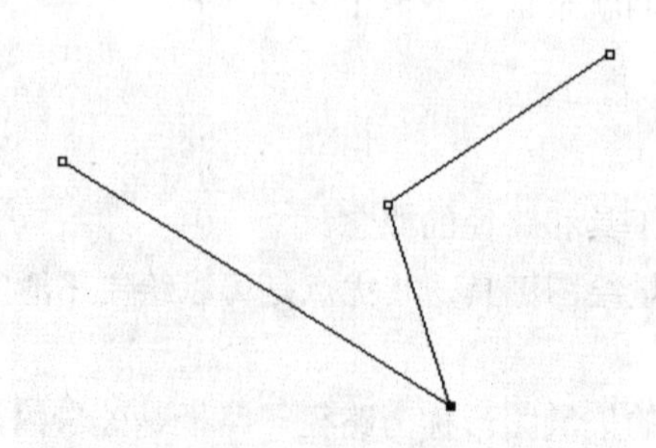

图 1-5-31　折线上锚点移动后的效果图

钢笔工具除了可以画直线和折线以外，也可以画曲线，用钢笔工具画曲线的方法是：先在起点处单击鼠标左键，然后释放鼠标左键，移动鼠标到终点，单击鼠标左键并按住鼠标左键不放拖动，便可绘制出如图 1-5-32 所示的曲线，注意此处拖动鼠标的方向是往右下角的，请同学们按不同的方向和长短来练习绘制不同方向和弯曲度的曲线。

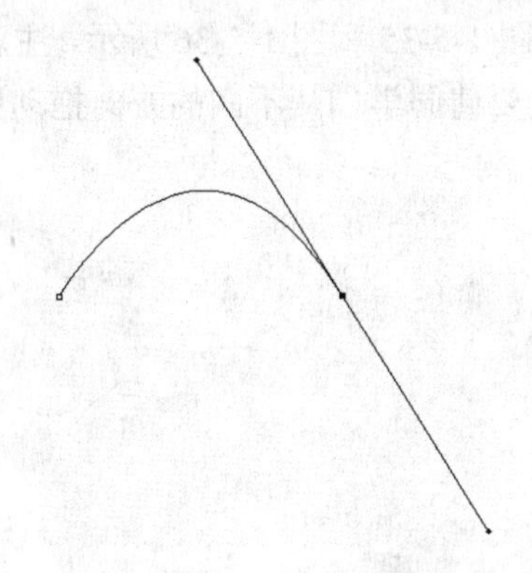

图 1-5-32　钢笔工具绘制曲线效果图

要画第一个片断是直线，第二个片断是曲线的方法是，先选择钢笔工具，在第一个锚点处单击鼠标左键，释放鼠标，将鼠标移动到第二个锚点处再单击鼠标左键，释放鼠标后移动鼠标到第三个锚点处，单击鼠标左键并按住左键不放，拖动鼠标形成曲线即可，如图 1-5-33 所示。

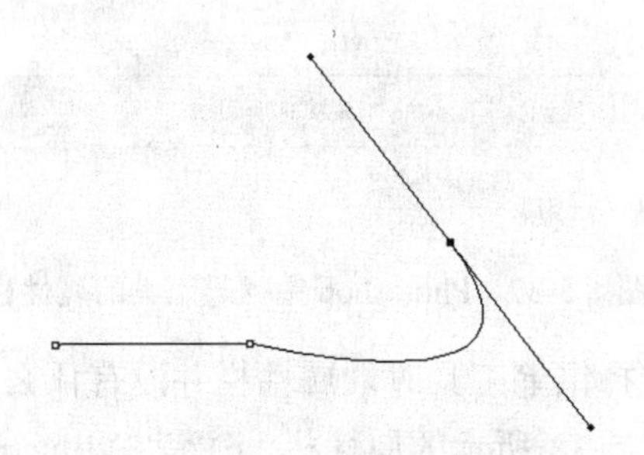

图 1-5-33　钢笔工具先画直线后画曲线效果图

要画第一个片断是曲线，第二个片断是直线的方法是：先选择钢笔工具，在第一个锚点处单击鼠标左键，释放鼠标后将鼠标移动到第二个锚点处，单击鼠标左键并按住左键不放，拖动鼠标到需要的形状出现后释放鼠标左键，之后再按住“Alt”键不放，移动鼠标到第二个锚点处单击鼠标左键，释放鼠标左键并移动鼠标到第三个锚点处单击鼠标左键即可，效果如图 1-5-34 所示。

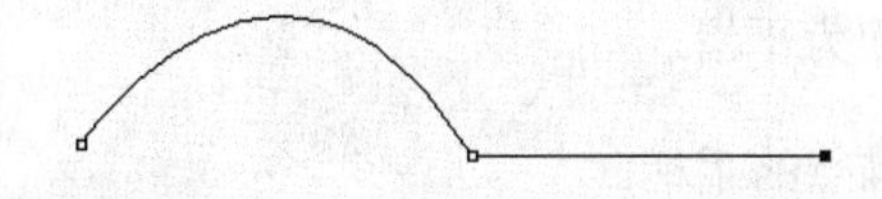

图 1-5-34　钢笔工具先画曲线后画直线效果图

要绘制 m 型和 s 型曲线的方法是：先选择钢笔工具，在第一个锚点处单击鼠标左键，释放鼠标后将鼠标移动到第二个锚点处，单击鼠标左键并按住不放，拖动鼠标到需要的形状出现后释放，之后再按住“Alt”键不放，移动鼠标到第二个锚点处单击鼠标左键，释放鼠标左键并移动鼠标到第三个锚点处，单击鼠标左键并按住不放，拖动鼠标到需要的形状出现后释放鼠标左键，效果如图 1-5-35 和图 1-5-36 所示，注意不同形状曲线的形成实际上和鼠标拖动时的方向有关，这要请同学们从不同的方向拖动鼠标，观察具体的效果。

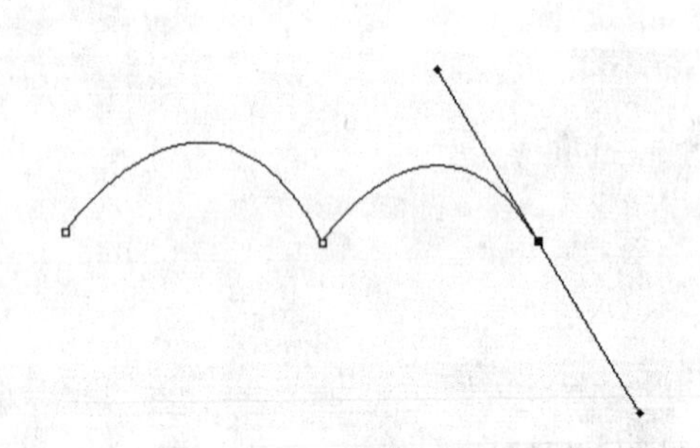

图 1-5-35　钢笔工具画 m 型曲线效果图

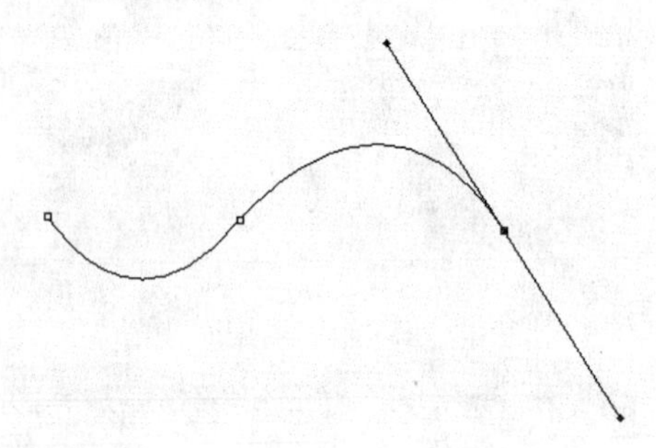

图 1-5-36　钢笔工具画 s 型曲线效果图

另外，在 Photoshop 中，当选择钢笔工具后，在其属性栏中会出现如图 1-5-37 所示的属性。

图 1-5-37　Photoshop 中钢笔工具的属性栏

而在 Illustrator 中，选择钢笔工具时，属性栏并没有什么大的变化，直到画出一条直线或曲线后才会出现如图 1-5-38 所示的属性栏。注意在 Illustrator 中画直线和曲线的方法和 Photoshop 中一样，请同学们自己练习即可，这里不再赘述。

图 1-5-38　Illustrator 中钢笔工具的属性栏

其属性按钮的功能和作用如下。

：将所选锚点转换为尖角。

：将所选锚点转换为平滑。

：显示多个选定锚点的手柄。

：隐藏多个选定锚点的手柄。

：删除所选锚点。

：连接所选终点。

：在所选锚点处剪切路径。

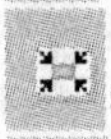

：隔离选中的对象。

：对齐所选对象。

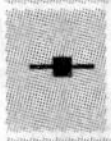

：参考点。

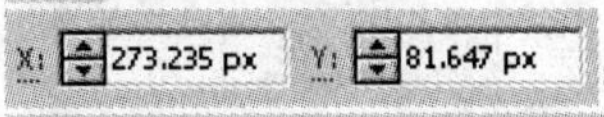

X: 273.235 px　Y: 81.647 px：直线或曲线中心点的坐标。

宽: 0 px　高: 0 px：图形的宽度和高度。

在后面的教学情境中使用到这些属性按钮时，还会进行较为详细的说明。

项目二

数码照片处理技术

- 任务一　照片的导入、导出
- 任务二　数码照片的修改、修饰
- 任务三　数码照片的抠图技术
- 任务四　数码照片的拼合技术
- 任务五　人物数码照片处理技术
- 任务六　数码照片的特效处理技术

[素材位置]：光盘：//教学情境二//任务一//素材（以任务一为例）

[效果图位置]：光盘：//教学情境二//任务一//效果图（以任务一为例）

[教学重点]：对各种不同的数码照片常用的一些处理技巧，如色调调整、照片清晰度调整、照片裁切、抠图、艺术加工等进行详细介绍。

对教师的建议

[课前准备]：虽在教材中提供的素材已很充分，但为了更贴近现实，教师可以自己准备一些更接近自己生活的照片，这样可提高学生的学习积极性和兴趣。

[课内教学]：主要采用“分析法”和“演示法”，首先要分析素材照片存在的问题，引导学生学会分析照片的不足，只有找到照片的不足之处，才会想办法去解决它，如果只重视处理技巧，不重视分析，那么换一张照片后同学们仍然不知道该如何去处理它，达不到学习的目的，也不符合实际的工作需要。

[课后思考]：教材实例有限，教师可以多找一些不同的素材提供给同学们，以便做课后拓展练习。

对学生的建议

[课前准备]：提前预习教材，通过预习了解本教学情境的教学重点，根据自己的兴趣爱好找一些或自拍一些数码照片来为课内教学做一些准备。

[课内学习]：数码照片处理技巧的操作步骤在教材中讲解较为详细，我们应把学习的重点放在学会分析不同照片的不足之处上。

[课后拓展]：同学们可以准备一部数码相机，自拍数码照片后对照片进行分析和处理，提高自己的审美意识。

[教学设备]：电脑结合投影仪，学生保证一人一台电脑。

[扩展设备]：单反相机若干台。

随着数码相机的普及，大多数家庭数码相机的使用者，可以方便地将照片导入电脑中，进而可以通过图像处理软件对拍摄的照片进行各种处理，避免了传统相机的各种缺憾。大多数数码相机的使用者有处理自己所拍摄的数码相片的需求，但这些人中又很少有人具有能够自己动手使用电脑软件对照片进行处理的能力，这就催生了一个新兴的行业，即数码相片修润与制作行业。经过几年的高速发展，数码相机的使用，数码照片的加工以洗印已经形成了一个相对完整的产业链。目前，儿童摄影、个人写真、婚纱摄影等都已基本数码化，对数码照片的修饰与处理已相当普遍。

目前又出现了一个新的数码产品——数码相册。很多人士都会在自己的办公桌上放一个数码相册，里面存放了大量的家庭照片，若对照片的效果不太满意时，就需要对照片进行一定的修润。

另外，随着企业网站的普及，也使数码相机拍摄产品的功能越来越普及，用数码相机拍摄的产品照片，一般不会直接就传到企业网站上，总是要对照片进行一定的裁切加工后再上传到企业网站上。目前随着淘宝等电子商务网站的发展，越来越多的公司也开始设计与使用自己的电子商务网站，如麦包包电子商务网站，这些电子商务网站有大量的图片需要处理。网店也需要不停地更新“装修”，这些都需要对大量的照片进行处理。

目前，Photoshop 是一款非常流行的图像编辑软件，常用于照片的处理。专业的摄影师拍摄的照片，有灯光、背景等的配合，拍摄出来的数码照片效果较好，但也必须用专业的照片处理软件对照片的色调等进行一定的处理，而大多数的数码照片并非专业的摄影师拍摄，一般人员使用数码相机拍摄的照片经常有缺陷，如照片的尺寸或方向不合适、拍摄时产生的红眼、曝光、色彩偏差，或者景观不够理想等，还有的是照片上的人物本身就有一些缺陷，如脸上有斑点或裸露的肌肤上有蚊子叮咬的痕迹等，这些缺陷都可以非常方便地通过 Photoshop 软件进行消除。

对于数码相机及数码照片的拍摄技术，是一个相当复杂的过程，有专门的知识体系，可以请同学们进行专业而系统的学习，这里就不再赘述。下面从数码照片的修润方面对其进行一定的描述，希望通过这一部分知识的学习，同学们都能掌握基本的照片修润技术。

数码相片的修润工作大体可以分为以下几类：

（1）常规数码相片的美化修饰工作，包括纠正倾斜数码照片、改变数码照片的对比度或色调、从照片中去除不需要的杂物等。

（2）人像照片美化，包括去除照片中人物面部的瑕疵、肌肤上的疤痕等，对照片中人物的面部或头发等处进行美化等。

（3）制作艺术数码照片，通过处理数码照片得到新奇和有趣的照片。

（4）商业数码照片制作，主要为儿童照片、个人写真和婚纱照片，要求后期制作人具有一定的平面设计水平，设计出图、文、色彩相和谐的、有一定意境的数码照片。

通过对本项目的实践，同学们可以掌握以下一些制作数码相片的技术：

（1）根据洗印尺寸修改照片的尺寸。

（2）去除照片中的杂物。

（3）纠正倾斜的数码照片。

（4）修复或修补有纪念意义的照片。

（5）从几张不完美的照片中合成出较完美的照片。

（6）从普通照片生成证件照。

（7）为照片中的人物更新背景。

（8）锐化不清晰的照片。

（9）对照片中的人物进行美化处理，如去除色斑、青春痘、肌肤疤痕等。

（10）修正照片的色调、饱和度和对比度等。

（11）将照片制作成具有特殊效果的图像，如中国山水画效果的照片等。

任务一　照片的导入、导出

在学习数码照片的导入、导出之前，首先来初步了解数码相机和数码照片。数码相机是一种利用电子传感器把光学影像转换成电子数据的照相机。数码照片是数字化的摄影作品，通常指采用数码相机进行创作的摄影作品。数码相机与传统相机在技术上的区别，我们可以从专门的摄影方面的课程中学习，在这里只说明一点，那就是两者之间输入、输出方面的不同。用传统相机拍摄的照片，使用胶片作为成像载体，影像必须在暗房里冲洗，拍摄后想再加工就必须通过扫描仪输入电脑，扫描后得到的图像质量会受到扫描仪精度的影响而有所下降；而数码相机的影像可直接输入电脑，通过图像编辑软件进行色彩和对比度调整、变换背景和修补照片等操作。

要想利用 Photoshop 图像编辑软件对其进行处理，首先就要将照片导入电脑中。用数码相机拍摄的照片，都是存储在记忆卡中的，记忆卡就相当于数码相机的硬盘，数码相机将图像信号转换为数据文件保存在记忆卡中。记忆卡除了可以记载图像文件外，还可以记载其他类型的文件，可以通过专门的数据传输线或通过带有 USB 接口的读卡器和电脑相连，可以将其作为一个移动硬盘来使用。

那么怎样将存放在记忆卡中的数码照片导入计算机中呢？这个过程相当简单，绝大多数的数码相机在购买时都带有数据线，我们可以直接通过数据线将相机连接到计算机上，再将照片剪切、粘贴到计算机相应的存储位置即可。现在有很多同学的手机都有拍照功能，同学们大都已有用手机进行拍照并将这些照片导入计算机的经历，用数码相机拍摄的照片通过数据线导入计算机实际上跟这个过程一样。

如果没有数据线，我们也可以将记忆卡从相机中拿出来，并购买一个专门的读卡器，将记忆卡插入读卡器中，并将读卡器一端的USB接口连接到计算机的USB接口上，在“我的电脑”窗口中会自动出现可移动磁盘盘符，双击可移动磁盘，在打开的对话框中打开存储照片的文件夹，按“Ctrl+A”组合键全选照片，再按“Ctrl+C”组合键复制照片，再在计算机中找到目标存放路径后进行粘贴即可。

另外，如果照片不是用数码相机拍摄的，如家里的一些老照片，为了长久存储可以通过扫描仪将其输入电脑中进行存储。

目前，数码相机的存储格式主要有JPEG、TIFF和RAW 3种，其对应的文件名后缀为.jpg、.tif、.raw。JPEG和TIFF都是标准的图像格式文件，但RAW并非一种图像格式，不能直接编辑，它只是单纯地记录了数码相机内部没有进行任何处理的图像数据。除此之外，还有一种GIF图像格式能支持多种色彩模式，并且图像文件较小，有些相机也有该存储模式。下面分别介绍这几种图像存储格式。

JPEG图像格式：JPEG图像文件格式主要用于图像预览及超文本文档，如HTML文档等。JPEG文件格式既是一种文件格式，又是一种压缩技术，主要用在具有色彩通道性能的照片图像中。

TIFF图像格式：TIFF图像文件格式是为色彩通道图像创建的最有用的格式，可以在许多不同的平台和应用软件间交换信息，其应用相当广泛。

RAW图像格式：RAW是一种无损压缩格式，它的数据是没有经过相机处理的原文件，因此其大小比TIFF格式略小。要使用其中的文件，必须将其上传到电脑中之后再用图像软件的Twain界面直接将其导入成TIFF格式。

GIF图像格式：GIF图像文件格式是CompuServe（美国最大的在线信息服务机构之一）提供的一种格式，支持BMP、Grayscale、Indexed Color等色彩模式。GIF图像格式可以进行LZW压缩，缩短图形加载的时间，使图像文件占用较少的磁盘空间。

数码照片导入计算机后，我们该如何浏览照片呢？下面就来介绍将照片导入电脑后可以使用哪些工具来查看照片。

（1）使用ACDSee来对电脑中的照片进行浏览，ACDSee在浏览照片的同时还可以修改照片的名称，对照片进行一定的归类处理等。ACDSee是世界上排名第一的数字图像处理软件，它广泛地应用于图片的获取、管理、浏览和优化等领域。

使用ACDSee浏览照片的步骤如下：选中要浏览的照片，单击鼠标右键，在弹出的快捷菜单中执行“打开方式”→“ACDSee”菜单命令即可打开照片，如图2-1-1所示。使用ACDSee浏览照片的界面如图2-1-2所示。

（2）使用Windows自带的看图工具浏览照片。选择要浏览照片中的第一张照片，单击鼠标右键，在弹出的快捷菜单中执行“打开方式”→“Windows图片和传真查看器”菜单命令，即可打开图片来查看，要查看本目录下的其他图片，只需要单击向左和向右翻页的按钮即可。

图 2-1-1　使用 ACDSee 浏览照片

图 2-1-2　使用 ACDSee 浏览照片的界面

使用 Windows 自带的看图工具浏览照片的步骤与使用 ACDSee 浏览照片的步骤相似，其浏览照片的界面如图 2-1-3 所示。

（3）使用 Bridge 查看数码照片。Bridge 是一款功能强大的图像浏览软件，它集成在 Photoshop 和 Illustrator 中，运行 Photoshop 或 Illustrator 后，执行“文件”→“在 Bridge 中浏览”命令，即可打开如图 2-1-4 所示的界面。

图 2-1-3　Windows 图片和传真查看器浏览照片的界面

图 2-1-4　Bridge 浏览器

当通过“我的电脑”打开所要浏览照片的文件夹后的界面如图 2-1-5 所示。

另外，使用 Bridge 还可以批量重命名数码照片，其过程是先进入需要重命名照片的文件夹，按“Ctrl+A”组合键全选照片，执行“工具”→“批重命名”命令，打开“批重命名”对话框。在“目标文件夹”栏中选中“在同一文件夹中重命名”单选按钮，并按对话框中的提示对照片的重命名进行设置之后单击“确定”按钮即可。

图 2-1-5　使用 Bridge 浏览数码照片的界面

任务二　数码照片的修改、修饰

刚导入计算机的数码照片仍属于原始照片，有的照片并不是那么完美，如有的照片在用数码相机抓拍过程中，经常出现照片主体不在中心位置的问题，有的照片还有倾斜的问题；有时在旅游景点拍摄的照片，在边上有一些陌生人，或者在一张漂亮的照片中有一个东西影响了整体效果；还有可能拍照技术不好，曝光不是很好，能不能把照片调得亮一些；或者给照片加个边框，写上一些表达心情的文字，留下美好的回忆等。另外，用数码相机拍摄的照片，一般是按计算机屏幕的分辨率来设定的，洗印时的尺寸与常规照片的尺寸不一样。我们拍摄好的数码照片一般都不是标准的照片尺寸，用数码相机所拍出的图像基本上都是 4∶3 的比例，而与标准照片尺寸的比例不同，如 5 寸照片的比例为 10∶7，6 寸照片的比例 3∶2，如不裁剪，在洗印的过程中，往往会在照片旁留下白边或者照片不完全，所以一般情况下照相馆会对照片进行一定的裁切。

照相馆中的操作员一般都是根据经验裁切处理照片的，顾客有时并不满意他们的处理效果，有没有简单而又方便的处理技巧供顾客自己处理这些照片呢？

在这里将讲解在自己的电脑上根据喜好自行裁剪处理图像，下面介绍在 Photoshop 中如何解决以上问题。

子任务 1 数码照片的裁切

在这个子任务中我们首先来解决第一个问题，即抓拍过程中照片主体不在照片中心点的问题，碰到这一问题时一般的做法是将照片进行裁切，将多余的部分裁切掉即可。裁切后的照片如果只是在电脑中显示，并不洗印，照片裁切相对来说要自由一些，但如果照片是裁切后要进行洗印的，那必须要对照片的尺寸进行一个较为深入的了解。

首先来了解常用照片尺寸大小的问题，国内的标准如表 2-1 所示。

表 2-1 常用照片及英寸、毫米对照表

照片尺寸及用途	英　寸	毫　米
普通 1 寸	1×1.4	25 ×35
身份证照	0.88×1.28	22 ×32
驾驶证照	0.84×1.04	21 ×26
护照	1.32×1.92	33 ×48
港澳通行证	1.32×1.92	33×48
赴美签证	2×2	50×50
日本签证	1.8×1.8	45×45
2 英寸	1.4×2	35×49
3 英寸	1.4×1.8	35×45
5 英寸	5×3.5	127×89
6 英寸	6×4	152×102
7 英寸	7×5	178×127
8 英寸	8×6	203×152
10 英寸	10×8	254×203
12 英寸	12×10	305×254
14 英寸	14×10	356×254
18 英寸	18×14	457×356
20 英寸	20×16	508×406
36 英寸	36×24	914×610

这些尺寸只是一些常规尺寸，现在的照相馆还可以根据顾客的要求制作不同规格的照片，特别是一些大尺寸的照片，特殊尺寸也是可以有的，但不常用。洗印出的照片正常的误差应该在 1～2mm。

在裁切照片之前，必须对裁切后的照片的用途有所所解，这样才方便我们根据需要对照片进行裁切。一般如果只是在电脑上显示而不去洗印时，裁切相对自由一些，其操作步骤如下：

（1）启动 Photoshop CS5。

（2）打开要裁切的照片。执行“文件”→“打开”→“教学情境二”→“素材”→“sc1”命令，单击“打开”按钮即可，如图 2-2-1 所示。

图 2-2-1　打开裁切的照片

（3）选择裁切工具，移动光标到要裁切照片的左上角，向右下角拖动鼠标，如图 2-2-2 所示。

图 2-2-2　使用裁切工具绘制裁切区域

从图 2-2-2 中可以看出，当拖动鼠标结束后，原照片被分成两部分，一部分颜色较明亮，另一部分颜色较暗淡，明亮的部分即是裁切后要保留的部分，暗淡的部分即是裁切后要删除的部分。在明亮部分的周边有 8 个控制点，可以将光标移动到这 8 个控制点上的任意一点，通过按住鼠标左键不放并拖动的方法来调整裁切后照片的高度和宽度。

（4）将光标移动到照片明亮的部分，当光标变成实心的黑色箭头时，双击鼠标左键后的效果如图 2-2-3 所示。

图 2-2-3　照片裁切后的效果图

以上裁切照片的方法是一种比较随意的裁切方式，如果照片要去洗印时，便要按规格进行裁切，这种裁切的步骤如下：

（1）启动 Photoshop CSS，打开要裁切的照片，如图 2-2-4 所示。

图 2-2-4　打开要裁切的照片

（2）使用鼠标单击裁切工具，在属性栏中出现裁切的属性设置栏，单击裁切按钮右边的三角形按钮（“裁切工具预设”按钮），即可打开如图 2-2-5 所示的选项，可以选择照片裁切后的大小。

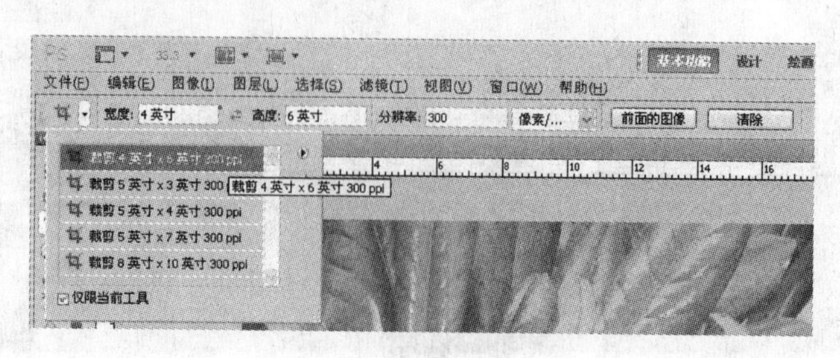
图 2-2-5　选择裁剪尺寸

（3）宽度和高度的尺寸可以根据情况进行改变，但注意应该是常规尺寸，照片的分辨率一般是 300ppi。设置好参数后，就可以从照片左上角往右下角拖动鼠标，一直拖动到虚线框不再变化为止，如图 2-2-6 所示。

图 2-2-6　按规定尺寸绘制裁切区域

（4）将光标移动到高亮度区域内，光标会变成实心三角形箭头，这时拖动鼠标左键可以上、下、左、右移动，调整裁切后的照片效果如图 2-2-7 所示。

图 2-2-7　调整裁切后的照片效果

（5）将光标移动到高亮区域内双击鼠标左键，即可按洗印照片规格对照片进行裁切，如图 2-2-8 所示。

图 2-2-8　按规定尺寸裁切后的效果图

照片裁切好后，如果想要了解裁切后照片的大小，可以执行“图像”→“图像大小”菜单命令，如图 2-2-9 所示。弹出的对话框如图 2-2-10 所示。

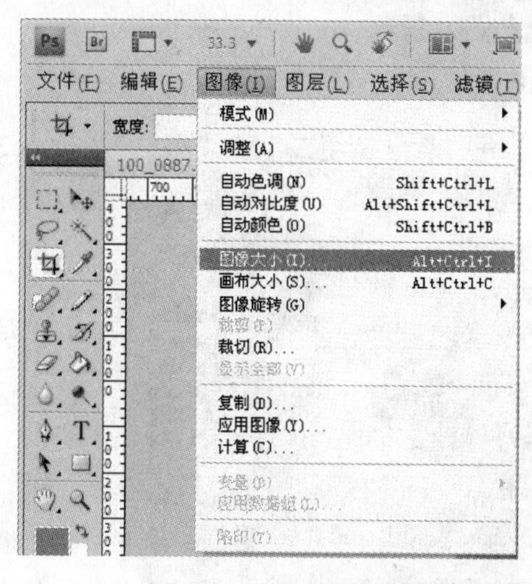

图 2-2-9　查看图像大小

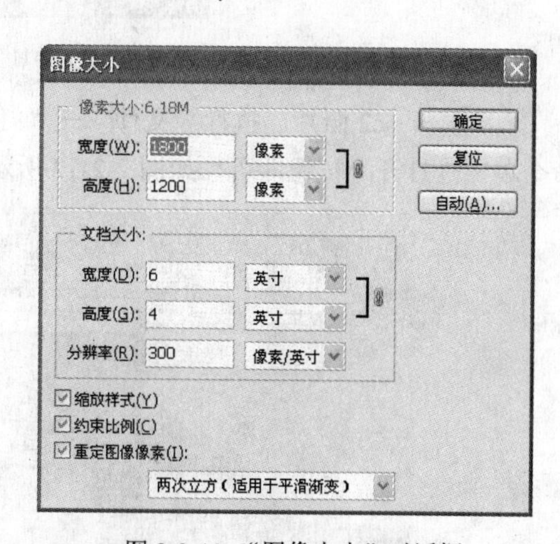

图 2-2-10　“图像大小”对话框

在图 2-2-10 中，有像素大小和文档大小两类参数，其单位可以根据需要进行更改，而且一般情况下，“缩放样式”、“约束比例”和“重定图像像素”复选框都应处于选中状态。

上面介绍了两种不同裁切照片的方法，一种是自由裁切，另一种是按规定尺寸裁切，第二种裁切方法更为实用，请同学们一定要掌握。

子任务 2　去除照片中不合适的景物

在拍照过程中，经常会在照片中出现一个影响气氛的物体，在如图 2-2-11 所示的照片中右边出现了人的一部分，而照片主要是想突出江南灶画艺术，这个人物的一部分在后期处理时应该去除。去除的方法有两种，一种是直接裁切掉，另一种便是用仿制图章工具来处理，或者两种方法一起使用。

图 2-2-11　原照片

（1）打开 sc2 照片。执行“文件”→“打开”→“教学情境二”→“素材”→“sc2”命令单击“打开”按钮即可，如图 2-2-12 所示。

图 2-2-12　打开 sc2 照片

（2）单击裁切右侧的三角形按钮，选择要洗印照片的尺寸，根据需要修改好宽度和高度的尺寸并设置好分辨率。按住鼠标左键从左上角向右下角拖动鼠标直到不能拖动为止，如图 2-2-13 所示。

图 2-2-13　按洗印照片尺寸裁切照片

（3）利用方向键移动高亮度区域到合适位置，如图 2-2-14 所示。

图 2-2-14　调整裁切照片的位置

（4）按“Enter”键结束裁切操作，如图 2-2-15 所示。

（5）按“Ctrl++”组合键放大照片，仔细观察其右下角区域，如图 2-2-16 所示，可以看出还有一小部分残留物体，这时就要使用仿制图章工具来处理。

图 2-2-15　裁切后的照片效果图

图 2-2-16　裁切后照片的放大效果图

（6）选择仿制图章工具，将光标移动到要去除物体的附近，在按住“Alt”键的同时单击鼠标左键确定一个取样点，释放“Alt”键和鼠标左键，这时光标会变成一个空心的圆形光标，移动鼠标到要去除的物体部分，拖动鼠标左键抹去要去除的部分，如果一次不能去除干净，可以多次循环使用该方法。最终的效果如图 2-2-17 所示。

Photoshop 中的仿制图章工具是一个非常实用的照片处理工具。它可以去除照片中多余的物体，它的最终效果是用要去除物体附近的图片遮盖要去除的物体，如去除人脸上的色斑、蚊子咬的包、眼袋等。

图 2-2-17　利用仿制图章工具去除照片上的杂物

下面要求同学们做一个课堂练习，打开素材文件 sc3，将照片中的“手”去掉，最终的效果参照 xgt3 文件。

子任务 3　数码照片的色调调整

在摄影过程中，由于用光不当，会产生一些灰蒙蒙的照片，背景与主题的色彩、明度都在一个阶层，整幅照片没有生机。对于这样的照片，虽然在构图上很有特色，但是由于用光的缺陷抹杀了好的主题，我们是否可以用 Photoshop 来处理这样的问题？本节将会讲解如何处理灰蒙蒙照片的技法。

（1）启动 Photoshop 后，打开教学情境二素材文件夹下的“sc4.jpg”文件，先按要洗印照片的尺寸对照片进行裁切，如图 2-2-18 所示。

图 2-2-18　打开 sc4.jpg 照片

（2）照片上面有拍照片的日期，影响画面的整体感，可以使用仿制图章工具将上面的日期删掉，如图 2-2-19 所示。

图 2-2-19　利用仿制图章工具去除照片上的日期

（3）此时照片色调有点灰蒙蒙的感觉，我们先对照片进行一个简单处理。执行“图像”→“自动颜色”命令，如图 2-2-20 所示，增加照片的明暗对比度，增强照片中主体的亮度。

图 2-2-20　增加照片的明暗对比度

“自动颜色”命令通过搜索图像来标识阴影、中间调和高光，从而调整图像的对比度和颜色。默认情况下，自动颜色使用 RGB 128 灰色这一目标颜色来中和中间调，并将阴影和高光像素剪切 0.5%。可以在“自动颜色校正选项”对话框中更改这些默认值。

（4）使用快捷键“Ctrl+J”复制并粘贴一个新图层，选择这个新的图层即“图层 1”，然后执行“图像”→“调整”→“去色”命令，如图 2-2-21 所示。

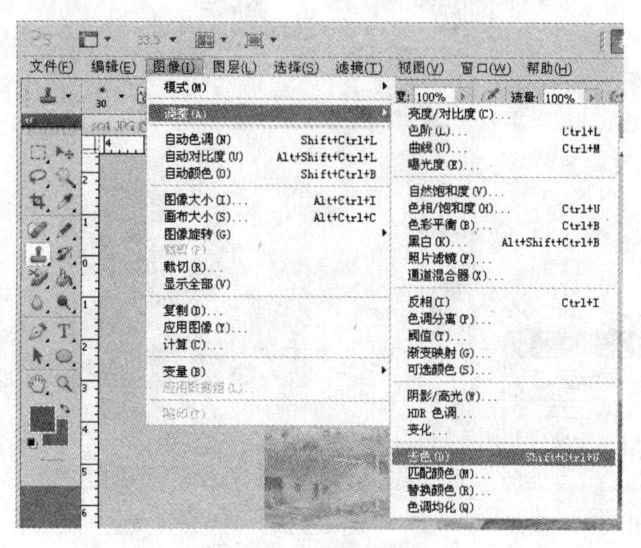

图 2-2-21 为新图层去色

使用去色命令可以将彩色照片转换成黑白照片。黑白照片在 Photoshop 中相当于灰度色彩模式，它将整个图像用不同的亮度来表示，一般可将图像的高度大致分为 3 个等级，即暗调、中间调和高光，画面中较黑的部位是暗调，较白的部位是高光，处于两者之间的即为中间调。调整后的效果如图 2-2-22 所示。

图 2-2-22 新图层去色后的效果图

（5）选择“图层 1”，执行“图像”→“调整”→“亮度/对比度”命令，在弹出的对话框中适当调高对比度和亮度，保证主物体上的条纹要清晰，如图 2-2-23 所示。调整后的效果如图 2-2-24 所示。

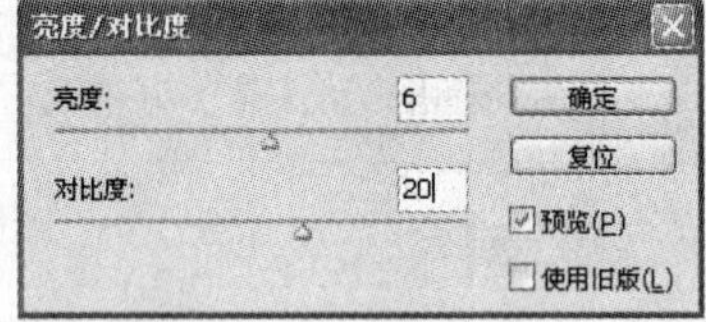

图 2-2-23 “亮度/对比度”对话框　　　　图 2-2-24 调整照片亮度和对比度后的效果图

（6）打开图层控制面板，将光标移动到“图层 1”几个字上，当光标转换成一个“手”形光标后，单击鼠标右键，在弹出的快捷菜单中选择“混合选项”，如图 2-2-25 所示，弹出如图 2-2-26 所示的“图层样式”对话框。

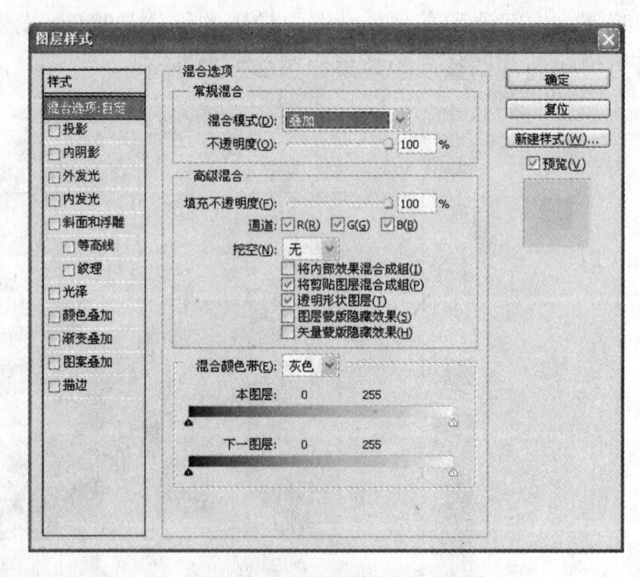

图 2-2-25 选择“混合选项”　　　　图 2-2-26 “图层样式”对话框

在“图层样式”对话框中，将“混合选项”下的“混合模式”设为“叠加”，效果如图 2-2-27 所示。

在这里又涉及 Photoshop 中的另一个概念——混合模式，混合模式是 PS 最强大的功能之一，它决定了当前图像中的像素如何与底层图像中的像素混合，使用混合模式可以轻松地制作出许多特殊的效果，Photoshop CS5 为我们提供了 6 大类共 27 种不同的混合模式，如图 2-2-28 所示。

图 2-2-27　两个图层叠加后的效果图

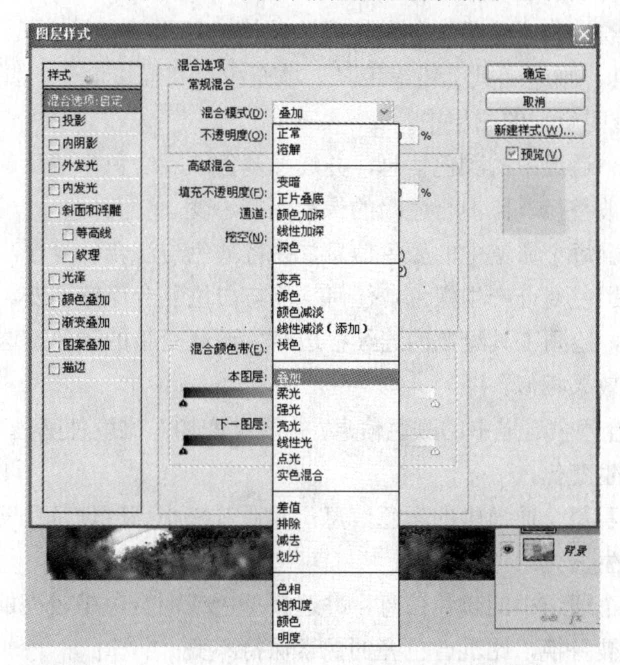

图 2-2-28　混合模式

组合模式（正常、溶解），它们需要配合使用不透明度才能产生一定的混合效果。

加深混合模式（变暗、正片叠底、颜色加深、线性加深、深色），可将当前图像与底层图像进行比较，使底层图像变暗。

减淡混合模式（变亮、滤色、颜色减淡、线性减淡（添加）、浅色），在 PS 中每一种加深模式都有一种完全相反的减淡模式与之对应，减淡模式的特点是当前图像中的黑色将会消失，任何比黑色亮的区域都可能加亮底层图像。

对比混合模式（叠加、柔光、强光、亮光、线性光、点光、实色混合），它综合了加深和减淡模式的特点，在进行混合时 50%的灰色会完全消失，任何亮于 50%灰色的区域都可能加亮下面的图像，而暗于 50%灰色的区域都可能使底层图像变暗，从而增加图像的对比度。

比较混合模式（差值、排除、减去、划分），可比较当前图像与底层图像，然后将相同的区域显示为黑色，不同的区域显示为灰度层次或彩色。

色彩混合模式（色相、饱和度、颜色、明度），色彩的 3 要素是色相、饱和度和亮度，使用色彩混合模式合成图像时，PS 会将 3 要素中的一种或两种应用于图像中。

下面对每种混合模式进行简单介绍。

正常：编辑或绘制每个像素，使其成为结果色，这是默认模式（在处理位图图像或索引颜色图像时，正常模式也称为阈值）。

溶解：编辑或绘制每个像素，使其成为结果色。但是，根据任意像素位置的不透明度，结果色由基色或混合色的像素随机替换。

背后：仅在图层的透明部分编辑或绘画。此模式仅在取消“锁定透明区域”的图层中使用，类似于在透明纸的透明区域背面绘画。

清除：编辑或绘制每个像素，使其透明。此模式可用于直线工具 （当填充区域被选中时）、油漆桶工具、画笔工具、铅笔工具、填充命令和描边命令。要使用此模式，必须是在取消 “锁定透明度”的图层中。

变暗：查看每个通道中的颜色信息，并选择基色或混合色中较暗的颜色作为结果色，比混合色亮的像素被替换，比混合色暗的像素保持不变。

正片叠底：查看每个通道中的颜色信息，并将基色与混合色复合，结果色总是较暗的颜色。任何颜色与黑色复合产生黑色，任何颜色与白色复合保持不变。当用除黑色或白色以外的颜色绘画时，绘画工具绘制的连续描边产生逐渐变暗的颜色，这与使用多个魔术标记在图像上绘图的效果相似。

颜色加深：查看每个通道中的颜色信息，并通过增加对比度使基色变暗以反映混合色，与白色混合后不发生变化。

线性加深：查看每个通道中的颜色信息，并通过减小亮度使基色变暗以反映混合色，与白色混合后不发生变化。

变亮：查看每个通道中的颜色信息，并选择基色或混合色中较亮的颜色作为结果色。比混合色暗的像素被替换，比混合色亮的像素保持不变。

滤色：查看每个通道的颜色信息，并将混合色的互补色与基色复合，结果色总是较亮的颜色。用黑色过滤时颜色保持不变，用白色过滤时将产生白色。此效果类似于多个摄影幻灯片在彼此之上投影。

颜色减淡：查看每个通道中的颜色信息，并通过减小对比度使基色变亮以反映混合色，与黑色混合后不发生变化。

线性减淡（添加）：查看每个通道中的颜色信息，并通过增加亮度使基色变亮以反映混合色，与黑色混合后不发生变化。

叠加：复合或过滤颜色，具体取决于基色。图案或颜色在现有像素上叠加，同时保留基色的明暗对比。不替换基色，但基色与混合色相混以反映原色的亮度或暗度。

柔光：使颜色变暗或变亮，具体取决于混合色。此效果与发散的聚光灯照在图像上的效果相似。如果混合色（光源）比50%灰色亮，则图像变亮，就像被减淡了一样；如果混合色（光源）比50%灰色暗，则图像变暗，就像被加深了一样。用纯黑色或纯白色绘画会产生明显较暗或较亮的区域，但不会产生纯黑色或纯白色。

强光：复合或过滤颜色，具体取决于混合色。此效果与耀眼的聚光灯照在图像上的效果相似。如果混合色（光源）比50%灰色亮，则图像变亮，就像过滤后的效果，这对于向图像中添加高光非常有用；如果混合色（光源）比50%灰色暗，则图像变暗，就像复合后的效果，这对于向图像添加暗调非常有用。用纯黑色或纯白色绘画会产生纯黑色或纯白色。

亮光：通过增加或减小对比度来加深或减淡颜色，具体取决于混合色。如果混合色（光源）比50%灰色亮，则通过减小对比度使图像变亮；如果混合色（光源）比50%灰色暗，则通过增加对比度使图像变暗。

线性光：通过减小或增加亮度来加深或减淡颜色，具体取决于混合色。如果混合色（光源）比50%灰色亮，则通过增加亮度使图像变亮；如果混合色（光源）比50%灰色暗，则通过减小亮度使图像变暗。

点光：根据混合色替换颜色。如果混合色（光源）比50%灰色亮，则替换比混合色暗的像素，而不改变比混合色亮的像素；如果混合色光源比50%灰色暗，则替换比混合色亮的像素，而不改变比混合色暗的像素。这对于向图像添加特殊效果非常有用。

差值：查看每个通道中的颜色信息，并从基色中减去混合色，或从混合色中减去基色，具体取决于哪一个颜色的亮度值更大。与白色混合将反转基色值，与黑色混合则不发生变化。

排除：创建一种与差值模式相似但对比度更低的效果。与白色混合将反转基色值，与黑色混合则不发生变化。

色相：用基色的亮度和饱和度及混合色的色相创建结果色。

饱和度：用基色的亮度和色相及混合色的饱和度创建结果色。在无（0）饱和度（灰色）的区域上用此模式绘画不会发生变化。

颜色：用基色的亮度及混合色的色相和饱和度创建结果色。这样可以保留图像中的灰阶，并且对于给单色图像上色和给彩色图像着色都会非常有用。

明度：用基色的色相和饱和度及混合色的亮度创建结果色。此模式创建与“颜色”模式相反的效果。

（7）执行“滤镜”→“锐化”→“USM锐化”命令，弹出“USM锐化”对话框，按如图2-2-28所示进行参数设置。单击“确定”按钮后的效果如图2-2-29所示。

在这里又涉及Photoshop中的一个概念即锐化。锐化的作用是通过强化色彩的边缘将照片中模糊的东西变得清晰。注意参数设置过度会让边缘部分产生色斑，因此在设置过程是应根据需要从小开始调整参数。

比起原照片，经过处理后的照片主体的清晰度提高了很多。

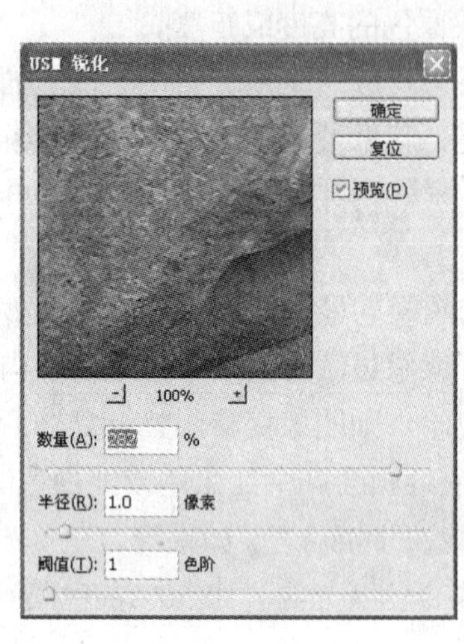

图 2-2-29 “USM 锐化”对话框

图 2-2-30 照片 USM 锐化后的效果图

Photoshop 中对色调的调整，除了上述方法外，最常用、最基础的实际上是曲线命令，其他的命令，如亮度/对比度等是由此派生出来的。下面就来为大家介绍如何利用曲线来调整照片的色彩。

（1）启动 Photoshop 后，打开教学情境二素材文件夹下的“sc5.jpg”文件，从照片可以看出，其本身是想体现瀑布落下后形成的图案，但照片的下面有许多影响构图的杂物，需先按要洗印照片的尺寸对照片进行裁切，如图 2-2-31 所示。

图 2-2-31 打开 sc5.jpg 照片

通过裁切后的照片，大部分的杂物已去除，但还留有一小部分，我们可以选择用仿制图章工具进行修改，由于是家庭旅游照片，想保留日期，效果如图 2-2-32 所示。

图 2-2-32　裁切照片后的效果

（2）由于照片是在瀑布附近拍摄的，水汽比较大，拍摄时又是选用家用的普通数码相机，所以照片显得有点模糊，色调上显得灰蒙蒙，下面执行“图像”→“调整”→“曲线”命令来对照片的色调进行调整，如图 2-2-33 所示。弹出“曲线”对话框，如图 2-2-34 所示。

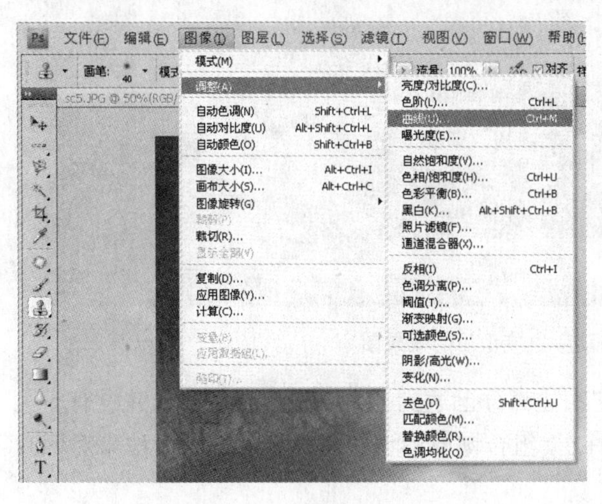

图 2-2-33 “曲线”命令

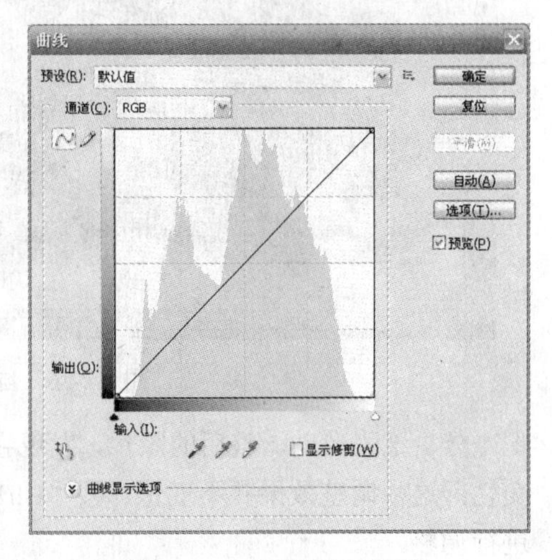

图 2-2-34 “曲线”对话框

（3）单击“自动”按钮，观察效果，如果不满意还可以通过单击“选项”按钮来对自动色调进行设置，如图 2-2-35 所示。

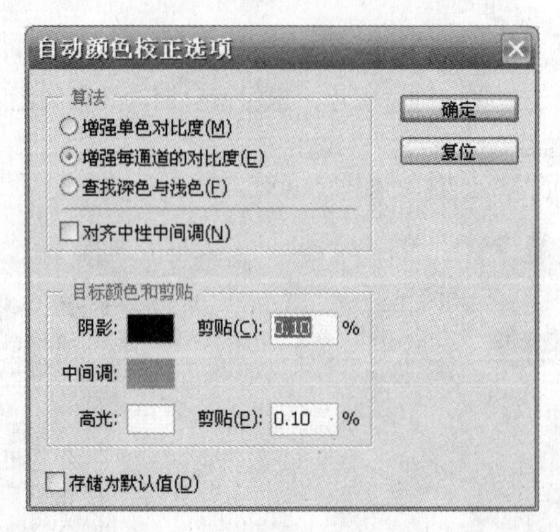

图 2-2-35 “自动颜色校正选项”对话框

单击“确定”按钮，调整后的效果如图 2-2-36 所示。

图 2-2-36 自动颜色校正后的效果图

分析这张自动调整后的照片，发现它左边部分已达到了效果，但右边部分并没有多大变化，这种调整效果并不理想，按“Ctrl+Z”组合键取消调整，选择另外的方法来对照片进行调整。

（4）重新打开“曲线”对话框，单击“预设”右边的下拉按钮，弹出如图 2-2-37 所示的选项，我们可以逐个选择后观看其效果，在本任务中选择“强对比度（RGB）”选项，调整后的效果如图 2-2-38 所示。

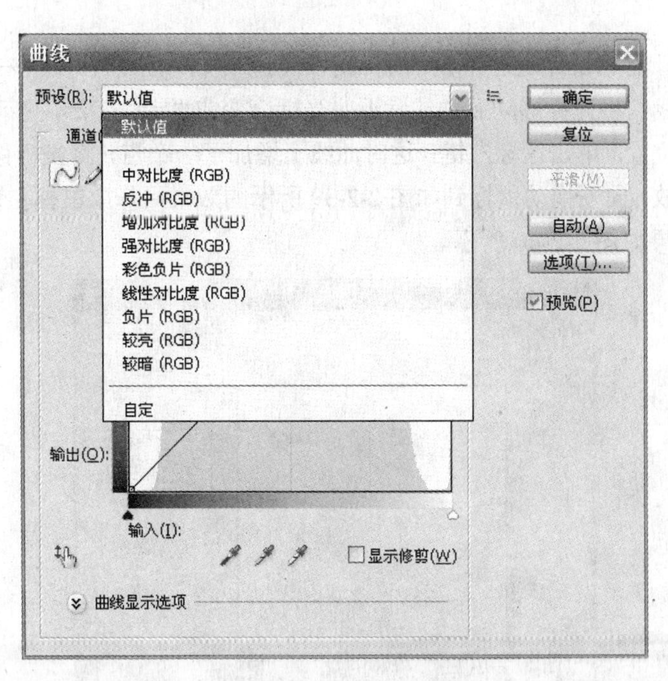

图 2-2-37　“预设”选项

图 2-2-38　调整曲线后的效果图

分析这张照片发现，它的右边仍有些不清晰，这时再打开“曲线”对话框，在“通道”中选用默认值“RGB”，“通道”的下面有两个按钮，左边是“编辑点以修改曲线”按钮，这是最常用的一种调整方法，也是系统默认的调整方法；右边是“通过绘制来修改曲线”按钮。在“曲线”对话框的中心部分有一条呈 45°的线段，这就是所谓的曲线。靠近右上角的点表示高光，而相反靠近左下角的点表示暗调，分析本张照片发现右边的高光部分还是有点亮，这时我们将光标移动到曲线附近时光标会变成“十”字形，移动“十”字形光标到靠近右上角的位置，单击鼠标左键，这时曲线上增加了一个点，将光标移动到这个点上后按住鼠标左键不放，向下拖动鼠标到如图 2-2-39 所示的效果后释放鼠标左键即可。单击“确定”按钮后的效果如图 2-2-40 所示。

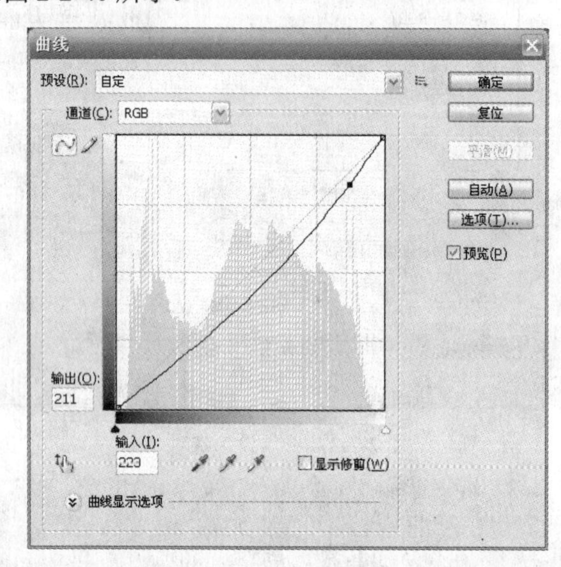

图 2-2-39　调整高光

图 2-2-40　调整后的效果图

注意：在呈 45°的曲线中，可以任意添加点并将其向上或向下移动，通过调整这些点的位置来调整照片的色调。

（5）打开“USM 锐化”对话框，进行如图 2-2-41 所示的设置，单击“确定”按钮后的效果如图 2-2-42 所示。

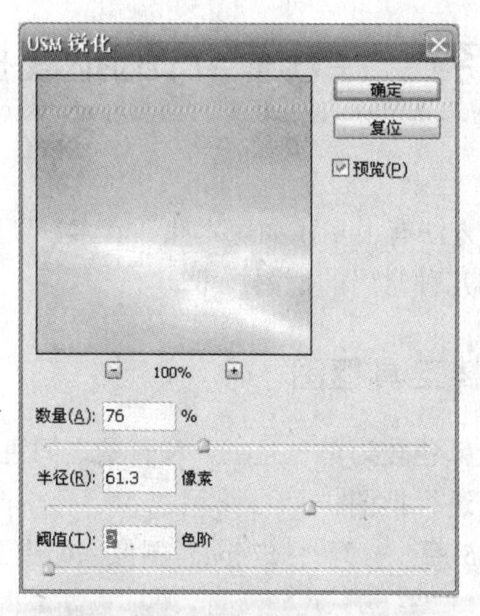

图 2-2-41 “USM 锐化”对话框

图 2-2-42 照片 USM 锐化后的效果图

经过色彩调整和锐化处理后，我们再与原照片相比，发现无论是照片的色彩还是清晰度都有了一个很大的变化。

以上这些调整方法是最常用的调整方法，请同学们一定要多进行练习，其他还有一些调整照片的方法，如亮度/对比度、色阶、色相/饱和度等，这里不再详细说明，在后面的任务中用到时再做说明，同学们也可以从网上找一些相关的例子来进行练习。

任务三　数码照片的抠图技术

在 Photoshop 中抠图的方法有很多，如魔术棒、套索、蒙版、抽出、钢笔工具等都可以实现抠图，下面就来介绍几种常用的抠图技术。

子任务 1　用魔术棒工具抠图

用魔术棒工具适合背景颜色较为单一且主体和背景之间色彩相差较大图片的抠图。下面来介绍如何用魔术棒工具进行抠图。

（1）启动 Photoshop CS5 后，打开“sc7.jpg”图像，如图 2-3-1 所示。

图 2-3-1　打开 sc7.jpg 图像

（2）选择工具箱中的吸管工具，在背景中间处单击鼠标左键吸取一个前景色。选择魔术棒工具，在选取的前景色相近的颜色附近单击鼠标左键，如图 2-3-2 所示。仔细观察图 2-3-2 可以看出，图片上出现了一个虚线框，这个虚线框即选区，现在虚线框内的部分已处于选中状态，但背景部分还有相当大的部分没有被选中。

（3）按住“Shift”键不放，在还未选中的背景处单击鼠标左键，直到建立如图 2-3-3

所示的选区为止。

图 2-3-2 用魔术棒工具建立选区

图 2-3-3 背景选区

说明：这时建立的选区只是选中了背景部分，而我们需要选中的是图片的主体即“壶”。

（4）执行“选择”→“反向”菜单命令，如图 2-3-4 所示，效果如图 2-3-5 所示，这时选中的即为图片的主体——壶及部分阴影。

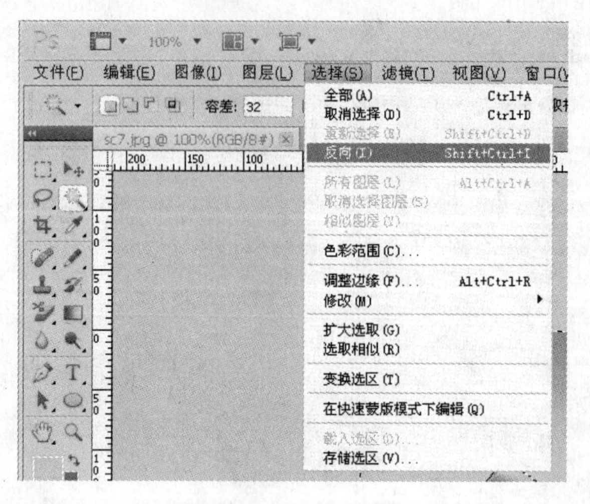

图 2-3-4 “反向”命令

图 2-3-5 为“壶” 建立选区

（5）按快捷键“Ctrl+C”复制选中的壶，打开“图层”控制面板，如图 2-3-6 所示。在“图层”控制面板的下面有一行按钮，从右往左第二个按钮为“创建新图层”按钮，这时单击该按钮新建一个图层，如图 2-3-7 所示，在“背景”图层上面就会增加一个图层即“图层 1”，选中“图层 1”（“图层 1”有一个蓝色背景），按快捷键“Ctrl+V”粘贴复制的壶，如图 2-3-8 所示。

（6）此时将光标移动到“背景”图层左边的“眼睛”（指示图层可见性）处，单击鼠标左键将“背景”图层隐藏起来，即可得到如图 2-3-9 所示的效果。

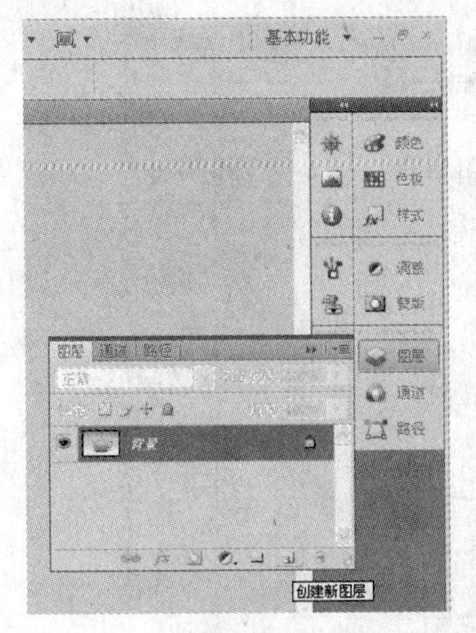

图 2-3-6 “图层”控制面板

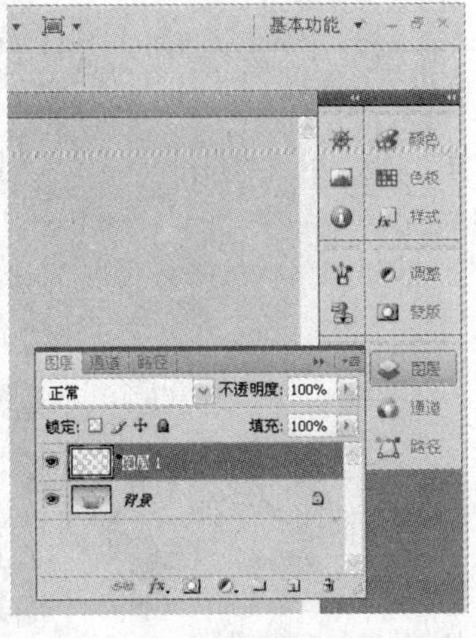

图 2-3-7 创建新图层

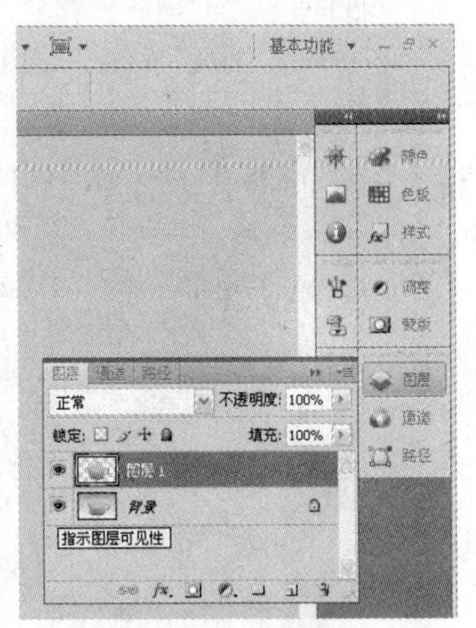

图 2-3-8 粘贴壶

图 2-3-9 隐藏“背景”图层后的效果图

仔细观察后我们会发现，在壶把的地方还有一块背景没去掉，下面我们就来删除这一小块背景。

（7）选择工具箱中的魔术棒工具，将光标移动到壶把的中间处并单击，如图 2-3-10 所示。

（8）按键盘上的“Delete”键，并按快捷键“Ctrl+D”取消选区，即可得到如图 2-3-11 所示的效果图，这个效果图便是我们抠好的图。

图 2-3-10　用魔术棒工具建立壶把内的选区

图 2-3-11　删除选区后的效果图

（9）执行“文件”→“存储为”菜单命令，弹出“存储为”对话框，如图 2-3-12 所示。

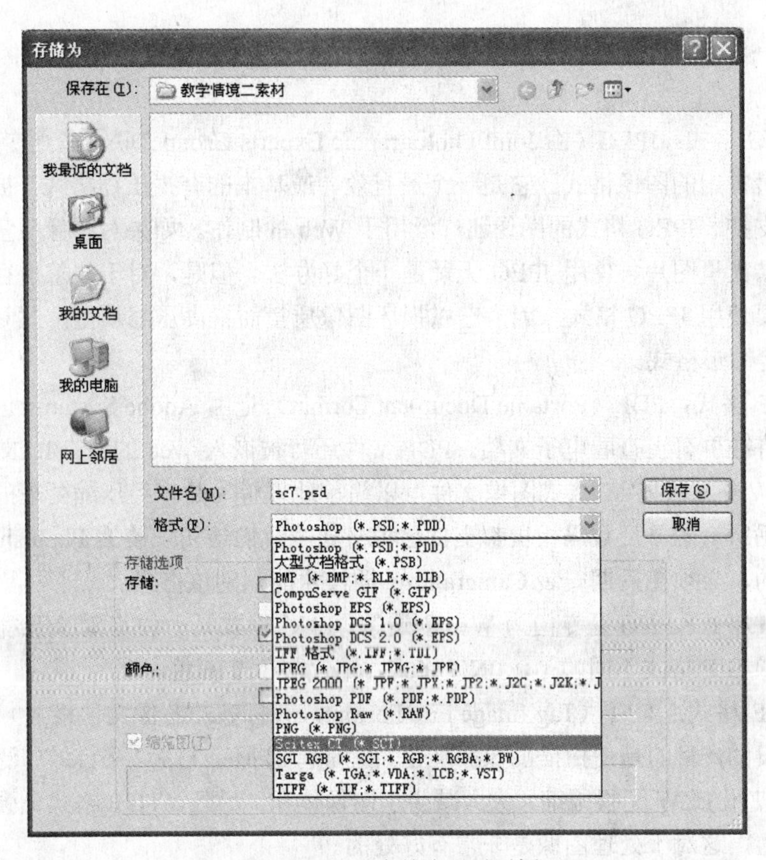

图 2-3-12 “存储为”对话框

在对话框中，先选择保存的位置，再输入文件名，在“格式”中选择“Photoshop(*.PSD;*.PDD)”，单击“保存”按钮即可。

在这里要给大家介绍 Photoshop 中常用的文件存储格式。

（1）PSD 格式：PSD 是 Photoshop 的固有格式，体现了 Photoshop 独特的功能和对功能的优化，例如，PSD 格式可以比其他格式更快速地打开和保存图像，很好地保存层、蒙版、压缩方案不会导致数据丢失等。但是，能够支持这种格式的应用程序很少，仅有像 CorelPhoto－Pain 和 Adobe After Effects 类软件支持 PSD，并且可以处理每一层图像。

（2）BMP 格式：BMP（Windows Bitmap）是微软开发的 Microsoft Pain 的固有格式，这种格式被大多数软件支持。BMP 格式采用了一种叫 RLE 的无损压缩方式，对图像质量不会产生影响。

（3）GIF 格式：GIF 是输出图像到网页最常采用的格式。GIF 采用 LZW 压缩，限定在 256 色以内的色彩。

（4）EPS 格式：EPS（Encapsulated PostScript）是处理图像工作中最重要的格式，它在 Mac 和 PC 环境下的图形和版面设计中广泛使用，在 PostScript 输出设备上打印。几乎每个绘画程序及大多数页面布局程序都允许保存 EPS 文档。在 Photoshop 中，通过执行“文件”→“放置”（Place）命令（Place 命令仅支持 EPS 插图）将图像转换成 EPS 格式。

（5）JPEG 格式：JPEG（由 Joint Photographic Experts Group“联合图形专家组”命名）是我们平时最常用的图像格式。它是一个最有效、最基本的有损压缩格式，被大多数的图形处理软件支持。JPEG 格式的图像还广泛用于 Web 的制作。如果对图像质量要求不高，但又要求存储大量图片，使用 JPEG 无疑是一个好办法。但是，对于要求进行图像输出打印，最好不要使用 JPEG 格式，因为它以损坏图像质量而提高压缩质量，此时可以使用如 EPS、DCS 等图形格式。

（6）PDF 格式：PDF（Portable Document Format）是由 Adobe Systems 创建的一种文件格式，允许在屏幕上查看电子文档。PDF 文件还可被嵌入 Web 的 HTML 文档中。

（7）RAW 格式：RAW 格式图像文件可以简单地理解为是未经压缩处理的无损原始图像数据，几乎所有的单反数码相机都支持这种格式。我们最初安装的 Photoshop 是不能识别这种格式的，必须在后期安装 Camera Raw 插件才能识别该格式。

（8）PNG 格式：PNG 是专门为 Web 创造的。PNG 格式是一种将图像压缩到 Web 上的文件格式，和 GIF 格式不同的是，PNG 格式并不仅限于 256 色。

（9）TIFF 格式：TIFF（Tag Image File Format，有标签的图像文件格式）是 Aldus 在 Mac 初期开发的，目的是使扫描图像标准化。它是跨越 Mac 与 PC 平台最广泛的图像打印格式。TIFF 使用 LZW 无损压缩，大大减少了图像体积。另外，TIFF 格式最强大的功能是可以保存通道，这对于处理图像是非常有好处的。

子任务 2　用抽出滤镜抠图

Photoshop 抽出滤镜是大家常用的抠图工具，Photoshop CS5 之后，抽出抠图滤镜不包含在安装程序中，这时如果有需要我们可以单独安装 Photoshop 抽出滤镜插件，安装过程如下：

（1）下载 Photoshop 抽出抠图滤镜插件。

（2）如果下载的是压缩文件则先解压缩，如果是.exe 的可执行文件则直接双击运行。

（3）找到滤镜文件 ExtractPlus.8BF，并把该文件放到自己的 Photoshop 安装路径中的 Plug-ins 插件目录中。

（4）重新启动 Photoshop 就能在“滤镜”菜单下看到抽出命令。

使用抽出命令来抠图的操作步骤如下：

（1）启动 Photoshop CS5，打开“sc6.jpg”图片，如图 2-3-13 所示。

（2）执行“滤镜”→“抽出”命令，弹出“抽出”对话框，如图 2-3-14 所示。

（3）选择左上角的边缘高光器工具，按快捷键“Ctrl++”放大图片，再根据需要对右边的工具选项等参数进行设置，在这里建议大家选用系统默认值，然后沿着图片的边缘进行绘制，如图 2-3-15 所示。

图 2-3-13 打开 sc6.jpg 图片

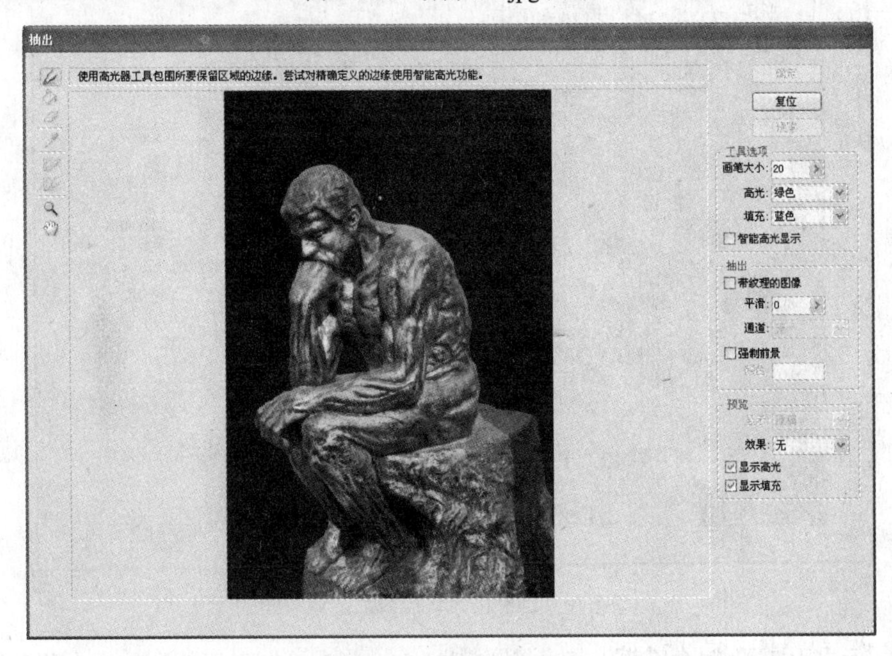

图 2-3-14 “抽出”对话框

在绘制高光边缘线时，不需要特别仔细，初步绘制完后，再进行检查，画得太多的地方可以用橡皮擦工具擦除（连续的地方用鼠标拖动的方法来擦除，少的地方用鼠标单击的方法来擦除），不够的地方再用边缘高光器工具绘制即可（方法同擦除），如图 2-3-16 所示。

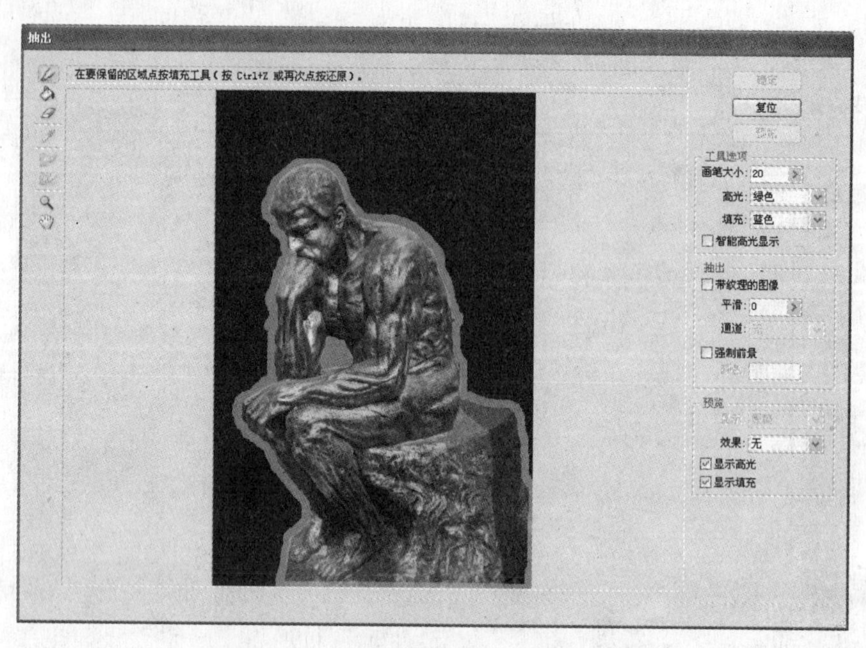

图 2-3-15　使用边缘高光器工具进行绘制

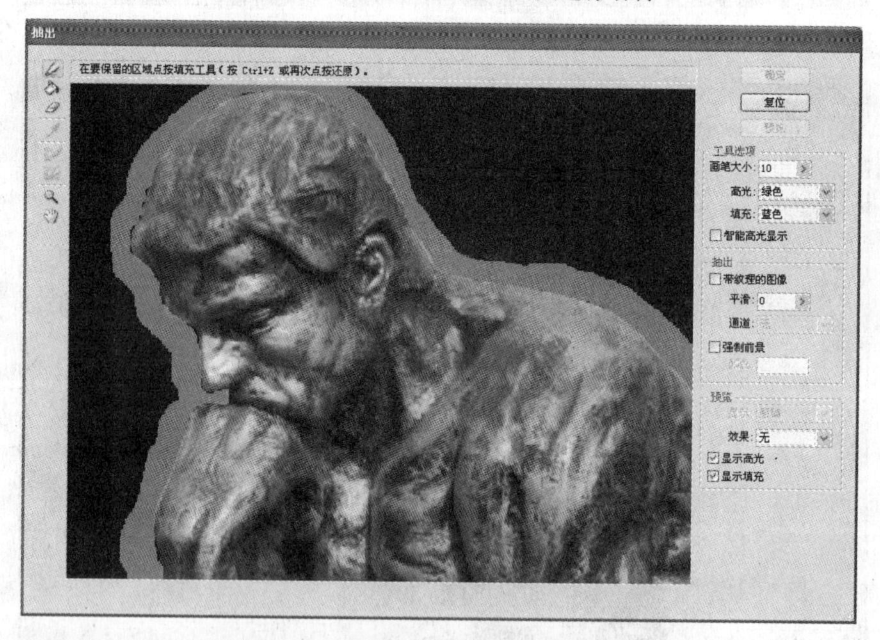

图 2-3-16　调整高光边缘线后的效果图

（4）按“Ctrl+–”组合键缩小图片至原来大小，单击“填充工具”按钮，移动鼠标到要抠出的图像部分并单击鼠标左键进行填充，效果如图 2-3-17 所示。

（5）单击“确定”按钮，效果如图 2-3-18 所示。

至此就完成了抠图，将抠好的效果图保存为 psd 格式的文件，以后要用到它时便可直接使用。

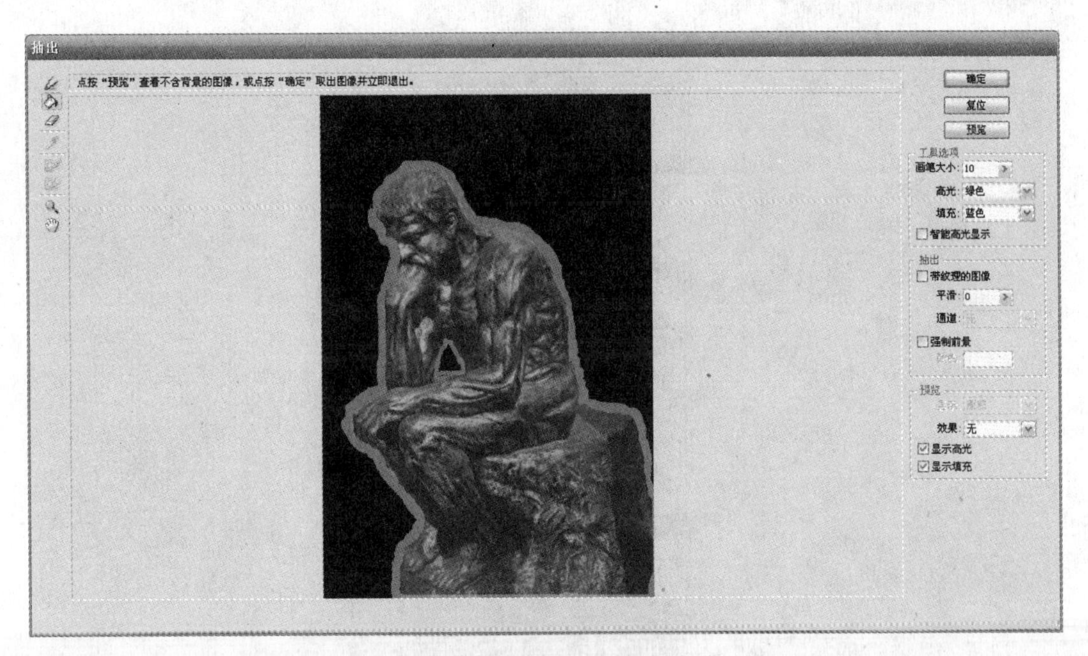

图 2-3-17　填充图像效果图

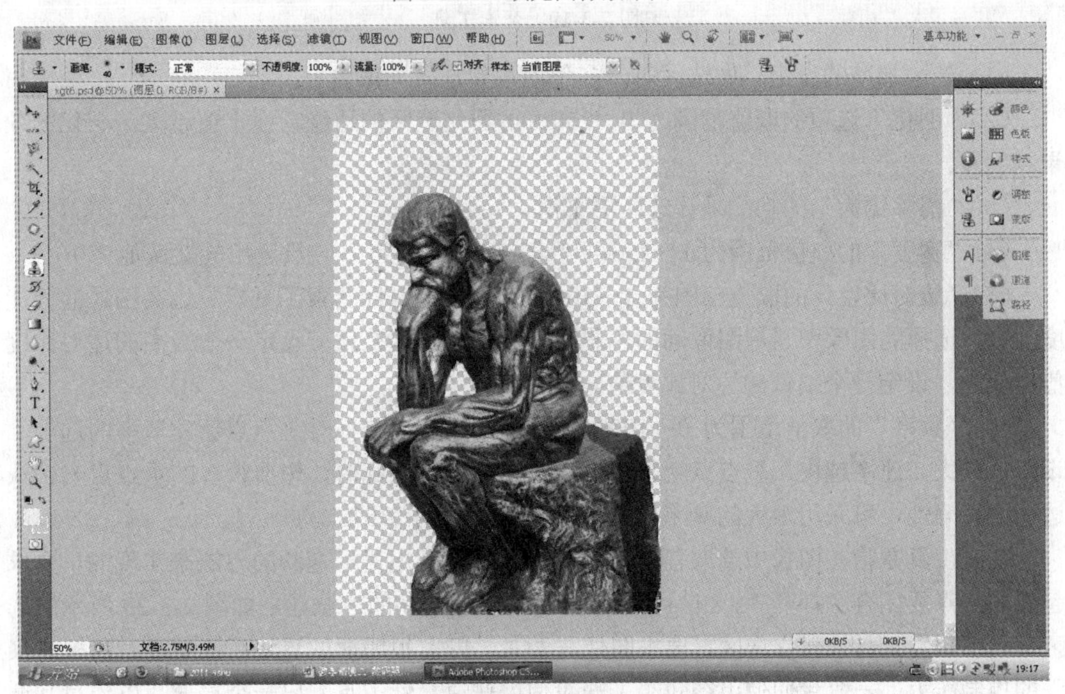

图 2-3-18　抽出滤镜抠图后的效果图

子任务 3　用套索工具抠图

Photoshop CS5 为我们提供了 3 种不同的套索工具，即套索工具、多边形套索工具和磁性套索工具，如图 2-3-19 所示。

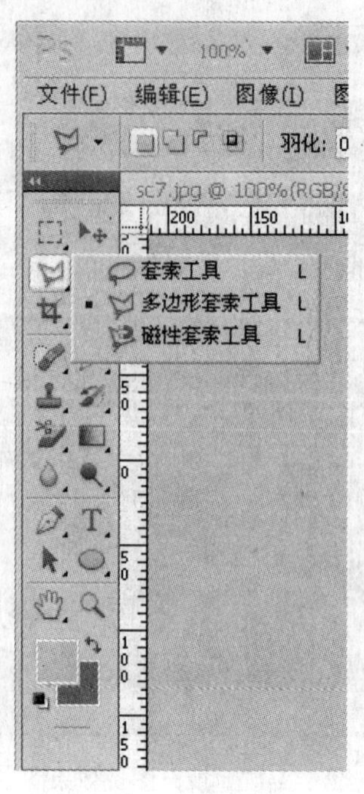

图 2-3-19　套索工具

（1）选区加减的设定，做选区时，多使用“新选区”命令。

（2）“羽化”选项的取值范围为 0～250，可羽化选区的边缘，设定值越大，羽化的效果越明显。

（3）“消除锯齿”的功能是让选区更平滑。

（4）“宽度”的取值范围为 1～256，可设定一像素宽度，一般运用的默认值为 10。

（5）“边对比度”的取值范围为 1～100，它可设定磁性套索工具检测边缘图像的敏捷度。假如选择的图像和四周图像间的色彩对比度很强，那么就应设定一个很高的边对比度值；反之，设定一个很低的边对比度值。

（6）“频率”的取值范围为 0～100，它是用来设定在选择时重点点新建速率的选项。设定值越大，速率越快，重点点就越多。当图的边缘很杂乱时，想要很多的重点点来确认边缘的正确性，可采用很大的频率值，一般运用默认的值 57。

套索工具是指在图像中选取任意形状的工具，是利用鼠标拖动的方法来实现的，要求起点与终点要闭合。打开“sc8.jpg”图像，利用鼠标拖动的方法建立如图 2-3-20 所示的选区。利用套索工具来建立选区，要求图像与背景之间有很明显的界线，还要求对鼠标有很强的控制能力，一般我们使用得较少。一般使用普通套索工具圈出一个局部，以便对其调整、修饰。

多边形套索工具用于建立有一定规则的选区，它的使用方法是先设定一个起点，并移动鼠标到起点处单击鼠标左键，释放鼠标左键并移动鼠标到第二个点处单击鼠标左键，在起点与第二个点之间建立一条连线，如图 2-3-21 所示。

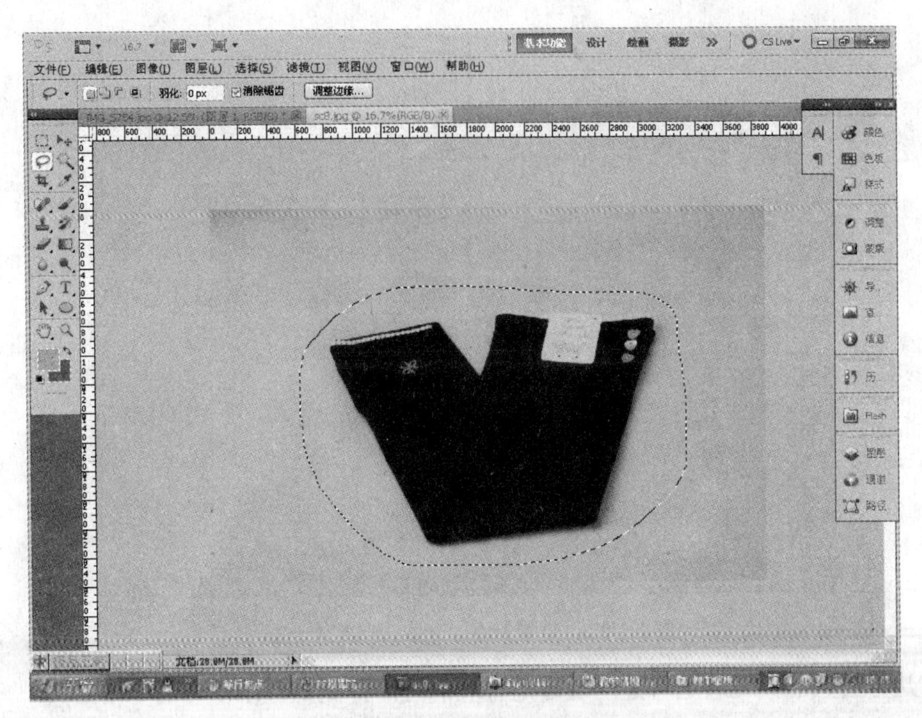

图 2-3-20　使用套索工具建立选区

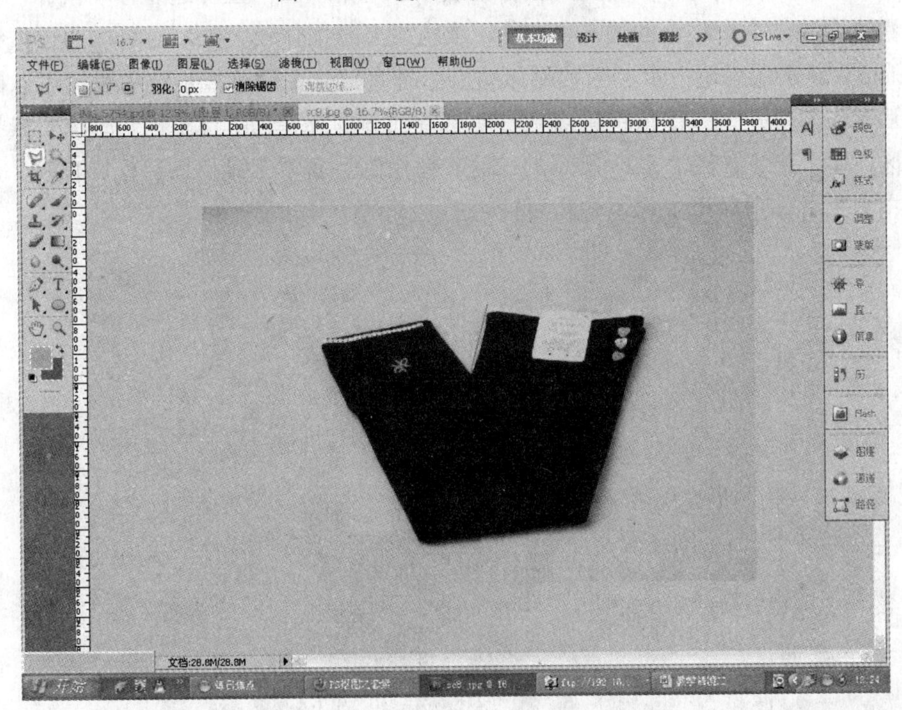

图 2-3-21　使用多边形套索工具建立连线

继续移动鼠标到第三个点单击，直到终点与起点闭合为止，就可以建立如图 2-3-22 所示的选区。

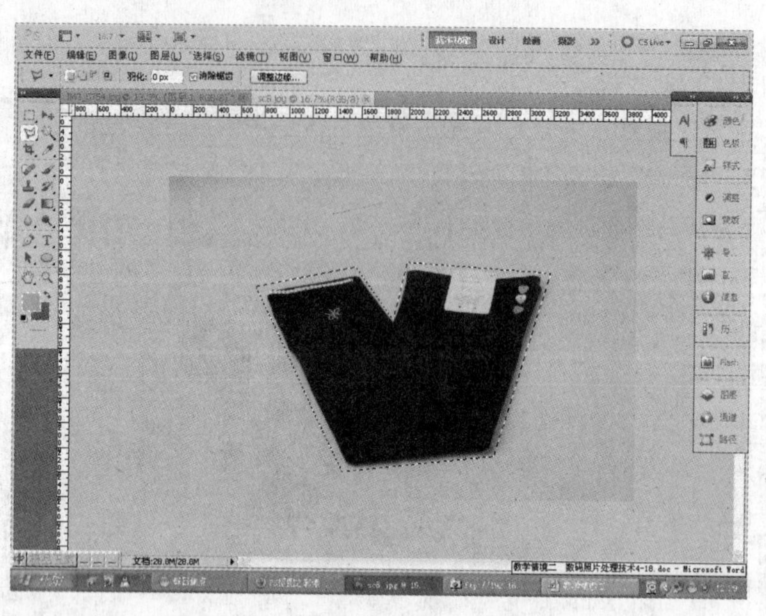

图 2-3-22　使用多边形套索工具建立选区

多边形套索工具比较适合建立边缘是直线的选区，是抠直线主体的有用工具。

磁性套索工具的使用方法是先用鼠标左键单击起点，再沿主体边缘移动鼠标，会产生自动识别边缘的一个个相连的锚点，当发现选区线离开主体较大区域时可以通过按键盘上的“Delete”键来向后退一步，当发现移动鼠标时有部分主体不能被选中时，可以回移一点位置后单击鼠标左键人工增加锚点来实现这一部分的选择，当首尾相遇时单击鼠标左键闭合选区，即可产生如图 2-3-23 所示的选区。使用磁性套索工具抠图轻松、有效，是套索抠图的主力工具，但是用好它也是需要技巧的。

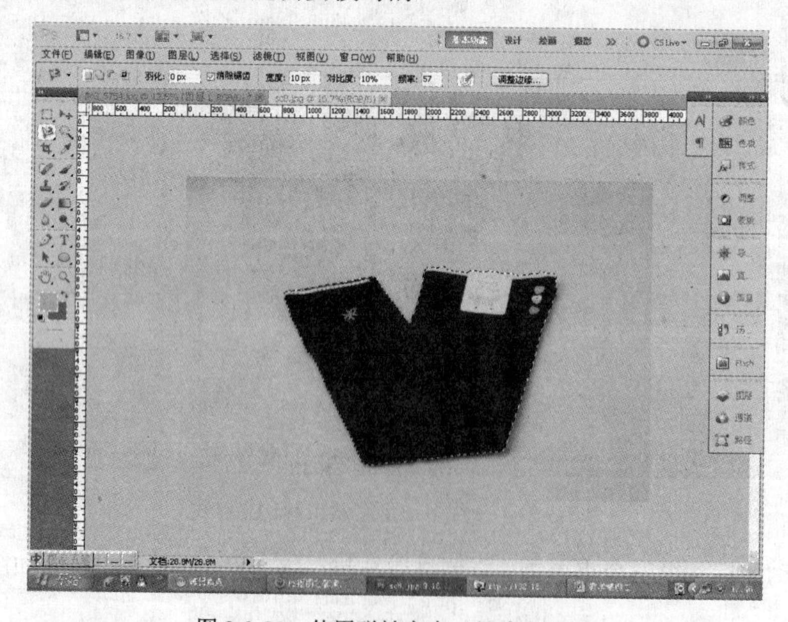

图 2-3-23　使用磁性套索工具建立选区

子任务 4 用钢笔工具抠图

（1）启动 Photoshop CS5，打开“sc9.jpg”图像，如图 2-3-24 所示。

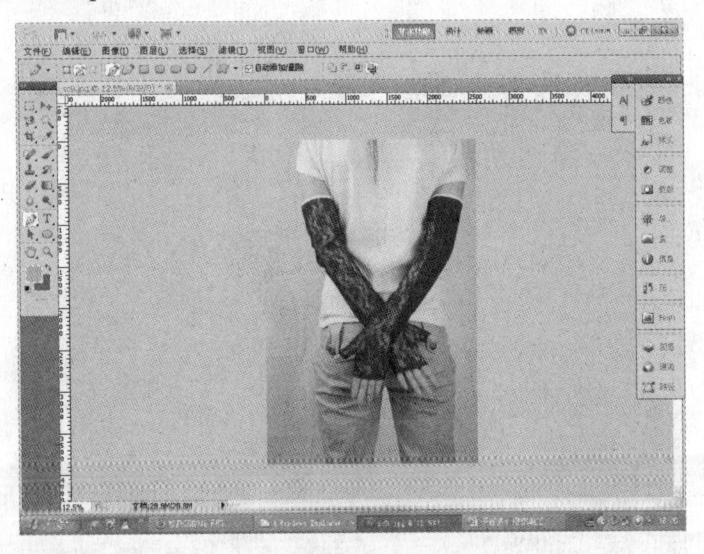

图 2-2-24 打开 sc9.jpg 图像

（2）按“Ctrl++”组合键将图片放大 3～4 倍，按住“Space”键，再按住鼠标左键拖动鼠标到如图 2-3-25 所示的效果后释放鼠标左键。

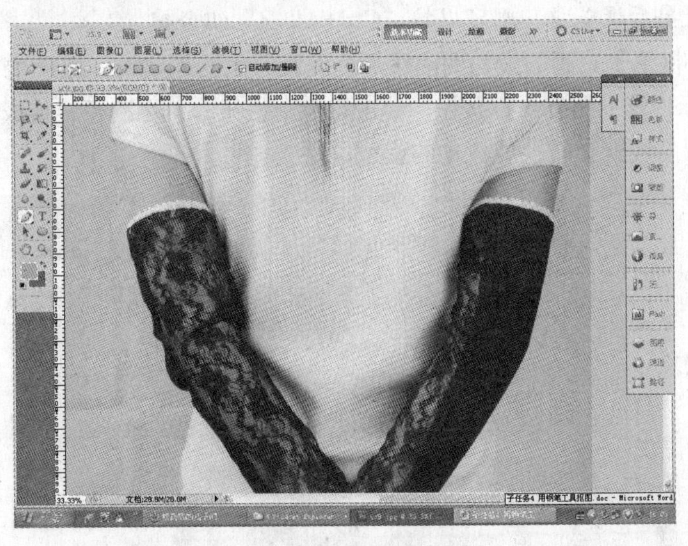

图 2-3-25 照片放大后的效果图

（3）设定一个起点，在起点处单击鼠标左键，就会在图片上出现一个小方格（锚点），释放鼠标左键，移动鼠标到第二个点处单击，如果这时是画直线则在第二个点处单击鼠标左键后释放即可，继续移动鼠标到第三个点，如果这时需要画有一定弧度的线，则鼠标移动到第三个点处按住鼠标左键，拖动鼠标直到所画的线是沿着主体的边线为止，释放鼠标左键，并将光标移动到最后一个锚点处，按住“Alt”键不放，单击鼠标左键（这样做的目的是接下来再画线条时可以是直线，也可以是弧线，否则，接下来画的线肯定是弧线，且方向也不好控制），这样继续多次，直到终点与起点连在一起为止，便可绘制出如图 2-3-26 所示的效果。

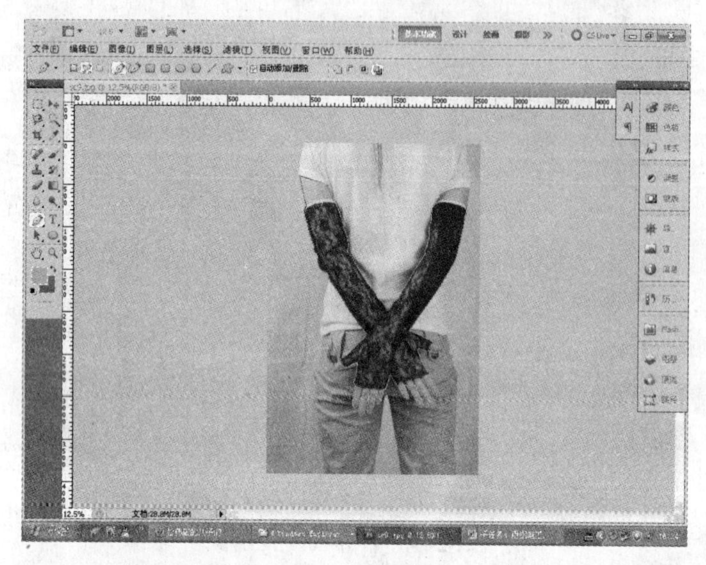

图 2-3-26　使用钢笔工具绘制路径后的效果图

说明：当用钢笔工具画的线与边界不是很接近时，如果只是后退一步，可以按“Ctrl+Z”组合键；如果是要后退多步，则可以按“Ctrl+Alt+Z”组合键。

（4）检查用钢笔工具画的线与图的边界之间没有大的差错时，打开“路径”控制面板，如图 2-3-27 所示，其下面有一行按钮，单击第 3 个按钮即“将路径转换成选区”按钮，则刚用钢笔工具画的线就会转换成流动的虚线。

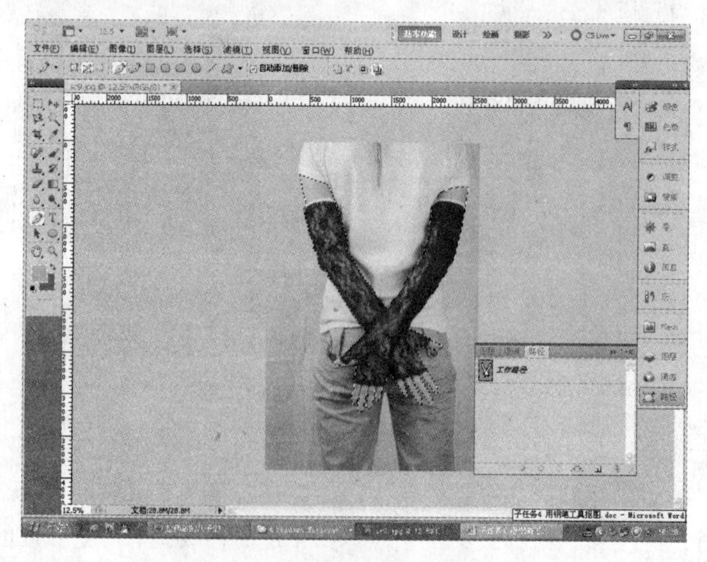

图 2-3-27　“路径”控制面板

（5）打开“图层”控制面板，单击“创建新图层”按钮，新建一个图层即“图层 1”，选择“背景”图层，按“Ctrl+C”组合键复制选区内的图形，再选择“图层 1”，按“Ctrl+V”组合键粘贴刚选中的图形，再选择“背景”图层，单击左边的“眼睛”，不显示“背景”图层，只显示“图层 1”，效果如图 2-3-28 所示。

图 2-3-28 在新图层粘贴选区后的效果图

（6）执行“文件”→“新建”菜单命令，在弹出的对话框中做如图 2-3-29 所示的设置后单击“确定”按钮，新建一个背景是白色，宽度和高度都是 310 像素的正方形背景。

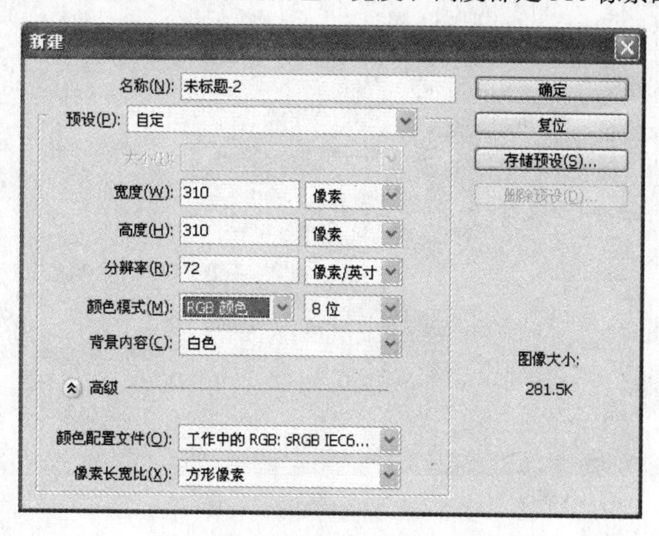

图 2-3-29 “新建”对话框

（7）使用选择工具，将刚抠好的图像通过鼠标拖动的方法拖动到新建好的正方形背景中，效果如图 2-3-30 所示。

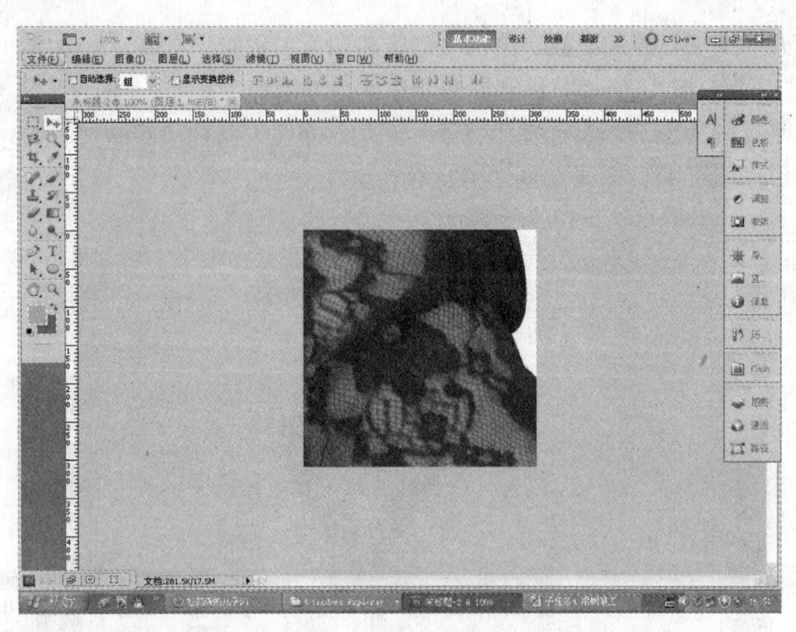

图 2-3-30　将抠好的图像移动到新建背景中

（8）从图 2-3-30 中可以看出图片比正方形背景大了许多，按“Ctrl+T”组合键调出控制框，这时光标变成了实心的黑色箭头，用鼠标进行拖动，直到将控制框的上边线显示出来为止，如图 2-3-31 所示。

图 2-3-31　调整图像的位置

（9）将光标移动到左上角的空心锚点处，按住“Shift”键的同时向右下角拖动鼠标以缩小图片，经过多次这样的操作后，再用鼠标拖动的方法调整手臂的位置，效果如图 2-3-32 所示。

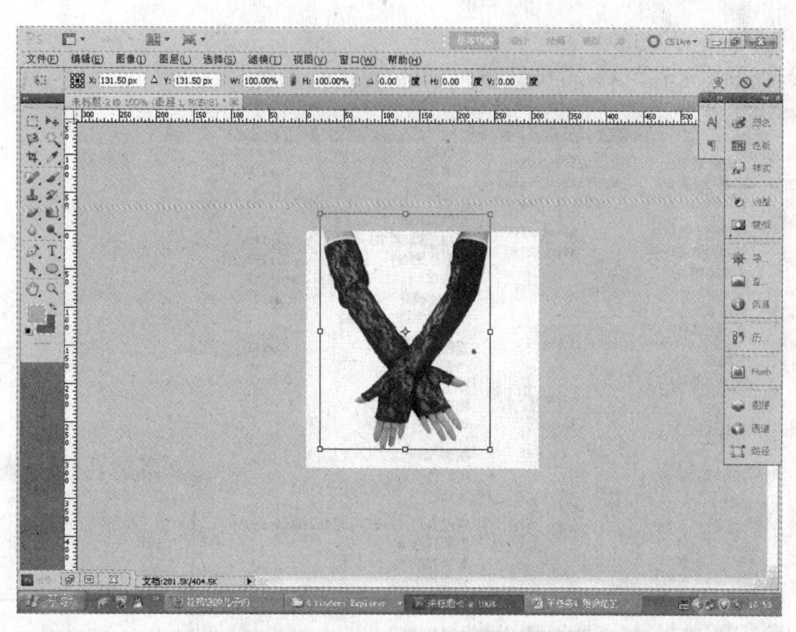

图 2-3-32　调整大小后的效果图

（10）将光标移动到右下角的空心锚点处，当光标变成有点弯的双向箭头时拖动鼠标，将手臂转换方向，如图 2-3-33 所示。

图 2-3-33　调整手臂的方向

（11）执行“图像”→“调整”→“亮度/对比度”菜单命令，如图 2-3-34 所示，弹出“亮度/对比度”对话框，在对话框中进行如图 2-3-35 所示的设置，提高图片的亮度和对比度，效果如图 2-3-36 所示。

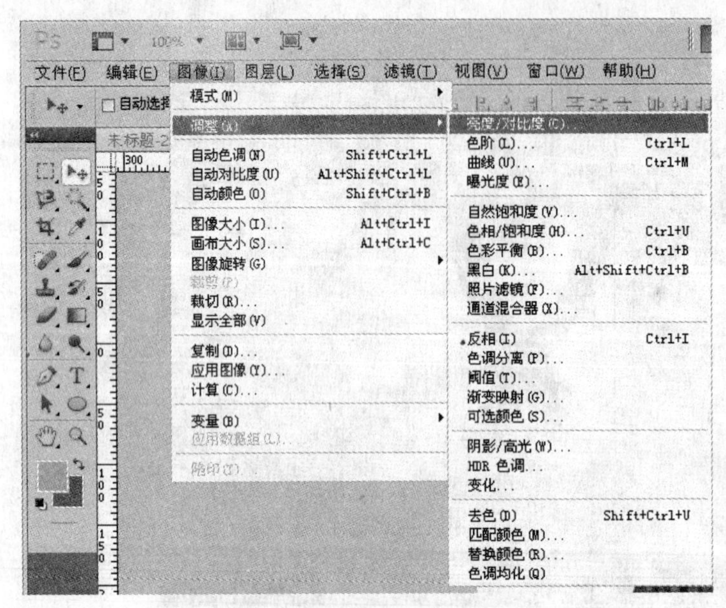

图 2-3-34　调整亮度和对比度

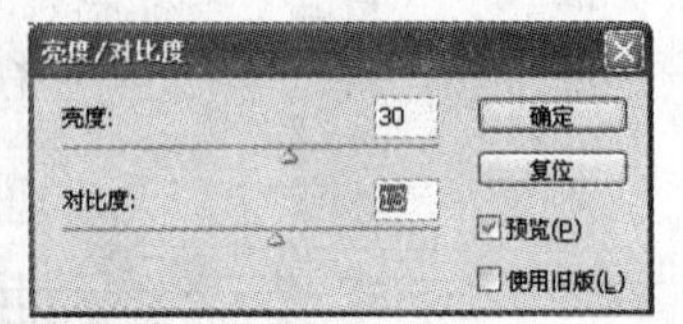

图 2-3-35　“亮度/对比度”对话框

图 2-3-36　调整亮度和对比度后的效果图

（12）为手臂加一个投影。先打开“图层”控制面板，选择“图层 1”，双击“图层 1”左边的图标或单击“图层”控制面板下面的“*fx*”按钮，如图 2-3-37 所示，在弹出的菜单中选择“投影”选项，弹出如图 2-3-38 所示的“图层样式”对话框，在对话框中进行设置。单击“确定”按钮后的效果如图 2-3-39 所示。

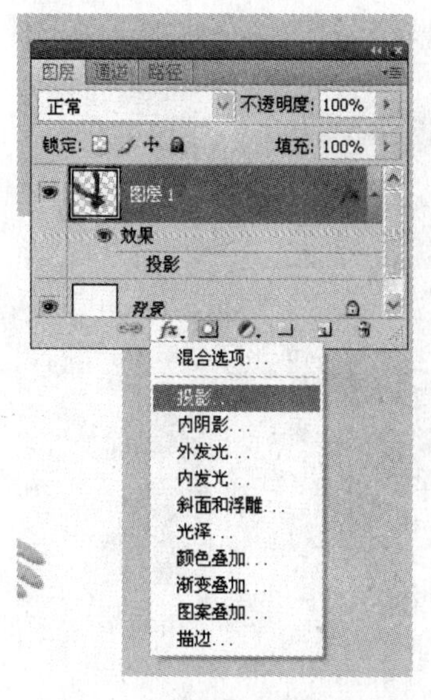

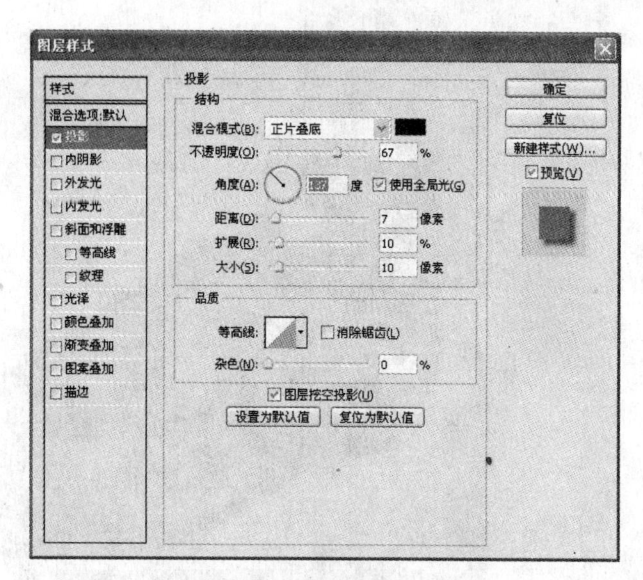

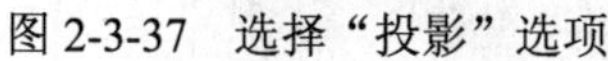
图 2-3-37 选择“投影”选项

图 2-3-38 “图层样式”对话框

图 2-3-39 添加投影后的效果图

（13）按“Ctrl++”组合键放大图片，按住“Space”键，利用鼠标拖动的方法移动图片到合适的位置，再选择矩形选框工具，按住“Shift”键的同时拖动鼠标形成一个正方形选区，如图 2-3-40 所示。

（14）选择“图层”控制面板，新建一个图层即“图层 2”，选择“图层 1”，按“Ctrl+C”组合键复制选区内的图像，再选择“图层 2”，按“Ctrl+V”组合键在原位置粘贴图像。按“Ctrl+–”组合键将图片缩小，让“图层 2”处于选中状态，选择工具箱中的移动工具，将“图层 2”中的图像移动到其他位置，如图 2-3-41 所示。

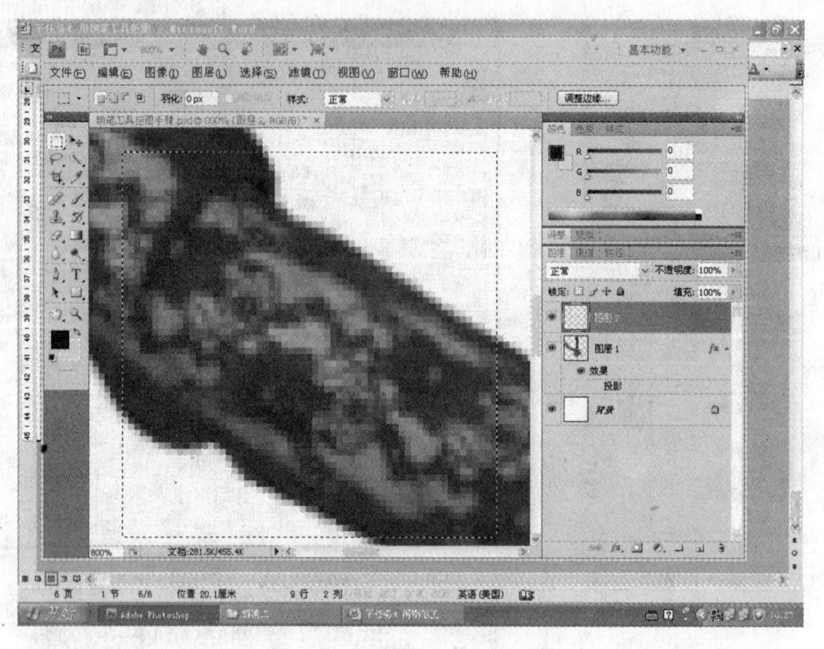

图 2-3-40　建立正方形选区

图 2-3-41　粘贴并移动选区效果图

（15）让“图层 2”处于选中状态，按“Ctrl+T”组合键调出控制框，将光标移动到右下角的控制锚点处，当光标变成有点弯的双向箭头时拖动鼠标，将图像旋转到水平方向，如图 2-3-42 所示。

（16）按“Ctrl++”组合键放大图片，选择矩形选框工具，按住“Shift”键的同时拖动鼠标形成一个正方形选区，如图 2-3-43 所示。

图 2-3-42　调整方向

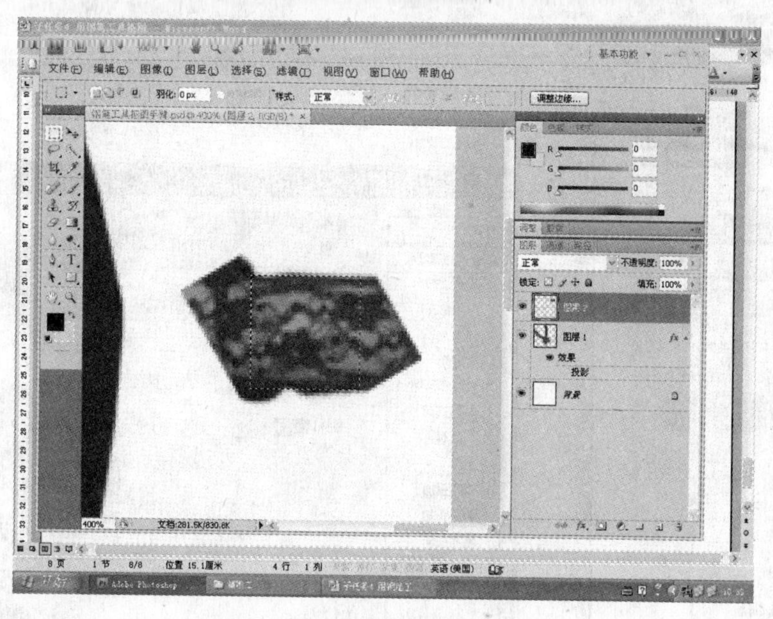

图 2-3-43　继续建立正方形选区

（17）选择“图层”控制面板，新建一个图层即“图层 3”，选择“图层 2”，复制选区内的图像，再选择“图层 3”在原位置粘贴图像。按“Ctrl+–”组合键将图片缩小，选择“图层 2”并让其处于不显示状态。再让“图层 3”处于选中状态，选择工具箱中的移动工具，将“图层 3”中的图像移动到其他位置，如图 2-3-44 所示。

（18）为“图层 3”加边框。先打开“图层”控制面板，选择“图层 3”，双击“图层 3”左边的图标或单击“图层”控制面板下面的“*fx*”按钮，如图 2-3-45 所示，在弹出的菜单中选择“描边”选项，弹出如图 2-3-46 所示的“图层样式”对话框。

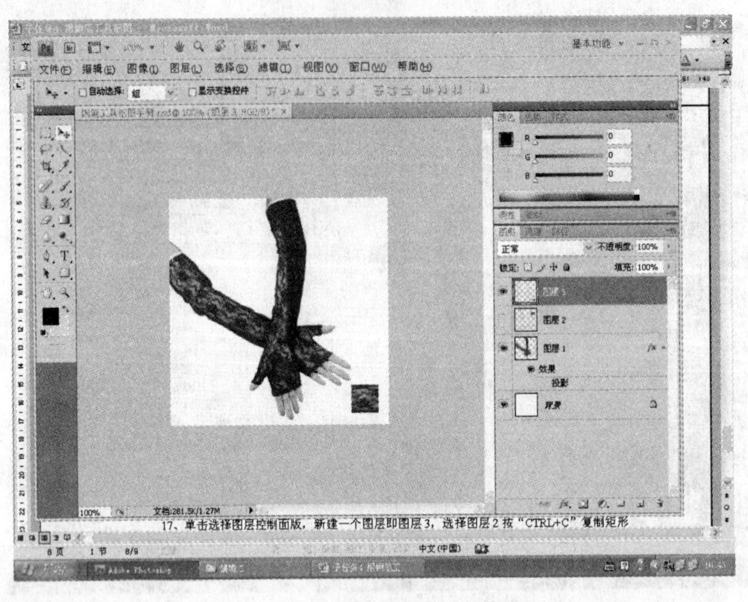

图 2-3-44 调整正方形图像的位置

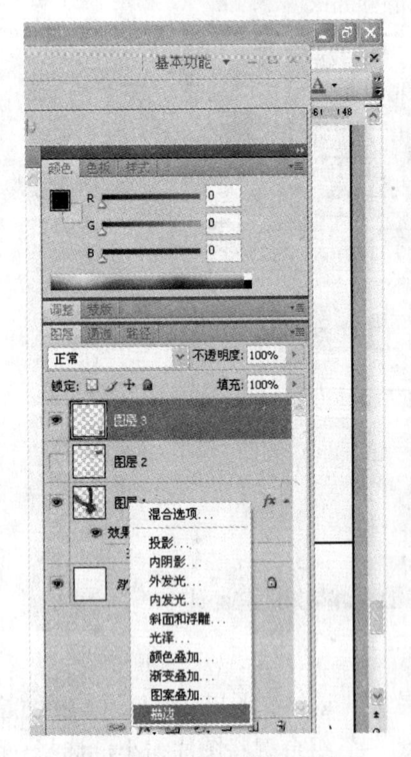

图 2-3-45 选择“描边”选项

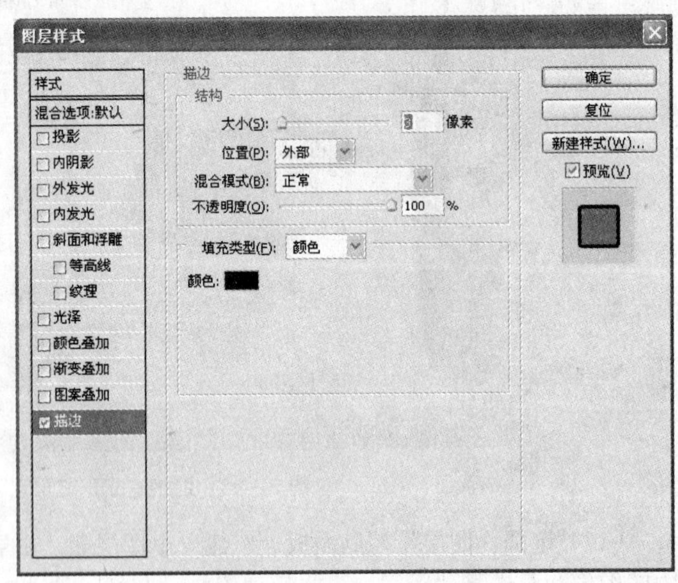

图 2-3-46 “图层样式”对话框

（19）在“图层样式”对话框中将“大小”设为“1”像素，填充类型中的颜色换成红色，如图 2-3-47 所示。

（20）选择工具箱中的文字工具，移动光标到合适的位置后单击鼠标，输入“黑色蕾丝”几个字，这时会在“图层”面板中新增一个图层，在这个新增的图层上单击鼠标左键，就会出现“黑色蕾丝”图层。用同样的方法再建立“尽显女人”和“妩媚”这两个文字图层，如图 2-3-48 所示。

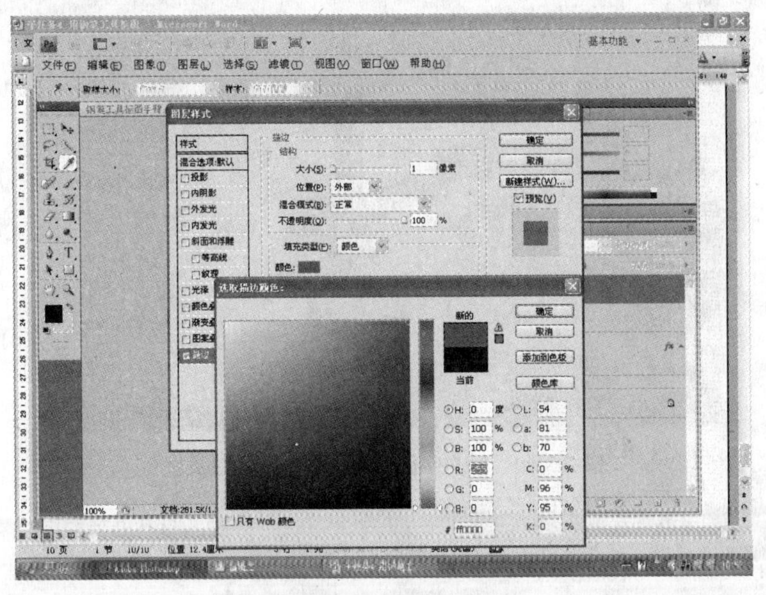

图 2-3-47 更换描边颜色

图 2-3-48 建立文字图层

（21）选中“黑色蕾丝”图层，在属性栏中选择合适的字体和颜色，按“Ctrl+T”组合键调出控制框，调整字的大小和位置。用同样的方法对“尽显女人”图层和“妩媚”图层进行设置，最终的效果如图 2-3-49 所示。

上述 4 种抠图技术是在工作过程中最常使用的抠图技术，另外，使用背景橡皮擦工具、图层蒙版、剪切蒙版等也可以实现抠图，在后面的实例中会进行较为详细的操作说明。

图 2-3-49　对文字图层进行设置后的效果图

任务四　数码照片的拼合技术

我们用数码相机拍摄一些大的场景时，有时受条件限制不能一次性将大的场景拍摄完全，这时我们可以分段拍摄，后期再使用 Photoshop 软件将分段的照片进行拼合，完成全景图。下面我们就来详细介绍拼合照片的具体操作步骤。

（1）启动 Photoshop CS5，打开“素材 10-1”和“素材 10-2”，如图 2-4-1 所示。

图 2-4-1　打开要拼合的两张照片

（2）执行“文件”→“自动”→“Photomerge”菜单命令，如图 2-4-2 所示，弹出“Photomerge”对话框，如图 2-4-3 所示。

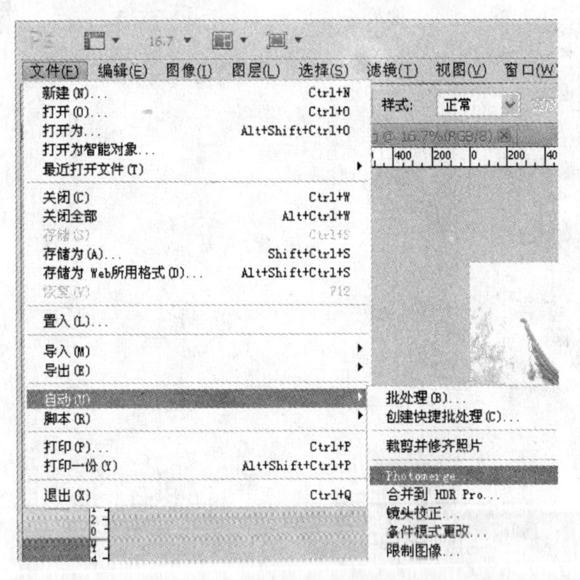

图 2-4-2 “Photomerge”命令

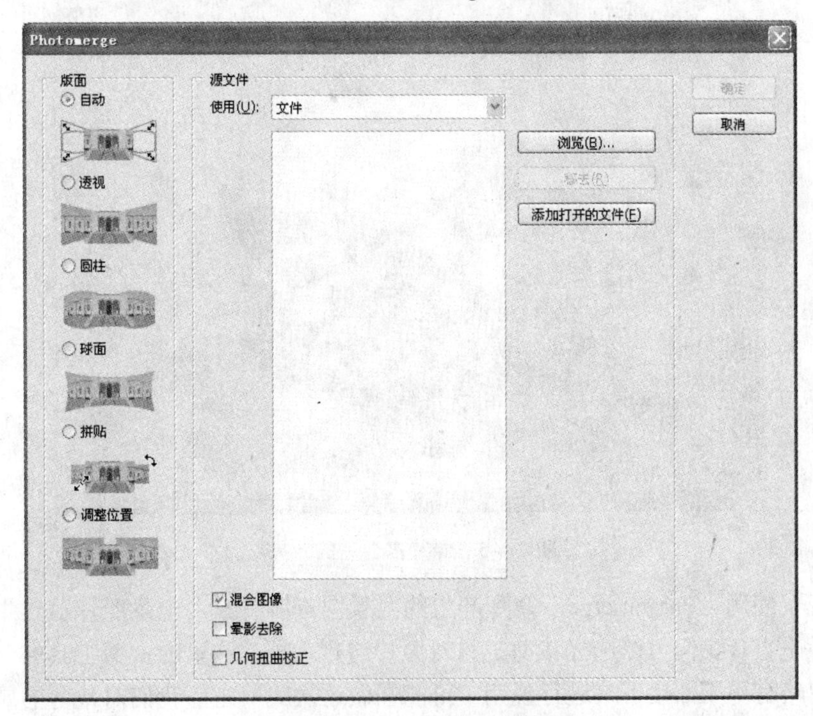

图 2-4-3 “Photomerge”对话框

（3）在对话框中单击“添加打开的文件”按钮，打开的素材就会添加到“使用”下面的白色框内，在“版面”中一共有 6 个选项，这里选择“自动”，设置后如图 2-4-4 所示。单击“确定”按钮后的效果如图 2-4-5 所示，因为这个处理过程有点复杂，所以速度很慢。

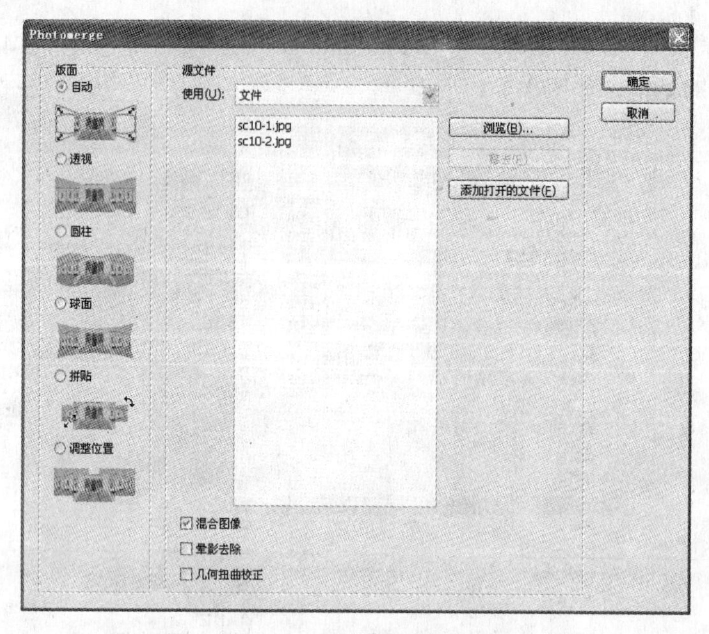

图 2-4-4　添加打开的文件

图 2-4-5　照片拼合后的效果

（4）观察使用“Photomerge”命令产生的全景图可以看出，全景照片虽然生成了，但照片边线不平直，我们可以选择裁剪工具对照片进行裁剪，这里的裁剪工具的使用方法和前面的使用略有不同，接下来进行说明。可能在做这次裁剪之前我们对裁剪的属性栏有一些设置，不符合目前的裁剪要求，选择裁剪工具后，可以将属性栏中的宽度和高度删除，再使用鼠标拖动的方法从左上角往右下角拖动，形成一个裁剪框，可以利用键盘上的方向键来调整裁剪框的位置，将鼠标移动到边框上的 8 个空心控制点上，使用鼠标拖动的方法来调整裁剪框的大小，调整好裁剪框的位置和大小后再将光标移动到裁剪框内，当光标变成一个黑色实心的箭头后双击鼠标左键即可完成裁剪，裁剪后的效果如图 2-4-6 所示。

图 2-4-6　裁剪后的效果

（5）裁剪后的照片仍有些缺陷，这时可以单击工具箱中的仿制图章工具，按住“Alt”键后，先将右上角区域处理好，然后执行“图层”→“合并图层”菜单命令，将两个图层合并成一个图层，再将属性栏上的不透明度改为 50%，利用仿制图章工具对下面的黄色 2011 字样进行涂抹，处理后的效果如图 2-4-7 所示。

图 2-4-7　使用仿制图章工具处理后的图像

任务五　人物数码照片处理技术

子任务 1　使用剪切蒙版来裁剪照片

（1）首先我们来分析任务中要处理的照片，这是一个 14 个月大的宝宝的照片，我们给它取个主题叫“这就不信我爬不上去”，这张照片是生活照，里面有较多的杂物，但照片的色彩和光线都不错。根据这张照片的构图情况和我们想要表达的主题，可以通过剪切蒙版来对它进行处理，可以选择 Illustrator CS5 来进行。

图 2-5-1　原照片

（2）启动 Illustrator CS5，按“Ctrl+O”组合键打开要处理的照片 sc11.jpg，如图 2-5-2 所示。

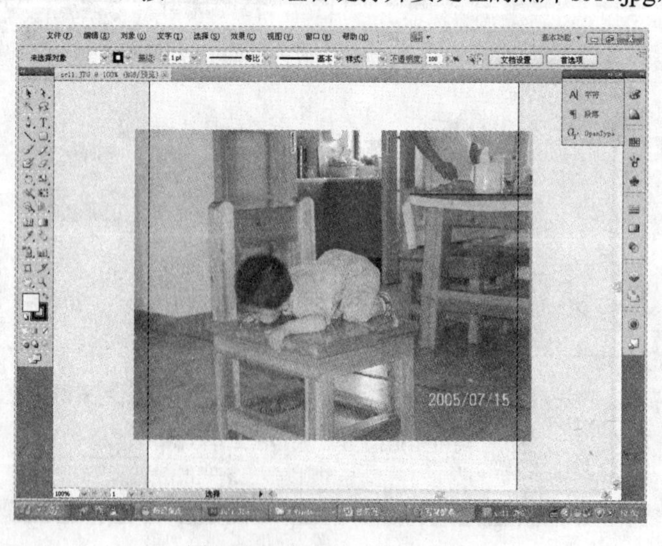

图 2-5-2　打开 sc11.jpg 照片

（3）选择矩形选框工具下的多边形工具，如图 2-5-3 所示。在照片的任意位置单击鼠标并按住鼠标左键不放，往右下角拖动鼠标，画一个六边形，释放鼠标后，使用选择工具调整六边形的位置，将光标移动到 4 个角的任意一个角处，当光标在空心的控制点附近变成一个有点弯的双向箭头时，按住鼠标左键不放拖动鼠标调整六边形的方向，释放鼠标后再将光标移动到右下角的控制点上，当光标变成正或负的 45°的直线双向箭头时，按住“Shift”键并拖动鼠标调整六边形的大小，最终的效果如图 2-5-4 所示。

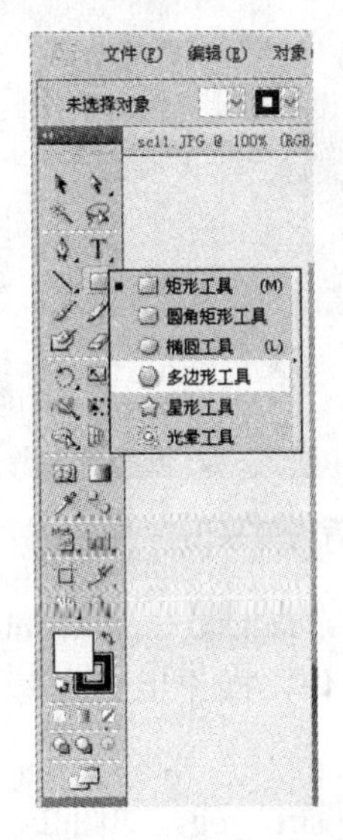

图 2-5-3　选择多边形工具

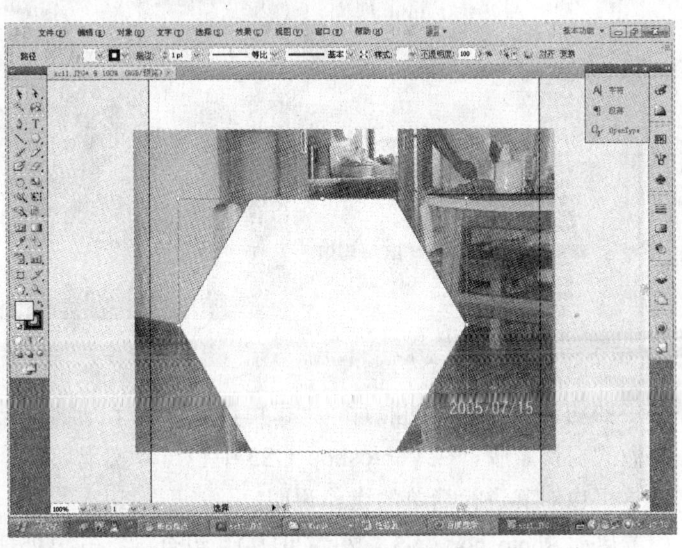

图 2-5-4　绘制正六边形

（4）使用选择工具用框选的方式将照片和六边形同时选中，如图 2-5-5 所示。

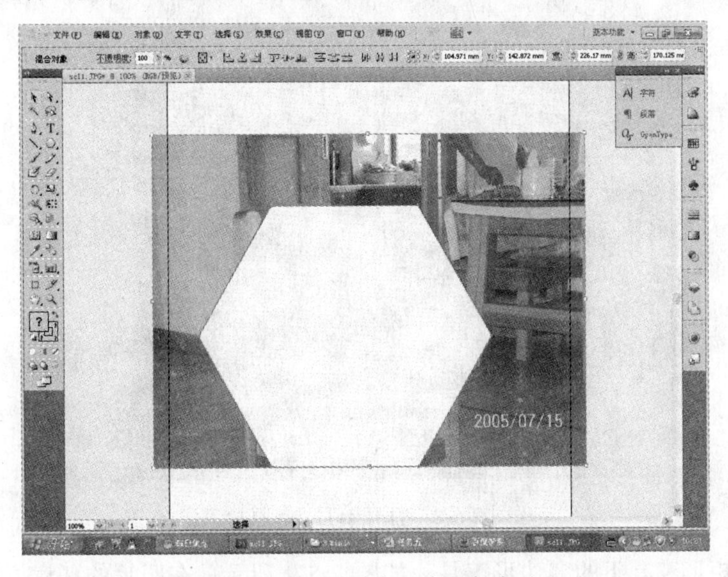

图 2-5-5　同时选中照片和六边形

（5）执行“对象”→“剪切蒙版”→“建立”菜单命令，如图 2-5-6 所示，或将光标移动到照片范围之内单击鼠标右键，在弹出的快捷菜单中选择“建立剪切蒙版”选项，效果如图 2-5-7 所示。最终的效果图请大家参照“xgt11-1.ai”。

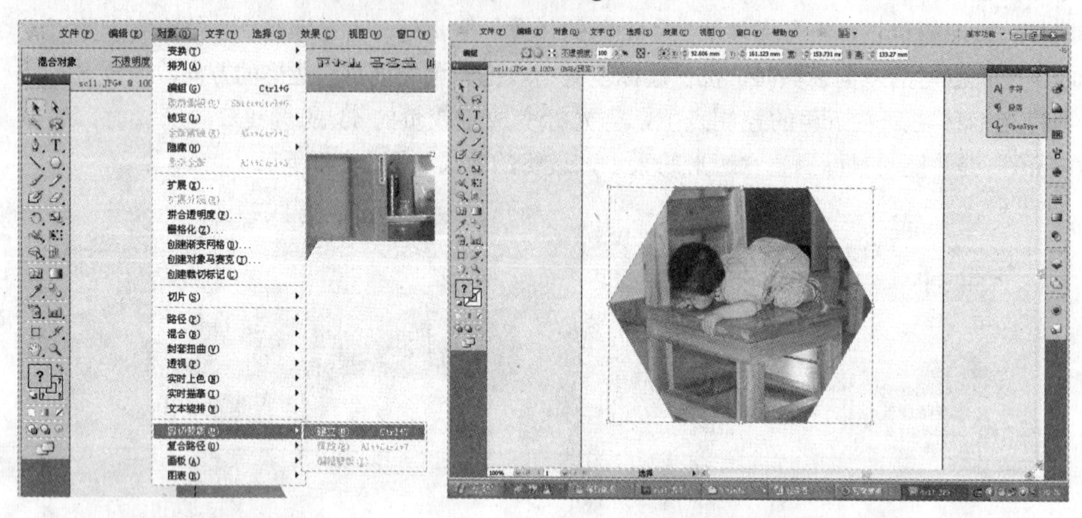

图 2-5-6 建立剪切蒙版　　图 2-5-7 建立剪切蒙版后的效果图

利用剪切蒙版处理后的照片，大家可以看出很多杂物都已被裁掉，我们是在 Illustrator CS5 中做的剪切蒙版，在 Photoshop CS5 中也可以实现剪切蒙版的操作，操作步骤略有不同，在这里也对其进行简单的操作说明。

（1）启动 Photoshop CS5，按“Ctrl+O”组合键打开要处理的照片 sc11.jpg，如图 2-5-8 所示。

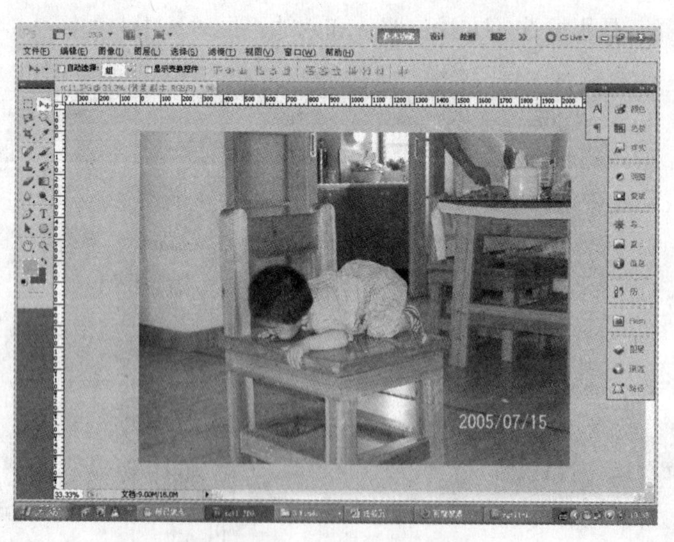

图 2-5-8 打开 sc11.jpg 照片

（2）选择矩形工具下的多边形工具，如图 2-5-9 所示，在照片的任意位置绘制一个五边形，按“Ctrl+T”组合键调出控制框后调整五边形的位置、大小和方向等，效果如图 2-5-10 所示。

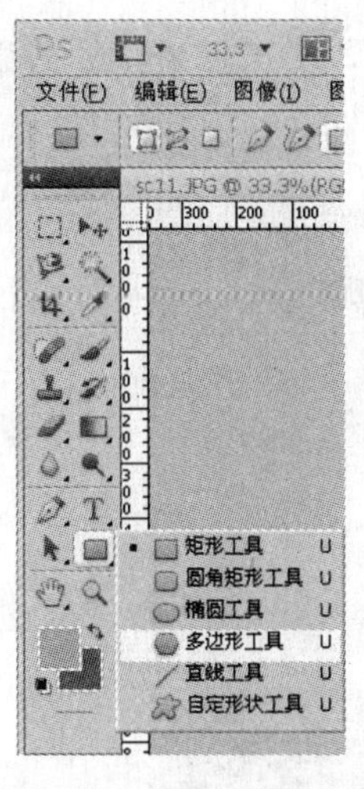

图 2-5-9 选择多边形工具

图 2-5-10 绘制五边形

（3）将光标移动到五边形内，双击鼠标左键，取消控制框，打开“图层”面板，选择“背景”图层，单击鼠标右键，在弹出的快捷菜单中选择“复制图层”选项，弹出“复制图层”对话框，如图 2-5-11 所示，直接单击“确定”按钮，观察它的“图层”面板，可以看到多了一个“背景副本”图层，如图 2-5-12 所示。

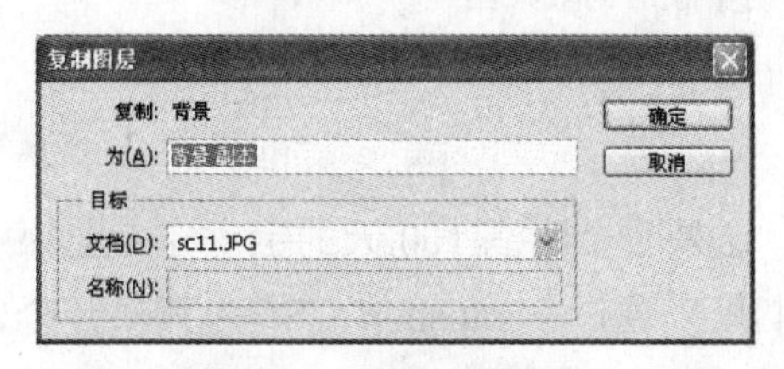

图 2-5-11 “复制图层”对话框

图 2-5-12 “图层”面板效果图

（4）使“背景”图层不可见，将光标移动到“背景副本”图层上，按住鼠标左键不放，利用鼠标拖动的方法将“背景副本”图层移动到“形状 1”图层的上面，效果如图 2-5-13 所示。

图 2-5-13 调整图层顺序

（5）按“Ctrl+Alt+G”组合键创建剪切蒙版，效果如图 2-5-14 所示。最终的效果图请大家参照“xgt11-2.psd”。

图 2-5-14　创建剪切蒙版后的效果图

子任务 2　为人物照片换背景

（1）首先来分析如图 2-5-15 所示的照片，这是一个刚满 100 天的宝宝在专业摄影棚内拍摄的照片，照片的背景显得有点单一，我们可以通过 Photoshop CS5 为其换一个背景。启动 Photoshop CS5，打开光盘找到为大家提供的两个素材“sc12-1”和“sc12-2”。

图 2-5-15　打开素材图像

（2）使用移动工具将“sc12-2”宝宝照片拖动到“sc12-1”上，按“Ctrl+T”组合键调出控制框，调整“sc12-2”的大小和位置，使其与“sc12-1”正好重叠，如图 2-5-16 所示，将光标移动到控制框内双击鼠标左键取消控制框。

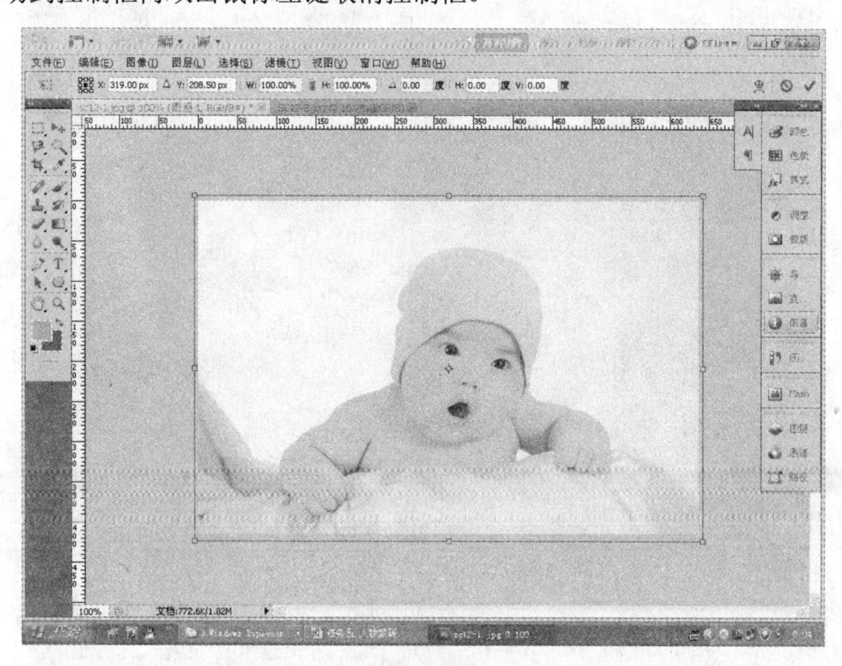

图 2-5-16　调整照片的位置与大小

（3）打开“图层”控制面板，选择“图层 1”，单击“添加图层蒙版”按钮，如图 2-5-17 所示，在“图层 1”的缩略图右边会添加一个白色的框，这个框就是图层蒙版，如图 2-5-18 所示。

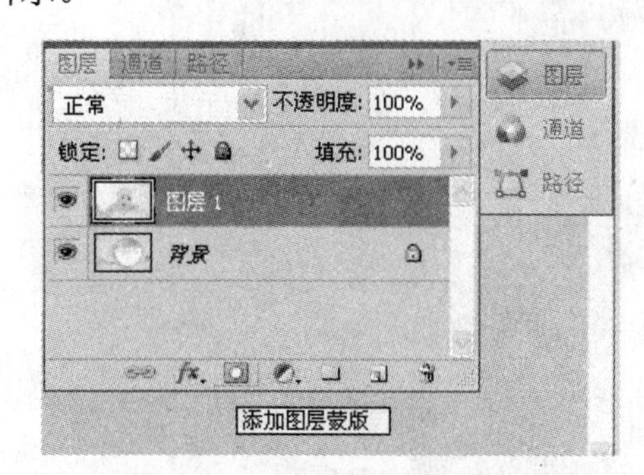

图 2-5-17 “添加图层蒙版”按钮

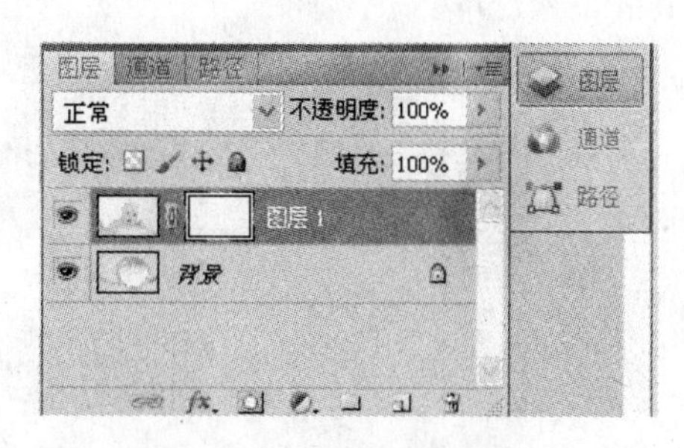

图 2-5-18　添加图层蒙版

（4）在“图层 1”的蒙版框上单击选中蒙版，选择工具箱内的画笔工具，在弹出的工具属性栏内将其不透明度调为 80%，画笔笔刷大小设为 40（具体大小应该根据处理的位置随时进行调整），在宝宝照片的上部利用鼠标拖动的方法进行涂抹，效果如图 2-5-19 所示。

（5）观察宝宝照片与背景中的圆，会发现有些偏差，使用移动工具将宝宝照片移动到合适的位置，如果觉得宝宝照片还有点大，也可以按“Ctrl+T”组合键调出控制框，将鼠标移到左上角的控制点处按住“Shift”键不放略将照片调小一些，效果如图 2-5-20 所示。

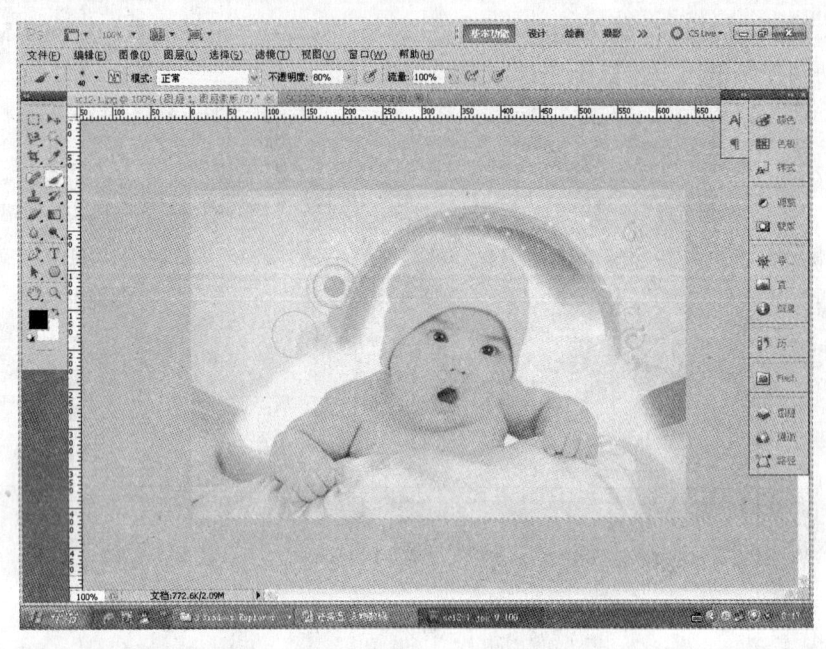

图 2-5-19　使用画笔工具涂抹的效果图

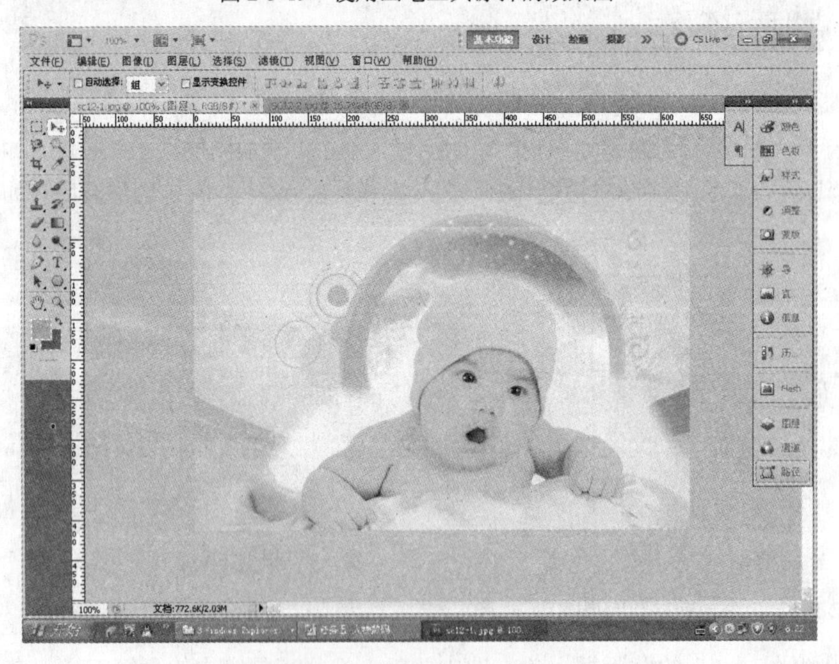

图 2-5-20　调整照片大小

（6）选择画笔工具，将画笔大小调为 30，不透明度调为 50%，选择“图层 1”宝宝缩略图右边的蒙版框，利用鼠标拖动的方法在宝宝头部周围继续使用蒙版，效果如图 2-5-21 所示。

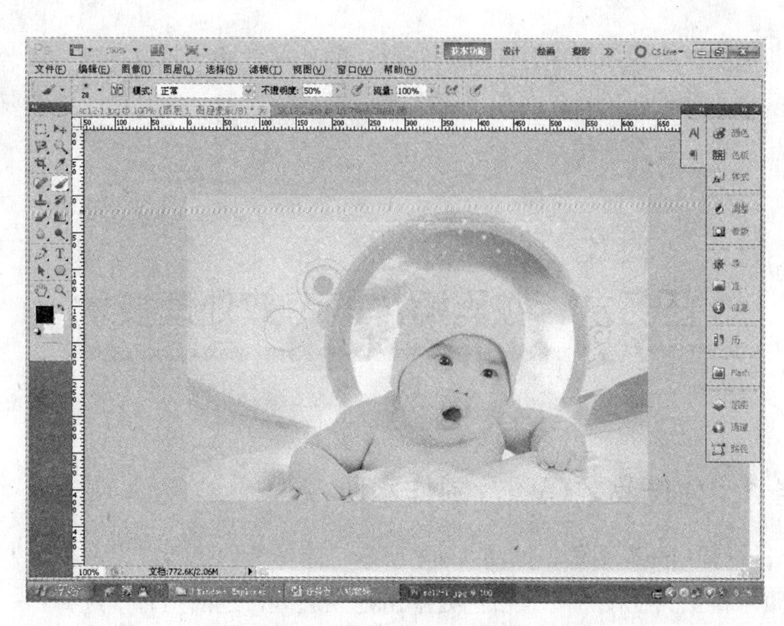

图 2-5-21　调整画笔的大小与不透明度

（7）选择画笔工具，画笔大小根据情况进行调整，将不透明度调为 80%左右，利用鼠标拖动的方法在宝宝身体下面的部位继续使用蒙版，效果如图 2-5-22 所示。

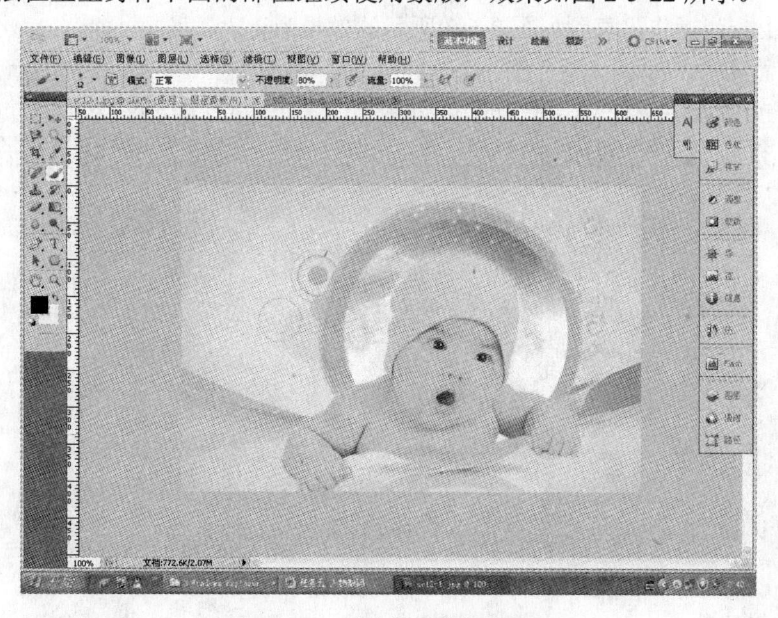

图 2-5-22　继续使用蒙版效果图

大家可以看出，使用图层蒙版实际上也是抠图的一种，在使用图层蒙版时，画笔的大小及不透明度要随时根据情况进行调整，一般画笔的大小在靠近主体边缘时要调小一些，反之可以适当调大一些，而不透明度的调整就要看你想要的效果了，想要背景图清晰一点，不透明度就调大一些，想要前景图清晰一些就将不透明度调小一些，希望同学们能自己寻找素材多加练习。

另外，前面叙述的这些抠图技术及数码照片的处理方法，不仅适用于人物数码照片，也适用于很多产品的数码照片，在使用时大家可以灵活运用，有时不一定非要用单一的方法，这些方法也可以混合使用。

任务六　数码照片的特效处理技术

子任务 1　为产品数码照片制作水印

（1）打开“sc13.jpg”图像，如图 2-6-1 所示，图像为白色背景，选择吸管工具吸取白色，再选择魔术棒工具在图片背景白色处单击建立选区，之后执行“选择”→“反向”菜单命令，按“Ctrl++”组合键放大图片后，我们可以发现花朵部分由于颜色与白色较为接近，有一部分并没有选中，这时按住“Shift”键，在花朵需要加进选区的附近单击鼠标，将需要的部分加进来即可，如果没加进来反而让选区发生了很大的变化，可以按“Ctrl+Z”组合键取消上一步操作，直到如图 2-6-2 所示的效果为止。

图 2-6-1　打开 sc13.jpg 图像

（2）打开“图层”面板，单击“创建新图层”按钮新建一个图层即“图层 1”，选择“背景”图层复制选区，再选择“图层 1”粘贴选区，选择“背景”图层使其不可见，再选择“图层 1”，效果如图 2-6-3 所示。

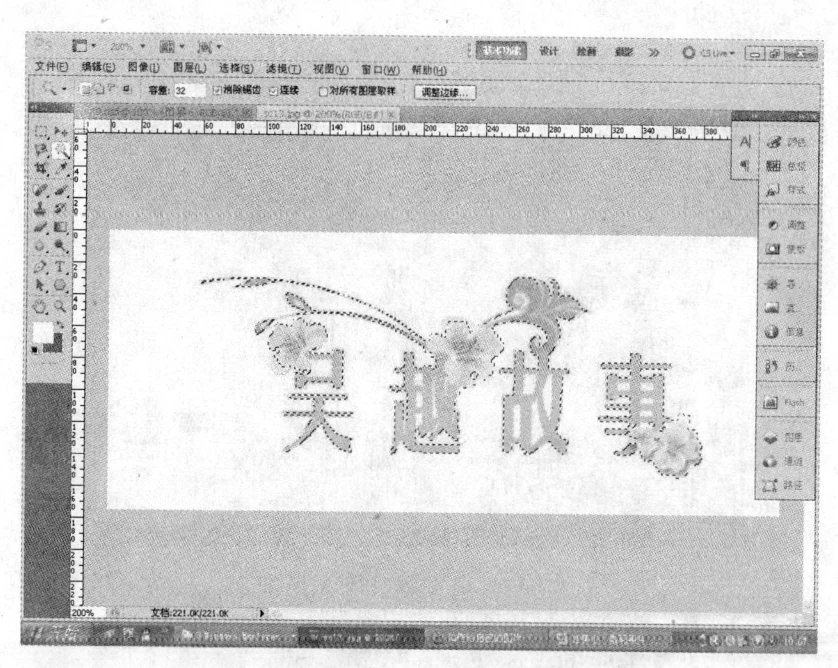

图 2-6-2 建立选区

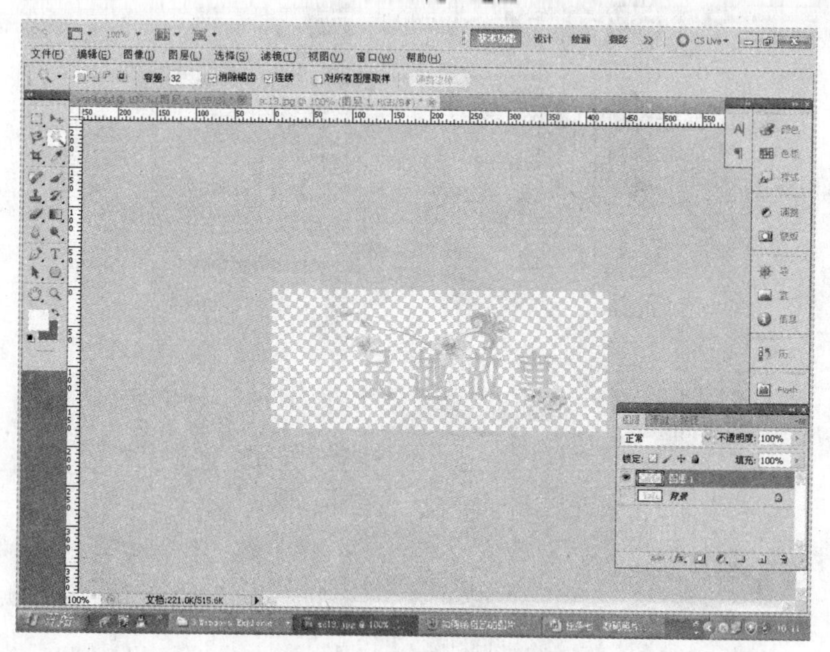

图 2-6-3 去掉白色背景后的效果图

（3）放大图片后仔细观察可以发现，有些字的部位还存在一些白色背景，我们可以用魔术棒工具和矩形选框工具将其选中，按“Delete”键将这些白色背景去掉，效果如图 2-6-4 所示。

（4）将图片的颜色去掉，执行“图像”→“调整”→“去色”命令，如图 2-6-5 所示，效果如图 2-6-6 所示。

图 2-6-4　细节处理后的效果图

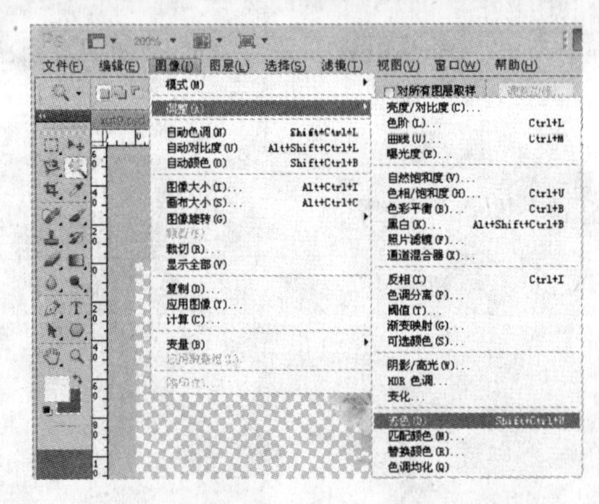

图 2-6-5　“去色”命令

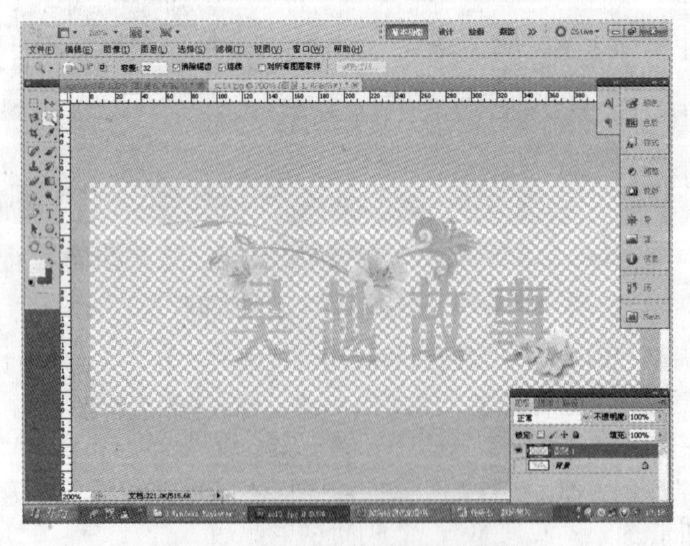

图 2-6-6　去掉图片颜色后的效果图

（5）打开“xgt9.psd”文件，选择移动工具，将处理的图片拖动到xgt9这张效果图上，再按“Ctrl+T”组合键调出控制框，调整图的大小和位置，再将图的不透明度降低一点，请大家根据效果来慢慢调整，在这个任务中为了使显示的效果清晰一些将不透明度降为60%，最终效果如图2-6-7所示。

图2-6-7 加水印后的效果图

子任务2 将数码照片处理为国画效果

（1）启动Photoshop CS5，打开“sc14.jpg”图像，如图2-6-8所示，这是一张风景照片，有山有水有树，比较适合将它处理成中国国画——山水水墨画的效果。

图2-6-8 打开sc14.jpg图像

（2）仔细观察照片后发现上面的日期对照片的处理效果有较大的影响，可以选择工具箱中的仿制图章工具将其去掉，效果如图2-6-9所示。

图 2-6-9　去掉照片上的日期

（3）打开“图层”控制面板，将“背景”图层拖曳到“创建新图层”按钮上生成一个“背景副本”图层，如图 2-6-10 所示。执行“图像”→“调整”→“去色”命令，效果如图 2-6-11 所示。

图 2-6-10　生成“背景副本”图层

图 2-6-11　照片去色后的效果图

（4）执行“滤镜”→“模糊”→“特殊模糊”命令，在弹出的“特殊模糊”对话框中将半径设为 20，阈值设为 60，其他选项保持默认，如图 2-6-12 所示，图像效果如图 2-6-13 所示（也可以选择高斯模糊命令，在弹出的对话框中主要设置的参数是半径）。

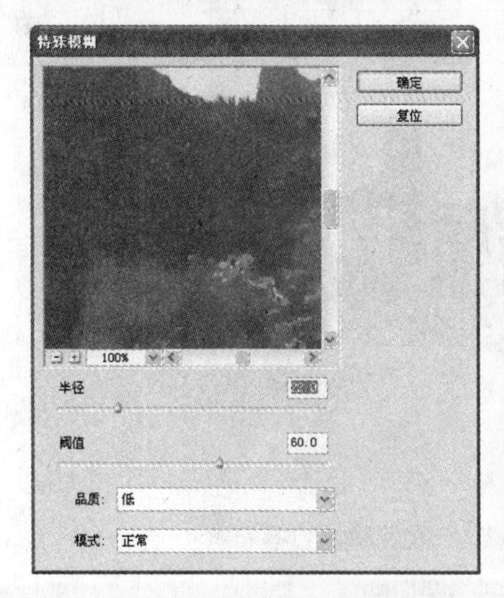

图 2-6-12 “特殊模糊”对话框

图 2-6-13　特殊模糊后的效果图

（5）打开“图层”控制面板，按“Ctrl+J”组合键复制“背景副本”图层得到“背景副本 2”图层，选择“背景副本 2”图层，单击鼠标右键，在弹出的快捷菜单中选择“混合模式”选项，在弹出的对话框中将混合模式设为亮光，如图 2-6-14 所示，图像效果如图 2-6-15 所示。

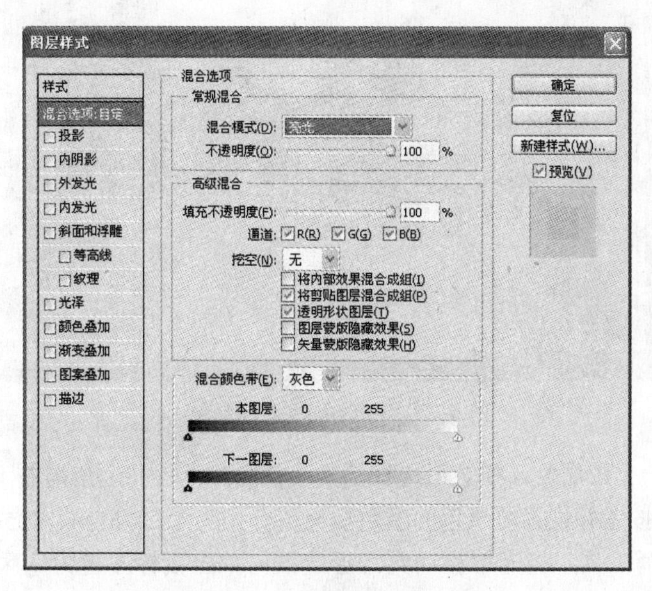

图 2-6-14　设置图层的混合模式

（6）调整“背景副本 2”图层的不透明度为 60%，“背景副本 1”图层的不透明度为 70%。单击鼠标右键，在弹出的快捷菜单中选择“拼合图像”选项，将 3 个图层合成一个图层，图像效果如图 2-6-16 所示。

图 2-6-15　设置图层混合模式后的效果图

图 2-6-16　拼合图像后的效果图

（7）再新建一个图层，选择矩形选框工具，在图片上从左上角向右下角拖动鼠标，单击“前景色设置”按钮并设置前景色的颜色填充值分别为 C13、M14、Y25、K0，如图 2-6-17 所示。选择油漆桶工具，将光标移动到矩形选框内单击鼠标左键为选区填充前景色，如图 2-6-18 所示。

（8）打开“图层”控制面板，在“图层 1”上单击鼠标右键，在弹出的快捷菜单中选择“混合模式”选项，在弹出的对话框中将混合模式设为正片叠底，并将不透明度设为 60%，效果如图 2-6-19 所示。

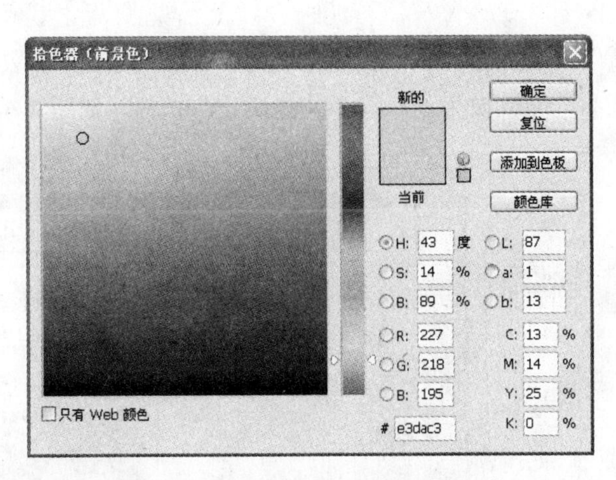

图 2-6-17 “拾色器（前景色）”对话框

图 2-6-18 绘制土黄色矩形框

图 2-6-19 图层混合后的效果图

（9）执行“滤镜”→“纹理”→“纹理化”菜单命令，如图 2-6-20 所示，在弹出的对话框中将纹理设为画布，缩放设为 50%，单击“确定”按钮，如图 2-6-21 所示，最终的处理效果如图 2-6-22 所示。

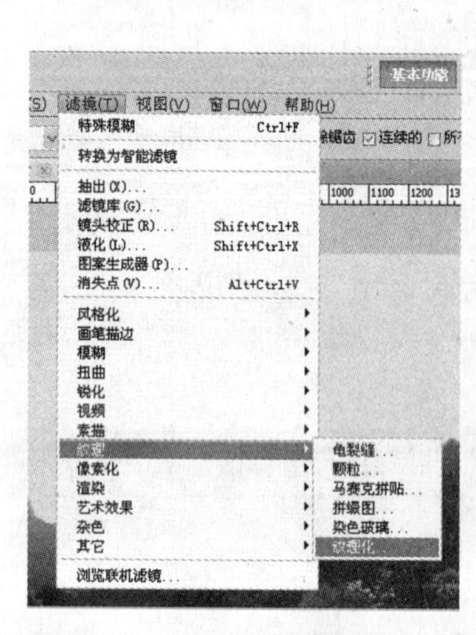

图 2-6-20 “纹理化”命令

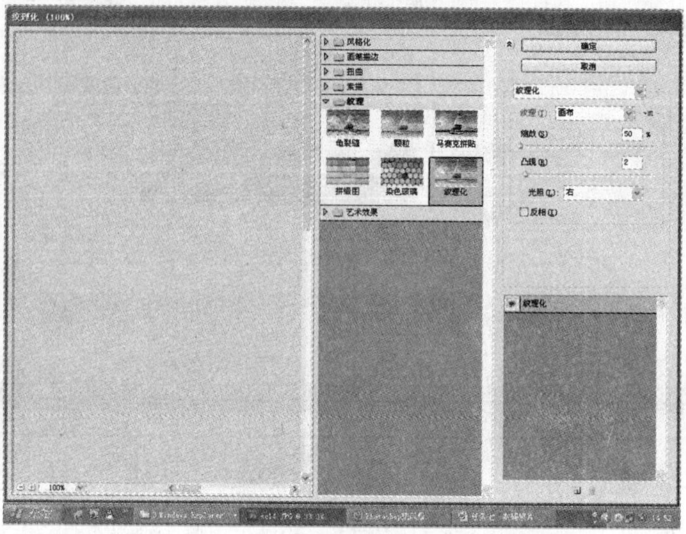

图 2-6-21 “纹理化”对话框

图 2-6-22 纹理化后的效果图

当然，在数码照片的特效处理技术中，除了上述讲的将风景照片处理成山水水墨画效果外，还可以将照片处理成油画效果及艺术插画效果、钢笔淡彩画效果等特殊效果，在本教材中不再一一描述，请同学们通过课后拓展练习来学习这些特殊效果的制作技术。

课后必练：（1）为自己制作时尚大头贴。
（2）为自己制作一寸证件照。
（3）将照片 sc15.jpg 处理成山水水墨画效果。

拓展练习：（1）自己拍照片，分析照片的不足之处后进行美化处理。
（2）自己寻找素材照片，并将照片处理成艺术插画效果。

项目三

相册设计

- 任务一　儿童相册设计
- 任务二　婚纱相册设计
- 任务三　电子相册设计

[素材位置]：光盘：//教学情境三//任务一//素材（以任务一为例）

[效果图位置]：光盘：//教学情境三//任务一//效果图（以任务一为例）

[教学重点]：数码照片拍摄好后的最终目的一般是制作成相册，本教学情境中将主要讲解一些儿童相册、婚纱相册、电子相册的设计技巧，主要是背景、照片、文字、色彩等信息的配合。

对教师的建议

[课前准备]：这一教学情境的素材准备较为麻烦，相对来说设计制作的步骤也比较烦琐。儿童相册是一整套的，完全自备素材有一定的难度，教师可以以教材提供的素材为主，适当根据课时增加一些自己的素材案例。

[课内教学]：相册的设计要注意系统性和完整性，在教学过程中要教学生学会分析照片原片的构图和色彩，学会根据照片原片来搭配合适的背景和文字、颜色等，教学方法主要选择“分析法”+“演示法”+“临摹法”+“创新法”，允许并鼓励学生根据自己的想法来对照片进行不一样的创新设计。

[课后思考]：及时了解学生的学习动态，及时根据学生的学习情况来因材施教，让学生多动手操作，教师只演示难点。

对学生的建议

[课前准备]：提前预习教材提供的案例，了解每次课练习的主要内容，提前准备好素材。

[课内学习]：以临摹学习为主，进度较快的同学可以有所创新，但必须要讲出你的创新点在哪里，比原来的好在什么地方。在锻炼设计能力的同时，也锻炼同学们的思维能力和口语表达能力，提高自身的综合素质。

[课后拓展]：请同学们设计一套个人写真集，设计制作技巧可以借鉴教材中所介绍的技巧和方法。

[教学设备]：电脑结合投影仪，学生保证一人一台电脑。

[扩展设备]：单反相机若干台。

项目二教学情境中主要为大家介绍了各种不同的照片处理技术，包含了人物照片处理技术和产品照片处理技术，在这个教学情境中我们主要以人物照片为基础进行相册处理，而产品照片一般不做成相册，多做成产品宣传册。

在很多家庭中，当照片积累到一定程度时，有心的家长便想将照片制作成相册；而如果是影楼，他们后期的一个重要工作便是相册设计。要设计相册，首先必须对相册有一个大致的了解，目前市场上相册的种类很多，单从形状来说，前几年比较流行的是2:3比例的长方形相册，而这几年的主流形状则是大大小小的正方形相册，除此之外还有一些特殊形状的相册，如圆形、半圆形、三角形等。相册设计师在设计相册时，要根据相册的形状、大小、材料，照片原片的色彩、构图等进行设计。

我们要设计一本相册，准备工作主要有以下几个：

（1）要做相册先要有照片，照片的来源有两种，一种是到专业的摄影机构去拍摄，可以是室内拍摄也可以是室外拍摄，这种照片原片一般来说都较为专业，摄影师在拍每一张照片前，对构图、取景、用光及想表达的内涵都会经过一番深思熟虑，所以在做相册设计时不用为了方便排版或做所谓很炫的设计而随便改变摄影师的初衷，改变照片的构图，虽然适当的裁切也是设计的一部分，但在裁切前应该认真考虑，否则很可能会破坏照片原来的构图，改变摄影师想要表达的内涵。另一种来源便是家人自拍，这种照片一般都是在自然光下拍摄，室外或家内拍摄得较多，由于不是专业的摄影师，照片原片构图可能没有那么专业，所以相册设计师可以有更多发挥的余地，可以根据自己对照片的理解来大胆地进行裁切。

（2）有了照片原片后，接下来就要对照片的原片进行初步的筛选，剔除一些不美观的照片，如模糊的、闭着眼睛的等。

（3）由客户本人或其家人来挑选原片。一般要做一本相册，照片原片一般至少应该是入册照片的2倍，本人或其家人可以根据自己的喜好选择一些照片来入册。

（4）与客户本人或其家人沟通，充分了解他们的想法，有条件的设计机构最好由设计师本人与他们交流，有些设计机构没有自己的设计师，拍好照片后由自己的一般工作人员与他们交流，然后将照片发给一些自由设计师，简单地转达客户本人或其家人的意见，这种方式往往会出现较多的问题。

（5）设计师根据照片原片的构图及客户本人或其家人的设计理念，设计或选用合适的背景。背景的来源一般也是有两种，一种是从专业摄影机构去购买专业的背景来供设计师使用，这种方法较为简单；另一种便是设计师自己设计背景，设计师可以根据照片的构图和色彩、图案等自己设计背景，并添加相应的文字信息。

由于背景色是整个相册版面的主色调，所以选取合适的色彩来处理背景非常重要。背景的表现手法有以下几种：

（1）单色背景。单色背景就是用单一颜色来填充相册页面背景，一般的做法是选择照片中的主色调节器来对背景进行填充，这种背景不具有空间感，显得平板而不够灵活，但相对来说相册比较干净而且大方整洁。

（2）渐变色背景。这种背景通常使用的方法是在背景上用 PS 的渐变工具进行渐变填充处理，PS 为我们提供了各种不同的渐变填充效果，而且更重要的是“渐变编辑器”对话框内还有各种不同的设置方式可供选择，这将在后面的任务中给予充分的介绍。这种渐变处理可以是多样性的，但是需要注意的是在任何渐变的使用中，要同时考虑到版面的构图问题，要懂得首尾呼应、轻重得当。渐变色背景增加了版面的空间感和变化，使整个版面清爽简洁而又有变化。

（3）对比色背景。对比色背景选择与照片截然相反的颜色来处理背景，这样背景与照片之间棱角分明、个性时尚，如果和渐变色背景处理方法相结合使用，会有意想不到的效果产生。

（4）素材背景。素材背景就是可以根据设计风格和照片构图选用一些现成的素材来进行相册的设计。在这里我们不需要指定一定要用什么样的背景素材，数码原始照片本身所具有的风格才是最重要的，任何背景素材的使用目的都是为了衬托主题（人物），不能喧宾夺主，在任何时候都不建议它太过抢眼，多数以虚景的方式来表现会更保守一些。除了要以虚的形式来表现背景以外，我们还要注意对背景的美化。

数码原始照片中的人物如果是一朵红花，当然需要好的绿叶来配，否则就算顾客的照片拍得再好，也有可能被有缺陷的背景破坏。

任务一　儿童相册设计

根据本教材提供的任务我们来分析设计一个儿童相册都需要做些什么。

首先来分析照片原片，我们要根据儿童相册的页数和大小来对照片原片进行分类，现在根据客户的要求将尺寸确定为 22 英寸×11 英寸，页数包括封面和封底共有 12 页，根据这个要求分析选取的照片原片，可以发现正好有 12 种不同风格和服装的照片，我们就可以先将这些照片按不同风格和服装进行分类，每一类照片正好是一页。根据这个原则将照片分成 12 个不同的风格和类型，它们分别是 sc18 和 sc21 根据客户要求做封面和封底，sc1～sc3 是第一组，sc4～sc6 是第二组，sc7～sc9 是第三组，sc10～sc12 是第四组，sc13 和 sc14 是第五组，sc15 和 sc19 是第六组，sc16～sc17 是第七组，sc20～sc22 是第八组，sc23 和 sc24 是第九组，sc25 和 sc26 是第十组，sc27 和 sc28 是第十一组。

从上面的分析我们可以看出，相册要设计 12 张，这里就挑选几张来为大家做较为详细的说明，其余的照片提供了效果图，教师也可以在上课过程中讲解。

子任务 1　封面和封底的设计

（1）启动 Photoshop CS5，打开封面和封底背景素材，如图 3-1-1 所示。我们可以看出这是一个白色背景的素材，分为封面、封底和书脊 3 部分，文件的分辨率是 200dpi。打开“图层”面板我们可以看出它是由两个图层组成的，一个是白色“背景”图层，另一个是“图层 1”即上面的商标等信息。

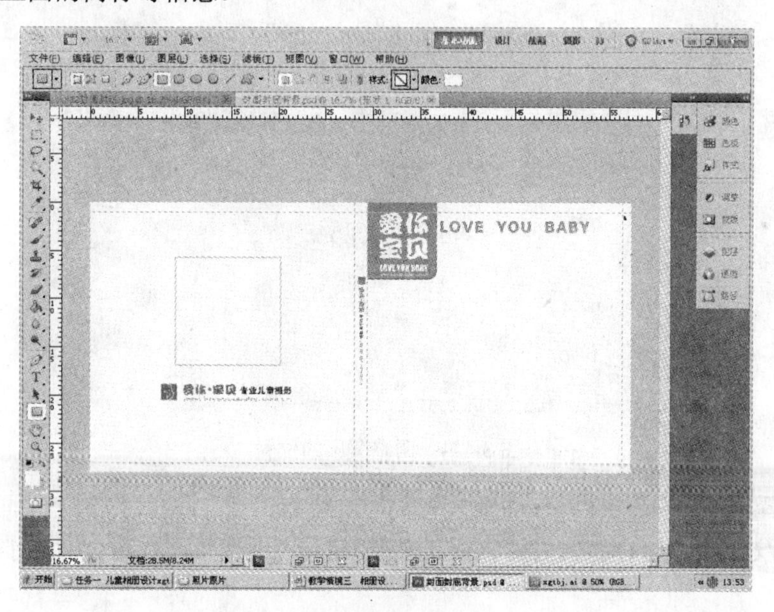

图 3-1-1 打开封面和封底背景素材

（2）打开 sc18 和 sc21，选择裁切工具并按住“Shift”键不放，将两张照片都裁切成正方形，如图 3-1-2 和图 3-1-3 所示。

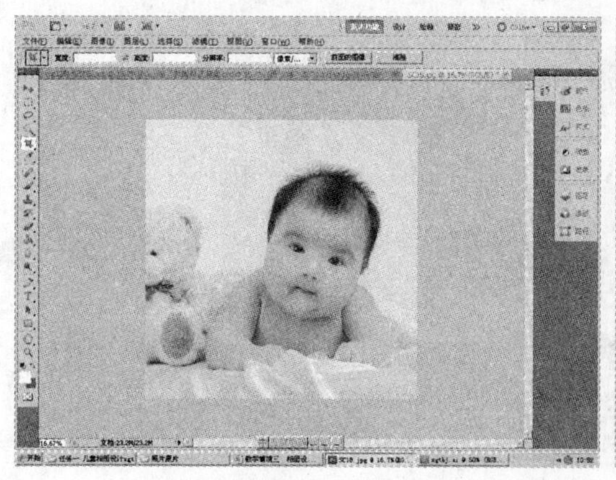

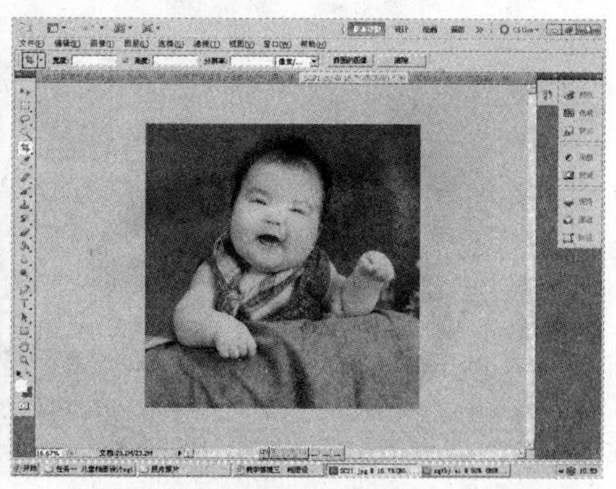

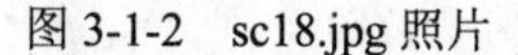

图 3-1-2 sc18.jpg 照片　　图 3-1-3 sc19.jpg 照片

（3）使用移动工具将裁切过的 sc18 照片原片拖到“封面封底背景”文件中，按“Ctrl+T”组合键调出控制框，按住“Shift”键调整照片大小与封面的大小相等为止，如果发现照片目前直接覆盖在白色“背景”和“图层 1”的上面，打开“图层”面板，可以发现多了“图层 2”，选中“图层 2”，按住鼠标左键不放，拖动鼠标往下移，当“图层 2”介于“图层 1”和“背景”图层之间时释放鼠标左键，效果如图 3-1-4 所示。

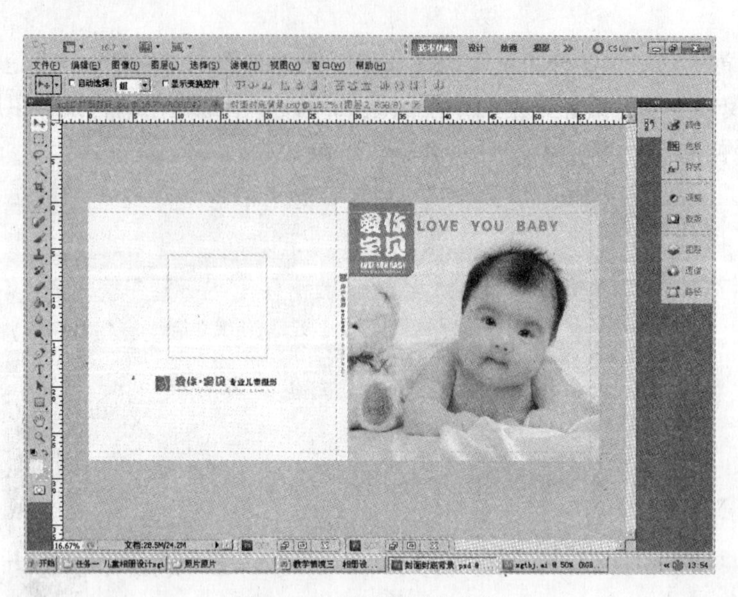

图 3-1-4　调整图层的位置

（4）选择“图层 2”，使用移动工具将裁切过的 sc21 照片原片拖到“封面封底背景”文件中，按“Ctrl+T”组合键调出控制框，按住“Shift”键调整照片到合适大小，如图 3-1-5 所示。

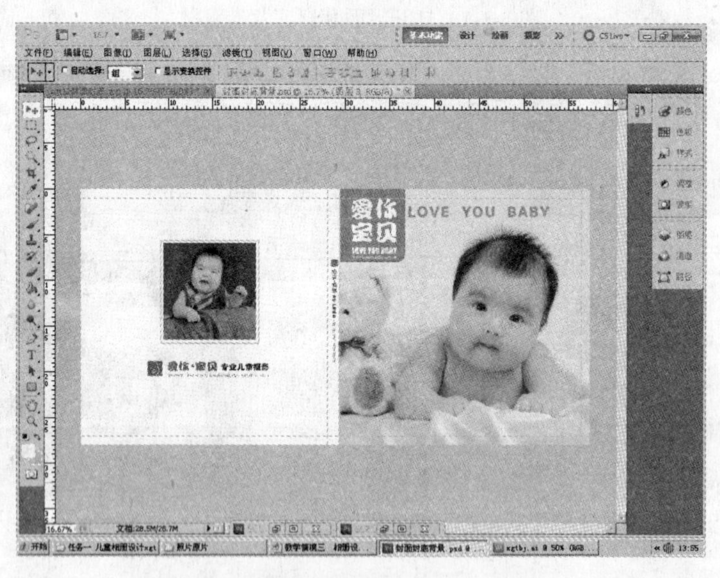

图 3-1-5　调整 sc21 照片的大小和位置

（5）选择文字工具，在封面的地方输入“快乐宝贝”4 个字，用鼠标拖动的方法选中这 4 个字，将光标移动到属性栏上，选择合适的字体、颜色和大小，打开“图层”面板，在其他图层的任意位置单击，移动光标，选中“快乐宝贝”图层，单击“添加图层样式”按钮，在弹出的对话框中选中“描边”复选框，如图 3-1-6 所示，将大小设为 5 个像素，颜色设为白色，单击“确定”按钮即可。

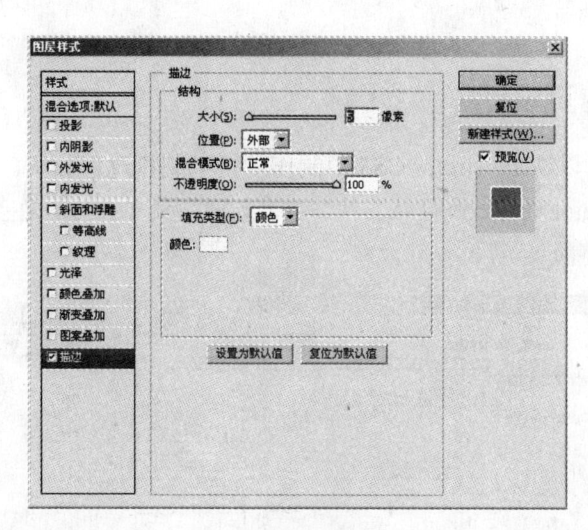

图 3-1-6 “图层样式”对话框

（6）用同样的办法再添加两个文字图层，即“王怡人”和“的故事”，注意“的故事”的字体尽量选择与“快乐宝贝”一致，“王怡人”可以选择不一样的字体，最终效果如图 3-1-7 所示。

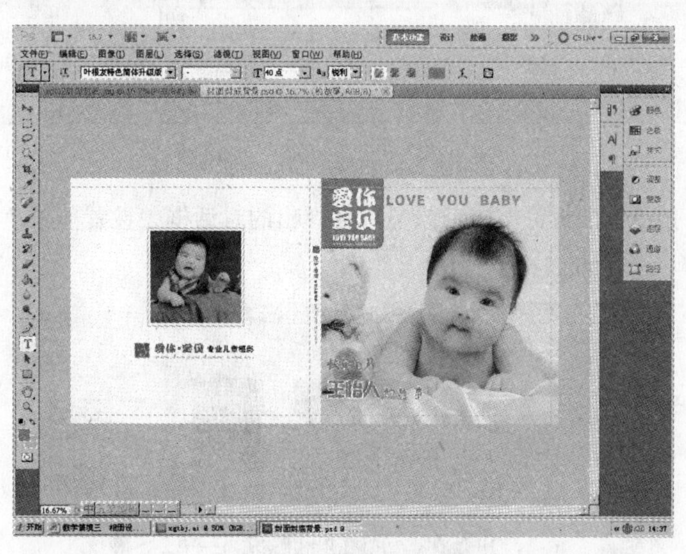

图 3-1-7 添加文字图层

（7）执行“文件”→“存储为”菜单命令，找到合适的位置，命名为“封面封底”，文件存储格式为“JPEG(*.JPG;*.JPEG;*.JPE)”，单击“保存”按钮将文件保存为 JPEG 格式即可。

大家可以看出封面和封底是有素材提供给大家的，专业摄影机构一般都有较为统一的背景，这个背景一般都比较大方，适合绝大多数客户，只有当个别宝宝家长提出很特殊的要求时才会再另外设计。如果是家长自己拍的照片，自己为宝宝设计封面和封底，那么就要根据自己的喜好和审美观来设计，可以参考下面的一些设计技巧。

子任务 2　内页设计

内页 1 的背景可以在 Illustrator CS5 中制作，整个制作过程如下。

（1）启动 Illustrator CS5，执行“文件”→“新建”菜单命令，在弹出的对话框中进行如图 3-1-8 所示的设置。

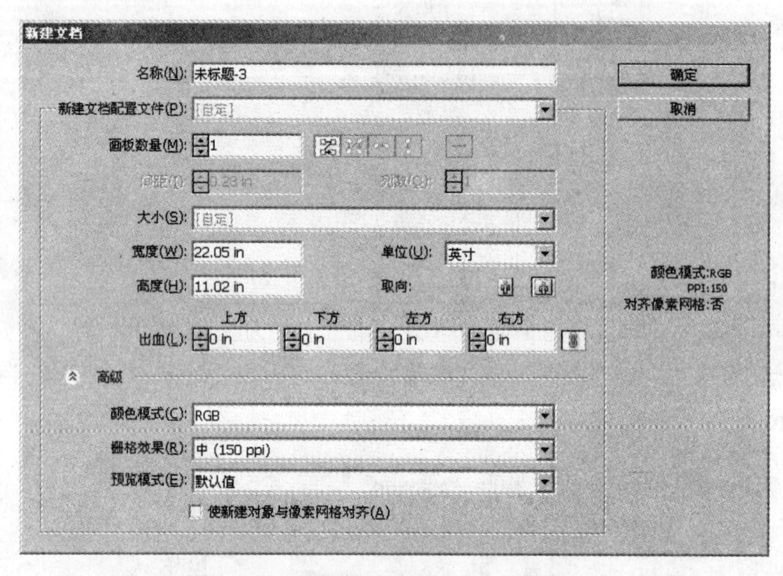

图 3-1-8 “新建文档”对话框

（2）打开“颜色”面板，双击前景色，在弹出的对话框中设置前景色为 C88、M83、Y83、K73，如图 3-1-9 所示。

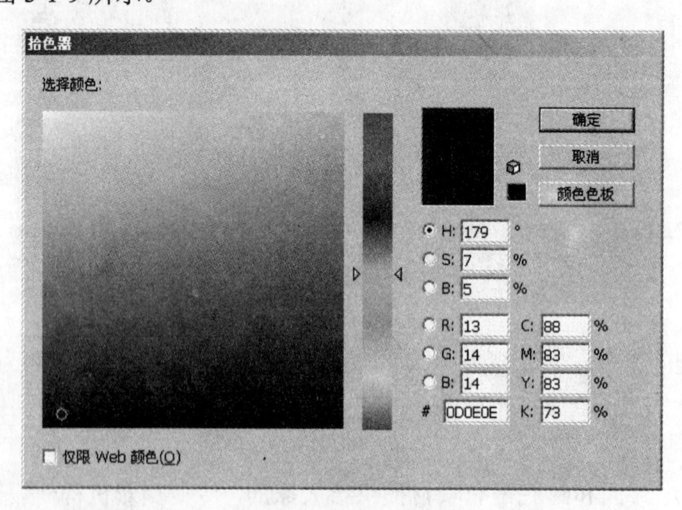

图 3-1-9 设置前景色

（3）单击“确定”按钮后，选择矩形工具，设置描边颜色为无，绘制一个矩形框，如图 3-1-10 所示。

图 3-1-10 绘制矩形框

（4）选择光晕工具，如图 3-1-11 所示，将光标移动到矩形框中单击鼠标左键，在弹出的对话框中进行如图 3-1-12 所示的设置。

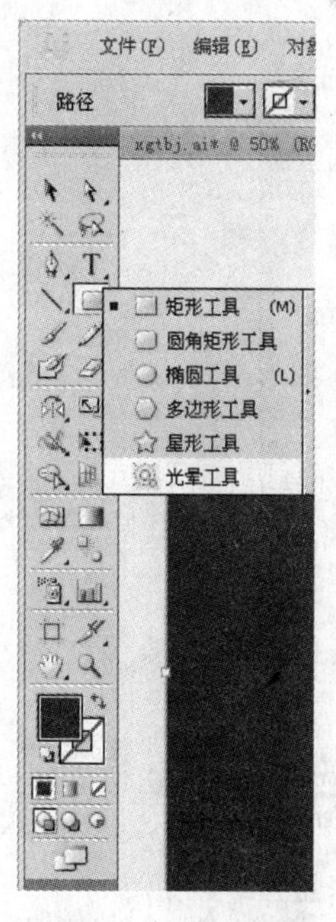

图 3-1-11 选择光晕工具

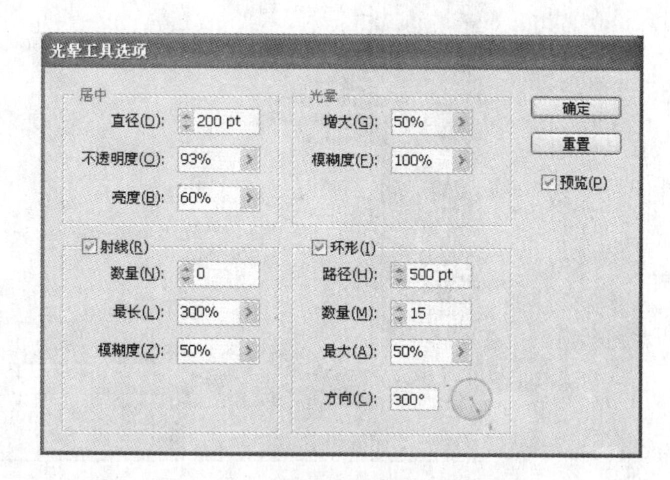

图 3-1-12 “光晕工具选项”对话框

（5）再次选择光晕工具，在弹出的对话框中将直径改为 100pt，其他值保持不变，单击“确定”按钮，效果如图 3-1-13 所示。

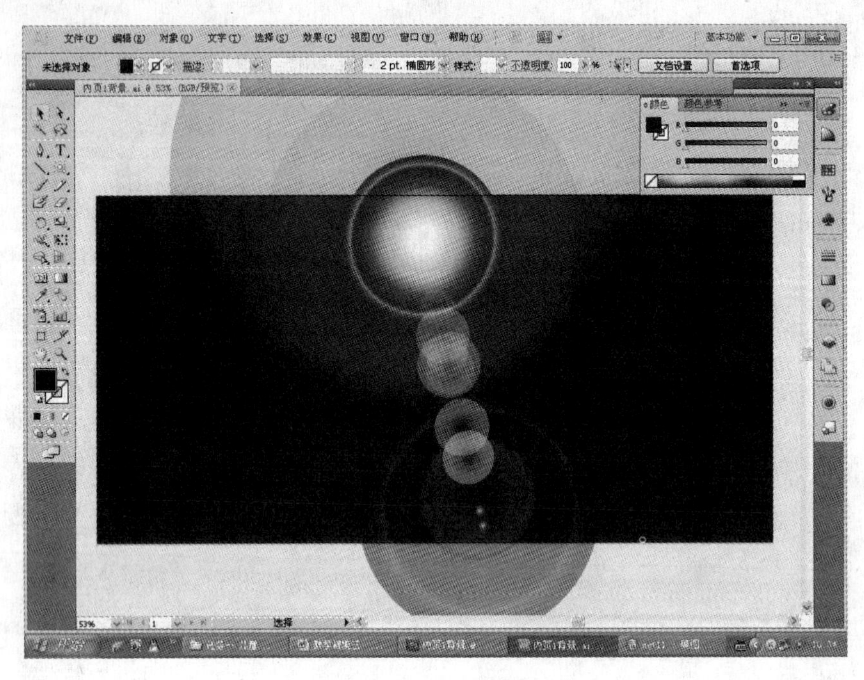

图 3-1-13　绘制光晕

（6）执行“文件”→“存储为”菜单命令，在弹出的对话框中选择合适的位置，文件命名为“内页 1 背景”，文件类型为 Adobe Illustrator(*.AI)，单击“保存”按钮后保存该背景，如图 3-1-14 所示。

图 3-1-14　“存储为”对话框

（7）启动 Photoshop CS5，并打开“内页 1 背景”文件，在弹出的对话框中不做任何更改，单击“确定”按钮即可，如图 3-1-15 所示。

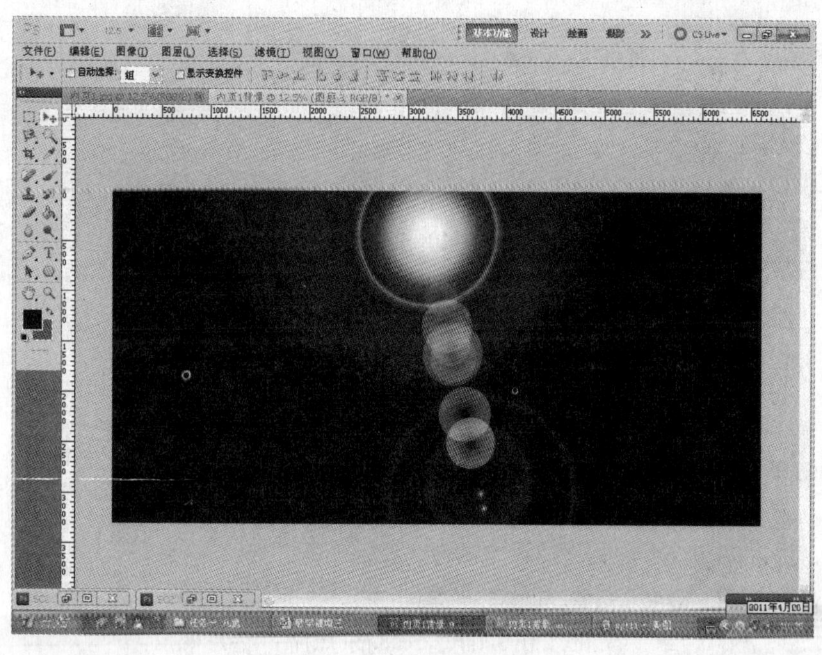

图 3-1-15 打开内页 1 背景

（8）打开 sc27 和 sc28 素材，选择吸管工具吸取背景色，选择魔术棒工具进行抠图，效果如图 3-1-16 和图 3-1-17 所示。注意利用魔术棒工具抠小脚时，有一部分可能会抠不了，这时可以选择“背景”图层后，利用钢笔工具再抠出这一部分（可以略大一点）即可，抠好后注意将“背景”图层隐藏，仔细观察还会发现边上有一点黑边，我们可以将背景色处理成接近色，不需要处理。

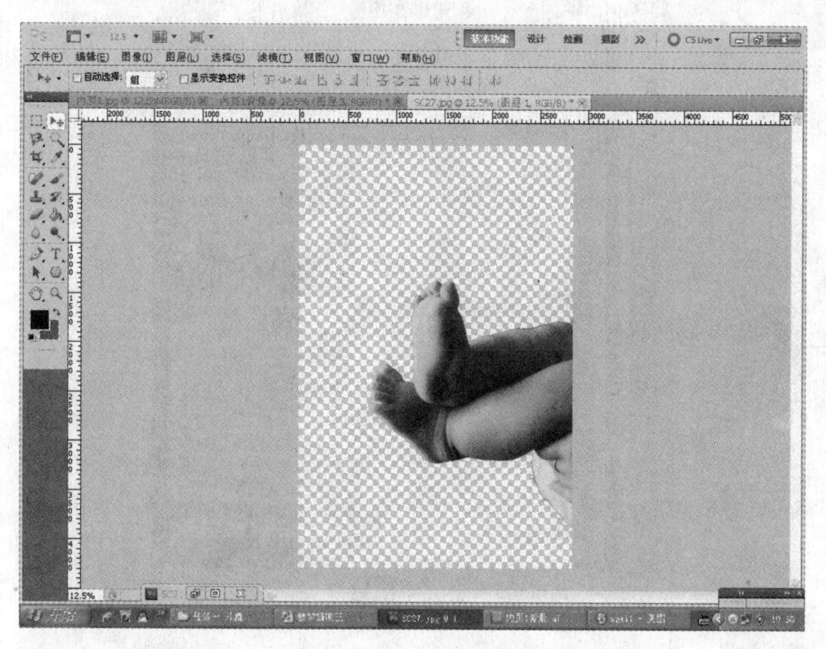

图 3-1-16 sc27.jpg 照片

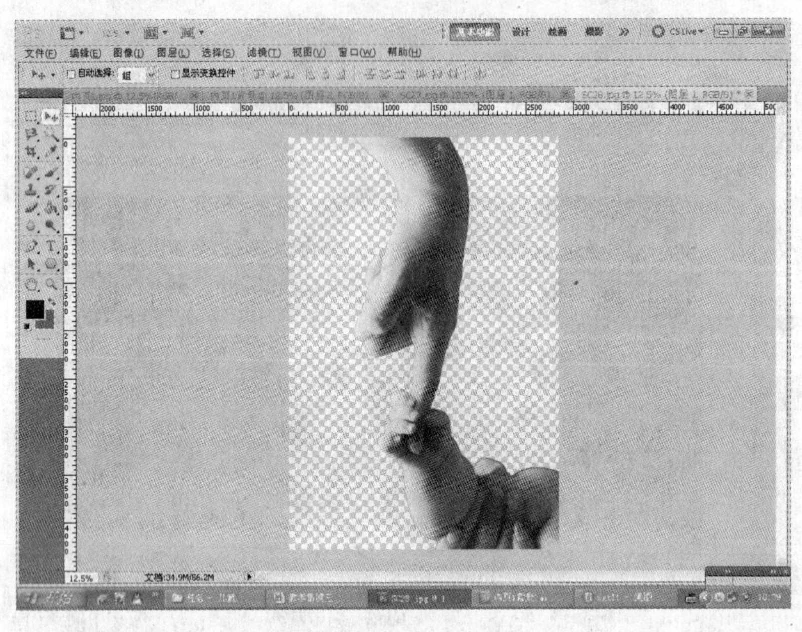

图 3-1-17　sc28.jpg 照片

（9）将抠好的两张照片利用曲线工具将色彩略调亮，再利用移动工具将它们拖动到“内页 1 背景”上来。执行“编辑”→“变换”→“水平翻转”菜单命令，如图 3-1-18 所示，将左边的照片进行镜像处理，调整照片的大小和位置，如图 3-1-19 所示。

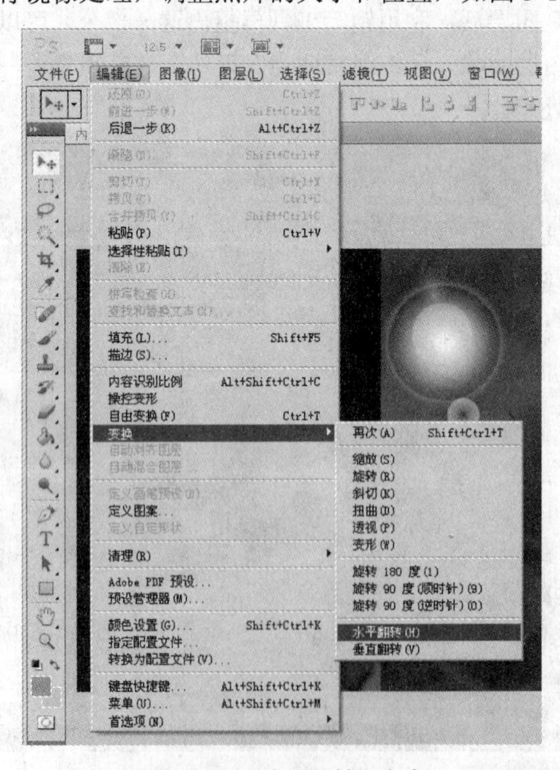

图 3-1-18　“水平翻转”命令

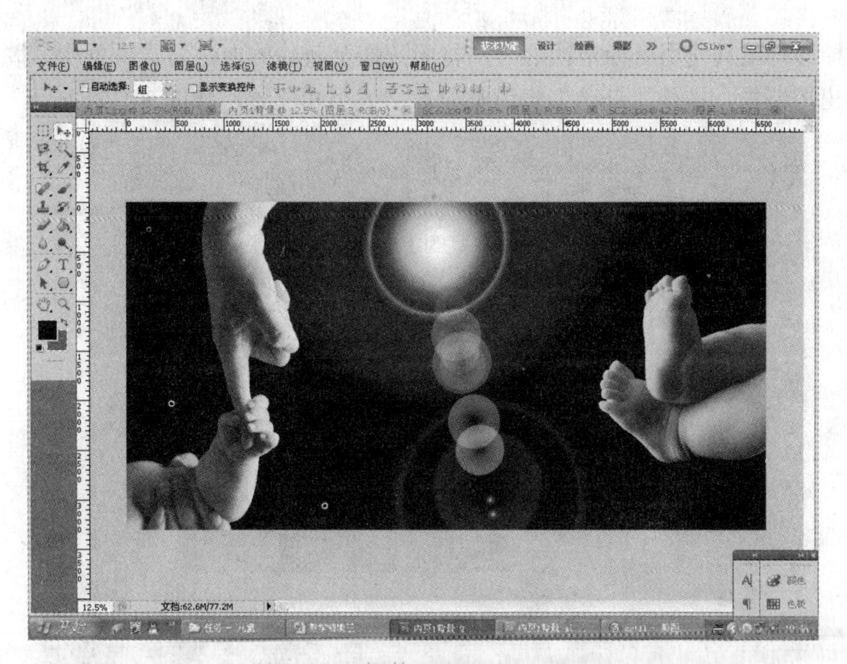

图 3-1-19　调整照片的大小和位置

接下来制作内页 2，我们先来分析内页 2 的效果图，启动 Photoshop CS5 后，打开内页 2.jpg 文件，如图 3-1-20 所示。

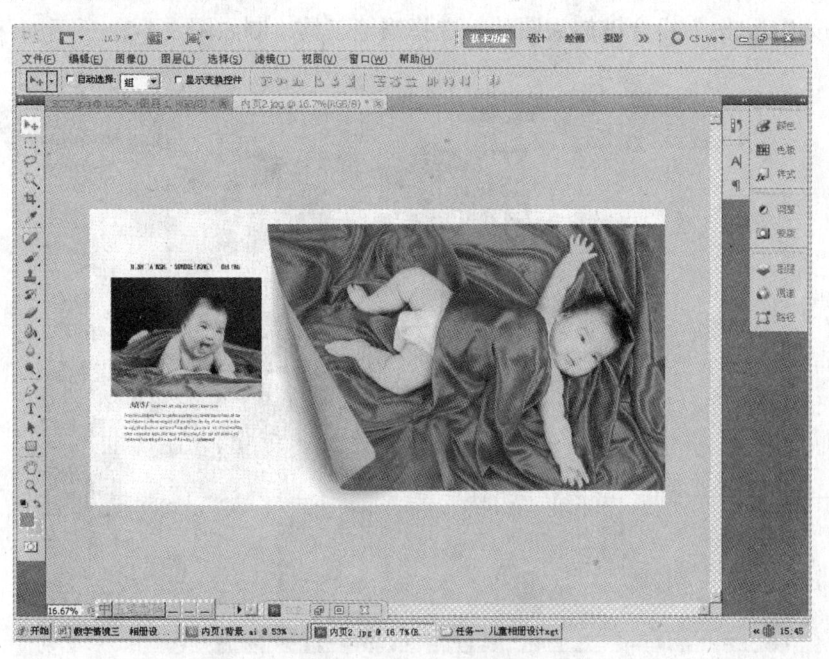

图 3-1-20　内页 2 效果图

分析内页 2 的效果图我们可以看出，它由一个白色背景和两张照片及一些英文组成，左边的照片及英文同学们都能做出来，所以这里重点讲解如何实现图片的翻折效果。

（1）启动 Photoshop CS5 后，新建一个与内页 1 同样大小的白色背景文件，并打开 sc13

照片，选择移动工具使用鼠标拖动的方法将照片拖至新建的白色背景文件中，按“Ctrl+T”组合键调出控制框，按住“Shift”键调整照片的大小和位置，如图 3-1-21 所示。

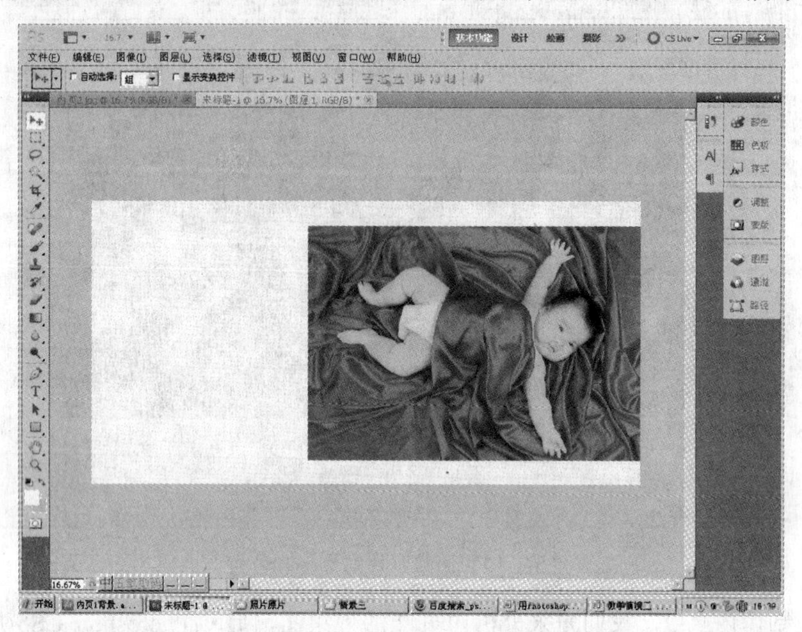

图 3-1-21　打开 sc13 照片

（2）按“Ctrl++”组合键放大图片，选择钢笔工具绘制如图 3-1-22 所示的路径。

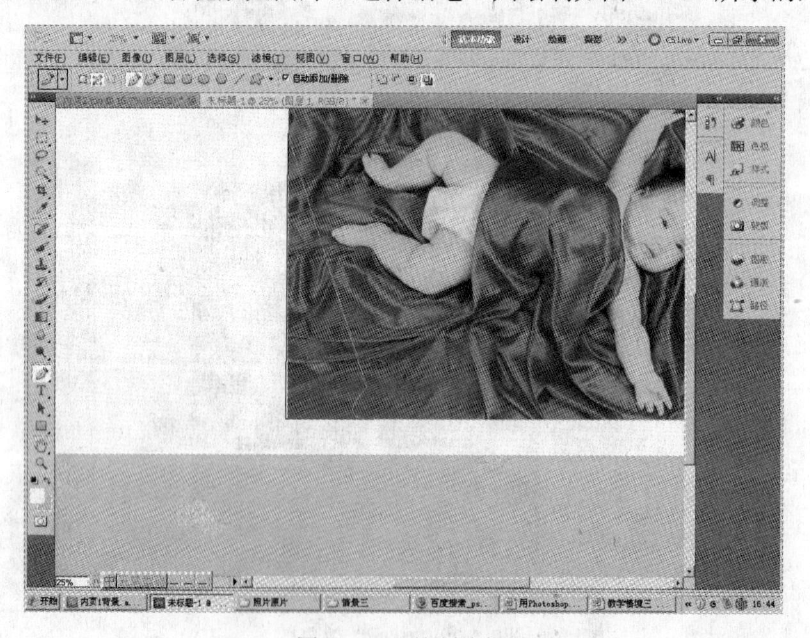

图 3-1-22　绘制路径

（3）打开“路径”面板，单击“将路径作为选区载入”按钮，如图 3-1-23 所示，将路径转换为选区。

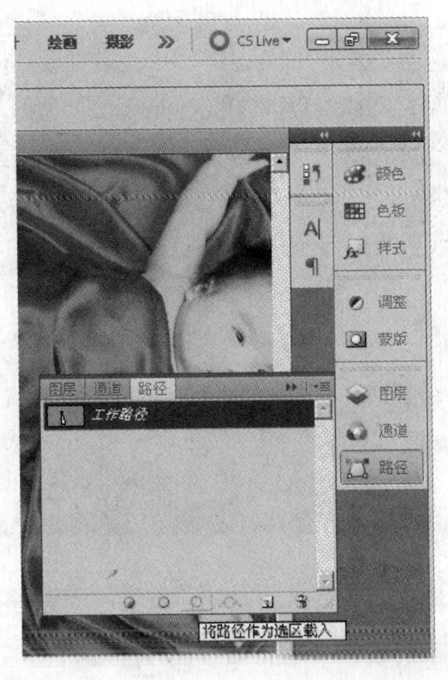

图 3-1-23　将路径转换为选区

（4）选择渐变填充工具，再单击属性栏中的“点按可编辑渐变”按钮，弹出如图 3-1-24 所示的对话框。选择“预设”中左上角的第一个颜色，在“渐变类型”下面的左边色标处双击鼠标左键，弹出如图 3-1-25 所示的窗口，选择合适的颜色后单击“确定”按钮；再双击右边的色标，同样弹出“选择色标颜色：”对话框，选择合适的颜色后单击“确定”按钮。

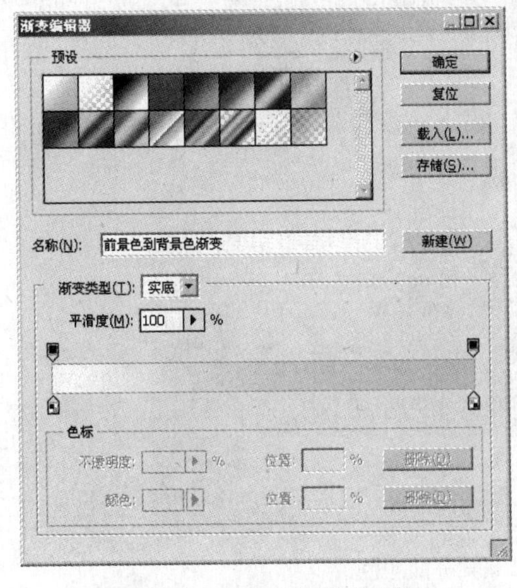

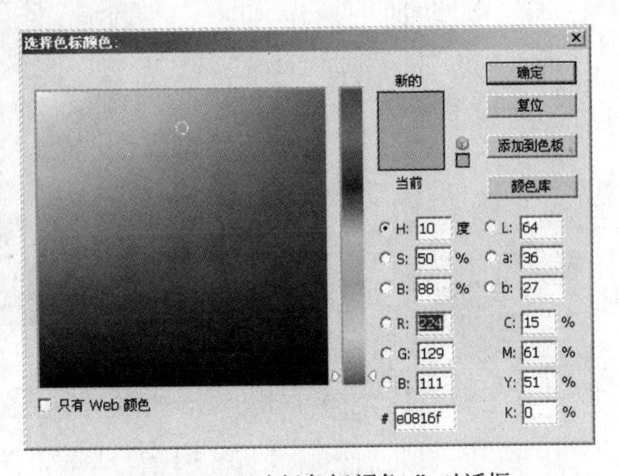

图 3-1-24　“渐变编辑器”窗口

图 3-1-25　“选择色标颜色：”对话框

（5）在选区内从左上角往右下角拖动鼠标，对选区进行渐变填充，如图 3-1-26 所示。

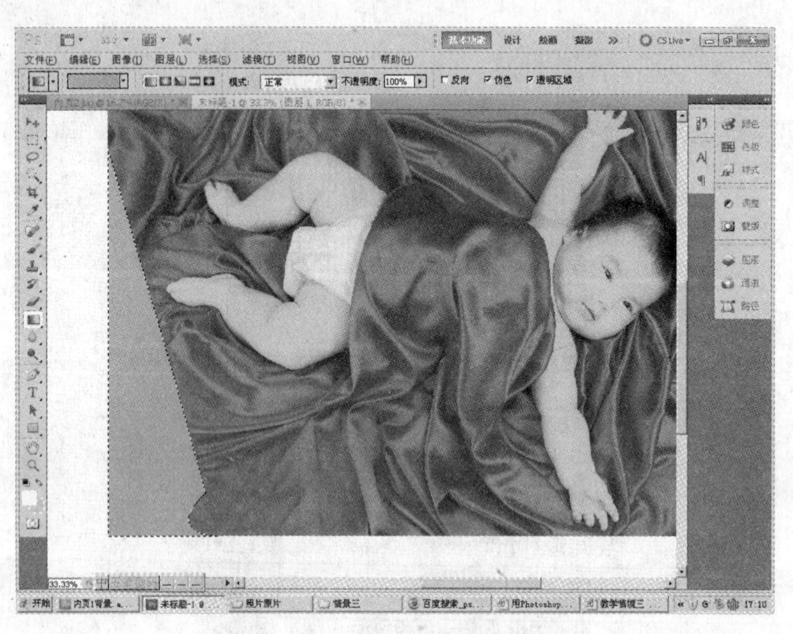

图 3-1-26　对选区进行渐变填充

（6）用钢笔工具绘制如图 3-1-27 所示的图形，并将这个图形转换成路径，选择前景色为白色，选择油漆桶工具，为选区填充白色。按“Ctrl+D”组合键取消选区，仔细观察边缘有没有留有颜色，如果有，按“Ctrl++”组合键放大图片并选择矩形选框工具，选中这些颜色并按“Delete”键将其清除干净。

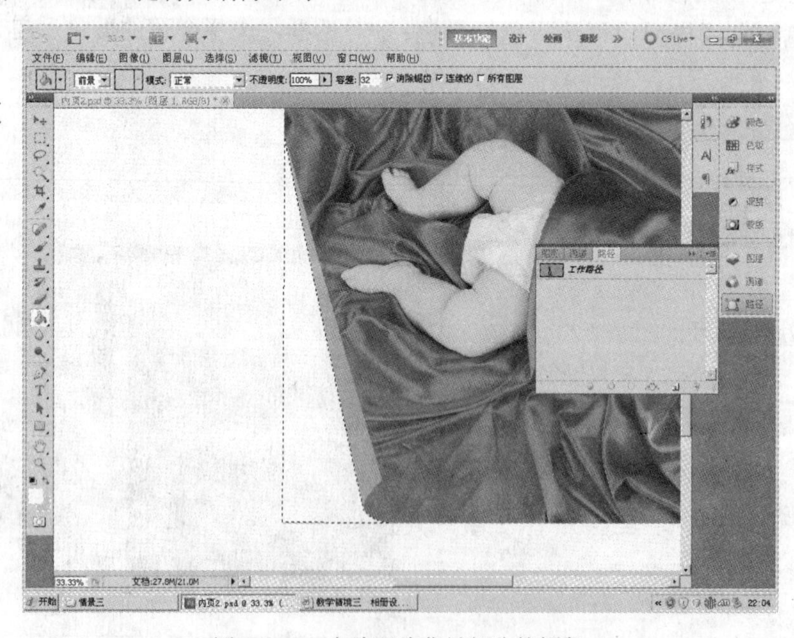

图 3-1-27　去除照片背景部分的颜色

（7）选择“背景”图层，新建一个图层即“图层 2”，用椭圆选区工具画出一个椭圆形选区，在其属性栏中将羽化半径设为 50px，选择渐变工具，选择最左上角的选项，渐变填充色设为从白色到深灰色，从选区左边虚线的中间部分开始往右拖动鼠标，为选区填充从白色到深灰色的渐变色，按“Ctrl+D”组合键取消选区，按“Ctrl+T”组合键调出控制框，旋转椭圆后将光标移动到控制框内，利用鼠标拖动的方法将椭圆移动到如图 3-1-28 所示的位置即可。

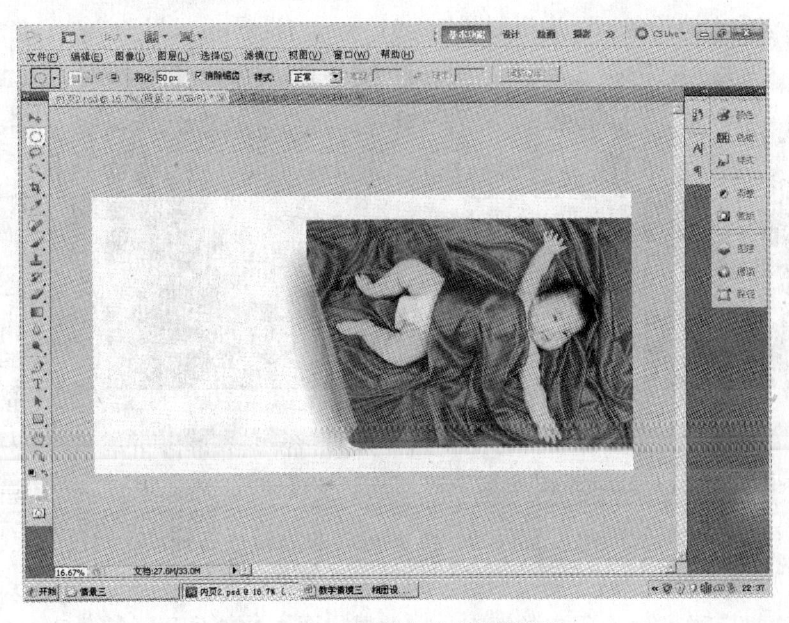

图 3-1-28　加阴影形成翻折效果

至此，带有翻折效果的照片已制作完成，制作过程中的有些步骤没有做很明确的说明，这就需要同学们多做练习，仔细总结。

启动 Photoshop CS5 后，打开“内页 3.jpg”文件，如图 3-1-29 所示，制作的关键技术主要是背景的设计与右边照片之间的融合处理。

图 3-1-29　打开内页 3

（1）新建一个与内页 1 同样大小的白色背景文件，单击“图层”按钮，新建一个透明图层，选择矩形选框工具，移动光标到画布，从左上角向右下角拖动鼠标，拖出一个矩形选区，再选择渐变填充工具，在其属性栏中选择渐变类型为“径向渐变”，单击“点按可编辑渐变”按钮在弹出的“渐变编辑器”窗口中先双击左边的色标，进行如图 3-1-30 所示的设置，再双击右边的色标，进行如图 3-1-31 所示的设置。

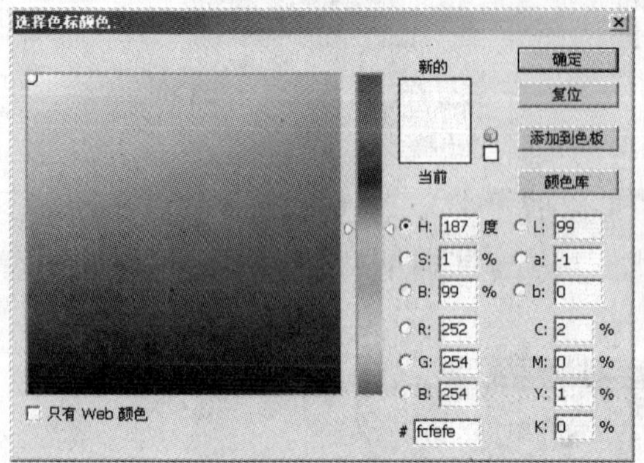

图 3-1-30　位置 0 色标的颜色选取

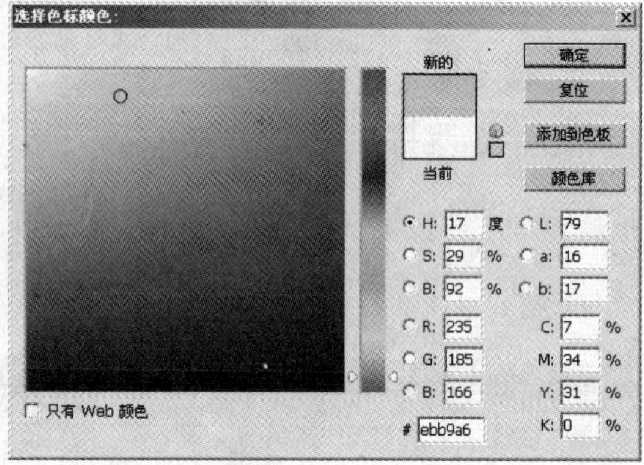

图 3-1-31　位置 100 色标的颜色选取

（2）左右两个色标的颜色设置好后，再将左边的色标往右拖动，颜色中点也往右拖动，如图 3-1-32 所示。单击“确定”按钮后，回到操作界面，从矩形选区的中心点位置向右上角拖动鼠标，即可拖出一个径向的填充色，效果如图 3-1-33 所示，按“Ctrl+D”组合键取消选区。

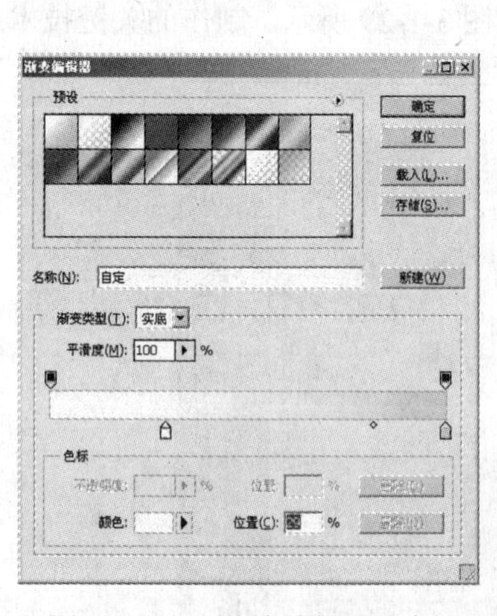

图 3-1-32　“渐变编辑器”窗口

图 3-1-33　径向填充

（3）观察图 3-1-33，左右两边的粉红色已填充，但上下有一部分还没有填充，再新建一个图层，选择矩形选区工具，从左上角向右下角拖动鼠标建立选区，选择渐变工具，设置为线性渐变，色标设置如图 3-1-34 所示。

（4）单击“确定”按钮后，回到矩形选区，从上边线向下边线拖动鼠标，进行线性填充，效果如图 3-1-35 所示，按“Ctrl+D”组合键取消选区。

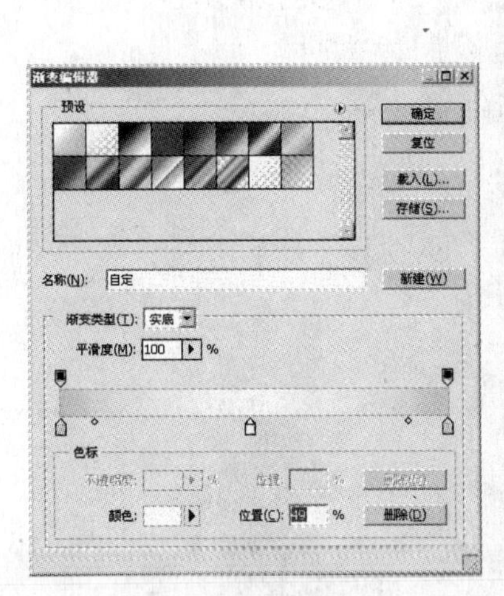

图 3-1-34 “渐变编辑器”窗口

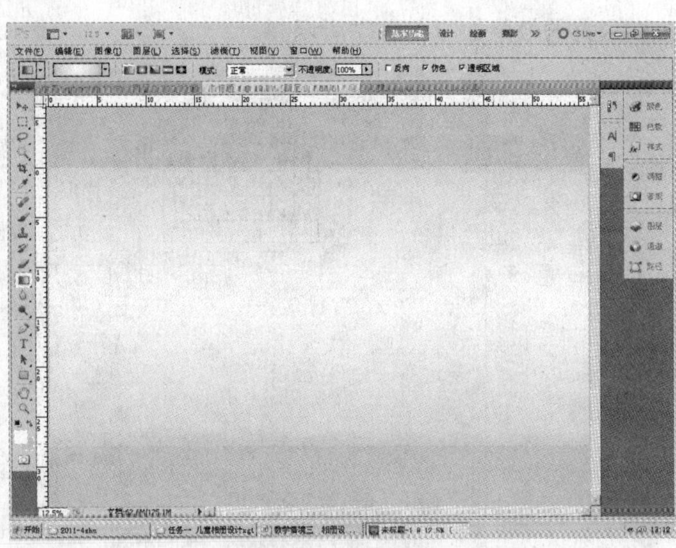

图 3-1-35 横向填充

（5）打开“图层”面板，选择“图层 2”，单击鼠标右键，在弹出的快捷菜单中选择“混合选项”，将混合模式设为“正片叠底”，效果如图 3-1-36 所示。

图 3-1-36 正片叠底效果图

（6）选择自定义形状工具，在属性栏中单击“形状”按钮右侧的下拉按钮，弹出一个下拉菜单，如图 3-1-37 所示，菜单右上角有一个三角形按钮，单击该按钮，弹出一个菜单，选择“自然”选项后，在弹出的对话框中单击“追加”按钮即可。选择“花朵 8”，随机地在背景上利用鼠标拖动的方法画一些大小不一的花朵图案，并随机调整每一朵花的不透明度，最终的效果如图 3-1-37 所示。

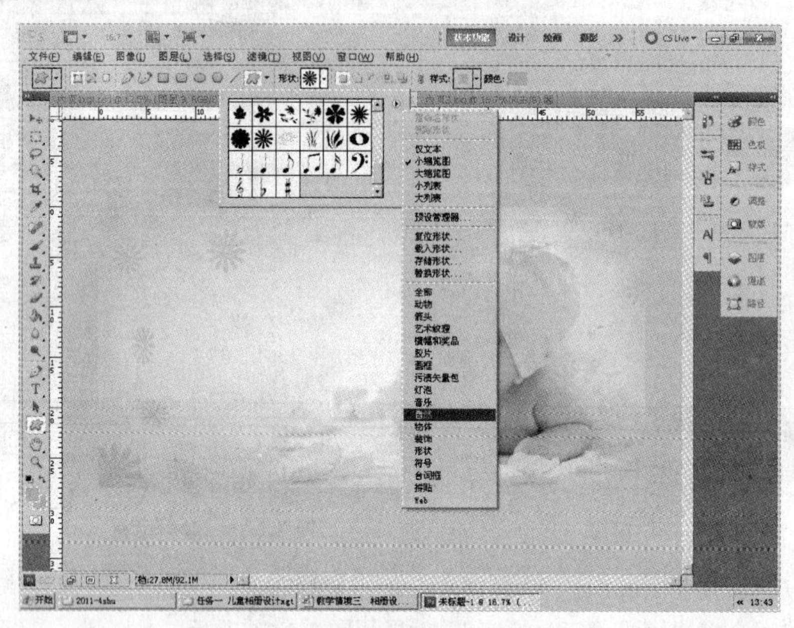

图 3-1-37　自定义形状工具绘制小花

（7）打开 sc2.jpg，选择移动工具将照片移到背景上，按“Ctrl+T”组合键调整照片的大小和位置，为照片添加蒙版，选择画笔工具，将不透明度设为 30%～10%不等，对照片的边缘进行涂抹，最终的效果如图 3-1-38 所示。

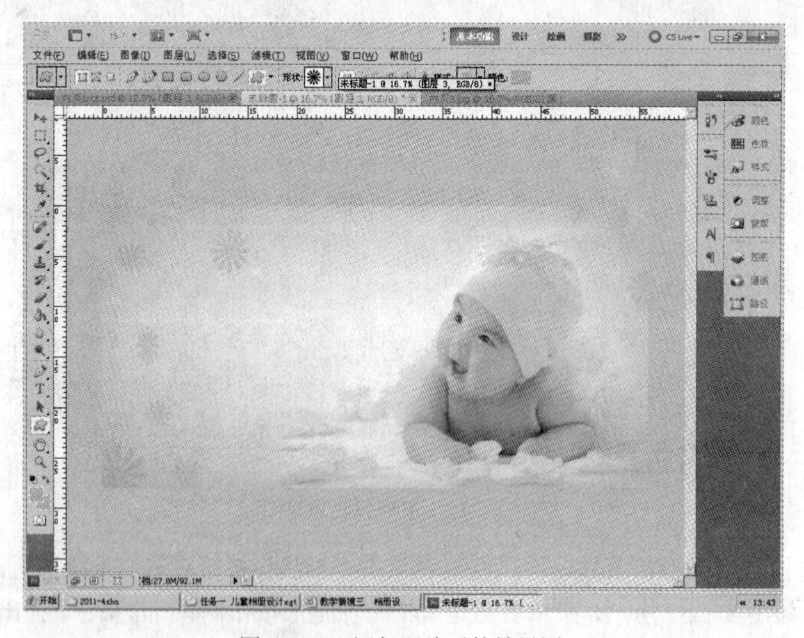

图 3-1-38　添加照片后的效果图

注意，这些花朵形状都是随机的，前景色与背景色的颜色都和背景相似，不透明度也是随机的。效果图上另外两张照片及文字的制作请同学们自己处理即可。

内页 4 右边的照片处理技术主要是找到相关的背景素材，然后使用剪切蒙版的技巧，将两张照片放到相框中去，左右两边交界的地方再选择用蒙版处理即可，这里就不再多做描述。

内页 5 中的 3 张照片从小到大，错落有致地排列即可，主要要讲的是小熊及倒影的制作技巧。在这里我们主要讲关键技术，素材和照片中的素材略有不同。

（1）打开毛绒熊素材，使用魔术棒工具进行抠图，效果如图 3-1-39 所示。

图 3-1-39　抠图后的效果图

（2）选择移动工具将毛绒熊拖动到白色背景上，按“Ctrl+T”组合键调整图片的大小和位置，打开“图层”面板，选择“图层 1”，将“图层 1”拖动到“新建图层”按钮上新建一个“图层 1 副本”图层，选择“图层 1 副本”图层，将小熊照片往下移一点，执行“编辑”→“变换”→“垂直翻转”命令，如图 3-1-40 所示。

（3）按“Ctrl+T”组合键调出控制框，对两个小熊的位置进行调整，然后将“图层 1 副本”的不透明度改为 50%，再选择椭圆选区工具，将羽化半径设为 150px，画一个如图 3-1-41 所示的椭圆，按“Delete”键后即可做出倒影的效果，最后取消选区即可。

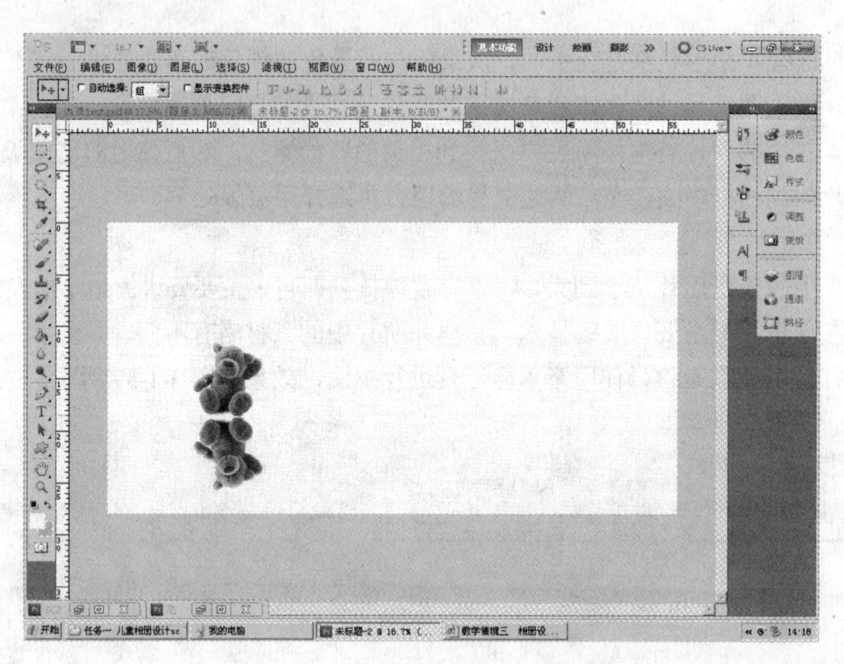

图 3-1-40　小熊垂直翻转后的效果图

图 3-1-41　制作倒影效果

接下来制作内页 6，我们先来看效果图，如图 3-1-42 所示。先来分析主体小宝宝，将两张照片拖到背景上后，将哭的那张照片水平翻转，调整两张照片的大小与位置，选择画笔工具，用图层蒙版将两张照片与背景进行融合。上面的树叶，可以打开相应的素材抠图后移动到背景上来即可，这些操作技巧已经介绍过，这里不再做详细说明。这里主要讲的技术是让文字绕路径进行排列，下面就来对其进行介绍。

图 3-1-42　内页 6 效果图

（1）新建一个与内页 1 相同的背景文件，选择合适的前景色，选择钢笔工具，在需要输入文字的地方绘制一条曲线，如图 3-1-43 所示。

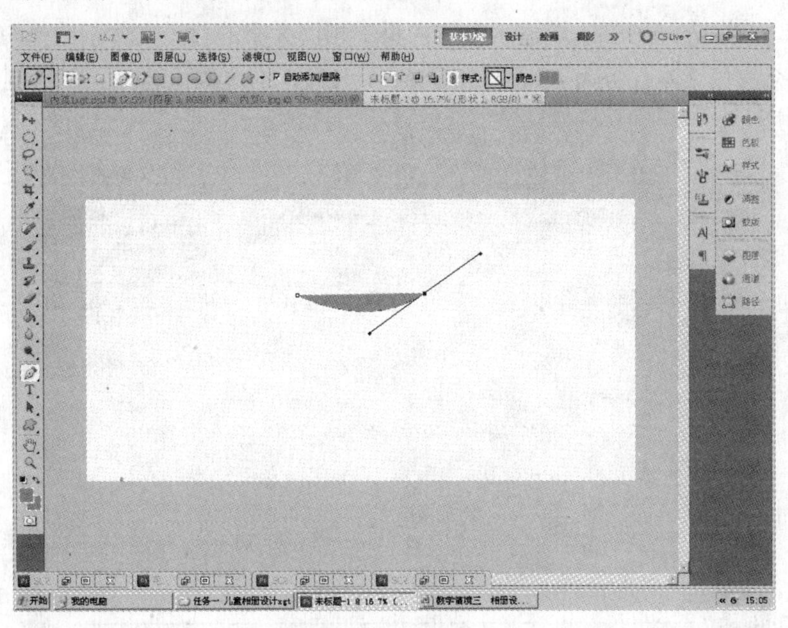

图 3-1-43　绘制曲线

（2）选择横排文字工具，设置合适的字体和大小，在本任务中设置字体为 Aachan BT，大小为 30 点，当光标移动到路径上变成中间有一条折线的光标时单击鼠标左键，这时在路径上就会出现一个闪烁的“I”形光标，通过键盘输入文字即可。再打开“图层”面板，将“形状 1”图层隐藏，让路径不显示，效果如图 3-1-44 所示。

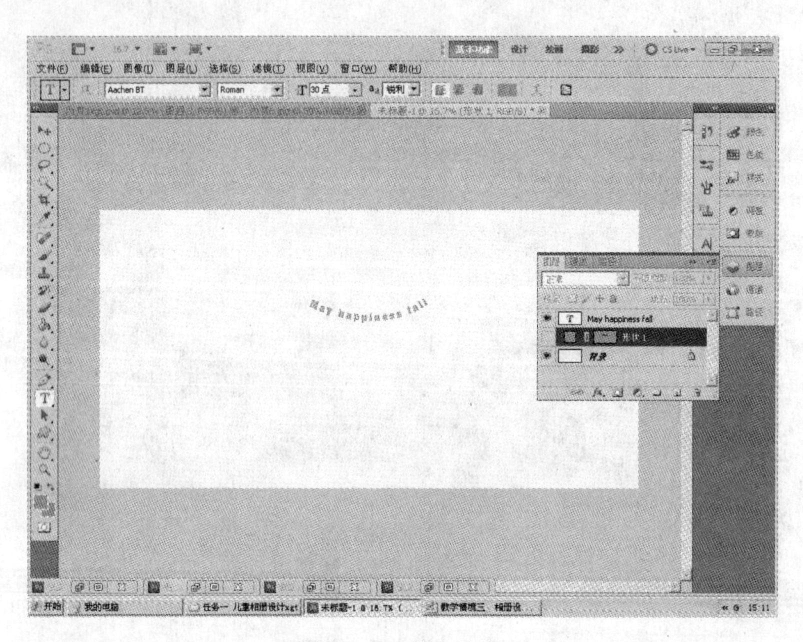

图 3-1-44　输入文字

内页 7 中镶嵌在苹果相框里的宝宝照片处理技巧可以在 Illustrator CS5 中完成，其操作步骤如下：

（1）启动 Illustrator CS5，新建一个与内页 1 相同大小的背景文件，选择椭圆工具，设置合适的填充颜色（本任务为 C3、M50、Y44、K0），描边颜色选择无，绘制 3 个椭圆，如图 3-1-45 所示。

图 3-1-45　绘制椭圆

（2）使用选择工具用框选的方式将 3 个椭圆同时选中，执行“窗口”→“路径查找器”

菜单命令，弹出“路径查找器”面板，单击“联集”按钮，效果如图 3-1-46 所示。

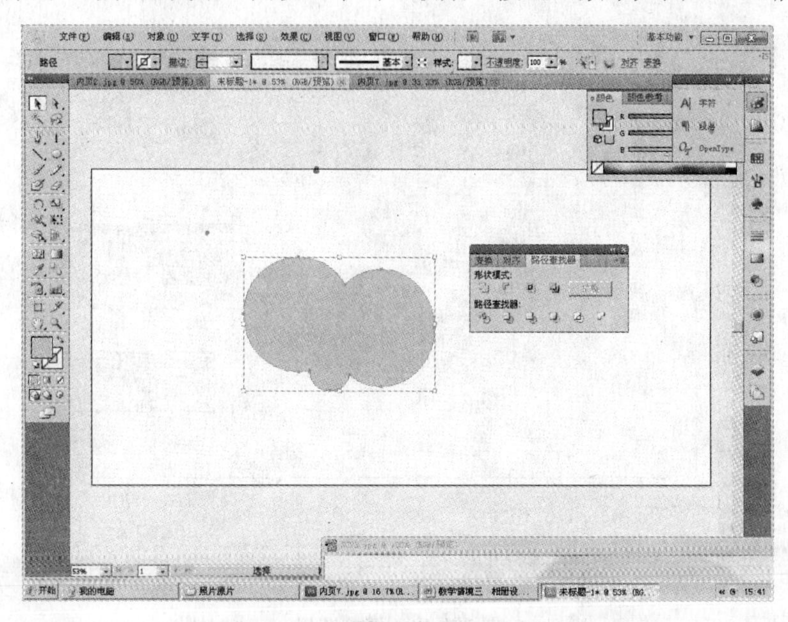

图 3-1-46 联集后的效果图

（3）再选择椭圆工具，按住“Shift”键不放，利用鼠标拖动的方法在刚才的图形上下各画一个圆。使用选择工具用框选的方式将 3 个图形同时选中，单击鼠标右键，在弹出的快捷菜单中选择“编组”选项，将 3 个图形编成一个组，效果如图 3-1-47 所示。

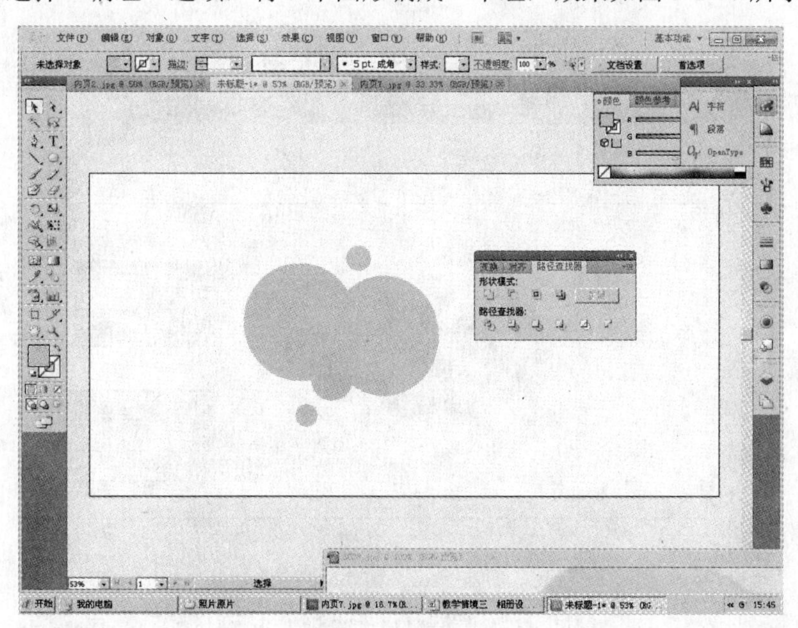

图 3-1-47 图形编组

（4）使用选择工具选择这个图形，按“Ctrl+C”组合键进行复制，打开“图层”面板，新建一个图层，按“Ctrl+V”组合键进行粘贴，另选一个颜色对其进行填充，效果如图 3-1-48

所示。

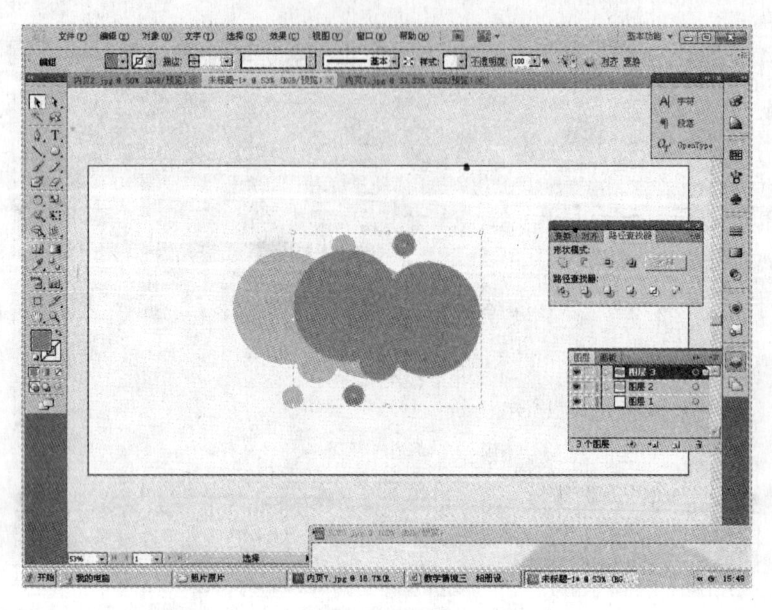

图 3-1-48　复制图形

（5）将粘贴的图形移动到与原图形完全重叠时，按住“Shift+Alt”组合键不放，拖动鼠标让图形中心点不变进行缩小，选中上面的图形，单击鼠标右键，在弹出的快捷菜单中选择“取消编组”选项，选中上下两个圆，将其大小和位置略做调整，效果如图 3-1-49 所示。

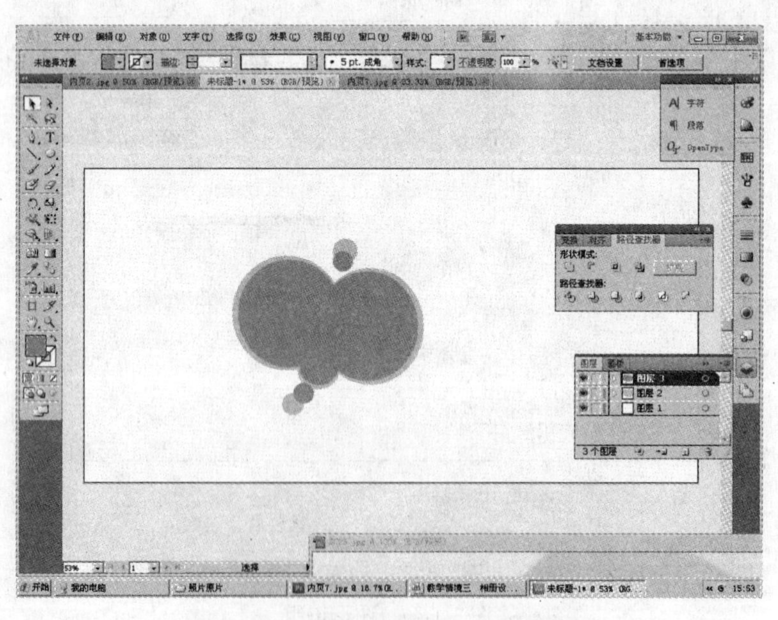

图 3-1-49　调整大小和位置后的效果图

（6）新建一个图层即“图层 4”，选中“图层 3”中图形中间（不包括上下两个小圆）

的部分，将其复制到“图层 4”，利用选择工具和鼠标拖动的方法移动其位置，打开“sc23.jpg”，使用选择工具将其拖动到“图层 3”中，让宝宝照片位于图形的下面，调整照片的大小，使图形正好能切割照片，如图 3-1-50 所示。

图 3-1-50　调整照片的大小和位置

（7）用框选的方式将右边的图形和照片同时选中，执行“对象”→“剪切蒙版”→“建立”菜单命令，将照片剪切到图形中，移动剪切后的照片到左边的图形处和原来的图形完全重叠后，按住“Shift+Alt”组合键不放，拖动鼠标让图形中心点不变进行缩小，最终的效果如图 3-1-51 所示。

图 3-1-51　建立剪切蒙版后的效果图

说明：由于每一次每个人画的形状都不同，所以对于图形和颜色同学们自己设定即可。

内页 8 中的背景可以用渐变色进行填充，素材可以自选，另外，照片的翻折效果也已做过介绍，这里不再做详细的描述。内页 9 中的一些处理技巧都已做过介绍，请同学们自己练习。

内页 10 宝宝照片的制作过程如下：

（1）启动 Photoshop CS5，新建一个与内页 1 相同大小的背景文件，打开“sc21.jpg”文件，选择移动工具，将宝宝照片拖到新建的背景中，用吸管工具吸取照片背景上的一个颜色，打开“图层”面板，将宝宝照片所在的图层即“图层 1”隐藏，选择“背景”图层，选择矩形选框工具，从左上角向右下角拖动鼠标，建立与背景一样大小的矩形选区，选择油漆桶工具，用前景色进行填充，按“Ctrl+D”组合键取消选区，再将“图层 1”显示，效果如图 3-1-52 所示。

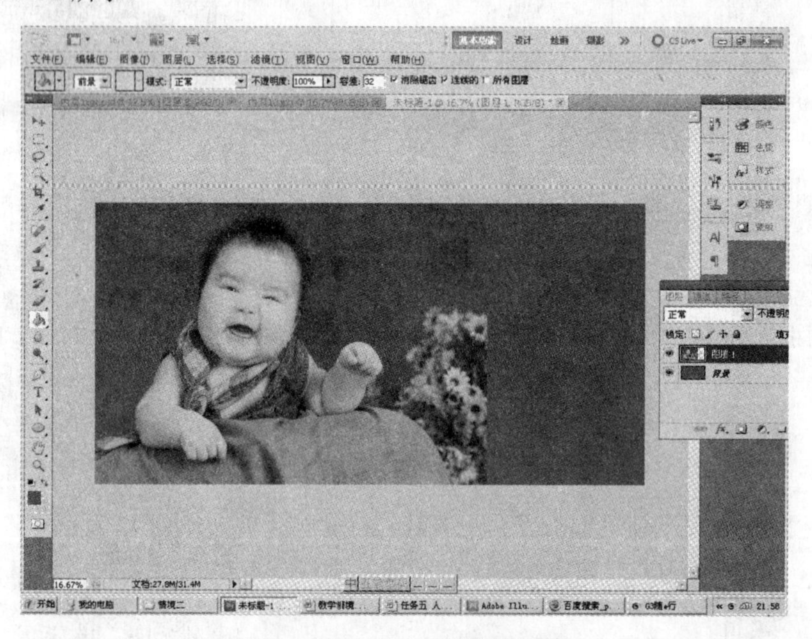

图 3-1-52　sc21.jpg 照片效果图

（2）选择“图层 1”，为“图层 1”添加蒙版，选择画笔工具，将不透明度设为 20%～10%不等，对照片右边缘与背景之间进行融合，再选择不同的前景色，在右下角的位置画一些大大小小的圆，效果如图 3-1-53 所示。值得说明的是，同学们可以根据自己的喜好来选择颜色，但建议初学者最好选择与背景很接近的颜色，反差不要太大。

（3）按“Ctrl+R”组合键调出标尺，使用鼠标拖动的方法拖出两条参考线，选择最顶上的“形状 5”图层，新建一个图层，设置前景色为白色，选择椭圆选区工具，按“Shift+Alt”组合键不放，将光标移动到两条参考线交叉处，向外拖动鼠标画出一个以参考线交叉点为中心的圆形选区，选择油漆桶工具为选区填充白色，按“Ctrl+D”组合键取消选区，再次选择椭圆选区工具，按“Shift+Alt”组合键不放，画出一个比前一次略小的椭圆形选区，按“Delete”键删除选区内白色的部分，形成一个白色的圆环，如图 3-1-54 所示。

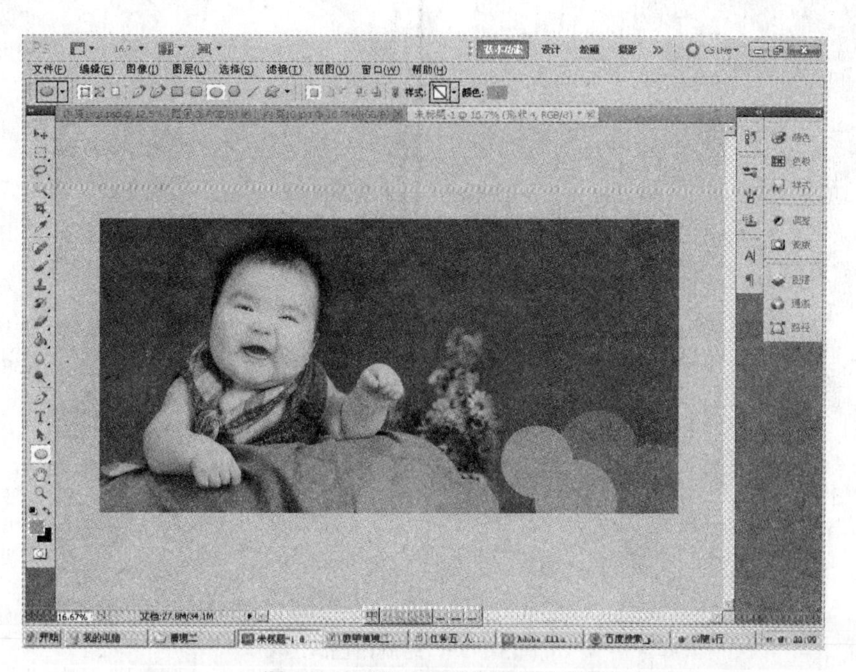

图 3-1-53 照片边缘与背景融合

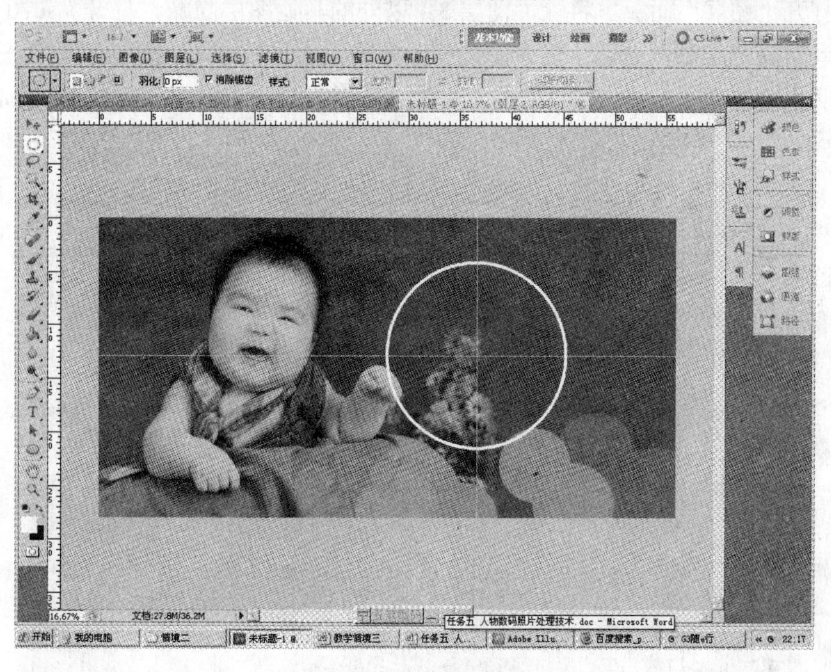

图 3-1-54 绘制白色圆环

（4）打开“图层”面板，将“图层 2”拖到“新建图层”按钮上新建一个“图层 2 副本”图层，单击“图层 2 副本”，按“Ctrl+T”组合键调出控制框，调整两个圆环的大小与位置，这时可以将参考线拖出。然后再选择“图层 2 副本”图层，新建一个图层，使用椭圆选区工具在大一点的圆上再画一个椭圆选区，并为其填充白色，效果如图 3-1-55 示。

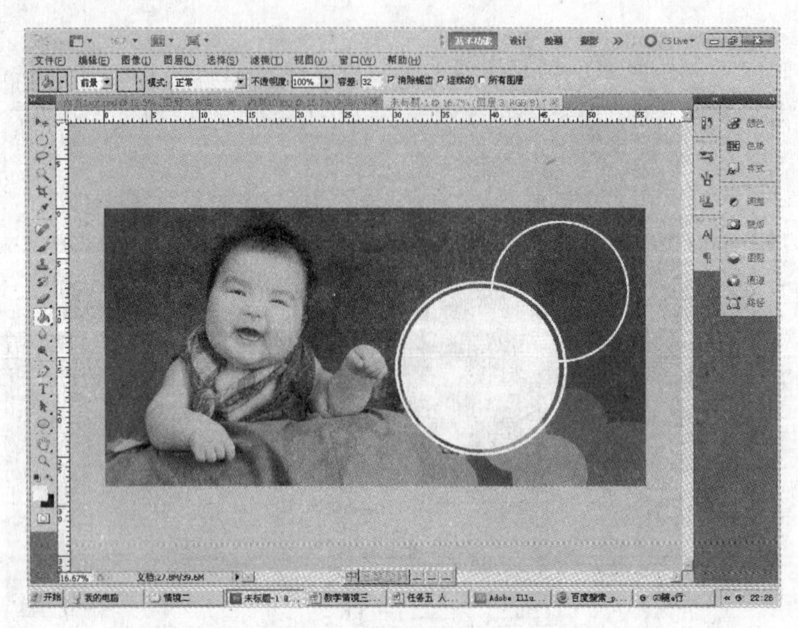

图 3-1-55　绘制白色圆

（5）打开“图层”面板，将除“图层 3”以外的其他图层隐藏，打开“sc20.jpg”并使用移动工具将其拖动到“图层 3”中，调整照片的大小让其在不改变比例的情况下正好切在白色的圆内部或略大一些，按“Ctrl+Alt+G”组合键进行剪切蒙版操作，效果如图 3-1-56 所示。

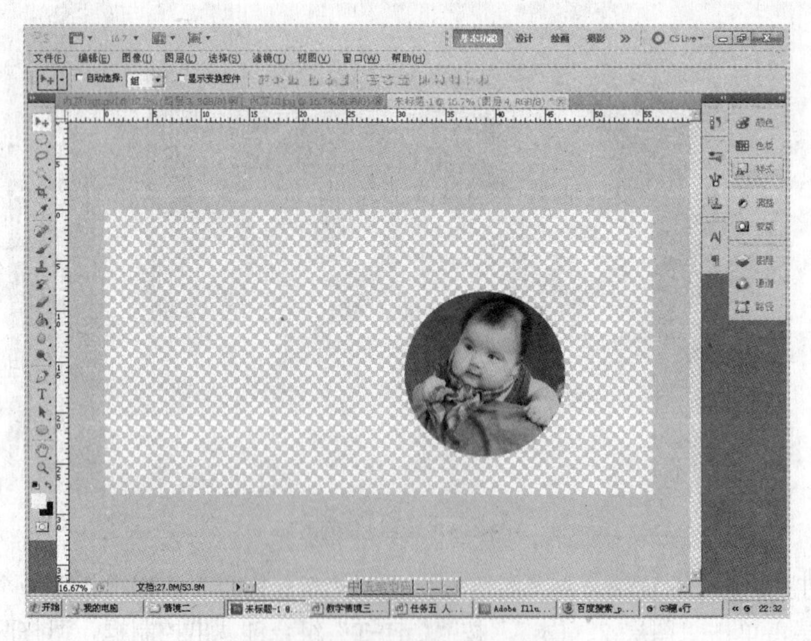

图 3-1-56　剪切蒙版后的效果图

（6）打开“图层”面板，将所有图层显示，按住“Shift”键不放，选择“图层 3”和“图层 4”，在这两个图层处单击鼠标右键，在弹出的快捷菜单中选择“合并图层”选项，将这两个图层合并为一个图层即“图层 4”，选择“图层 4”，单击“*fx*”按钮，在弹出的菜单中选择“内发光”选项，弹出“图层样式”对话框，如图 3-1-57 所示，将内发光的颜色设为白色，阻塞设为 8%，大小设为 85 像素，效果如图 3-1-58 所示。

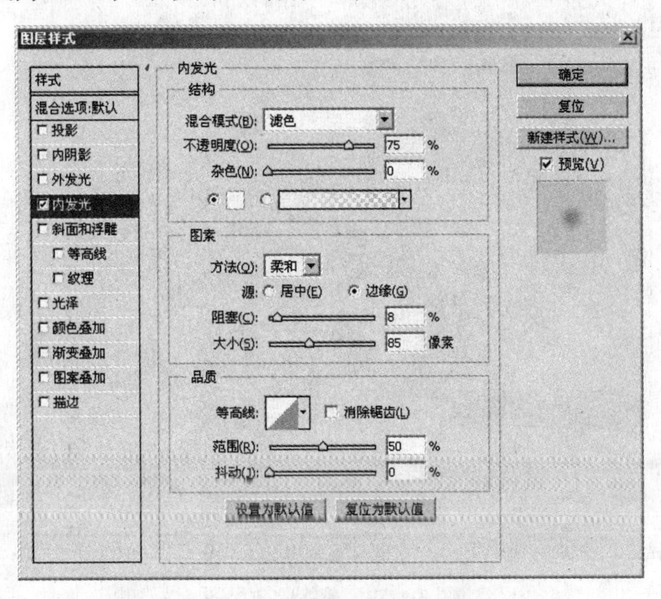

图 3-1-57 “图层样式”对话框

图 3-1-58 为照片添加外发光后的效果图

（7）用同样的方法制作小圆中的宝宝照片。宝宝照片都处理完后，我们再来完善细节，仔细观察两个白色圆环交叉的地方，发现多了两块白色，打开“图层”面板，选择“图层 2 副本”，放大图片，选择橡皮擦工具，设置合适的大小，将多出的白色擦除，最终的效果如图 3-1-59 所示。

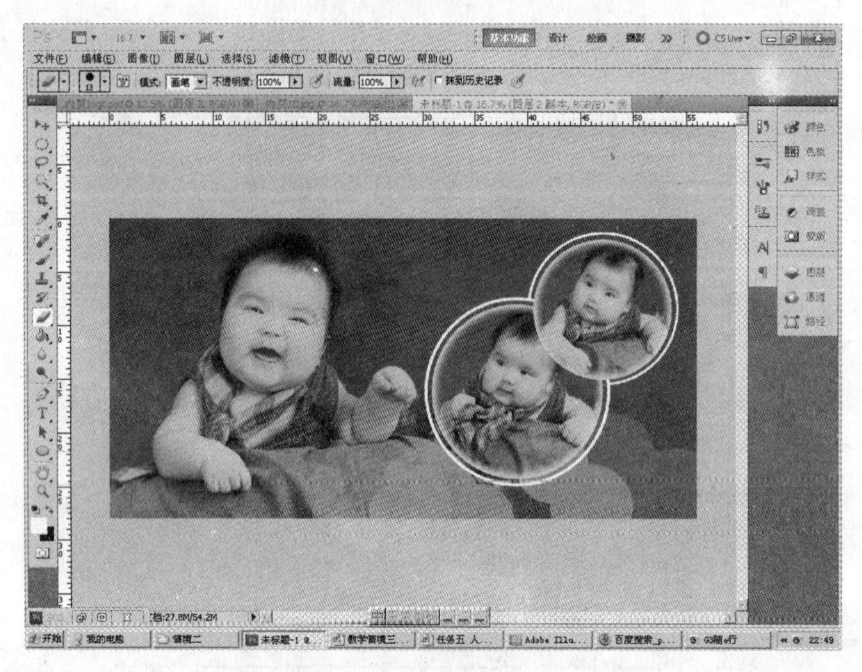

图 3-1-59　最终的效果图

内页 11 宝宝照片的效果如图 3-1-60 所示，制作过程如下：

图 3-1-60　内页 11 效果图

内页 11 里面除了画虚线的矩形框外，其余操作步骤前面都有介绍，所以这里只为大家演示如何绘制虚线矩形框。

（1）新建一个与内页 1 相同的背景文件，由于最终的虚线框是白色的，所以我们为背景填充墨绿色，打开“sc10.jpg”文件，使用移动工具将照片拖动到墨绿色背景上，调整照片的大小，在照片的四周分别建立两条水平和两条垂直的参考线，如图 3-1-61 所示。

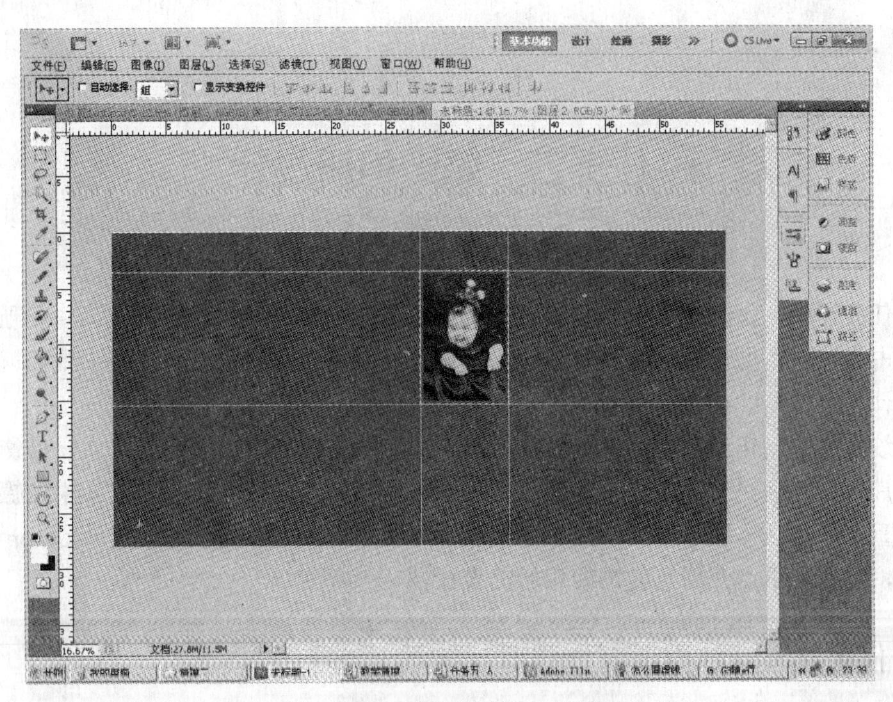

图 3-1-61　围绕照片建立参考线

（2）选择工具箱中的铅笔工具，单击其属性栏中第二个按钮右边的三角形按钮，在弹出的对话框中设置大小为 3 像素，将光标移动到参考线处，利用鼠标拖动的方法绘制虚线，效果如图 3-1-62 所示。

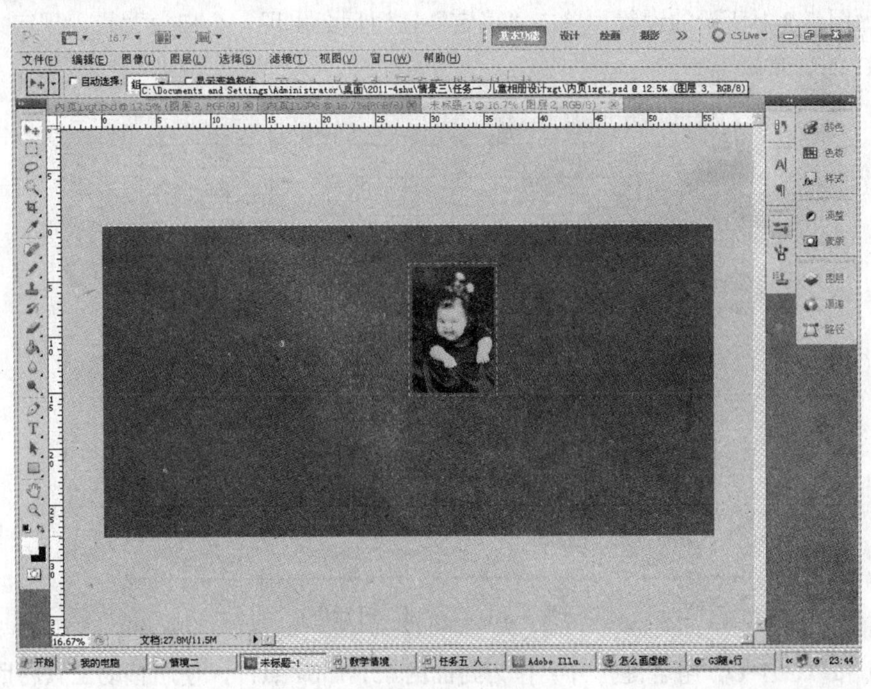

图 3-1-62　绘制虚线

任务二　婚纱相册设计

在任务一中，我们给大家介绍了制作儿童相册的一些基本技巧，除了儿童相册外，另外一个占有很大市场份额的便是婚纱相册的设计与制作，在这个教学任务中我们就来介绍如何设计与制作婚纱相册。

婚纱相册的制作步骤基本上与儿童相册一致，即先选择相册大小与材质→摄影师拍照形成原片→与客户交流确定基本风格→初稿设计、交流、定稿→装裱等。其中拍摄和相册设计是重点，也是体现一个婚纱摄影公司实力和水平的关键，主要使用 Photoshop 进行相册设计，下面就重点介绍几种婚纱相册的设计技巧。

子任务 1　婚纱相册封面设计

假设顾客选定的是一个宽 30cm、高 44cm 的相册，一般来说，照片的封面设计在一些略上档次的婚纱摄影公司都不是套用模板，而是要自己设计，下面我们就来介绍一种设计方法。

（1）启动 Photoshop，执行“文件”→“新建”菜单命令，在弹出的“新建”对话框中进行如图 3-2-1 所示的设置。单击“确定”按钮后会出现一个白色背景、规定大小、名称为 xgt1 的画布。

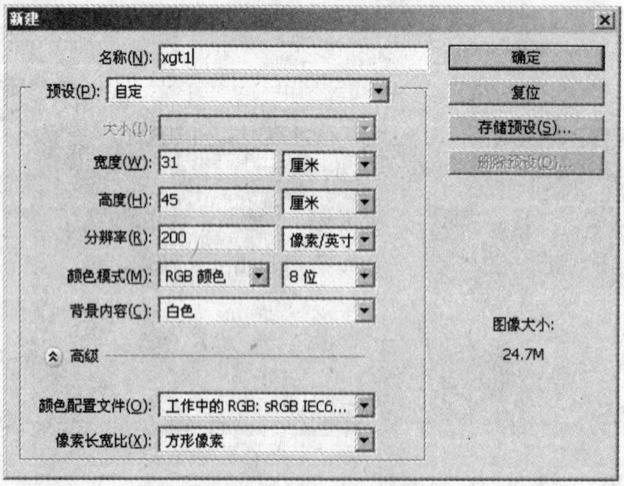

图 3-2-1 “新建”对话框

（2）按“Ctrl+O”组合键打开要作为封面的 sc1-1.jpg 照片，使用移动工具将照片拖动到 xgt1 中，按“Ctrl+T”组合键调出自由变换框，按住“Shift”键不放调整照片的大小和位置，如图 3-2-2 所示，按“Ctrl+R”组合键调出标尺，并利用鼠标拖动的方法拖出两条参考线。

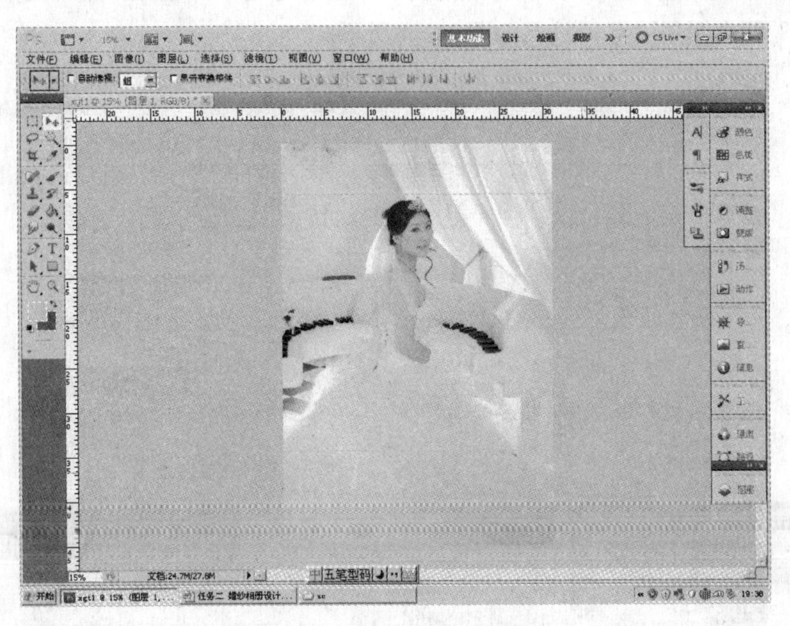

图 3-2-2 打开 sc1-1.jpg 照片

（3）打开“图层”控制面板，将“图层 1”拖动到“创建新图层”按钮上两次，生成“图层 1 副本”和“图层 1 副本 2”两个图层，选中“图层 1 副本 2”图层，选择矩形选框工具，拖出一个矩形选区，并按“Delete”键删除选区内的照片，这时使“图层 1”和“图层 1 副本”隐藏，效果如图 3-2-3 所示。

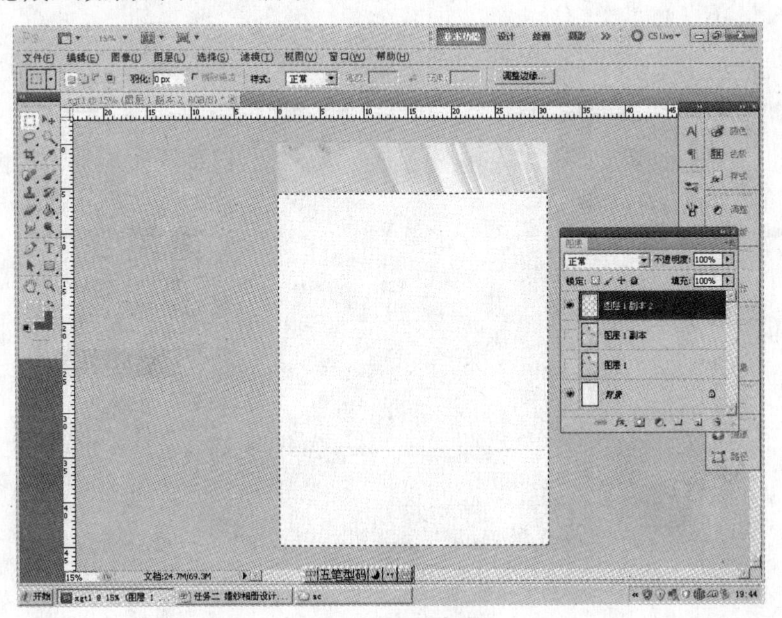

图 3-2-3 绘制选区

（4）按“Ctrl+D”组合键取消选区，选择“图层 1 副本”图层，并使其显示，选择矩形选框工具，利用鼠标拖动的方法将照片的上下两部分选中并删除，使“图层 1”和“图层 1 副本 2”两个图层隐藏，效果如图 3-2-4 所示。

图 3-2-4　保留参考线的中间部分

（5）按“Ctrl+D”组合键取消选区，选中“图层 1”，并让其显示，让“图层 1 副本”和“图层 1 副本 2”隐藏，选择矩形选框工具，将照片的上面大部分按“Delete”键删除，效果如图 3-2-5 所示。

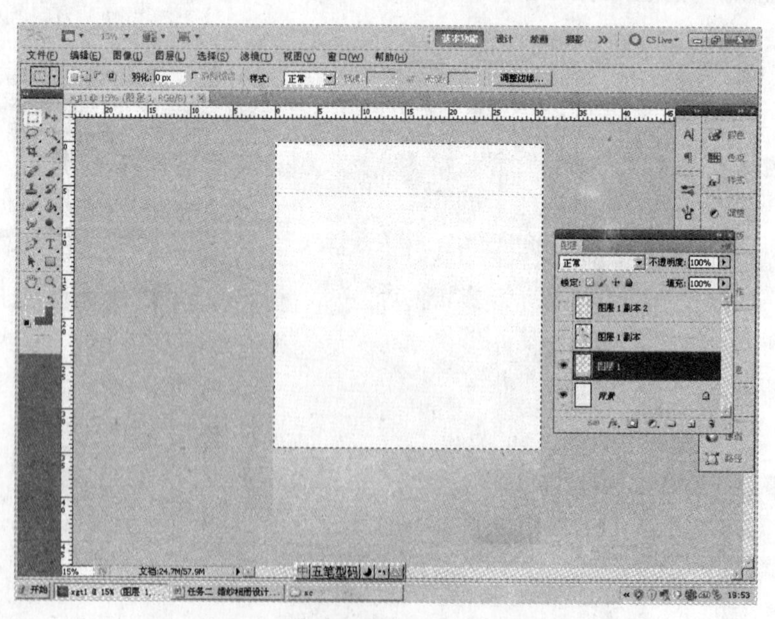

图 3-2-5　删除照片的上面大部分

这么做的目的是想对照片的上、中、下 3 个部分选择用不同的处理手段来处理。按“Ctrl+D”组合键取消选区，并让所有图层都处于可见状态，效果如图 3-2-6 所示，从图中可以看出，照片还是完整的，但实际上已被分成了 3 段。

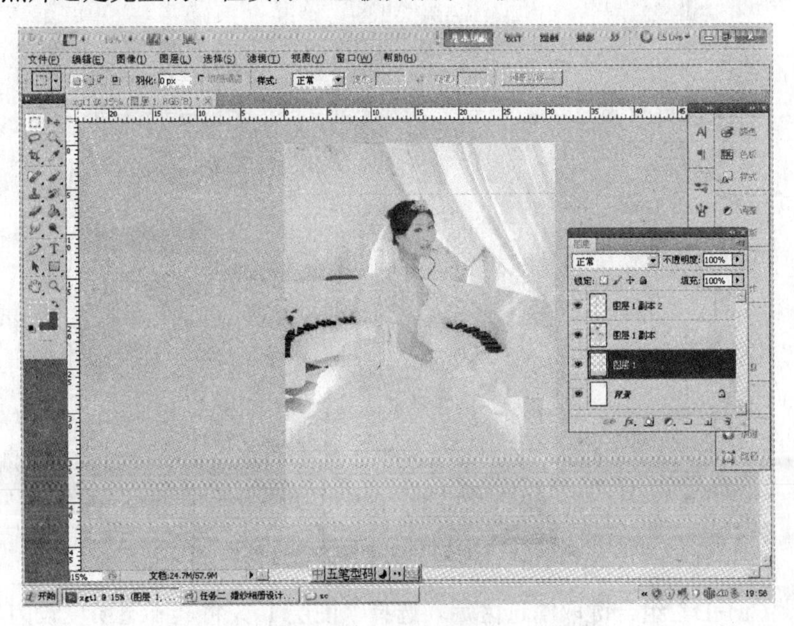

图 3-2-6　照片 3 部分都显示的效果

（6）选择“图层 1 副本 2”图层，将其不透明度设为 30%，使用矩形选框工具选中照片的上半部分，选择渐变工具，在其属性栏中选择线性渐变，单击“点按可编辑渐变”按钮，在弹出的“渐变编辑器”窗口中进行如图 3-2-7 所示的设置。

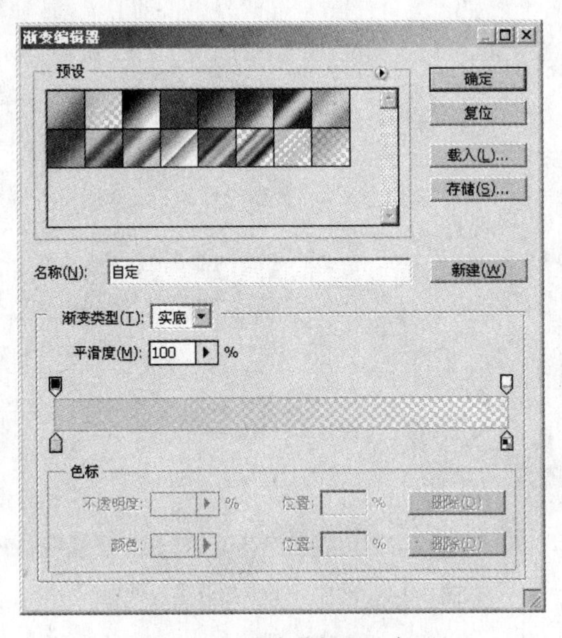

图 3-2-7　“渐变编辑器”窗口

在窗口中主要是对左边的色标颜色进行了设置，选择了一个淡淡的灰色，单击“确定”按钮后，在选区内从上到下垂直拖动鼠标，效果如图 3-2-8 所示。

图 3-2-8　对照片上半部分进行处理

（7）按“Ctrl+D”组合键取消选区后，选择“图层 1”，将其不透明度设为 80%，选择矩形选框工具，将其羽化半径设为 150px，在照片的下半部分利用鼠标拖动的方法拖出一个选区，这时的选区并不是一个矩形选区，而有点像是一个圆角矩形选区，这是由于羽化半径的原因，按“Delete”键后，再利用鼠标拖动的方法将选区向上移动一段距离，再按“Delete”键，最终效果如图 3-2-9 所示。

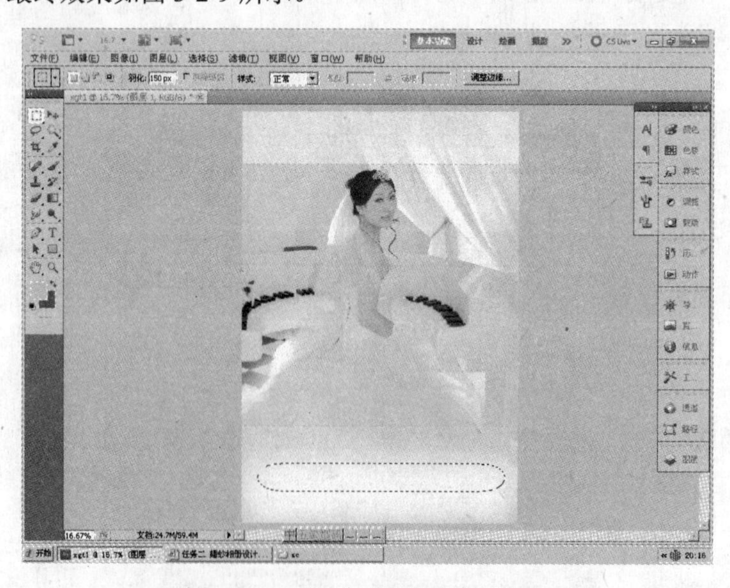

图 3-2-9　对照片下半部分进行处理

（8）按“Ctrl+D”组合键取消选区，按“Ctrl+O”组合键打开“sc1-3.jpg”照片，选择吸管工具选取背景的粉红色为前景色，使用魔术棒工具在背景处单击，执行“选择”→“反向”菜单命令，按“Ctrl+C”组合键复制选中的区域，打开“图层”控制面板，单击“创建新图层”按钮新建一个图层即“图层 1”，选择“图层 1”，按“Ctrl+V”组合键粘贴选区，使“背景”图层隐藏，效果如图 3-2-10 所示。

图 3-2-10 打开 sc1-3.jpg 照片

(9)使用选择工具将刚抠出的图片利用鼠标拖动的方法拖到 xgt1 文件中形成“图层 2”，调整“图层 2”让其介于“图层 1”和“图层 1 副本”图层之间，调整花朵图案的位置和大小，如图 3-2-11 所示。选择“图层 2”，将其拖动到“创建新图层”按钮上新建“图层 2 副本”，将“图层 2 副本”拖动到图层的最上面，按“Ctrl+T”组合键调出自由控制框，调整其大小和位置、角度。

图 3-2-11 调整花朵图案的位置和大小

（10）设置前景色为粉红色，选择文字工具，在合适的位置输入“粉红佳人”4 个字，使用鼠标拖动的方法将其选中，单击“切换字符和段落面板”按钮，在“字符”面板中设置字的大小为 50 点，字符间距为 0，如图 3-2-12 所示。

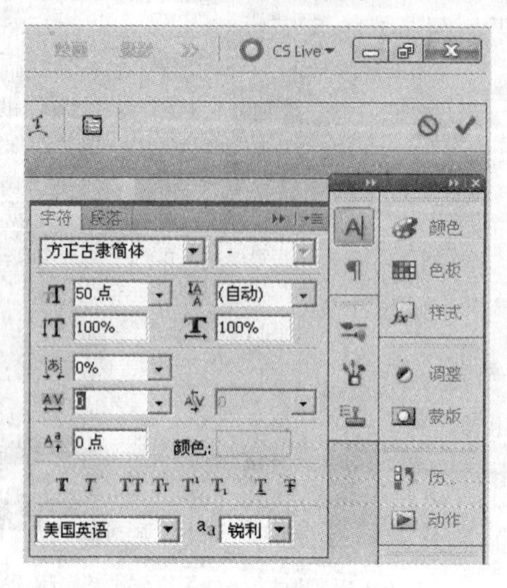

图 3-2-12 “字符”面板

（11）用同样的方法输入“待稼”、“的”、“心情”、“waitting for you”、“憧憬中……”并进行设置，最终效果如图 3-2-13 所示。

图 3-2-13 输入文字并设置后的效果图

（12）打开 sc1-2.jpg 照片，使用魔术棒工具抠出白色的百合花并将其拖动到 xgt1 中，在左下角和右上角的位置分别添加一朵百合花，效果如图 3-2-14 所示。

图 3-2-14 添加白合花后的效果图

子任务 2 婚纱相册内页设计

一般来说，在婚纱摄影公司的设计师们有时为了节约时间，多选择公司购买的一些模板来进行设计，好一些的设计是在使用 PSD 格式的背景模板时，再在其中加一些设计元素，还有一些设计是直接套用模板后，略加修饰即可。下面就来介绍一些常用的照片处理技巧。

内页一的设计：

（1）新建一个名为 xgt2 的文件，如图 3-2-15 所示。

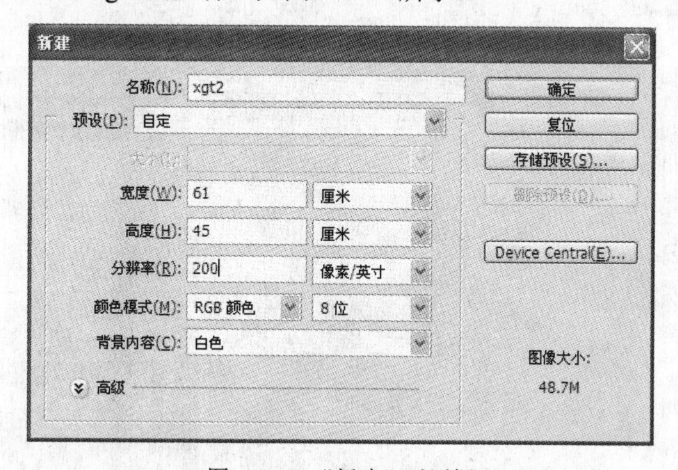

图 3-2-15 “新建”对话框

在这里主要修改了内页的宽度，现在制作相册，内面一般都是封面的两倍宽，高度应该是相同的。

（2）按“Ctrl+O”组合键打开 sc2-1.jpg，选择魔术棒工具，选择白色背景，执行“选择”→“反向”菜单命令，按“Ctrl+C”组合键复制选区，打开“图层”面板，单击“创建新图层”按钮创建“图层 1”，按“Ctrl+V”组合键粘贴选区，使“背景”图层隐藏，效果如图 3-2-16 所示。

图 3-2-16　抠出玫瑰花后的效果

（3）选择椭圆选框工具，将其羽化半径设为 50px，使用鼠标拖动的方法画一个椭圆形的选区，执行“选择”→“反向”菜单命令，按“Delete”键对玫瑰花的边缘进行虚化处理，效果如图 3-2-17 所示。

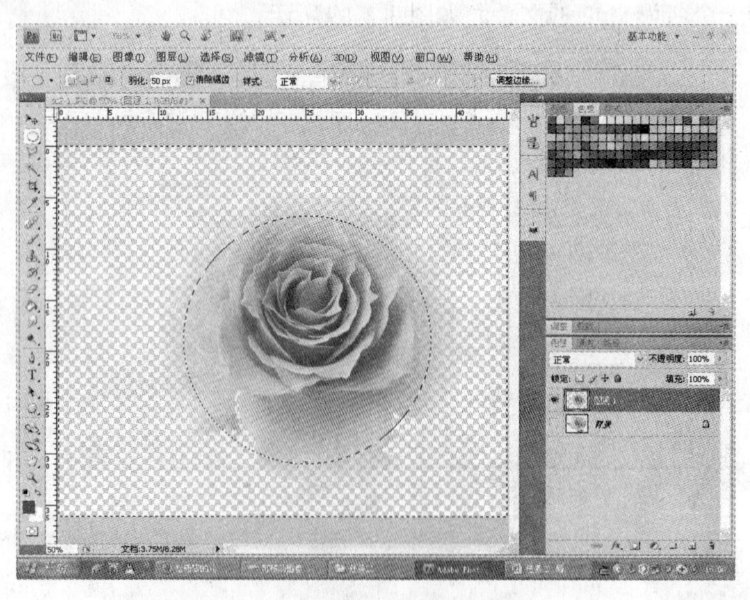

图 3-2-17　玫瑰花边缘虚化后的效果图

（4）选择移动工具，利用鼠标拖动的方法将处理过的玫瑰花拖到 xgt2 文件中，按“Ctrl+T”组合键调出自由变换框，调整花的大小和位置，再选择“图层 1”，并按住鼠标左键不放，将其拖动到“创建新图层”按钮上，新建一个“图层 1 副本”，按“Ctrl+T”组合键调出自由变换框，调整花的大小和位置，选择“背景”图层，效果如图 3-2-18 所示。

图 3-2-18 调整花的大小和位置

（5）打开 sc2-3.psd 文件，选择“图层 5”，按住“Shift”键并将鼠标移动到“图层 4 副本”上，将除“背景”图层以外的所有图层选中，单击鼠标右键，在弹出的快捷菜单中选择“复制图层”选项，在弹出的对话框中进行如图 3-2-19 所示的设置。单击“确定”按钮后的效果如图 3-2-20 所示。

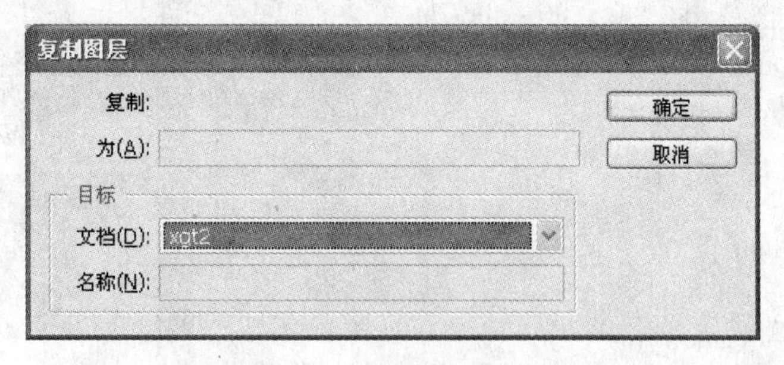

图 3-2-19 “复制图层”对话框

（6）打开 sc2-2.jpg 图片，选择魔术棒工具，选择粉红色背景，如果背景没有全部选中，按住“Shift”键不放继续单击未选中的部分，直到背景基本都被选中为止，执行“选择”→“反向”菜单命令，按“Ctrl+C”组合键复制选区，打开“图层”面板，单击“创建新图层”按钮创建“图层 1”，按“Ctrl+V”组合键粘贴选区，使“背景”图层隐藏，效果如

图 3-2-21 所示。

图 3-2-20　复制图层后的效果图

图 3-2-21　抠出人物后的效果

（7）方法同步骤（6），将 sc2-3.jpg 也做同样的处理，效果如图 3-2-22 所示。

图 3-2-22 sc2-3.jpg 图片

（8）选择移动工具，将步骤（6）、（7）处理的照片利用鼠标拖动的方法拖动到 xgt2 文件中，按“Ctrl+T”组合键调出自由变换框，调整照片的大小和位置，并将“图层 5”选中，执行“编辑”→“变换”→“水平翻转”菜单命令，效果如图 3-2-23 所示。

图 3-2-23 将两张照片拖动到背景中的效果图

（9）此时照片与背景之间有比较明显的分界线，选择“图层 4 副本”，单击“创建新图层”按钮，选择矩形选框工具，将羽化半径设为 0，从背景的左上角向右下角拖动鼠标，形成一个矩形选区，并为该选区填充从粉红到透明的渐变色，调整不透明度为 50%。分别选择“图层 5”和“图层 6”为照片添加图层蒙版，然后先选中“图层 5”，选择画笔工具，将前景色设为黑色，不透明度设为 20%，选择合适大小的画笔，按“Ctrl++”组合键放大照片到合适的大小，在照片的边缘处进行涂抹，将照片的边缘与背景进行融合，用同样的方法对“图层 6”做相应的操作，最终的效果如图 3-2-24 所示。

图 3-2-24　将照片边缘模糊处理后的效果图

（10）选择文字工具，选择合适的字体和颜色，分别输入“漫舞派对”和“beautiful girl”，按“Ctrl+T”组合键调出自由变换框，调整字的大小和位置，如图 3-2-25 所示。

图 3-2-25　添加文字后的效果图

内页二的设计：

（1）新建一个与 xgt2 相同设置的名为 xgt3 的文件。

（2）打开 sc3-1.jpg 照片，并选择移动工具，将其拖动到 xgt3 文件中。按“Ctrl+T”组合键调出自由变换框，调整照片的大小和位置，如图 3-2-26 所示。

图 3-2-26　打开 sc3-1.jpg 照片

（3）用同样的方法打开并处理 sc3-2.jpg 照片，最终的效果如图 3-2-27 所示。

图 3-2-27　打开 sc3-2.jpg 照片

（4）新建一个图层，选择矩形选框工具，将羽化半径设为 0，在如图 3-2-28 所示的位置画一个矩形框，设置前景色为R67、G148、B129，选择油漆桶工具为矩形框填充前景色。

图 3-2-28　绘制矩形框

（5）打开sc3-3.jpg照片，选择移动工具，将其拖动到xgt3文件中。按“Ctrl+T”组合键调出自由变换框，调整照片的大小和位置，如图3-2-29所示。

图 3-2-29　打开sc3-3.jpg照片

（6）选择横排文字工具，在合适的位置分别输入“午”、“后”、“邂逅”、“catch happiness”

文字，并分别为这些文字图层设置不同的字体和颜色，效果如图 3-2-30 所示。

图 3-2-30 输入文字后的效果图

（7）打开 sc3-4 Word 文件，全选诗的内容，按“Ctrl+C”组合键进行复制，在 Photoshop 中选择横排文字工具，在相应位置单击鼠标左键，按“Ctrl+V”组合键粘贴前面复制的内容，用鼠标拖动的方法全选刚粘贴的内容，单击属性栏上的“右对齐”按钮，设置合适的字体、大小和颜色，如图 3-2-31 所示。

图 3-2-31 插入并设置 Word 文件

（8）选择横排文字工具，设置合适的字体，在合适的位置输入“Colorful”，按“Ctrl+T”

组合键调出自由变换框，调整字的大小并旋转字的方向，如图 3-2-32 所示。

图 3-2-32　输入文字

内页三的设计：

（1）新建一个与 xgt2 相同设置的名为 xgt4 的文件。

（2）按“D”键，将前景色与背景色恢复到默认的黑白色，执行“滤镜”→“渲染”→“云彩”菜单命令，效果如图 3-2-33 所示。

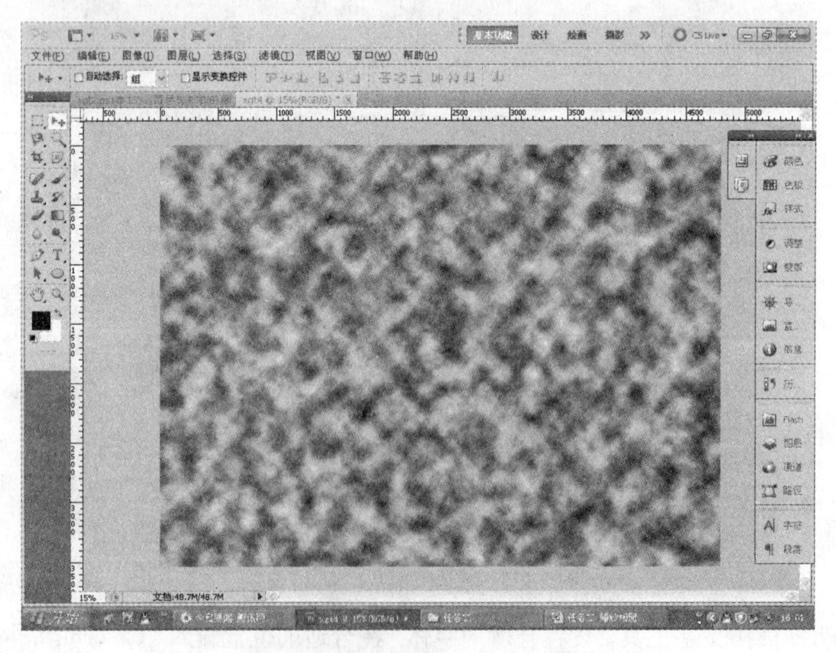

图 3-2-33　对相册进行云彩渲染

（3）执行“滤镜”→“模糊”→“高斯模糊”菜单命令，在弹出的对话框中进行如图 3-2-34 所示的设置，效果如图 3-2-35 所示。

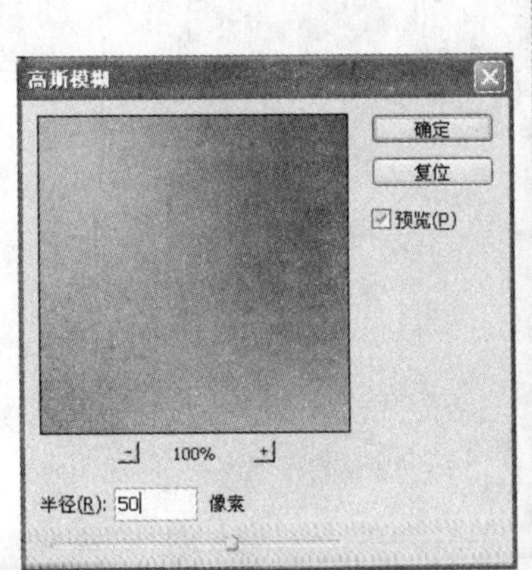

图 3-2-34 “高斯模糊”对话框

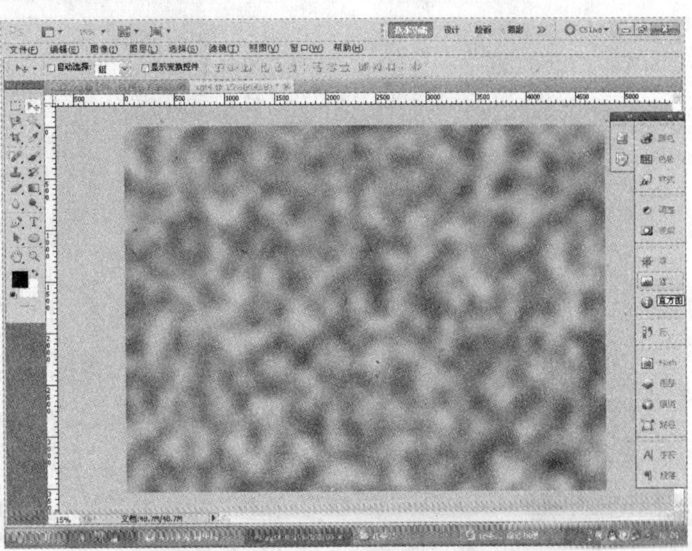

图 3-2-35 高斯模糊处理后的效果

（4）执行“图像”→“调整”→“色彩平衡”菜单命令，打开“色彩平衡”对话框，中间调的参数设置如图 3-2-36 所示。选中“阴影”单选按钮，设置其参数为 20、25、–55，再选中“高光”单选按钮，设置其参数为 25、28、25，单击“确定”按钮后的效果如图 3-2-37 所示。

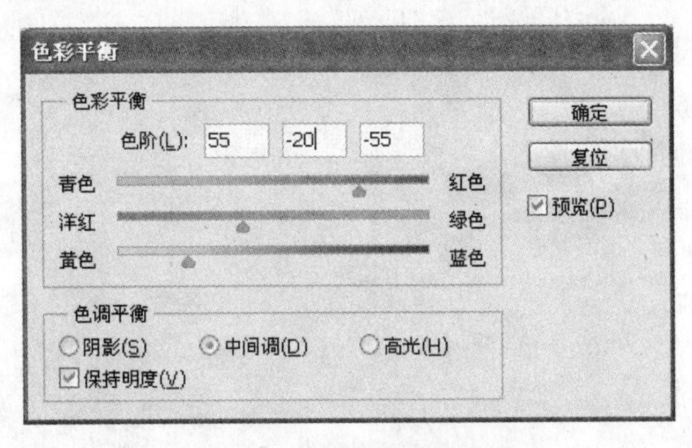

图 3-2-36 “色彩平衡”对话框

（5）打开 sc4-1.psd 文件，选择移动工具，将相框拖动到 xgt4 文件中，按“Ctrl+T”组合键调出自由变换框，调整相框的大小与位置，如图 3-2-38 所示。

（6）执行“视图”→“新建参考线”菜单命令，建立垂直方向的参考线，如图 3-2-39 所示，选择“图层 1”，将其拖动到“创建新图层”按钮上，生成“图层 1 副本”，按“Ctrl+T”组合键调出自由变换框，调整相框的大小与位置，如图 3-2-39 所示。

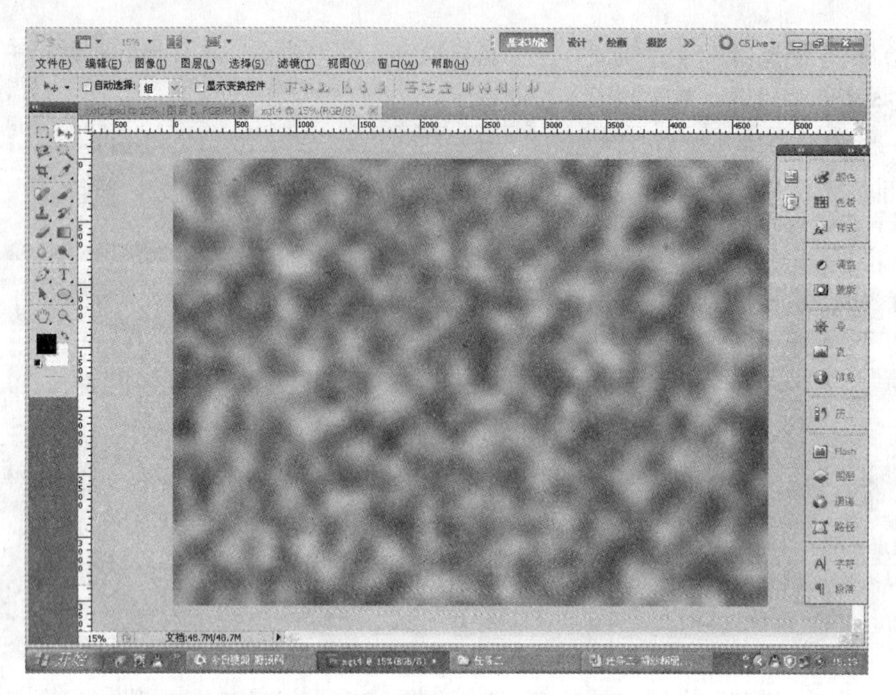

图 3-2-37　色彩平衡处理后的效果图

图 3-2-38　调整相框的大小与位置

（7）选择“图层 1 副本”，将其拖动到“创建新图层”按钮上，创建“图层 1 副本 2”，选定“图层 1 副本 2”，选择移动工具，利用鼠标拖动的方法将小相框往下移，效果如图 3-2-40 所示。

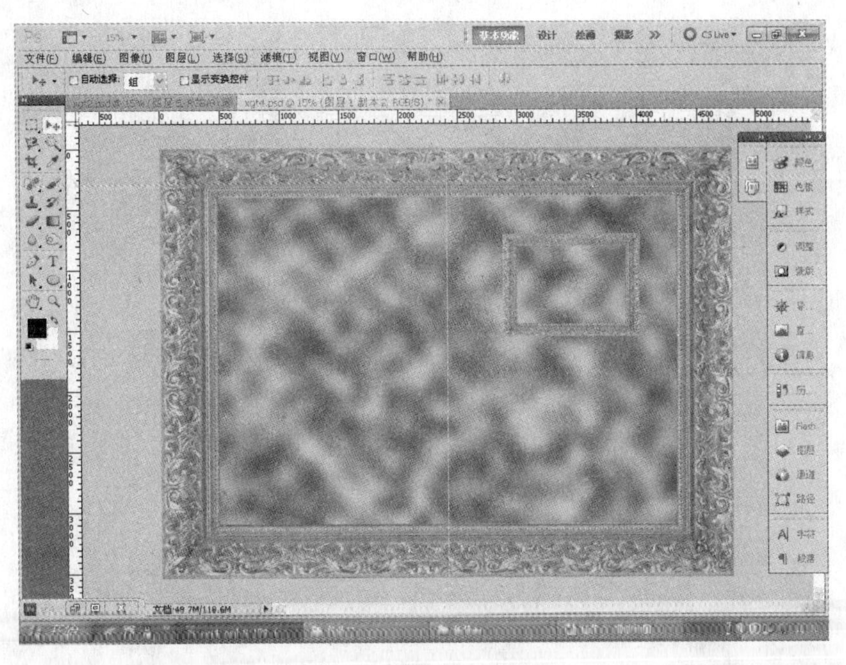

图 3-2-39　添加一个小相框

图 3-2-40　添加第二个小相框

（8）打开 sc4-2.jpg，按“Ctrl+T”组合键调出自由变换框，调整照片的大小和位置，如图 3-2-41 所示。

（9）选择“图层 2”，选择矩形选框工具，将羽化半径设为 0，拖动鼠标形成如图 3-2-42 所示的矩形选区，按“Delete”键删除照片的右半部分，即选区选中的部分，按“Ctrl+D”组合键取消选区，效果如图 3-2-43 所示。

图 3-2-41　打开 sc4-2.jpg 照片

图 3-2-42　绘制矩形选区

图 3-2-43　删除选区内的部分照片

（10）选择矩形选框工具，将其羽化半径设为150px，利用鼠标拖动的方法绘制圆角矩形选区，如图3-2-44所示。执行“选择”→“反向”命令，按“Delete”键删除选区内的部分，按“Ctrl+D”组合键取消选区，效果如图3-2-45所示。

图3-2-44 绘制圆角矩形选区

图3-2-45 删除圆角矩形以外的部分

（11）选择“图层2”，单击“添加矢量蒙版”按钮，单击“图层2”上的图层蒙版缩览图，选择画笔工具，将前景色设为黑色，选择柔边圆画笔，调整画笔大小，将不透明度设为100%，在边框部分进行涂抹，再将不透明度设为20%，在照片右边界处进行涂抹，将照片边缘与背景进行融合。之后再将不透明度设为10%，将照片放大到100%，将画笔大小设为100左右，在照片人物周边进行涂抹，将照片人物与背景进行融合，最终效果如图3-2-46所示。

（12）打开sc4-3.jpg，按“Ctrl+T”组合键调出自由变换框，调整照片的大小和位置，如图3-2-47所示。打开“图层”面板，将“图层3”的混合模式设为正片叠底，效果如图3-2-48所示。

图 3-2-46　照片与背景进行融合

图 3-2-47　打开 sc4-3.jpg 照片

图 3-2-48　正片叠底效果

（13）将照片放大到 50%，选择矩形选框工具，将羽化半径设为 0，利用鼠标拖动的方法绘制如图 3-2-49 所示的矩形选区，执行“选择”→“反向”菜单命令，按“Delete”键删除矩形选区外的照片部分，再将“图层 3”的混合模式设为正常，缩小照片的比例为 15%，如图 3-2-50 所示。

图 3-2-49　绘制矩形选区

图 3-2-50　删除矩形选区外的照片部分

（14）按照步骤（12）、（13）的方法，将 sc4-4.jpg 照片做同样的处理，效果如图 3-2-51 所示。

图 3-2-51　照片处理后的效果图

（15）打开“图层”面板，选择“图层 1 副本”，按住鼠标左键不放，将其拖动到“图层 4”下面，按住“Shift”键不放，同时选中“图层 1 副本”和“图层 4”，单击鼠标右键，在弹出的快捷菜单中选择“链接图层”选项，用同样的方法将“图层 1 副本 2”与“图层 3”进行链接，“图层”面板如图 3-2-52 所示。

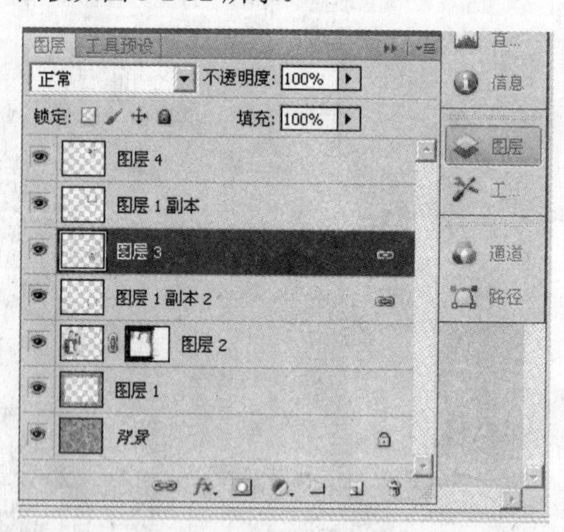

图 3-2-52　“图层”面板

（16）按“Ctrl+R”组合键调出标尺，在垂直方向的右边拖出一条参考线，分别选择“图层 3”和“图层 4”，调整它们的位置，如图 3-2-53 所示。

（17）打开 sc4-5.jpg，按“Ctrl+T”组合键调出自由变换框，调整照片的大小、位置和方向，打开“图层”面板，将“图层 5”拖动到“图层 1”的下面，并将“图层 5”的混合模式设为线性减淡（添加），效果如图 3-2-54 所示。

图 3-2-53 调整照片位置后的效果图

图 3-2-54 添加底纹

内页四的设计：

（1）新建一个与 xgt2 相同设置的名为 xgt5 的文件。

（2）打开 sc5-1.jpg 照片，选择移动工具，将其拖动到 xgt5 文件中，按“Ctrl+T”组合键调出自由变换框，调整照片的大小，再按“Ctrl+R”组合键调出标尺，利用鼠标拖动的方法拖出一条水平参考线和一条垂直参考线，如图 3-2-55 所示。

图 3-2-55　打开 sc5-1.jpg 图片

（3）打开“图层”面板，将“图层 1”拖动到“创建新图层”按钮上，创建“图层 1 副本”并使其隐藏。选择“图层 1”，选择矩形选框工具，将羽化半径设为 0，在水平参考线的上方画一个矩形选区，按“Delete”键删除选区内的照片部分，效果如图 3-2-56 所示。

图 3-2-56　删除选区内的照片部分

（4）选择“图层 1”，将其隐藏，再选择“图层 1 副本”，将其显示，选择矩形选框工具，设置羽化半径为 0，利用鼠标拖动的方法拖出一个矩形选区并按“Delete”键删除照片的下半部分，效果如图 3-2-57 所示。打开“图层”面板，将“图层 1 副本”和“图层 1”都处于可见状态，按“Ctrl+D”组合键取消选区，效果如图 3-2-58 所示。

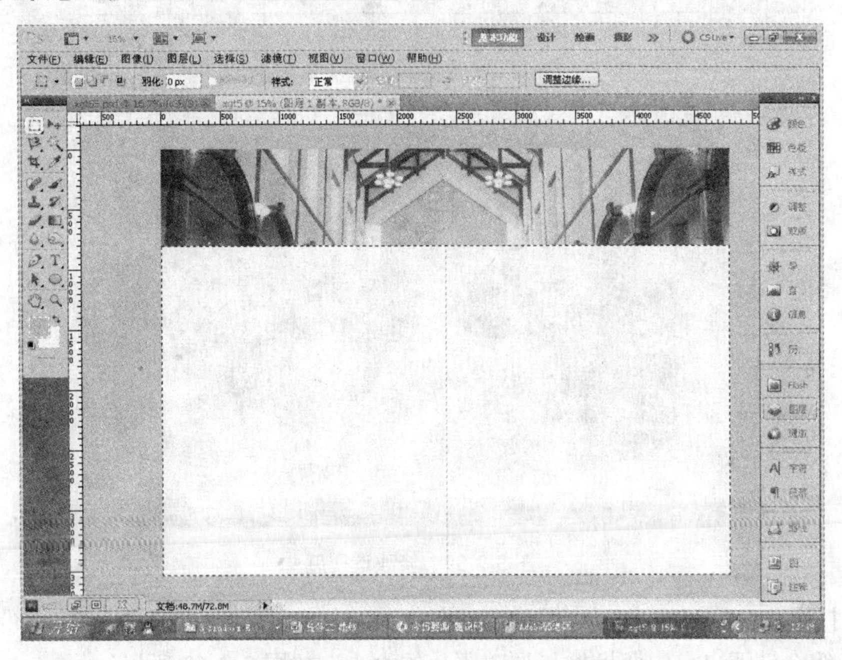

图 3-2-57　删除选区内的照片部分

图 3-2-58　重新合成后的图片

（5）选中“图层 1 副本”，将其不透明度设为 20%，效果如图 3-2-59 所示。

图 3-2-59　修改透明度

（6）打开 sc5-2.jpg 照片，选择移动工具，将其拖动到 xgt5 文件中生成“图层 2”，按“Ctrl+T”组合键调出自由变换框，调整照片的大小，如图 3-2-60 所示。

图 3-2-60　打开 sc5-2.jpg 照片

（7）选择椭圆选框工具，将羽化半径设为 150，利用鼠标拖动的方法在照片上绘制一个椭圆形选区，如图 3-2-61 所示。

图 3-2-61 绘制椭圆形选区

（8）执行“选择”→“反向”菜单命令，按“Delete”键删除选区内的部分，效果如图 3-2-62 所示。

图 3-2-62 删除选区内的部分

（9）选择“图层 2”，单击“添加图层蒙版”按钮，选择画笔工具，先将不透明度设为 50%，画笔大小设为 200，在人物周边进行涂抹，再将不透明度设为 20%，画笔大小设为 100，继续在人物照片周边进行涂抹，之后将不透明度设为 10%，画笔大小设为 50 左右，在人物照片周边进行涂抹，最终的效果如图 3-2-63 所示，图层蒙版的效果请大家参考

xgt5.psd 文件。

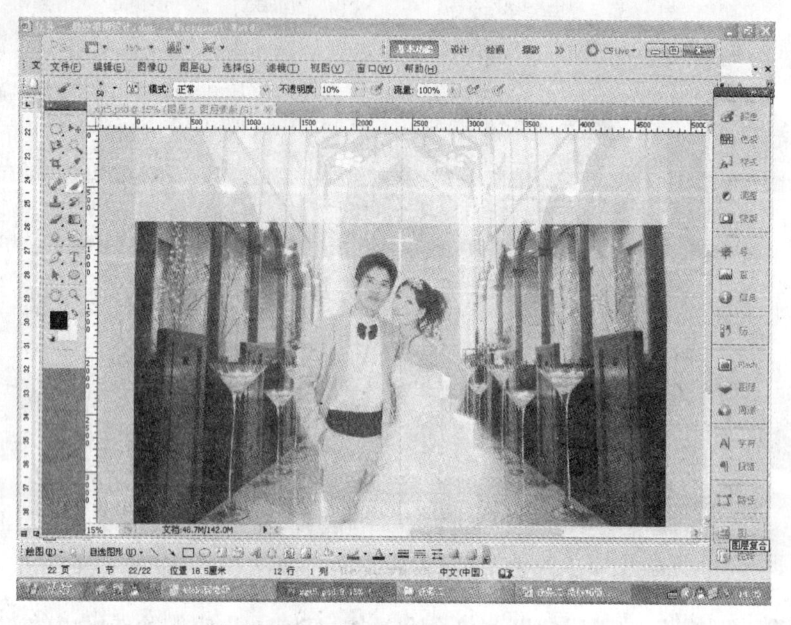

图 3-2-63 照片周围修过后的效果图

（10）打开 sc5-3.jpg 照片，选择裁剪工具，将照片裁小，使用移动工具将其拖动到 xgt5 文件中生成“图层 2”，按“Ctrl+T”组合键调出自由变换框，调整照片的大小、位置及方向，如图 3-2-64 所示。

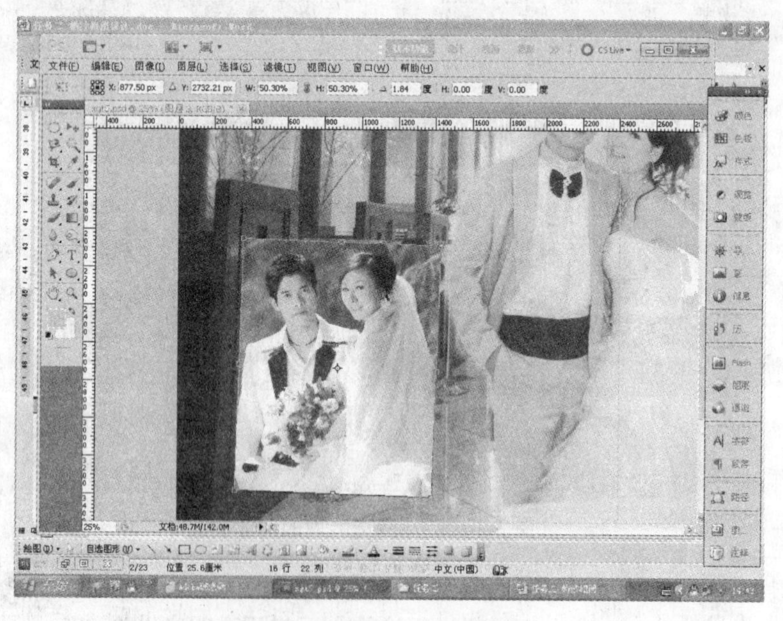

图 3-2-64 打开 sc5-3.jpg 照片

（11）按住“Ctrl”键不放，将光标移动到右边的角上，将照片缩放到底照片的木格子里，效果如图 3-2-65 所示。

图 3-2-65 照片处理后的效果图

（12）按照步骤（10）、（11）的方法将 sc5-4.jpg 照片放到右边的木格子里，效果如图 3-2-66 所示。

图 3-2-66 sc5-4.jpg 照片处理后的效果图

（13）选择文字工具，设置合适的字体、大小、颜色等，输入“迈进婚姻的殿堂”，这里为“殿堂”两个字分别添加了“描边”和“外发光”效果，最终的效果如图 3-2-67 所示。

图 3-2-67 输入文字后的效果图

任务三 电子相册设计

前面介绍的儿童相册和婚纱相册的设计，照片的原片都由专业摄影师提供，照片的色彩、构图等都很专业，所以在设计相册时色彩、构图与文字都选择与照片底色相近的颜色，这样的设计思路对于商家来说速度快、成本低，也容易被客户接受。

近几年来随着数码相机在家庭中的普及，人们可以更方便地拍摄照片却又不需要把拍摄的照片都冲印出来时，更多的选择是将照片保存在电脑或光盘中。以前我们查看照片一般用得比较多的就是 ACDSee、Windows 图片和传真查看器，这两个软件查看照片时要么手工一页一页翻看，要么自动翻页，近几年来，市场上又多了一种新型的电子设备，可以专门自动播放照片，目前已发展到具有“图、文、声、像”四位一体的电子相册，我们将这样的电子相册称为多媒体电子相册。这种设备小巧轻便，便于携带，多放在办公桌或在家中使用。

那么，什么是电子相册呢？电子相册是一个新兴事物，现在还没有一个权威的定义。对于普通大众来说，电子相册首先指的是一个硬件，这种硬件设备表面上看是一个具有一定尺寸的 LCD 或 LED 液晶显示屏，不需借助电脑直接在显示屏上显示数码照片的电子产品。早期的电子相册一般只能够显示 JPEG 这种数码相机通用格式的图片，现在也有一些高端产品支持图片、视频及音频文件的播放。大多数电子相册是以幻灯片的形式播放照片的，可以通过调节切换时间间隔来达到播放照片的目的。

目前，这一类的电子产品除了能浏览照片外还能够将照片显示到电视机上，还可接U盘、SD卡、MMC卡等；除播放图片外，还可播放MP3，做到边播放图片边听MP3，也可以看电影，但对电影的格式不同的生产厂家有不同的要求，如果遇到不支持的格式可以使用软件转换以达到播放的目的，同时，也可以输出音频、视频到电视机或音响。这种电子相册目前还有另外一些叫法如数码相册、数码相框等。

数码相框的尺寸目前主要有7寸、8寸和10寸，显示比例基本上以4：3为主，分辨率基本上以800×600和1024×768为主，现在又推出了宽屏即显示比例以16:9为主的一些数码相框，其分辨率为1024×600。目前，无论是专业摄影师使用的数码相机还是家用数码相机，主流的照片比例为4:3，当然大部分相机也可以直接调成16:9比例，以适应目前的数码相框，当之前拍的照片都是4:3比例时，如果直接放到宽屏的数码相框中就不能满屏显示，这时就需要对照片进行一些简单的处理。另外，有些家长还想为每一张照片都取一个名称，或给照片配上一些说明性的文字以纪念那精彩的时刻。出于这些原因，在这里就给大家介绍一些很容易就能掌握的Photoshop处理技术，让每一个略有计算机基本操作技能的人能亲手为自己的家人做一本独一无二的电子相册。

当然，现在的数码相框都自带一些模板，模板的作用是对照片做一些美化工作，客户可以把自己的照片嵌入模板中，这样虽可以让照片得到一定的美化，但千篇一律，体现不出个性，而在这个注重个性的时代，做一个独特的相册是很多年轻人所追求的，这对于有一定电脑操作技术的人来说并不难。

随着数码相框的普及，个性化的数码相册也会慢慢走入普通人的家中，那么接下来就为大家介绍如何设计数码相框中的电子相片。制作电子相册的步骤如下：

（1）首先要获得数字化的图片，可以选择用数码相机拍摄，直接得到电子照片，也可以使用普通相机拍摄，通过扫描仪得到图片文件。得到这些照片原片后，我们要对每一张照片进行分析，只能选取其中的一部分很有意义的照片放入电子相册。

（2）其次要对照片进行加工处理，照片处理的第一步便是将照片按一定规律进行排序，然后再使用专业级的软件Photoshop来对照片进行美化处理。在本教学任务中，我们就教大家使用Photoshop设计个性化的，适用于自己数码相框的照片。当然，在这里除了要注意尺寸外，前面为大家介绍的一些处理和设计相册的技术都可以运用，不是只有本任务中讲的技术才适用。

（3）最后根据不同产品的产品说明书，将处理后的照片导入数码相框中，即可观看。

在本教学任务中，主要为大家介绍如何根据数码相框的一些参数来对照片进行一定的处理，本教学任务中所选的素材都是由家人自拍的，照片的色彩、构图等都不能与专业摄影师拍摄的照片来比较，但这些照片都有一定的纪念意义。接下来就来介绍怎样为数码相框设计照片。

（1）首先要了解数码相框的参数，如表3-1所示。

表 3-1 数码相框的参数

屏幕类型	LED 液晶显示屏
屏幕尺寸	10.4 英寸
分 辨 率	1024×600
亮　　度	300cd/m^2
对 比 度	500 : 1
控制方式	遥控器控制和面板按键控制
视频功能	视频播放/AV 输出
视频制式	支持 NTSC/PAL 切换
视频格式	MPEG1/2/4 解码，支持 MPEG/MPG/DAT/AVI 播放，支持编码视频文件 XVID、DIVX
音频格式	支持 MP3/WMA/WMV
图片格式	JPG/JPEG
存储介质	SD、MMC、MS 、U 盘
音频输出	立体声输出 2*2W
输出接口	AV 输出接口、USB2.0
操作温度	0～50℃
产品尺寸	263mm*176mm*15mm

在这么多的参数当中，与照片设计有关的参数主要就是分辨率，这里所说的分辨率与 Photoshop 中所说的分辨率是不一样的，这里提到的分辨率是指在 Photoshop 中新建文件时的宽度和高度。

（2）启动 Photoshop CS5，选择“文件”→“新建”命令，在弹出的“新建”对话框中进行如图 3-3-1 所示的设置。由于是数码相框，其分辨率设为 72 像素/英寸、颜色模式设为 RGB 颜色、背景内容选择白色，单击“确定”按钮即可。

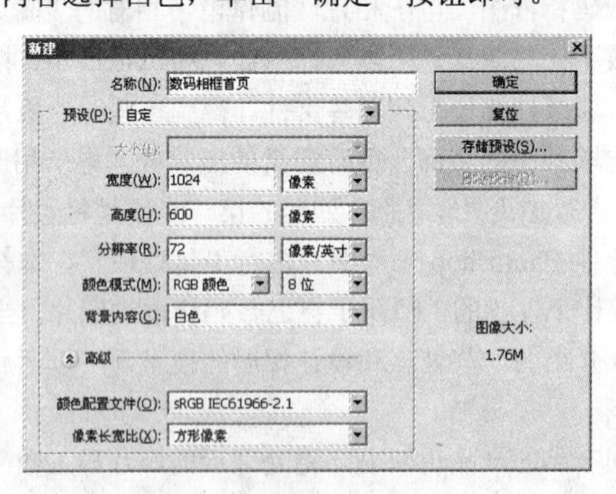

图 3-3-1 “新建”对话框

说明：这两步操作对要设计的相片来说都是一样的，在下面对照片的设计处理过程中就不重复说明。

第一页的设计（关键技术为下载外挂的画笔及载入画笔、系统自带画笔的使用技巧）：

（1）首先打开 sc 文件夹中的 sc1.jpg 照片，选择移动工具，利用鼠标拖动的方法将照片拖到数码照片首页文件中，调整照片的大小和位置，由于照片略有点曝光过度，所以使用曲线命令将照片略调暗一点，效果如图 3-3-2 所示。

图 3-3-2　打开 sc1.jpg 照片

（2）选择竖排文字工具，设置合适的字体和颜色，输入“汪晓雨”和“成长记录”，如图 3-3-3 所示。

（3）这张照片两边白色的地方有点空，我们可以使用画笔工具为其添加一些图案。首先选择画笔工具，单击“点按可打开‘画笔预设’选取器”按钮，在弹出的对话框的右上角有一个三角形按钮，单击该按钮后，弹出一个菜单，我们可以选择最下面一组菜单中的画笔，单击“追加”按钮，能够增加可选择的画笔，如图 3-3-4 所示。

（4）选择色彩和饱和度较高的颜色作为前景色，单击画笔工具，随机选取一些合适的画笔，随意地在“背景”图层上单击鼠标左键或略拖动鼠标左键，如图 3-3-5 所示。

图 3-3-3　输入文字后的效果图

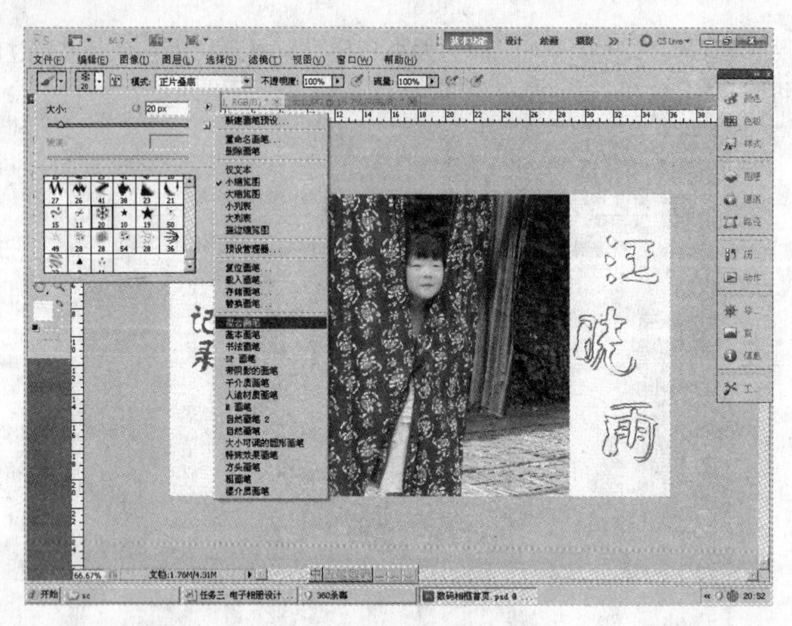

图 3-3-4　选择画笔

图 3-3-5　添加图案后的效果

从图 3-3-5 中可以看出，由于照片是以 4 : 3 的比例拍摄的，而现在的数码相框是 16 : 9 宽屏的，直接使用会让数码相框的两边不完全显示，要想满屏显示，我们就必须对这张照片进行一些处理。

（5）从网上免费下载一些有关脚印的笔刷（可以从 3lian 素材上下载，网址为 www.3lian.com），在如图 3-3-4 所示的菜单中选择“载入画笔”选项，在弹出的对话框中选择要载入的画笔后单击“载入”按钮即可，如图 3-3-6 所示。

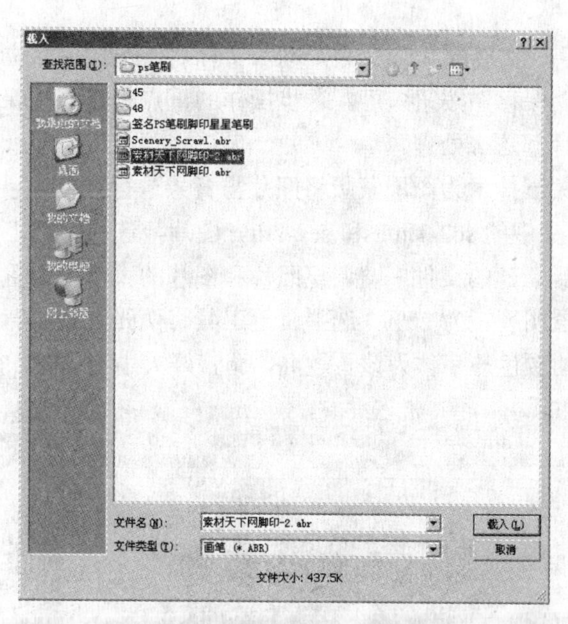

图 3-3 6 “载入”对话框

（6）选择“背景”图层，新建一个图层即“图层 3”，选择合适的前景色，选择画笔工具，单击“点按可打开‘画笔预设’选取器”按钮，选择载入的脚印画笔，在背景合适的位置单击，按“Ctrl+T”组合键调出控制框，调整大小和位置并旋转一定的角度；再新建一个图层即“图层 4”，也画一个大小、位置和角度都较为合适的脚印，执行“编辑”→“变换”→“水平翻转”命令，和“图层 3”的脚印组成一对脚印。选择“图层 3”，将其拖动到“创建新图层”按钮上，新建一个“图层 3 副本”，选择移动工具将复制的一个脚印拖动到合适的位置，并调整好大小和角度，用同样的办法也建立一个“图层 4 副本”，依此类推，建立“图层 3”和“图层 4”的副本 2、副本 3、副本 4、副本 5 等，并依次将它们的大小、位置和角度调整好，最终的效果如图 3-3-7 所示。

图 3-3-7　添加脚印后的效果图

（7）执行“文件”→“存储为”命令，输入文件名，选择保存位置，并选择保存类型为 JPEG 格式，单击“保存”按钮即可。这步操作的重点是将照片保存成 JPEG 格式的文件，以后每一页的照片都这么处理。

第二页的设计（关键技术为图层蒙版将照片与背景进行融合）：

首先打开 sc 文件夹中的 sc2-1.jpg 和 sc2-2.jpg 图片，选择移动工具，利用鼠标拖动的方法将这两张图片拖到新建的文件中，调整照片和图片的大小与位置，为图片和照片分别添加图层蒙版，将不透明度设为 20%，选择画笔工具将两张图片与背景进行融合，再选择文字工具，设置合适的颜色与字体为该页题名，调整好大小与位置，效果如图 3-3-8 所示。

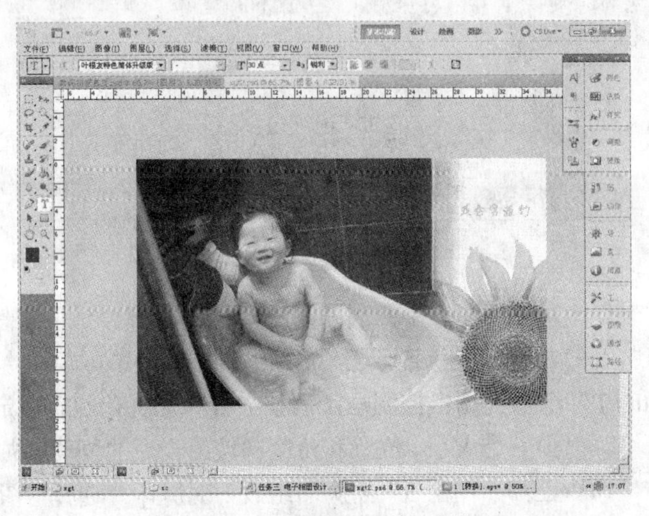

图 3-3-8　电子相册第二页效果图

第三页的设计：

打开 sc 文件夹中的 sc3.jpg 照片，选择移动工具，利用鼠标拖动的方法将照片拖到新建的文件中，调整照片的大小与位置，分析第三张照片，发现照片本身按 1024×600 裁切后的效果很好，不需要再做其他处理，只用文字工具题名即可，效果如图 3-3-9 所示。

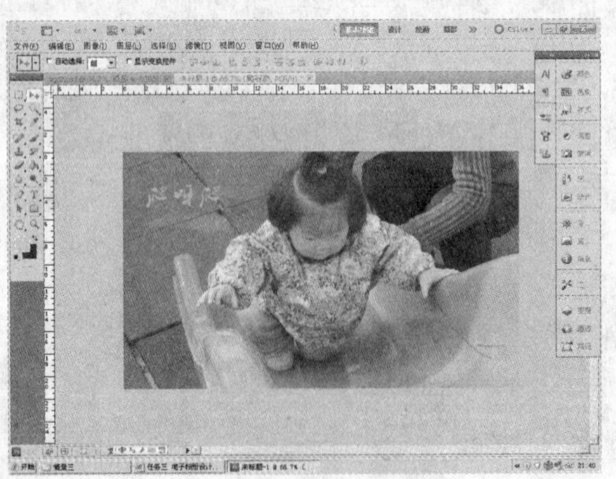

图 3-3-9　电子相册第三页效果图

第四页的设计（关键技术为仿制图章工具除去照片中的杂物）：

打开 sc 文件夹中的 sc4.jpg 照片，选择移动工具，利用鼠标拖动的方法将照片拖到新建的文件中，调整照片的大小与位置，分析第四张照片，发现照片按 1024×600 裁切后的效果也很好，只是在照片的某些地方不是太完美，如人和树中间的灯边上有一些水泥地，还有一些杂物如水管等，我们可以选择用仿制图章工具将影响照片效果的杂物去掉，效果如图 3-3-10 所示。由于照片本身的内容丰富，所以不用在上面题名。

图 3-3-10 仿制图章工具处理后的照片

第五页的设计（关键技术为萝卜素材的下载与抠图技术）：

打开 sc 文件夹中的 sc5-1.jpg 照片，选择移动工具，利用鼠标拖动的方法将照片拖到新建的文件中，调整照片的大小与位置，分析这张照片，发现墙上挂的东西影响照片效果，另外由于是老房子，很久没装修过，有些地方看上去不是太干净，这些都选择用仿制图章工具来处理。

另外，这张照片上的游戏是宝宝小时候特别喜欢的，经常配着右边的儿歌一起玩，右边本来是白色的底，由于色彩相差较大，用吸管工具吸取照片最右边的颜色作为前景色，并选择“背景”图层，用矩形选框工具画一个矩形选框并用油漆桶工具为矩形选框填充前景色。之后再选择照片所在的图层，添加图层蒙版，并选择画笔工具，将前景色设为黑色，不透明度设为 20%，在照片右边进行涂抹，将照片与后面的背景进行融合。

在下载的素材中找到一个有萝卜的素材（本教学任务中为大家提供素材 sc5-2.jpg），打开该文件，用裁切工具裁切出一个完整的萝卜，选择吸管工具吸取萝卜的橙色作为前景色，使用魔术棒工具选择橙色，再按住“Shift”键不放，将萝卜上面的绿色叶子、眼睛、嘴巴等都选中，按“Ctrl+C”组合键进行复制，选择照片文件，按“Ctrl+V”组合键进行粘贴，按“Ctrl+T”组合键调出控制框，调整大小、方向与位置，如图 3-3-11 所示。

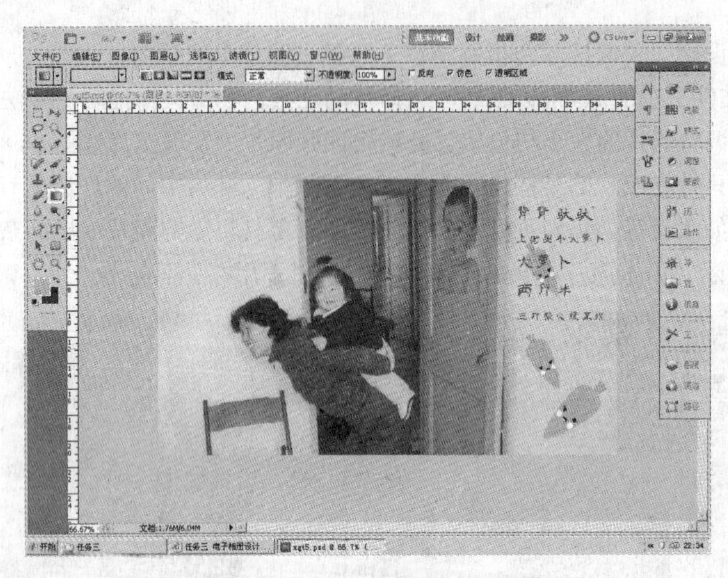

图 3-3-11　电子相册第五页效果图

第六页的设计（关键技术为色阶命令的使用）：

打开 sc 文件夹中的 sc6.jpg 照片，发现照片本身质量不是很好，有点灰蒙蒙的感觉，所以先要对照片本身进行一定的处理。

（1）先用仿制图章工具将照片左右两边及上边的杂物去掉，效果如图 3-3-12 所示。

图 3-3-12　去掉照片中的杂物

（2）执行“图像”→“调整”→“亮度/对比度”菜单命令，在弹出的“亮度/对比度”对话框中进行设置，如图 3-3-13 所示，单击“确定”按钮即可。

（3）单击“图像”→“调整”→“色阶”菜单命令，在弹出的“色阶”对话框中进行如图 3-3-14 所示的设置。

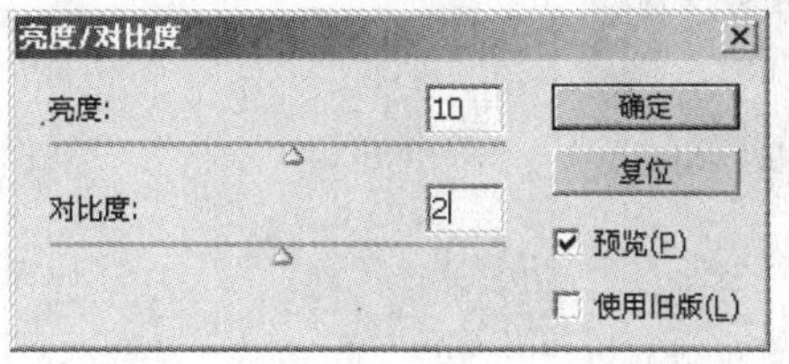

图 3-3-13　“亮度/对比度”对话框

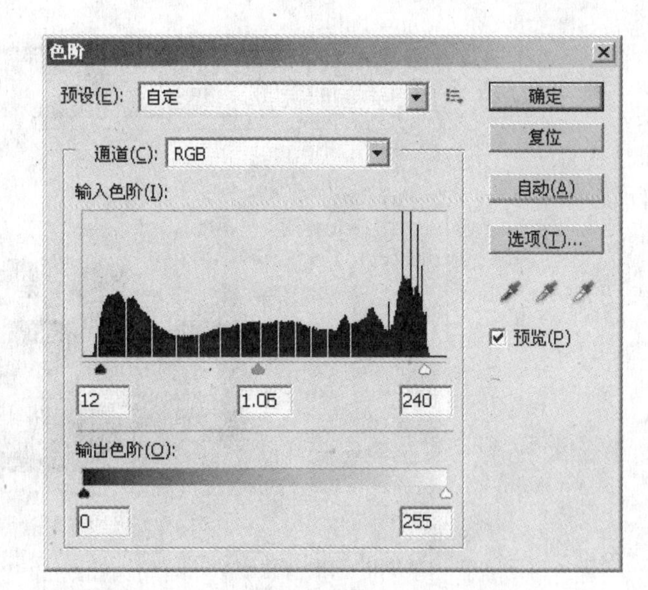

图 3-3-14　“色阶”对话框

（4）选择移动工具，将其拖动到新建的文件中。调整照片的大小、位置后选择“背景”图层，使用吸管工具吸取照片背景中的颜色作为前景色，为背景填充前景色，选择照片所在的图层，添加图层蒙版，选择画笔工具，将不透明度设为 20%，在照片左右两边进行涂抹，效果如图 3-3-15 所示。

图 3-3-15　调整后的照片

（5）选择竖排文字工具，在照片中吸取合适的前景色，在照片的左右两边各输入以下文字，效果如图 3-3-16 所示。

图 3-3-16　输入文字后的效果图

课后必练：个人写真。

拓展练习：自选制作儿童相册或婚纱相册。

宣传册设计

- 任务一　素材收集
- 任务二　活动宣传单页设计
- 任务三　产品宣传折页设计
- 任务四　企业 VI 手册设计

[素材位置]：光盘：//教学情境四//任务一//素材（以任务一为例）

[效果图位置]：光盘：//教学情境四//任务一//效果图（以任务一为例）

[教学重点]：这一教学情境的教学重点应该放在教会学生如何根据自己的构思去收集相关的素材上。宣传册的设计形式主要有宣传单页、折页和产品宣传册，企业 VI 手册等几种不同的形式，其设计与制作对于刚走上工作岗位的学生们来说基本上都可以完成。经过调查后发现刚毕业的学生参与设计较多的是宣传单，目前在整个广告市场上的占有率也比较高，所以在本教学情境中将主要讲解宣传单、宣传折页和企业 VI 手册的设计与制作过程。

对教师的建议

[课前准备]：目前市场上有很多产品宣传单和宣传册，教师可以提前去收集一些实物，分析这些实物的制作技巧、色彩、文字、图案等，为上课做好充分的准备工作。

[课内教学]：首先教师可以选用“实物展示法”，将提前收集到的产品宣传单、折页或宣传册等发到每一个学生手中，让同学们先看实物，并让他们分析自己手上的产品宣传册的制作技巧、色彩、文字、图案等，教师挑出一些之前没有介绍过的技巧进行演示后，由学生自己来完成。

[课后思考]：及时了解学生的学习动态，及时根据学生的学习情况来因材施教，让学生多动手操作，教师只演示难点，尽量与学生多做个别交流。

对学生的建议

[课前准备]：提前预习教材提供的案例，了解每次课练习的主要内容，提前准备好素材。目前市场上的宣传单、产品宣传册非常多，希望同学们能提前去收集一些宣传单、宣传册来为课内练习做好准备。

[课内学习]：要学会分析目前市场上宣传册常用的一些技术，要养成一个好的习惯，经常收集一些类似的宣传单、折页或宣传册并对其加以分析。课内练习以临摹学习为主，如果有不会操作的地方要尝试是不是可以用已掌握的技巧替代，可以有创新点，但必须要讲出你的创新点在哪里，比原来的好在什么地方。在锻炼设计能力的同时，也锻炼同学们的思维能力和口语表达能力，提高同学们自身的综合素质。

[课后拓展]：请同学们自己准备一个两折页实物，分析其设计与制作技巧，主要分析它的色彩搭配、文字组织方式、构图形式及文字与图片的排版方式。

[教学设备]：电脑结合投影仪，学生保证一人一台电脑。

任务一 素材收集

对于图形图像相关专业刚刚毕业走上工作岗位的高职生来说，设计并制作产品宣传册是比较容易上手也是市场前景比较好的工作之一。

设计宣传册的设计师，第一步要做的工作便是收集素材，那么应该收集什么样的素材呢？素材一般分为两类，一类是文字素材，另一类是图片素材，设计师可以根据与客户的交流沟通及设计要求与设计任务来选择应该收集什么样的素材。

在本教学情境中我们设计了3个不同设计型的教学任务，根据不同的教学任务相应的收集不同的素材，下面就分不同的任务来介绍主要收集的素材有哪些。

第一个设计任务是活动宣传单页设计，我们应该收集活动的时间、地点、参与者、联系电话及活动策划等，知道了这些基本信息后，再根据活动策划选择相应的图片来进行设计，这个任务中企业一般只提要求，很少提供文字与图片信息，所以需要设计师有较强的文字组织能力并根据自己的构思来收集相应的文字和图片信息。当然，如果企业提供文字和图片信息，设计师相对来说可能会少一些工作，但这样对设计师的构思可能会有限制。所以各有各的优缺点，对于设计师来说，两种情况下都能处理才是硬道理。

第二个设计任务是产品宣传折页设计，产品宣传折页上一般情况下会包括公司介绍、主要产品、主要业绩、成功案例等方面的文字和图片信息。设计师与客户进行交流沟通后，了解企业在他们的产品宣传折页中都应包含什么内容。一般来说，企业产品宣传折页应该包含如下内容：

（1）文字。文字内容是产品宣传折页制作的骨架，是其表达内容的基础。这些内容决定了最后产品宣传折页的样式、形式等，这就要求产品宣传折页的文字既具有很强的广告性又要有实际的功能性，所以语言要严谨、精炼，这部分的资料最好由企业提供，或由企业与设计师商讨后决定，以确保信息的正确性。文字内容如果由客户提供给设计师，设计师在设计过程中可以再进行细加工，也有些企业不提供文字信息，这时文字就需要设计师自己想、自己组织。无论是设计师自己组织文字还是由企业提供文字，对于文字的要求便是要让看到宣传词的人第一时间了解公司的情况，知道公司的性质、有什么区别于竞争对手的优势、是否要放成功案例等，这都要仔细斟酌，提前想好。

（2）图片。就产品宣传折页而言，一图胜千言，图片的优劣是决定产品宣传折页成败的重要因素。图片的风格色调应当与产品宣传折页的整体色彩相一致。因此，若企业自备图片，则必须考虑到手册整体的设计风格，并符合企业本身的风格，否则，在图片质量达不到保证的情况下，设计师应当在告知商家的前提下对图片进行修改，如果有些图片不能使用，设计师可以提出重新拍摄。另外，所有出现的图片应当保持风格一致、相互协调，而不是自成一体。图片中产品的大小比例必须相对一致，这样使得产品宣传折页显得系统而严谨，也会使阅读更加舒适、方便。

当然，图片和文字不是相互独立的，两者应该是相辅相成的，若只有图片，而没有相关的文字说明，会大幅减少阅读者浏览的时间，也会使人匆匆翻过而不知所云。

第三个任务是企业 VI 手册设计，企业 VI 手册是以标志、标准字、标准色为核心展开的完整的、系统的视觉表达体系。将上述的企业理念、企业文化、服务内容、企业规范等抽象概念转换为具体符号，塑造出独特的企业形象，通过企业 VI 可以明显地将该企业与其他企业区分开来，同时确立该企业明显的行业特征或其他重要特征，确保该企业在经济活动当中的独立性和不可替代性。明确该企业的市场定位，属企业无形资产的一个重要组成部分，VI 传达该企业的经营理念和企业文化，以形象的视觉形式宣传企业。VI 以自己特有的视觉符号系统吸引公众的注意力并产生记忆，使消费者对该企业所提供的产品或服务产生最高的品牌忠诚度，提高该企业员工对企业的认同感。

按照系统开发的基本观点对 VI 进行分解，做企业 VI 手册设计师要收集的主要素材如下：

（1）VI 基础要素设计。

① 企业名称。

② 企业标志。如果企业已有标志，则企业最好提供矢量格式的企业标志图；如果企业目前还没有标志，则需要设计师为该企业设计标志。标志设计好后，在 VI 手册中除了标志以外还应包含企业标志及创意、标志墨稿、标志反白效果图、标志特定色彩效果等。

③ 企业标准字。企业全称中文字体。

④ 企业标准色。企业标准色、辅助色系列。

⑤ 标志与标准字组合。横式、竖式。

⑥ 企业宣传口号。

（2）VI 应用要素设计。

① 办公事物用品设计。名片、信封、信纸、便据、文件夹。

② 公共关系赠品设计。手提袋、礼品袋、标志伞。

③ 服装设计。男装、女装、员工服装。

④ 企业车体外观设计。面包车、运输货车。

⑤ 企业指示系统。识别招牌、外指示牌。

从以上的描述中大家可以看出，素材的收集、整理对于设计师来说是相当重要的，素材收集得好，准备得较为充分，最后设计出的作品也就相对来说较为完美，相反，素材准备不充分，现做再找，一来浪费时间，影响设计进度，二来也没有整体设计的概念。

另外大家也可以看出，不同的设计内容和设计样式，所要准备的素材也是不太一样的，设计师要根据设计内容和设计样式提前做好充分的准备工作。

任务二 活动宣传单页设计

无论是什么样的企业，要想让人认识它，举行一些活动是很必要的，无论要举行什么样的活动，从策划到实施，其中最重要的一个环节就是宣传。宣传的形式多种多样，如张贴活动海报、陈列活动展板、在网站上发布新闻、工作人员口头宣传、设计并发放宣传单页等都是目前企业常用的宣传方式。组织的人都知道只有充分宣传，让更多的人参与进来，才能提升活动的质量、提高活动的影响力、体现活动的意义，而在这么多的宣传手段中设计并发放宣传单页是效果最好的一种宣传方式，它操作简便、省时而且涉及的范围又广，是一种投入少而效果较为明显的宣传方式，被很多的企业采用。

任务一中我们就已经给大家介绍过，一般企业的活动宣传单页，企业很少提供文字及图片信息，最多也就提一些要求，这样设计师可以充分发挥自己的想象力，有较自由的设计空间。

另外从设计技巧上来说，一般由于时间的限制，设计师一般不会采用很复杂的制作手段，而是选择用最简单的手法将自己的设计思想表达出来即可。下面我们就通过一个实例来演示宣传单页的制作过程。

首先我们来认识本次的设计任务，本任务是为加兴大剧院的一个现代舞表演设计一张宣传单页，要求纸张大小是 210mm*148.5mm，上面要体现出演出日期 2011 年 6 月 15 日 18：30 分，票价 180（圆桌咖啡水果）/120/80/50（公益票），订票电话 0573-82753449 82753396，以及几个不同的演出售票点，即加兴大剧院票务中心，电话 0573-82876688，地址加兴市中环南路南湖大道 1 号；加兴文化园宾馆服务总台，电话 0573-8213339，地址加兴市环城东路 420 号；加兴秀州区百货大楼服务台，电话 0573-83976688，地址加兴秀州区江南百货大楼一楼服务台，其余资料和内容都由设计师自己来定。要求正反两面设计，首先我们来学习正面的设计制作过程。

子任务 1 宣传单页正面设计

（1）启动 Photoshop CS5，执行“文件”→“新建”菜单命令，弹出“新建”对话框，在该对话框中进行如图 4-2-1 所示的设置。

颜色模式：将某种颜色表现为数字形式的模型，或者说是一种记录图像颜色的方式，分为 RGB 模式、CMYK 模式、HSB 模式、Lab 模式、位图模式、灰度模式、索引模式、双色调模式和多通道模式。

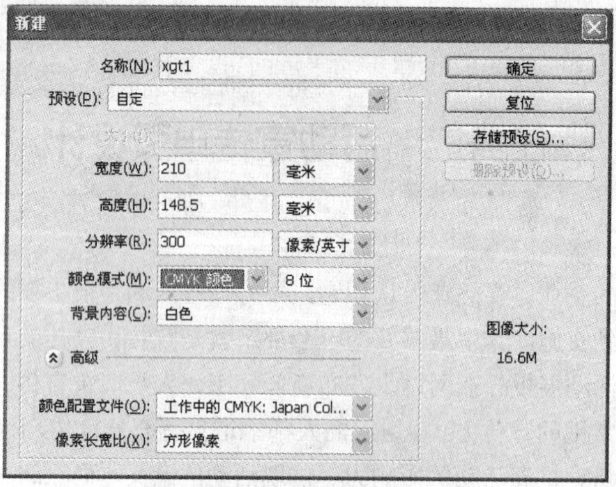

图 4-2-1 “新建”对话框

RGB 模式

虽然可见光的波长有一定的范围，但我们在处理颜色时并不需要将每一种波长的颜色都单独表示。因为自然界中所有的颜色都可以用红、绿、蓝（RGB）这 3 种颜色波长的不同强度组合而得，这就是人们常说的三基色原理。 因此，这 3 种光常被人们称为三基色或三原色。有时我们亦称这 3 种基色为添加色（Additive Colors），这是因为当我们把不同光的波长加到一起时，得到的将会是更加明亮的颜色。把 3 种基色交互重叠，就产生了次混合色，即青（Cyan）、洋红（Magenta）、黄（Yellow）。这同时也引出了互补色（Complement Colors）的概念。基色和次混合色是彼此的互补色，即彼此之间最不一样的颜色。例如，青色由蓝色和绿色构成，而红色是缺少的一种颜色，因此青色和红色构成了彼此的互补色。在数字视频中，对 RGB 三基色各进行 8 位编码就构成了大约 16.7 万种颜色，这就是我们常说的真彩色。其中，电视机和计算机的监视器都是基于 RGB 颜色模式来创建其颜色的。

CMYK 模式

CMYK 模式是一种印刷模式，其中 4 个字母分别指青（Cyan）、洋红（Magenta）、黄（Yellow）、黑（Black），在印刷中代表 4 种颜色的油墨。CMYK 模式在本质上与 RGB 模式没有什么区别，只是产生色彩的原理不同，在 RGB 模式中由光源发出的色光混合生成颜色，而在 CMYK 模式中由光线照到有不同比例 C、M、Y、K 油墨的纸上，部分光谱被吸收后，反射到人眼的光产生颜色。由于 C、M、Y、K 在混合成色时，随着 C、M、Y、K 4 种成分的增多，反射到人眼的光会越来越少，光线的亮度会越来越低，所以 CMYK 模式产生颜色的方法又被称为色光减色法。

HSB 模式

从心理学的角度来看，颜色有 3 个要素，即色泽（Hue）、饱和度（Saturation）和亮度（Brightness），HSB 模式便是基于人对颜色的心理感受的一种颜色模式。它由 RGB 三基色转换为 Lab 模式，再在 Lab 模式的基础上考虑了人对颜色的心理感受这一因素转换而成。因此这种颜色模式比较符合人的视觉感受，让人觉得更加直观。它可由底与底对接的两个圆锥体立体模型来表示，其中轴向表示亮度，自上而下由白变黑；径向表示色饱和度，自内向外逐渐变高；而圆周方向则表示色调的变化，形成色环。

Lab 模式

Lab 颜色是由 RGB 三基色转换而来的，它是由 RGB 模式转换为 HSB 模式和 CMYK 模式的桥梁。该颜色模式由一个发光率（Luminance）和两个颜色轴（a、b）组成。它由颜色轴所构成平面上的环形线来表示色的变化，其中径向表示色饱和度的变化，自内向外饱和度逐渐增高；圆周方向表示色调的变化，每个圆周形成一个色环；而不同的发光率表示不同的亮度并对应不同环形颜色变化线。它是一种具有“独立于设备”的颜色模式，即不论使用任何一种监视器或者打印机，Lab 的颜色不变。

位图模式

位图模式用两种颜色（黑和白）来表示图像中的像素。位图模式的图像也称为黑白图像，因为其深度为 1，所以也称为一位图像。由于位图模式只用黑白色来表示图像的像素，在将图像转换为位图模式时会丢失大量细节，因此 Photoshop 提供了几种算法来模拟图像中丢失的细节。在宽度、高度和分辨率相同的情况下，位图模式的图像尺寸最小，约为灰度模式的 1/7 和 RGB 模式的 1/22 以下。

灰度模式

灰度模式可以使用多达 256 级灰度来表现图像，使图像的过渡更平滑细腻。灰度图像的每个像素有一个 0（黑色）～255（白色）的亮度值。灰度值也可以用黑色油墨覆盖的百分比来表示（0%等于白色，100%等于黑色）。使用黑折或灰度扫描仪产生的图像常以灰度显示。

索引模式

索引模式是网上和动画中常用的图像模式，当彩色图像转换为索引颜色的图像后包含近 256 种颜色。索引颜色图像包含一个颜色表，如果原图像中的颜色不能用 256 色表现，则 Photoshop 会从可使用的颜色中选出最相近的颜色来模拟这些颜色，这样可以减小图像文件的尺寸。用来存放图像中的颜色并为这些颜色 建立颜色索引，颜色表可在转换的过程中定义或在声称索引图像后修改。

双色调模式

双色调模式采用 2～4 种彩色油墨来创建，由双色调（2 种颜色）、三色调（3 种颜色）和四色调（4 种颜色）混合其色阶来组成图像。在将灰度图像转换为双色调模式的过程中，可以对色调进行编辑，产生特殊的效果。而使用双色调模式最主要的用途是使用尽量少的颜色表现尽量多的颜色层次，这对于减少印刷成本是很重要 的，因为在印刷时，每增加一种色调都需要更大的成本。

多通道模式

多通道模式对有特殊打印要求的图像非常有用。例如，如果图像中只使用了一两种或两三种颜色时，使用多通道模式可以减少印刷成本并保证图像颜色的正确输出。6.8 位/16 位通道模式在灰度 RGB 或 CMYK 模式下，可以使用 16 位通道来代替默认的 8 位通道。根据默认情况，8 位通道中包含 256 个色阶，如果增到 16 位，每个通道的色阶数量为 65536 个，这样能得到更多的色彩细节。Photoshop 可以识别和输入 16 位通道的图像，但对于这种图像限制很多，所有的滤镜都不能使用，另外 16 位通道模式的图像不能被印刷。

分辨率：在平面设计过程中涉及的分辨率有 3 种，下面分别对其进行介绍。

印刷分辨率

因为印刷品的颜色是由网点构成的，所以印刷分辨率是指印刷品在水平或垂直方向上每英寸的网线数，这就是印刷图像加网线数，通常称为挂网线数（印刷分辨率）。之所以被称为挂网线数，因为最早的印刷品是网线状的。挂线数的单位是 Line Per Inche（线/英寸），简称 lpi。例如，150lpi 是指每英寸加有 150 条网线。为图像挂网的数越大，网线越多，网点越密集，层次表现力就越丰富。

图像分辨率

可以形象地理解为在水平或垂直方向上单位长度内一条线由多少个像素来描述，描述这条线所用的像素越多，图像分辨率就越高。图像分辨率的单位一般是 Pixels Per Inch（像素/英寸），简称 ppi。

设置图像分辨率的关键是看图像的最终用途，不同的用途对图像分辨率的要求是不同的。通常来说，主要有以下用途：

① 屏幕显示：对于平面设计，将屏幕显示分辨率设置为 72～90dpi 即可。

② 一般打印：如果最终用彩色喷墨或激光打印机打印图片，在设定图片分辨率时只需要将打印机的真实打印分辨率除以 4 或 3 即可。

③ 报纸印刷：图像分辨率要高于印刷分辨率，一般 lpi 是 dpi 的 1/2 左右，设置报纸使用的图片分辨率应是用报纸印刷实际的 lpi 数值乘 1.5～2。

④ 常规印刷：常规印刷使用的网线数是 175lpi，用 175 乘 1.5～2，设置为 300～350dpi 即可。

⑤ 高精度彩色印刷：高精度彩色印刷一般都是很特殊的印刷品，如邮票、证券及钞票，它们对分辨率的特殊要求要看实际情况。

设备分辨率

这里所说的设备主要是指图像输入、输出设置，如扫描仪、数码相机、激光照排机和打印机等。有些设备的分辨率用点描述，单位是 Dor Per Inch，即 dpi。例如，扫描仪的分辨率是 1200dpi，指该扫描仪的图像输出精度为每英寸可采集 1200 个点或像素。再如，某激光照排机的分辨率是 3600dpi，指该照排机的图像输出精度为每英寸可曝光 3600 个激光点。

图像分辨率 ppi 与印刷分辨率 lpi 既有联系又有区别，图像分辨率要高于印刷分辨率，一般是 2×2 以上的像素生成一个网点，即 lpi 是 dpi 的 1/2 左右。设备分辨率与印刷分辨率是对于图像输出设备而言的，一般 10×10 以上的激光点构成一个网点，即 dpi 必须是 lpi 的 10～20 倍。

在本任务中我们选择常规印刷，所以将其分辨率设为 300dpi。

（2）选择“图层”面板，单击“创建新图层”按钮新建一个透明图层，单击矩形选框工具，从左上角往右下角拖动形成一个与背景画布一样大小的矩形选区，并为该选区进行渐变色的填充，颜色可根据同学们自己的喜好和配色原理来进行设置，效果如图 4-2-2 所示。

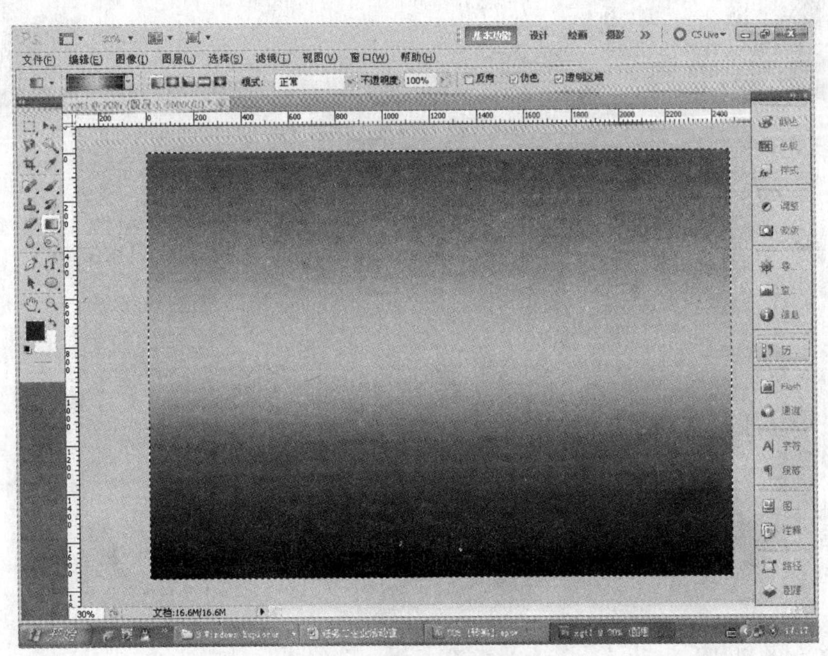

图 4-2-2　背景渐变填充

（3）打开素材文件夹下的 sc4-2.jpg 图片，选择魔术棒工具，选择白色背景部分，执行“选择”→“反向”菜单命令，可能有时左下角和右下角的位置有部分没有被选中，这时单击属性栏中的“添加到选区”按钮，再按住“Shift”键不放，将鼠标移动到没被选中的地方，单击鼠标左键即可扩大选区。按“Ctrl+C”组合键复制选区，再打开“图层”面板，单击“创建新图层”按钮，按“Ctrl+V”组合键粘贴选区，并使“背景”图层不可见，效果如图 4-2-3 所示。

（4）选择移动工具，将图 4-2-3 的图片拖动到 xgt1 文件中，按“Ctrl+T”组合键调出自由变换框，调整图片的大小和位置，效果如图 4-2-4 所示。

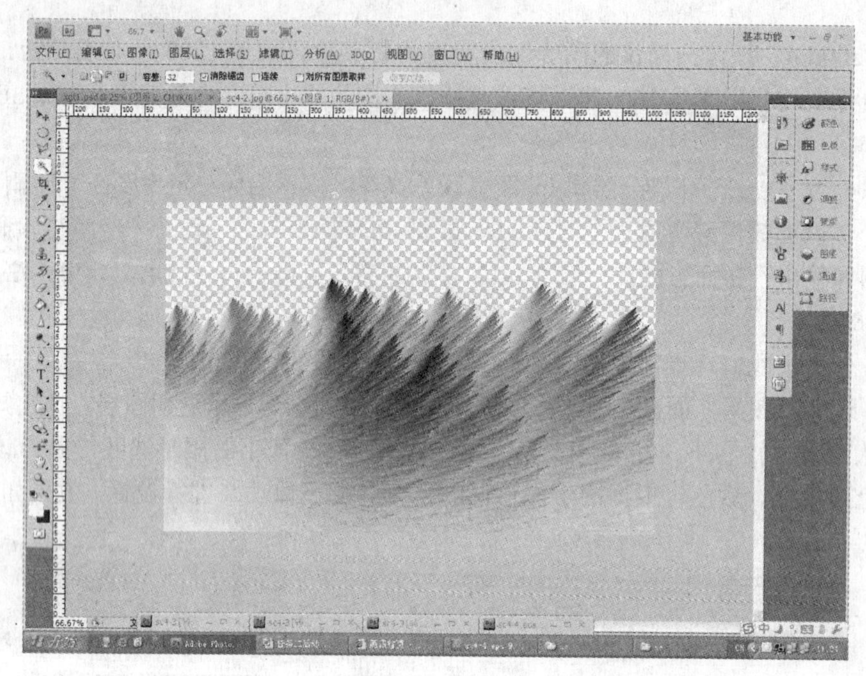

图 4-2-3　素材 sc4-2.jpg 抠图后的效果

图 4-2-4　调整图片的大小和位置

（5）启动 Illustrator CS5，打开 sc 文件夹下的 sc4-3.eps 文件，这是一个购买来的矢量素材，已将所有的图层都编成了一个组 Layer1，如图 4-2-5 所示。这时只要单击左边的空心三角形箭头键一层一层将所有编成组的素材打开，将我们需要的图层保留，不需要的图层删除即可，效果如图 4-2-6 所示。

图 4-2-5　打开 sc4-3.eps 文件

图 4-2-6　删除不需要的图层

（6）单击图 4-2-6 中任意有图案的区域选中图案，单击鼠标右键，在弹出的快捷菜单中选择“取消编组”选项，将所有图案的编组取消。选中 7 个人物中的任意一个人物所在的图层，按住鼠标左键不放，将该图层拖动到“创建新图层”按钮上复制出一个新的图层，释放鼠标左键，单击工具箱中的选择工具，移动光标到新建的图层上，选中该图案，按住“Shift”键不放，将该图案略缩小一些，打开“颜色”面板，为该图案换一个颜色，选择前景色，单击“颜色”面板右上角的按钮，在弹出的菜单中选择“CMYK”选项，在下面的“CMYK 色谱”上用吸管工具吸取一个颜色为刚选中的图案更换颜色，再利用方向键调整图案的位置，效果如图 4-2-7 所示。

图 4-2-7　对图层中的人物剪影进行处理

（7）用同样的方法复制其他几个人物剪影并为剪影更换颜色，调整其位置、大小，最终效果如图 4-2-8 所示。在 Illustrator CS5 中，执行“视图”→“显示透明度网格”菜单命令，再打开“图层”面板，删除白色“背景”图层和橙色“线条”图层，效果如图 4-2-9 所示。执行“文件”→“存储为”菜单命令，在弹出的对话框中设置保存位置，保存的格式选择 AI 格式，文件名可以选用系统默认的文件名，单击“确定”按钮即可。

图 4-2-8　各人物图层的效果

图 4-2-9　抠图后的效果

（8）选择 Photoshop CS5 图标，将刚保存的 AI 格式的文件打开，选择移动工具将图案移动到 xgt1 文件中，按“Ctrl+T”组合键调出自由变换框，调整图片的大小和位置，效果如图 4-2-10 所示。

图 4-2-10　将人物剪影拖入 xgt1 文件中

（9）打开 sc4-4.eps 文件，选择 xgt1 文件后打开“图层”面板，选中“图层 1”，使用工具箱中的移动工具将 sc4-4.eps 文件拖动到 xgt1 文件中，按“Ctrl+T”组合键调出自由变换框，调整图片的大小、位置和方向，效果如图 4-2-11 所示。

图 4-2-11　将 sc4-4.eps 文件拖入 xgt1 文件中

（10）打开“图层”面板后选中“图层 4”，设置其混合模式为柔光。选择“图层 5”，单击“*fx*”按钮，在弹出的菜单中选择“外发光”选项，在弹出的对话框中进行如图 4-2-12 所示的设置。打开 sc4-1.ai 文件，单击 xgt1 文件并选择最顶部的图层，使用工具箱中的移动工具将 sc4-1.ai 文件拖动到 xgt1 文件中，按“Ctrl+T”组合键调出自由变换框，调整图片的大小、位置和方向，再选中 sc4-1.ai 文件所在的图层，按住鼠标左键不放，将该图层拖动到“创建新图层”按钮上，执行“编辑”→“变换”→“水平翻转”菜单命令，利用鼠标拖动的方法将该图案拖动到另一边，效果如图 4-2-13 所示。

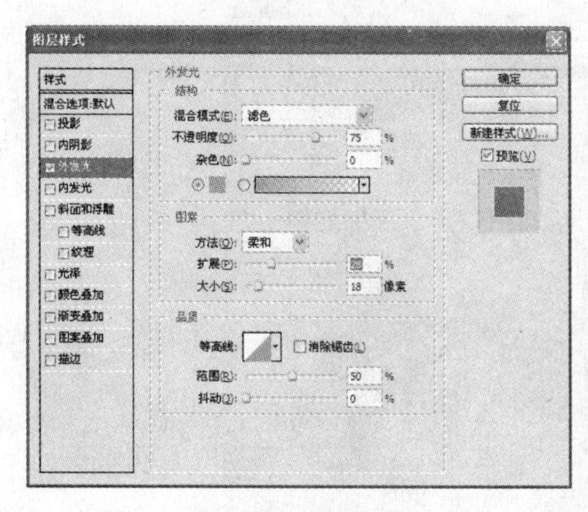

图 4-2-12　设置外发光

图 4-2-13　设置 sc4-1.ai 文件

（11）选择横排文字工具，设置合适的字体（本任务的设计师选择文鼎霹雳体）和颜色（本任务的设计师选择白色），输入“加兴大剧院现代舞表演”文字，在其他图层的任意位置单击鼠标左键，按“Ctrl+T”组合键调出自由变换框，调整字的大小和位置。打开“图层”面板，单击“*fx*”按钮，在弹出的菜单中选择“描边”选项，描边的大小设为 5px，颜色设为橙色，效果如图 4-2-14 所示。

图 4-2-14　输入文字

（12）打开“图层”面板，选择“文字”图层，按“Ctrl+T”组合键调出自由变换框，单击属性栏右边的“在自由变换和变形模式之间切换”按钮，属性栏会发生相应的变换，单击“变形”右边的下拉三角形按钮，在弹出的菜单中选择“拱形”选项，设置弯曲为 30%，效果如图 4-2-15 所示。

图 4-2-15　设置文字为拱形

子任务2 宣传单页反面设计

接下来我们来学习反面的设计制作过程，正面的设计主要以图形为主，主办方想要体现的一些文字信息都没体现出来，反面的设计就要将重点放在文字说明信息的排版上。

（1）执行“文件”→“新建”菜单命令，弹出“新建”对话框，在“名称”中输入“xgt2”，在“预设”中选择“xgt1”，这样就可建立一个大小和分辨率都与xgt1一样的文件，如图4-2-16所示。

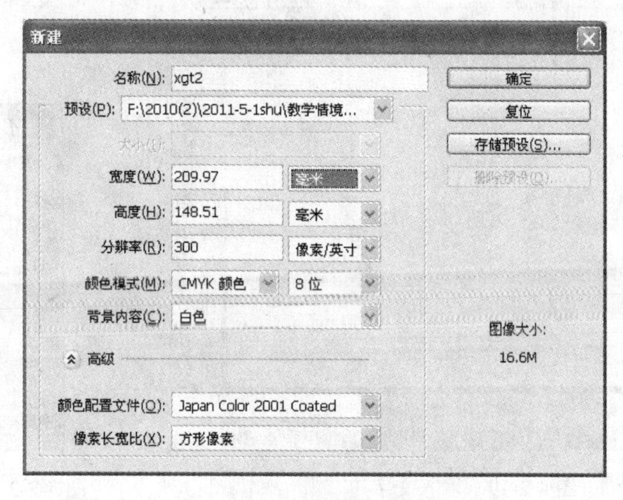

图4-2-16 “新建”对话框

（2）选择xgt1文件，打开“图层”面板，选择“图层1”，单击鼠标右键，在弹出的快捷菜单中选择“复制图层”选项，就可以弹出“复制图层”对话框，如图4-2-17所示，在“目标”栏的“文档”中选择“xgt2”，单击“确定”按钮，再选择xgt2文件回到反面的制作中，如图4-2-18所示。

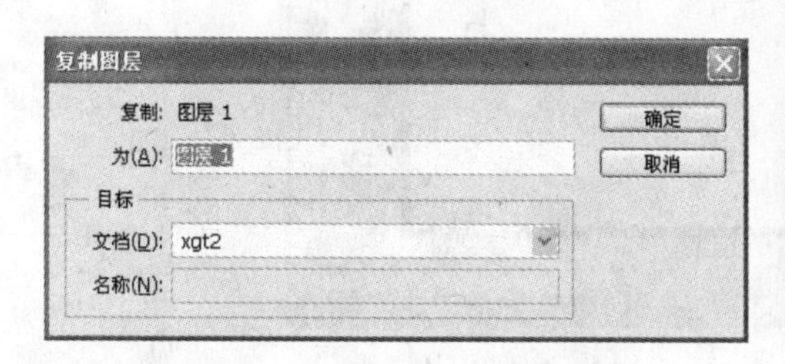

图4-2-17 “复制图层”对话框

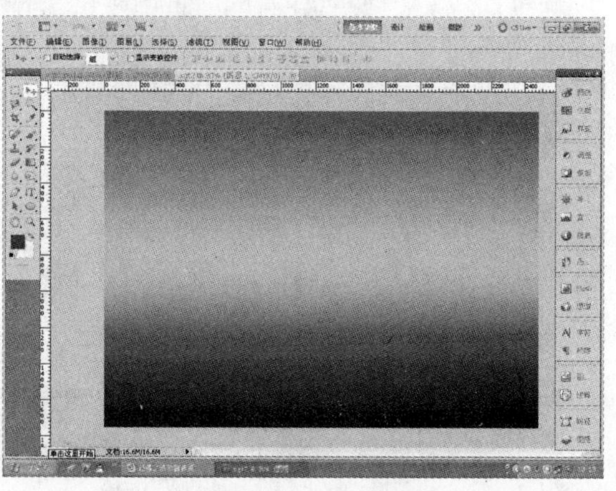

图4-2-18 反面背景

（3）打开“图层”面板，单击“创建新图层”按钮，新建一个透明图层，单击矩形选框工具，画一个比画布略小一些的长方形，设置前景色为白色，使用油漆桶工具为选区填充白色。单击横排文字工具，设置字体颜色为黄绿色，分别输入如图 4-2-19 所示的文字。

注意在输入大段的文字时，先单击横排文字工具，单击属性栏最右边的按钮，就会弹出“字符和段落”面板，如图 4-2-20 所示。在“字符”面板中可以设置字体、颜色、大小、行间距等。

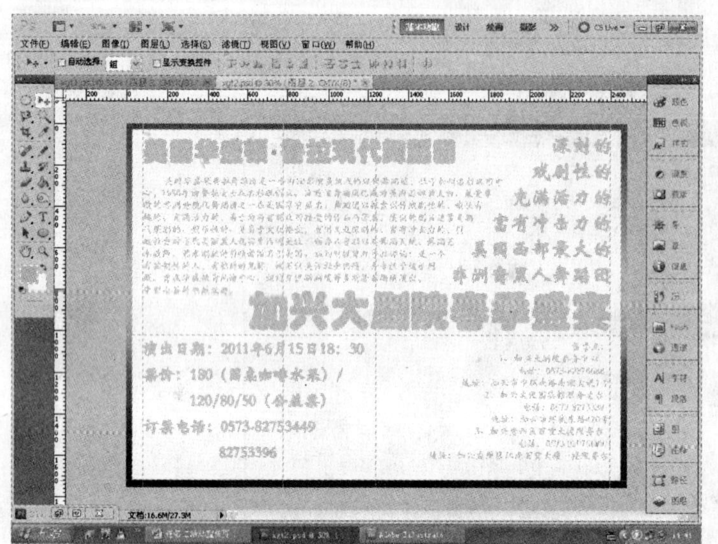

图 4-2-19　输入文字

图 4-2-20 “字符和段落”面板

（4）单击钢笔工具，利用参考线绘制如图 4-2-21 所示的两个图案并填充颜色为橙色。

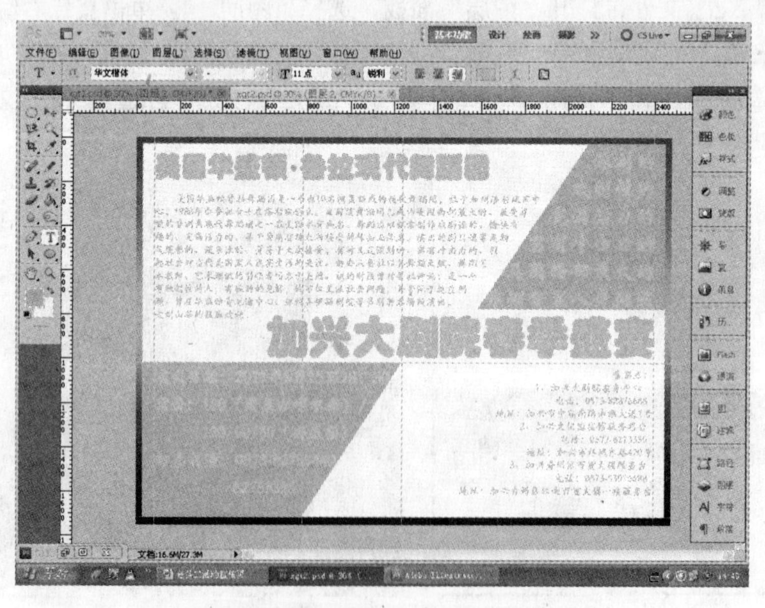

图 4-2-21　绘制并填充图案

（5）打开“sc4-5.ai”素材，单击移动工具，将素材拖动到 xgt2 文件中，按“Ctrl+T”

组合键调出自由变换框，调整图片的大小、位置和方向，效果如图 4-2-22 所示。

图 4-2-22　添加 sc4-5.ai 素材后的效果图

任务三　产品宣传折页设计

在任务二中我们给大家介绍了一个只有 A4 纸张一半大小的宣传单页设计，这是一种小广告的形式。宣传单页除了这一类被广泛使用的小型宣传单页之外，另外常见的便是大型宣传海报的设计，宣传海报一般选择用喷绘印刷，尺寸一般由悬挂位置的大小来决定，如果是超大型的广告牌如户外楼顶广告牌，分辨率一般设为 15～30dpi 即可，尺寸略小一些的如高速公路旁的广告牌，分辨率一般设为 30～45dpi 即可，再小一些的如常用的易拉宝大小的广告牌，分辨率一般设为 72dpi。需要提醒的是，易拉宝的尺寸应该与你选择的硬件设备的大小有关，常见易拉宝的尺寸有 80cm×200cm、85cm×200cm、90cm×200cm、100cm×200cm、120cm×200cm。但不管多大，宣传单页的制作技巧基本都不会太难，大家在制作过程中主要掌握的便是尺寸和分辨率的问题，关于设计，在本教材中就不过多涉及，请大家多参考广告设计一类的教材。

目前就市场行情来看，除了宣传单页的设计之外，另一种常见的产品宣传形式便是折页的设计，常见的折页有两折页、三折页、四折页等。折页是一种有利的广告，是在日常生活中经常见到的一种宣传方式，对于小企业来说经济实惠、效果明显。

宣传折页设计一般分封面、封底及内页设计，封面设计应抓住商品的特点，运用逼真的摄影照片或其他形式和牌名、商标及企业名称、联系地址等，以定位的方式、艺术的表现吸引消费者；内页的设计详细地反映商品方面的内容，并且图文并茂。每个宣传折页设计都能完整地表现出所要宣传的内容，并且针对性强，能明确地表达出宣传的目的。

在这里需要说明的是，折页一般比较适合一次性要介绍比较多产品的宣传，而单页一般都用于活动页设计或产品相对来说比较单一或品种比较少的产品宣传单设计方面。本任务中我们将为一个壶友紫砂壶店的主要紫砂产品做宣传，店里的紫砂产品有很多，比较适合选用折页的方式对其进行分类介绍。

下面我们就以制作一个 A4 纸张大小的三折页为例来为大家介绍折页的一些制作技巧。

子任务 1　三折页正面设计

本任务是为一个名为“壶友紫砂壶”的专卖店设计一份产品宣传三折页，店主没有自己的 LOGO，也不需要设计，只需要出现店名即可。由于 2011 年店主主推高路群作者的绞泥壶，所以重点介绍他的一些情况，只提供了一份高路群的作品宣传册，其他内容都由设计师自己来定。

（1）首先来确定所建立文件画布的尺寸、分辨率、颜色模式等，如图 4-3-1 所示。

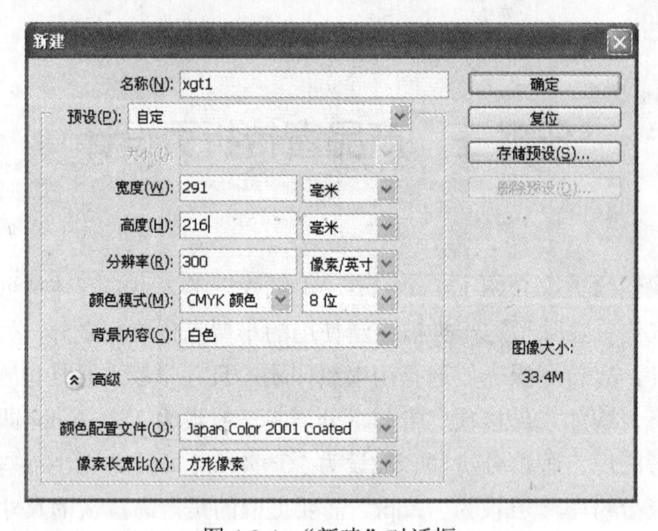

图 4-3-1 “新建”对话框

这是一个标准 A4 纸张大小的三折页，三折页的实际尺寸应该是 210mm*285mm，上下左右各加 3mm 的出血位，分辨率为 300 像素/英寸，颜色模式为 CMYK 颜色，设置好后单击“确定”按钮即可。

（2）执行“视图”→“新建参考线”菜单命令，分别建立水平 3mm、288mm 和垂直 3mm、213mm 的 4 条参考线，如图 4-3-2 所示。

（3）执行“视图”→“新建参考线”菜单命令，再建立垂直方向 97mm、194mm、241mm 的 3 条参考线，单击工具箱中的矩形选框工具，从左上角向右下角拖动鼠标，画一个与画布一样大小的矩形选框，选择合适的前景色，使用油漆桶工具为背景填充前景色；单击横排文字工具，分别选择合适的字体和颜色输入如图 4-3-3 所示的文字。

图 4-3-2 新建参考线

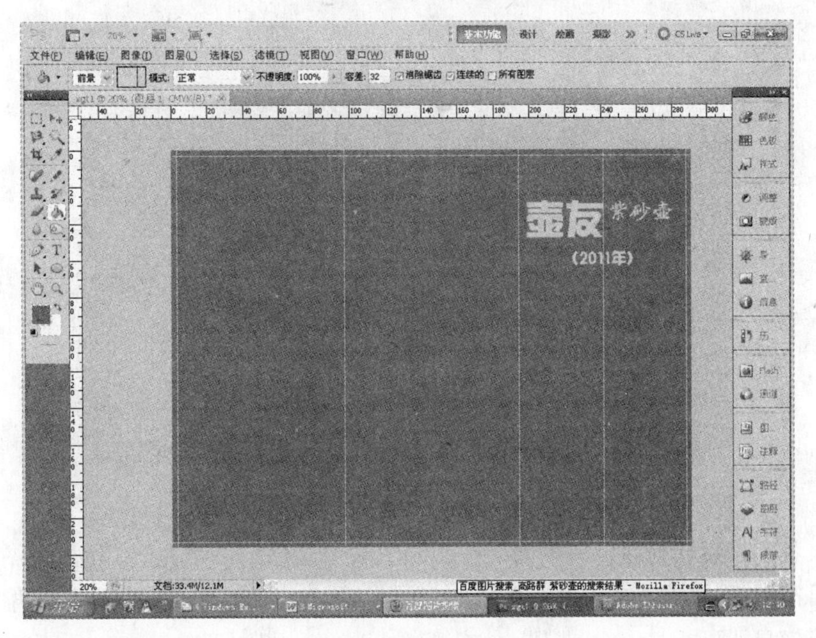

图 4-3-3 输入文字

（4）打开 sc4-1.psd 文件，单击移动工具，利用鼠标拖动的方法将图片拖动到 xgt1 文件中，按“Ctrl+T”组合键调出自由变换框，调整图片的大小与位置，并为其设置外发光效果，如图 4-3-4 所示，效果如图 4-3-5 所示。

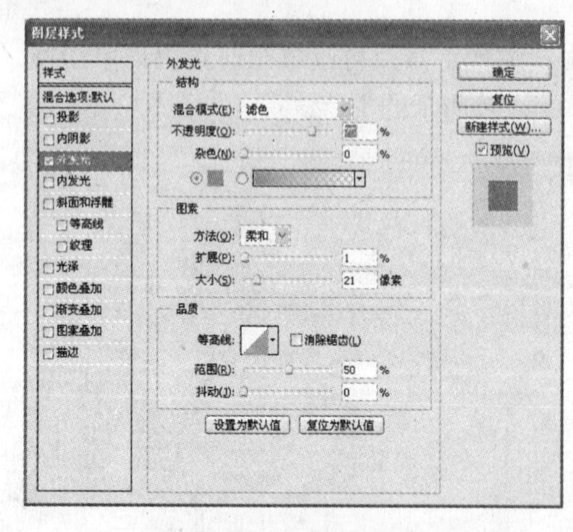

图 4-3-4　设置外发光效果

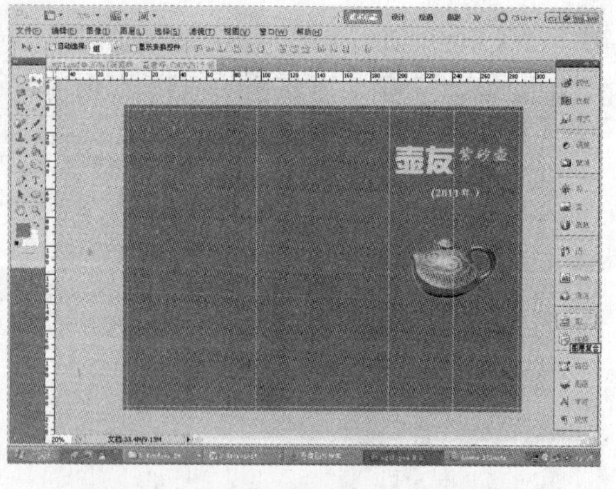

图 4-3-5　将 sc4-1.psd 拖动到 xgt1 文件中

（5）单击横排文字工具，选择合适的字体和颜色，输入“高路群　　　　　　　益者寿”文字，中间有 7 个空格，单击椭圆选框工具，按住“Shift”键不放，利用鼠标拖动的方法画出一个圆形选区，单击吸管工具，吸取“专卖”两个字的红色为前景色，单击油漆桶工具为圆形选区填充红色。按“Ctrl+T”组合键调出自由变换框，调整其位置和大小，如图 4-3-6 所示。

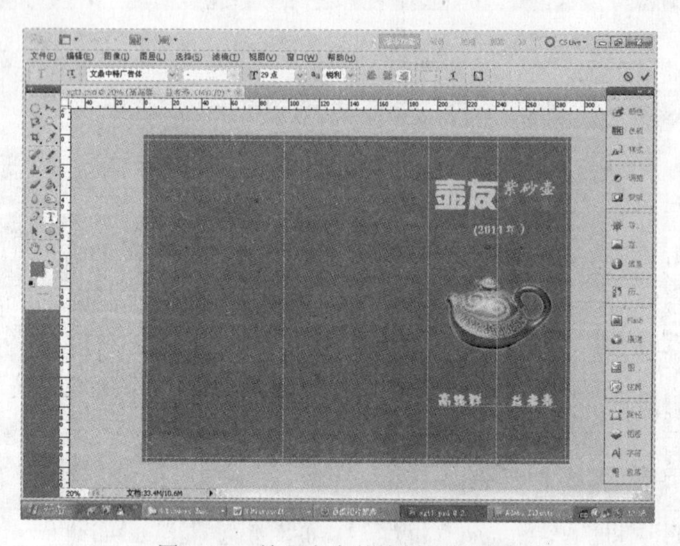

图 4-3-6　输入文字并绘制红色圆形

接下来我们来设计封底，首先对于三折页来说，封面可以在左边，也可以在右边，封底却一定要在中间，一般封底设计也不需要太大的信息量，可以有一张图片，再加上地址、联系电话等信息即可。

（6）执行“视图”→“新建参考线”菜单命令，建立垂直方向 145.5mm 的一条参考线，打开 sc4-2.psd 文件，单击移动工具，利用鼠标拖动的方法将图片拖动到 xgt1 文件中，按“Ctrl+T”组合键调出自由变换框，调整图片的大小与位置，并为其设置外发光效果，如图 4-3-7 所示。

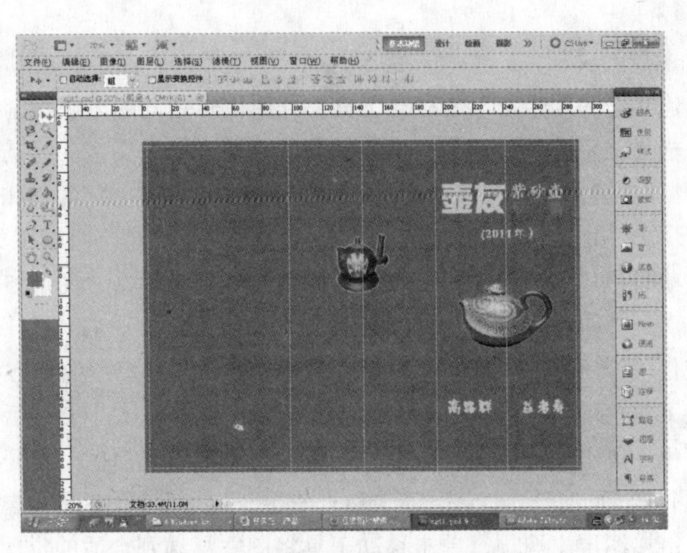

图 4-3-7　添加并设置 sc4-2.psd 文件

（7）单击横排文字工具，选择合适的字体和颜色，分别输入“人间珠宝何足取”和“宜兴紫砂最要得”并建立两个文字图层，打开“图层”面板，按住“Shift”键不放，分别单击这两个文字图层将其选中，然后单击属性栏上的“左对齐”按钮，再将光标移动到这两个图层上单击鼠标右键，在弹出的快捷菜单中选择“链接图层”选项，按“Ctrl+T”组合键调出自由变换框，单击移动工具，利用鼠标和方向键将两行文字的中心点与 145.5mm 处的参考线对齐，按住“Shift+Alt”组合键不放，将光标移动到右上角的小方框处，拖动鼠标调整字的大小，这种调整方式是中心点不动，文字或图案向四周扩散。然后用同样的方法处理“地址：加兴市秀州区新洲路 368 号”和“联系电话：13905737896”文字，最终的效果如图 4-3-8 所示。

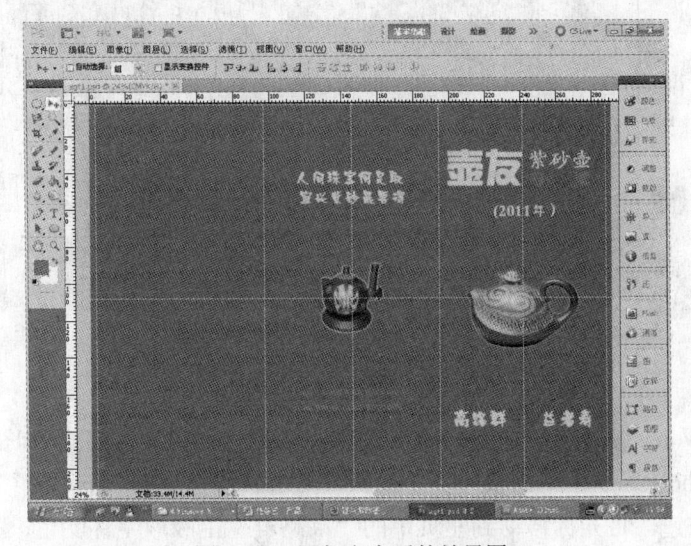

图 4-3-8　添加文字后的效果图

下面介绍内页 1 的设计制作技巧。

（8）打开“图层”面板，选中“高路群　　　益者寿”图层，将其拖动到“创建新图层”按钮上，建立它的副本，单击移动工具，利用鼠标拖动的方法将副本移到画布左上角的位置，单击横排文字工具，选中空格和后面的“益者寿”文字并将其删除。选择“高路群”图层，单击“创建新图层”按钮新建一个透明图层即“图层 5”，单击矩形选框工具，按住“Shift”键不放利用鼠标拖动的方法画一个正方形选区，单击吸管工具，吸取“专卖”两个字的红色为前景色，单击油漆桶工具为选区填充红色，单击“图层 5”并按住鼠标左键不放，将其拖动到“创建新图层”按钮上生成“图层 5 副本”，按“Ctrl+T”组合键调出自由变换框，按住“Shift+Alt”组合键不放并将光标移动到右上角的小方框处，按住鼠标左键不放并向左下角移动，使得正方形中心点不变进行缩小，大小合适后按“Enter”键，选择前景色为白色，单击油漆桶工具，为小一些的正方形填充白色，打开“图层”面板，按住“Shift”键不放，同时选中“图层 5”和“图层 5 副本”，单击鼠标右键，在弹出的快捷菜单中选择“链接图层”选项，单击移动工具将图案移动到合适的位置，按“Ctrl+T”组合键调出自由变换框，调整图案的大小与位置，再选择横排文字工具，单击吸管工具吸取“专卖”两个字的红色为前景色，字体选择“方正楷体简体”，输入“作者简介”，按“Ctrl+T”组合键调出自由变换框，调整图案的大小与位置，同时选中“作者简介”和“图层 5”、“图层 5 副本”3 个图层，单击鼠标右键，在弹出的快捷菜单中选择“链接图层”选项即可，最终效果如图 4-3-9 所示。

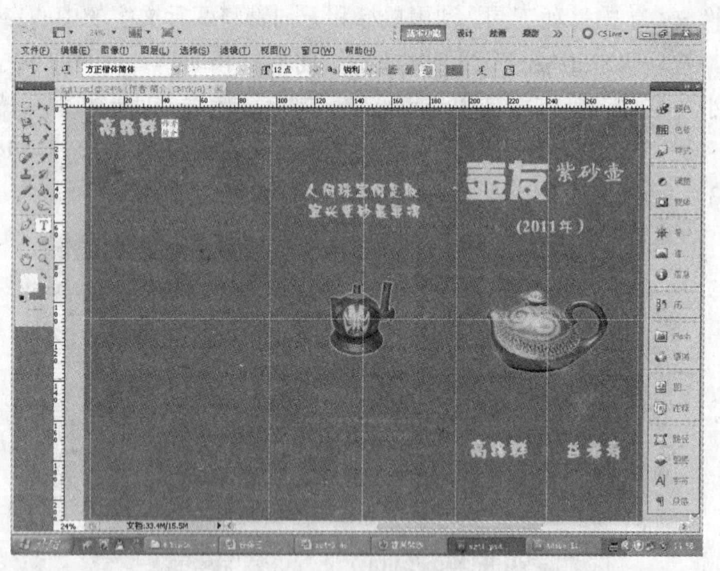

图 4-3-9　输入“高路群”和“作者简介”后的效果

（9）启动 Word，打开 sc4-3.doc Word 文档，全选文件内容，按“Ctrl+C”组合键复制所选文档。在 Photoshop 中单击横排文字工具，单击属性栏上的“左对齐”按钮，单击“字体颜色设置”按钮，将光标移动到左页中的“高路群”上吸取字体颜色，按“Ctrl+V”组合键粘贴文件，单击移动工具，将光标移动到竖向标尺上，利用鼠标拖动的方法拖出两条参考线，效果如图 4-3-10 所示。

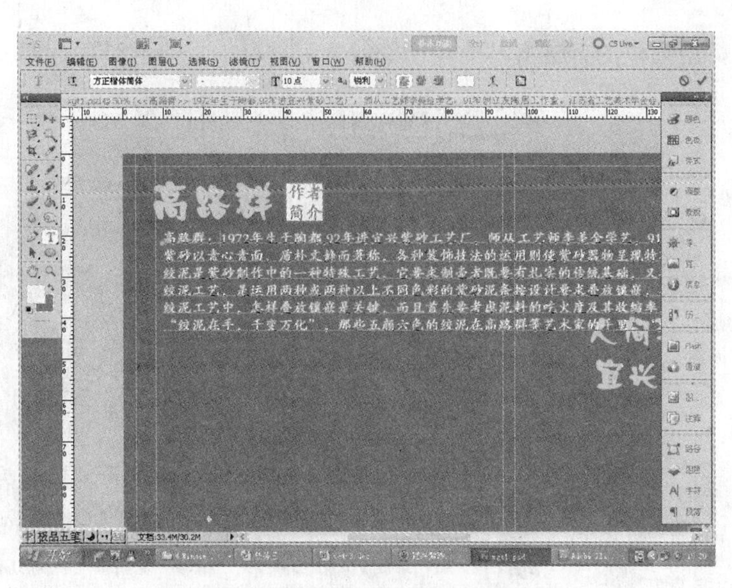

图 4-3-10　粘贴文字后的效果图

（10）打开“图层”面板，单击“图层 5 副本”并将其拖动到“创建新图层”按钮上，新建“图层 5 副本 2”，按“Ctrl+T”组合键调出自由变换框，调整大小和位置，单击文字工具，将光标移动到“高”处单击，当竖向闪烁光标在“高”的左边闪烁时单击 4 次“Space”键，将光标移动到第 3 条垂直方向的参考线处，在紧靠参考线的字处按“Enter”键，按同样的方法处理所有的段落，如图 4-3-11 所示。

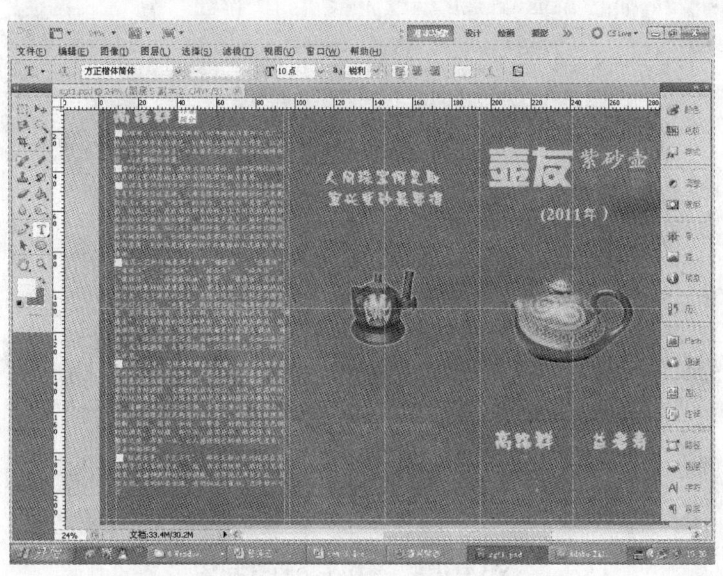

图 4-3-11　文字初步设置后的效果图

（11）仔细观察会发现，有些字略超出了参考线的范围，这时单击横排文字工具，用鼠标拖动的方法选中这一行文字，单击属性栏中的“字符设置”按钮，打开“字符”面板，在“字间距”中输入相应的数值，这个数值可以根据效果随机调整，这里设为“−30”，如

图 4-3-12 所示，用同样的方法将其他超出的行都调整好，最终的效果如图 4-3-13 所示。

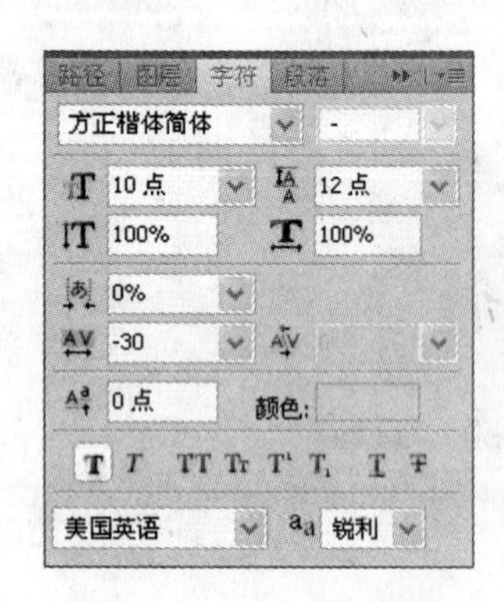

图 4-3-12 “字符”面板

图 4-3-13 文字设置后的效果图

（12）打开“图层”面板，选择“图层 5 副本 2”，按住“Shift”键不放，单击最上面的文字图层，同时将其选中，单击移动工具，利用鼠标拖动的方法将其同时向下移动，效果如图 4-3-14 所示。

图 4-3-14 移动文字和图形

（13）打开 sc4-4.jpg 图片，选择工具箱中的魔术棒工具，选择绿色背景，执行“选择”→“反向”命令，按“Ctrl+C”组合键复制选区，打开“图层”面板，单击“创建新图层”按钮新建“图层 1”，选择“图层 1”后单击工具箱中的移动工具，将“三只手”图片移动到 xgt1 文件中，设置其不透明度为 40%；选择横排文字工具，在合适的位置输入“360

度呵护您的健康”文字，按“Ctrl+T”组合键调出自由变换框，调整字的大小和位置，如图 4-3-15 所示。

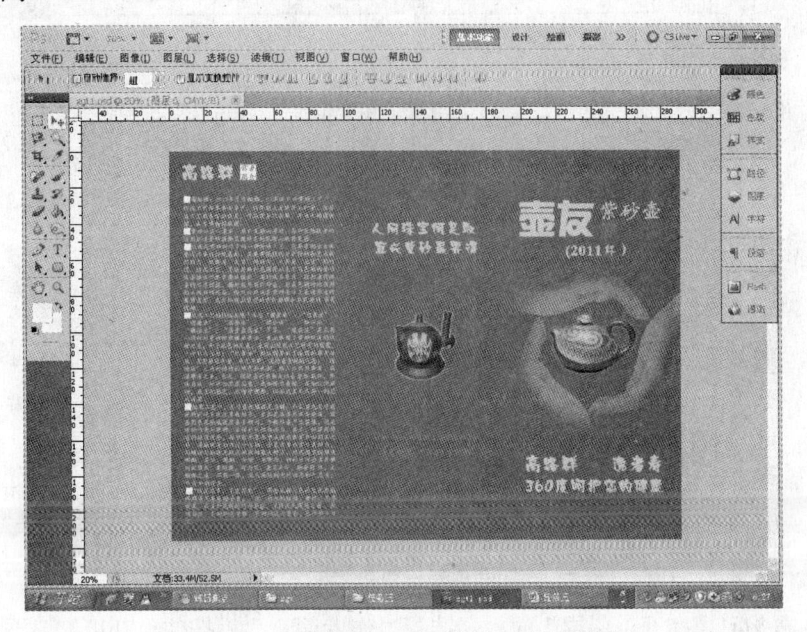

图 4-3-15　添加 sc4-4.jpg 图片后的效果图

子任务 2　三折页反面设计

接下来我们来设计制作三折页的内页部分。

（1）执行“文件”→“新建”菜单命令，在弹出的对话框中进行如图 4-3-16 所示的设置后单击“确定”按钮。

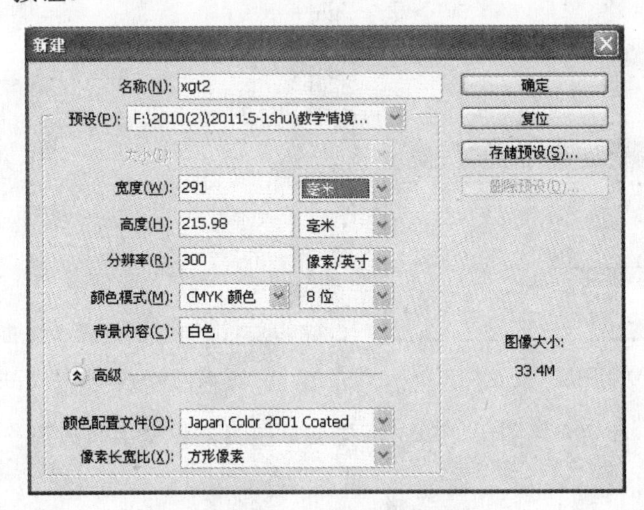

图 4-3-16　“新建”对话框

（2）建立与正面相同的参考线，如图 4-3-17 所示。

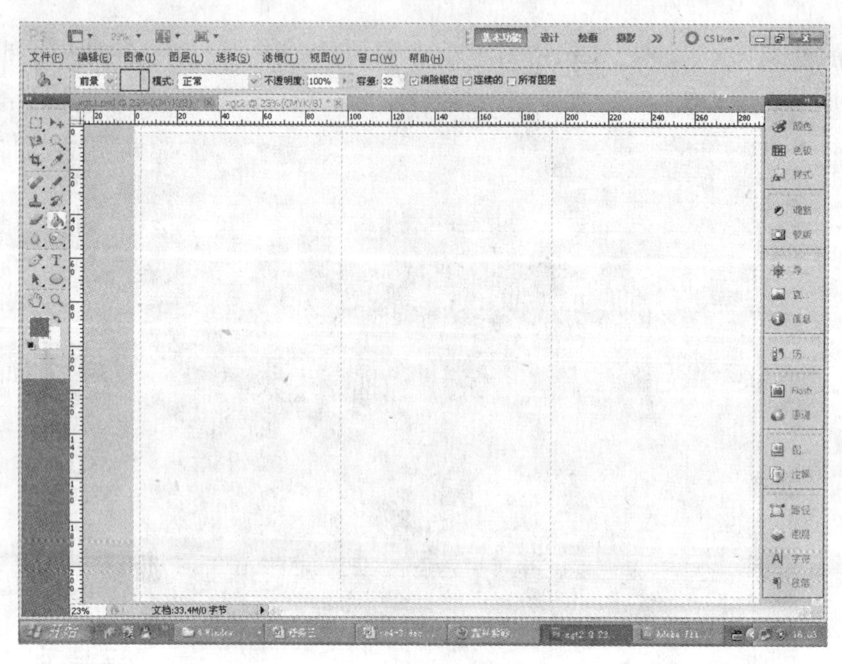

图 4-3-17　建立参考线

（3）单击 xgt1，打开“图层”面板，选择“作者简介”后按住“Shift”键不放选择“高路群”图层，将这两个图层及其中间的图层全部选中，单击鼠标右键，在弹出的快捷菜单中选择“复制图层”选项，弹出“复制图层”对话框，如图 4-3-18 所示，将目标文档改为“xgt2”，单击“确定”按钮后选择 xgt2 文件，效果如图 4-3-19 所示。

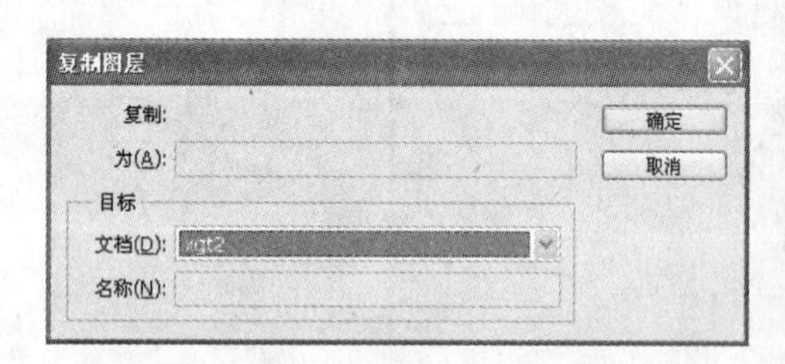

图 4-3-18 “复制图层”对话框

图 4-3-19　复制图层后的效果图

（4）选中“作者简介”图层，单击横排文字工具，将文字修改为“作品介绍”，效果如图 4-3-20 所示。

（5）打开 xgt1 文件，打开“图层”面板，按住“Shift”键不放同时选中“壶友”、“紫砂壶”、“专卖”文字图层，单击鼠标右键，在弹出的快捷菜单中选择“复制图层”选项，弹出的对话框如图 4-3-21 所示，选择目标文档为“xgt2.psd”，单击 xgt2 文件，此时 3 个文字图层应该都处于选中状态，利用鼠标拖动的方法将其拖动到“创建新图层”按钮上，建立 3 个文字图层的副本，分别选中链接成一组的 3 个文字图层，按“Ctrl+T”组合键调出自由变换框，调整图层的大小和位置，如图 4-3-22 所示。

图 4-3-20 修改文字后的效果图

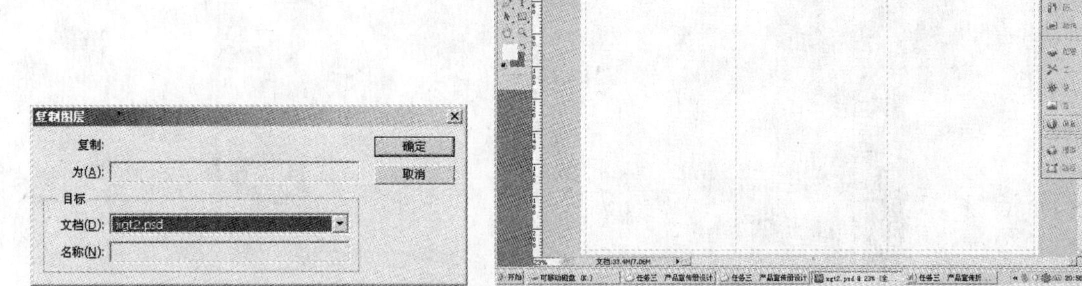

图 4-3-21 “复制图层”对话框

图 4-3-22 复制图层并修改文字后的效果图

（6）从标尺上拉出两条水平方向的参考线，单击工具箱中的圆角矩形工具，在属性栏中单击“形状图层”按钮，将半径设为 30px，样式选择默认样式（无），颜色选择白色。在两条水平参考线中间绘制出一个圆角矩形，打开“图层”面板，单击“*fx*”按钮，在弹出的菜单中选择“描边”选项，弹出“图层样式”对话框，在其中进行如图 4-3-23 所示的设置，最终的效果如图 4-3-24 所示。

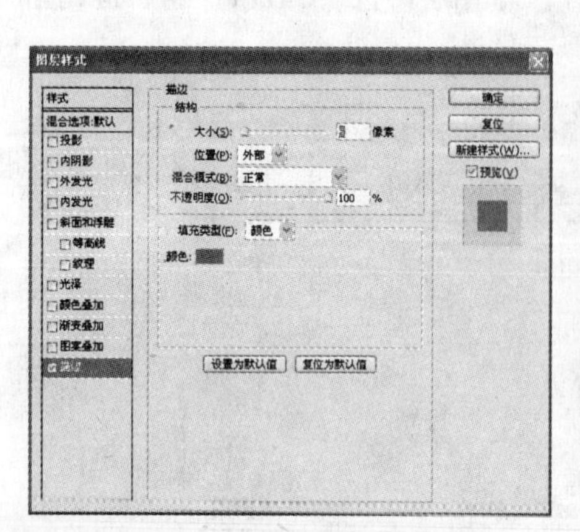
图 4-3-23 设置描边

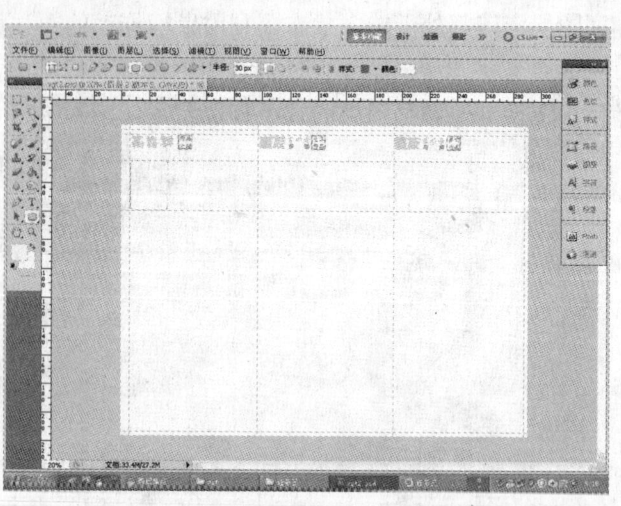
图 4-3-24 绘制红色边线圆角矩形框

（7）打开“图层”面板，单击“图层 2”，按住鼠标左键不放，将其拖动到“创建新图层”按钮上，产生“图层 2 副本”，单击工具箱中的移动工具，将“图层 2 副本”往右移，再按住鼠标左键不放，拖动“图层 2 副本”到“创建新图层”按钮上产生“图层 2 副本 2”，按住“Shift”键不放，同时选中这 3 个图层，将它们也拖动到“创建新图层”按钮上，再产生 3 个副本，将这 3 个副本往下移，用同样的方法制作出如图 4-3-25 所示的效果。

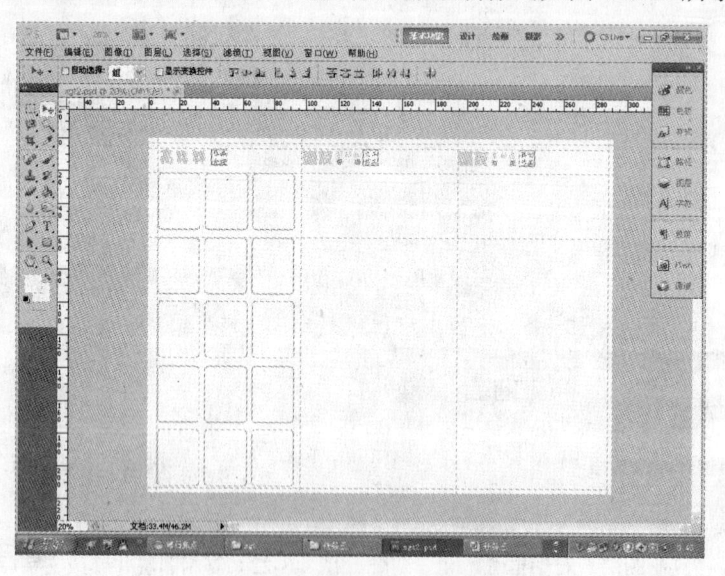
图 4-3-25 复制出多个圆角矩形框

（8）打开“图层”面板，选中所有圆角矩形所在的图层，执行“图层”→“图层编组”菜单命令，生成“组 1”，将“组 1”重命名为“高路群”。选中“高路群”组，按住鼠标左键不放，将其拖动到“创建新图层”按钮上，单击工具箱中的移动工具，按住鼠标左键不放将其往右移，并将这个图层重命名为“全工作品”，用同样的方法再生成“其他作品”图层，效果如图 4-3-26 所示。

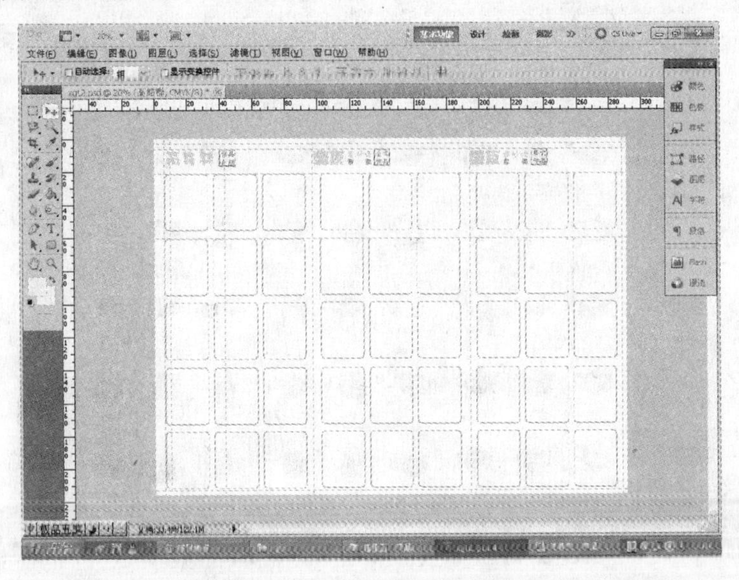

图 4-3-26 复制图层组效果

（9）选择“高路群”组，单击“指示一个组”按钮左边的三角形按钮，展开该组，选择“图层 2”，单击“创建新图层”按钮，打开 sc4-5.jpg 素材，并将其拖动到 xgt2 文件中，按“Ctrl+T”组合键调出自由变换框，调整图片的大小和位置，再单击工具箱中的横排文字工具，选择合适的字体，颜色选择红色，分别输入“龙凤呈祥之霸下”和“龙凤呈祥，比翼双飞 瑞气吉祥，天长地久”文字，效果如图 4-3-27 所示。

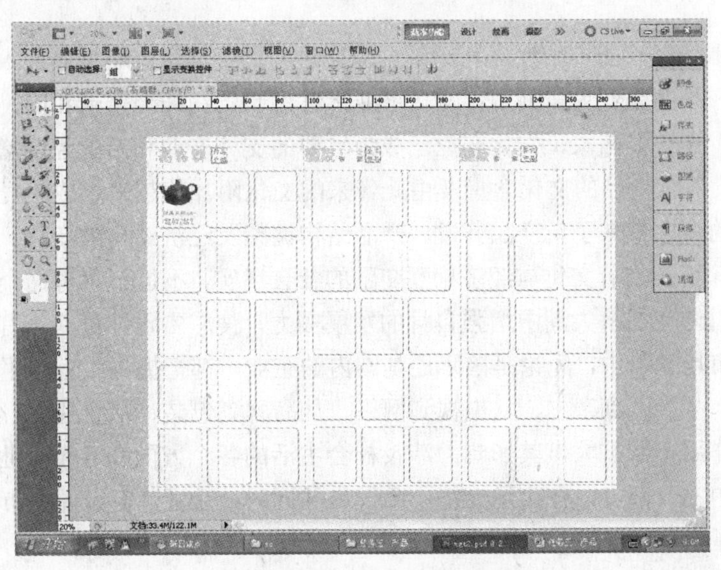

图 4-3-27 添加图片和文字后的效果图

（10）用相同的方法将每一个圆角矩形框内都填充合适的内容，最终的效果如图 4-3-28

所示。

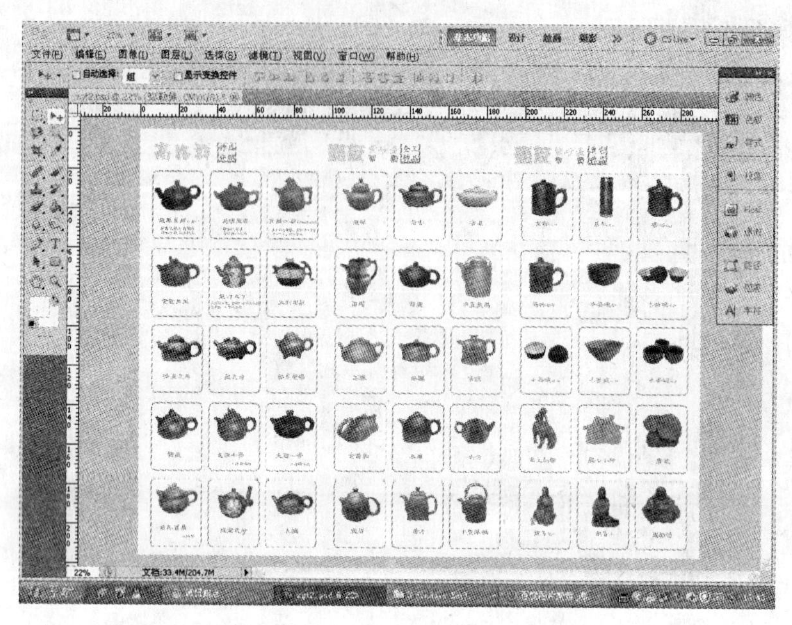

图 4-3-28　最终效果图

任务四　企业 VI 手册设计

随着我国市场经济的不断发展和经济全球化进程的提高，市场机制进入了精神生产领域，生产文化产品的企业大量涌现，文化产业迅猛崛起，在社会生活和国民经济中的地位正在迅速上升。在许多国家，文化产业已成为重要的支柱产业和新的经济增长点。在激烈的市场竞争中，各种商品的文化含量及由此带来的文化附加值越来越成为经济的强大竞争力；文化观念的变化带来了新产品开发、产品结构调整及经济结构的变化。作为文化产业范畴的广告设计正面临着文化与经济相互交融的社会现实，不能不思考这个行业的生存环境和如何抓住机遇在经济大潮中增强自身的发展实力，使广告设计健康、有序、全面的发展。在激烈的市场竞争中，无论是国际还是国内的企业，都把提高设计水平作为提升竞争力的一种手段，从报纸到杂志、从电视到网络、从品牌到包装、从企业到形象设计，广告设计的功能和作用不断扩大，其影响力涉及社会生活的各个方面和各个行业。企业 VI 设计是广告设计中的一部分，在市场经济不断发展的同时，企业 VI 设计在市场中的影响力及作用也得到了提高。

随着社会的现代化、工业化、自动化的发展，加速了优化组合的进程，其规模不断扩大，组织机构日趋烦杂，产品快速更新，市场竞争也变得更加激烈。另外，各种媒体的急速膨胀，传播途径的迅速增多，面对大量烦杂的信息无所适从。而一本企业 VI 手册的设计可以使企业树立品牌，使企业的形象高度统一，使企业的视觉传播资源得以充分利用，达到最理想的品牌传播效果。一个企业要想在目前复杂的社会环境中站稳脚步，比以往任何时候都需要统一、集中的 VI 手册来帮助企业树立自己的形象，体现企业自身的个性和价值。

通过 VI 手册的设计可以使企业对内征得员工的认同感、归属感，加强企业凝聚力；对外树立企业的整体形象，整合资源，有控制地将企业的信息传达给受众，通过这些视觉符号，不断地强化受众的意识，从而获得认同。

VI 手册在明显地将该企业与其他企业区分开来的同时，又确立该企业明显的行业特征或其他重要特征，确保该企业在经济活动当中的独立性和不可替代性；明确该企业的市场定位，属于企业无形资产的一个重要组成部分。因此，VI 手册的设计对于一个企业来说是相当重要的。

在进行 VI 手册的设计之前为了避免设计项目美观但不实用问题的出现，要对其客观的限制条件和依据做出必要的确定。

（1）项目的功能需要。主要是指完成设计项目成品所必需的基本条件，如形状、尺寸规格、材质、色彩、制作方式和用途等。

（2）项目使用的法律性限制。如信封的规格、招牌指示等环境要素的法规条例。

（3）行业性质的需要。

那么在企业 VI 手册的设计过程中到底应该包含哪些内容呢？下面就给大家列一份相对来说较为全面的 VI 手册设计要素清单，当然在实际设计过程中，不一定要涉及每一个要素，可以根据具体企业的具体要求来进行取舍。

一、基础要素

1. 企业标志设计

（1）企业标志彩色稿及标志创意说明；

（2）标志黑稿；

（3）标志反白效果图；

（4）标志方格坐标制图；

（5）标志预留空间与最小比例限定；

（6）标志特定色彩效果展示。

2. 企业标准字体

（1）企业全称中文字体；

（2）企业全称中文字体方格坐标制图；

（3）企业全称英文字体；

（4）企业全称英文字体方格坐标制图。

3. 企业标准色

（1）企业标准色；
（2）企业辅助色系列；
（3）色彩搭配组合专用表。

4. 企业专用印刷字体设定

（1）中文专用印刷字体；
（2）英文专用印刷字体。

5. 基本要素组合规范

（1）标志与标准字组合多种模式；
（2）基本要素禁止组合多种模式。

二、应用要素

在这里需要说明一点的是，这些应用要素的分类不一定要按照片的类型进行分类，我们可以根据需要对其做一定的分类，如笔系列在有些企业中可以归到办公事务用品类里，在有些企业中可以将其归到公共关系赠品类里，这是不强求的，只要设计师能说服客户接受即可。

1. 办公事务用品类

（1）名片、名片座：高中级主管名片、一般员工名片；
（2）国内国际信封、信笺、便笺、传真纸、工作记事簿、及时贴标签；
（3）各种文件夹、公文袋；
（4）各类证卡：员工胸卡、工作证、考勤卡、贵宾卡、来访卡、企业徽章；
（5）年历、月历、日历；
（6）奖状、奖牌；
（7）茶具、烟灰缸、纸杯；
（8）办公设施等用具（如纸张、笔架、圆珠笔、铅笔、雨具架、订书机、传真机等）；
（9）各类表单和账票、合同书；
（10）办公桌标识牌；
（11）文档规范横式、竖式（立项报告、汇报材料封面版式）；
（12）幻灯片版式规范。

办公事务用品类的主要设计要素一般包括：
（1）企业标志、企业名称（中文和英文）及其组合；
（2）标准色彩、企业造型、象征图形；
（3）企业署名、地址、电话、电报、电传、电子邮件信箱、邮政编码；
（4）企业标语口号；

（5）营运内容；
（6）事务用品名称（如请柬、合同书）。

2. 公共关系赠品类

（1）节日贺卡、生日卡、请柬；
（2）礼品袋、手提袋；
（3）聘书；
（4）标志伞、帽子等。
公共关系赠品类的主要设计要素包括：
（1）企业标志、企业名称（中文和英文）及其组合；
（2）企业广告语；
（3）品牌名称、商标等；
（4）企业造型。

3. 办公环境识别类

（1）接待台及背景板设计；
（2）机构、部门标识牌；
（3）公司旗帜（如标志旗帜、名称旗帜、企业造型旗帜、纪念旗帜、奖励旗、促销用旗、庆典旗帜、主题式旗帜等）。
（4）各类吊挂式旗帜：用于渲染环境气氛，不同内容的公司旗帜形成具有强烈形象识别的效果；
（5）公楼楼顶，标志形象在企业建筑外观中的展示；
（6）机场车站接站牌；
（7）符号指示系统：含表示禁止的指示、公共环境指示；
（8）总区域、分区域看板；
（9）标识性建筑物壁画、雕塑造型。
办公环境识别类的主要设计要素包括：
（1）企业标志、企业名称（中文和英文）及其组合；
（2）企业造型、象征图案及其组合方式、位置、大小等。

4. 包装产品类

（1）外包装箱；
（2）包装盒；
（3）包装纸；
（4）包装袋；
（5）专用包装（指特定的礼品用、活动事件用、宣传用的包装）；
（6）容器包装（如瓶、罐、塑料、金属、树脂等材质）；

（7）手提袋；
（8）封口胶带；
（9）包装贴纸；
（10）包装封缄；
（11）包装用绳；
（12）产品外观；
（13）产品吊牌。

包装产品类可以包含单件设计、成套设计、组合设计、组装设计等，包装产品的设计要素主要包括：

（1）企业署名（标志、标准字体、标准色、企业造型、象征图形等）；
（2）企业署名、地址、电话、电报、电传、电子邮件信箱、邮政编码；
（3）文字（使用说明、质量保证等）；
（4）图形（摄影、插图等）。

5. 员工服饰类

服装主要分男、女、冬、夏 4 个不同的种类。

（1）行政工作人员制服；
（2）服务工作人员制服；
（3）生产工作人员制服；
（4）后勤工作人员制服（如清洁工、警卫员）；
（5）各类正装饰品（如领带、领带夹、领巾、皮带、衣扣等）；
（6）店面工作人员制服、特殊活动（如展销）工作人员制服；
（7）休闲服饰（如运动服、运动夹克、T 恤、运动帽、运动鞋、袜、手套等）；
（8）特殊行业的特殊服饰（如安全帽、工作帽、毛巾、雨具等）。

员工服饰类的主要设计要素包括：

（1）企业标志、企业名称（中文和英文）及其组合；
（2）企业署名、地址、电话等；
（3）标准色、广告语等。

6. 媒体广告类

（1）电视、报纸、杂志广告风格；
（2）人事招聘广告风格；
（3）产品说明书设计风格；
（4）促销 POP、DM 广告风格；
（5）营业用卡（回函）设计风格；
（6）通知单、征订单、优惠券等印刷物；

（7）企业出版物（对内宣传杂志、宣传报纸）；
（8）各类户外广告设计风格（如灯箱广告、大楼屋顶招牌、道旗广告等）。
媒体广告类的主要设计要素包括：
（1）企业标志、标准字、企业名称（中文和英文）；
（2）企业广告语；
（3）企业广告画面和色彩；
（4）企业品牌商标和品牌名称。

7. 室内外标识类

（1）室内外直式、横式、立地招牌设计风格；
（2）企业位置路牌设计风格；
（3）接待台及背景板设计风格；
（4）楼层标识牌、机构、部门标识牌；
（5）公布栏、室内精神标语墙；
（6）符号指示系统（含表示禁止的指示、公共环境指示）；
（7）欢迎标语牌；
（8）玻璃门防撞贴。
室内外标识类的主要设计要素包括：
（1）企业标志、企业名称（中文和英文）及其组合；
（2）企业署名、地址、电话等；
（3）标准色、广告语等。

8. 车体外观类

（1）营业车，如公务车、面包车、展销车、汽船等。
（2）运输车，如运输大巴、大小型运输货车、厢式货柜车等。
（3）作业车，如起重机车、推土车、升降机等。
车体外观类的主要设计要素包括：
（1）企业标志；
（2）品牌标志；
（3）标准字体；
（4）企业造型；
（5）象征图案及其组合方式、位置、比例、尺寸等。

我们了解了企业 VI 手册中包含的基本内容后，可以看出其内容很多，在设计的过程中，应该根据企业的实际情况来有选择地进行设计，对于一些特殊的企业，我们在设计 VI 手册时也要考虑一些特殊的应用，而并不是每一本企业 VI 手册都需要将所有的基础要素和应用要素全都包含在内。

接下来我们再来了解 VI 手册设计的基本原则。VI 设计不是机械的符号操作，应多角度、全方位地反映企业的经营理念。VI 设计不是设计人员的异想天开，而是要求具有较强的可实施性。

（1）整本 VI 手册是一个整体，所以要求风格要统一。

为了达成企业形象对外传播的一致性与一贯性，应该运用统一设计和统一大众传播，用完美的视觉一体化设计，将信息与认识个性化、明晰化、有序化，把各种形式传播媒体的形象统一，创造能存储与传播的统一企业理念与视觉形象，这样才能集中与强化企业形象，使信息传播更为迅速、有效，给社会大众留下强烈的印象与影响力。对企业识别的各种要素，从企业理念到视觉要素予以标准化，采用统一的规范设计，对外传播均采用统一的模式，并坚持长期一贯的运用，不轻易进行变动。要达成统一性，实现 VI 设计的标准化导向，必须采用简化、统一、系列、组合、通用等手法对企业形象进行综合的整型。

（2）企业员工看到 VI 手册时首先要在视觉上形成很强的冲击力。

VI 手册的目的是体现企业的凝聚力和向心力，视觉冲击就是运用视觉艺术，使你的视觉感官受到深刻影响，给你留下深刻印象，其表现手法可以通过造型、颜色等展现出来，直达视觉感官，色彩渲染是强化视觉冲击力的有效方法。

（3）企业 VI 手册最终还是给人看的，所以其设计必须要求人性化。

人性化指的是一种理念，具体体现在 VI 手册设计过程中不仅要追求美观，还要根据消费者的生活习惯、操作习惯方便消费者，既能满足消费者的功能诉求，又能满足消费者的心理需求。

（4）企业 VI 手册的设计要符合法律法规、体现民族个性、尊重民族风俗。

企业形象的塑造与传播应该依据不同的民族文化，美、日等许多企业的崛起和成功，民族文化是其根本的驱动力。美国企业文化研究专家秋尔和肯尼迪指出："一个强大的文化几乎是美国企业持续成功的驱动力。"驰名于世的"麦当劳"和"肯德基"独具特色的企业形象，展现的就是美国生活方式的快餐文化。塑造能跻身于世界之林的中国企业形象，必须弘扬中华民族的文化优势，灿烂的中华民族文化是我们取之不尽、用之不竭的源泉，有许多我们值得吸收的精华，有助于我们创造中华民族特色的企业形象。

（5）企业 VI 手册内规定的各种内容都需要满足可实施性原则。

VI 设计不是设计师的异想天开而是要求具有较强的可实施性。如果在实施性上过于麻烦，或因成本昂贵而影响实施，再优秀的 VI 设计也会由于难以落实而成为空中楼阁、纸上谈兵。

（6）企业 VI 手册的设计需符合审美规律。

要解决这个问题，首先应该明确什么是"美"，美是能够使人们感到愉悦的一切事物，它包括客观存在和主观存在，不同的人对美的定义也是不一样的，最明显的体现就是不同的人看到相同的东西感受是不一样的；其次我们应该认识到"审"是人们对一切事物的美丑做出评判的过程。由此可见，审美是一种主观心理活动的过程，是人类掌握世界的一种特殊形式，是人与社会或自然界之间形成的一种无功利的、形象的、情感的关系状态，使人们根据自身对某事物的要求所做出的一种对事物的看法，由此可见审美具有很大的偶然性。

（7）VI 手册设计好后不能将其当做一个摆设，而应该严格落实。

VI 系统内容丰富多彩，可以做得非常翔实，因此，在实施过程中，要充分注意各实施部门或人员的随意性，严格按照 VI 手册的规定执行，保证不走样。要按照既定的制度或标准要求认真仔细地加以管束或从严负责落实。

VI 设计的基本步骤

VI 设计程序可大致分为以下 4 个阶段：

（1）前期准备阶段。首先要成立一个 VI 设计小组，人数不在于多而在于精干，重实效。VI 设计的准备工作要从成立专门的工作小组开始，这一小组由各具所长的人士组成，一般来说至少应该包括一个客户企业中的高层主要负责人，要求这个人对企业自身情况的了解更为透彻，宏观把握能力更强，其他的成员主要是各专门行业的人士，以美工设计人员为主，以行销人员、市场调研人员为辅。美工设计人员要多与客户人员进行深入的交流，确定贯穿 VI 的基本形式，搜集相关文字和图形资料。

（2）设计开发阶段。VI 设计小组成立后，首先要充分地理解、消化企业的经营理念，把 MI 的精神吃透，并寻找与 VI 的结合点。这一工作有赖于 VI 设计人员与企业间的充分沟通。在各项准备工作就绪之后，VI 设计小组即可进入具体的设计阶段。首先要确定本企业 VI 手册中应该包括的内容有哪些，主要是从以下两个方面来考虑问题的。

基本要素设计：包括标志设计、标准色、标准字体规范、标志与标准字的组合方式等。

应用要素设计：在我们前面所介绍的内容当中应该选用什么，哪些东西可以体现本企业与其他企业的不同之处。

确定内容后，再确定 VI 手册的主色调，之后再来进行封面和封底的设计，确定内页的版式之后再进行内页内容的设计。

（3）反馈修改阶段。在 VI 设计基本定型后，还要进行较大范围的调研，以便通过一定数量、不同层次的调研对象的信息反馈来检验 VI 设计的各细节，一般来说先要与企业中的高层主要负责人进行交流，征求他们的意见。

（4）编制印刷 VI 手册。编制 VI 手册是 VI 设计的最后阶段，定稿后即可去印刷。

当然 VI 手册编辑完成之后，对其管理与维护也是不容忽视的问题。即使手册中明确列出的规定也常会产生解释、判断方面的疑惑，甚至采取错误的施行方法。因此，企业应设置 VI 专门部门进行管理，包括使用 VI 手册过程中，针对种种事例做出适当的判断、指导，管理全公司正确使用设计手册的方法。在推进 VI 的过程中，如果设计手册没有列举的要素，就必须制订新的设计用法和规定，同时根据需要给予检讨和判断。同时，在推进过程中，还需对设计手册中不合实际需要的规定进行修改、调整，这些都是管理维护的必要事项。

子任务 1　企业 logo 设计

就技术方面来说，VI 手册的设计制作并不难，对于大型企业来说，由于考虑的因素比较多，还有分公司等，一套专业的 VI 手册可以分很多手册来设计，要在教材中展示它有一定的难度，所以我们在这里就假设为一个小型网络公司来设计一套简单的 VI 手册，即使这样一般至少也要 30 页，我们不可能将所有页的制作过程都给大家逐一讲解，只能选一些重点，完整的 VI 手册请大家参照教材中的任务来制作。

VI 手册设计的第一步工作实际上是了解企业目前有无 logo，如果没有 logo，那我们的第一项工作便是设计 logo。接下来我们就来假设一家公司的名称是“天鼎红木家具有限公司”，红木家具在中国已传承千年，已形成一套家具文化，也有其很明显的中国特色。所以，它的 logo 设计过程中颜色选用了中国传统的暗红色，比较接近红木的颜色，图案以中国的汉字“鼎”为基础，结合中国传统明朝家具的特色，选用 Illustrator 矢量图形软件来实现，最终的效果如图 4-4-1 所示。

从图 4-4-1 中我们可以看出，实际上要在 Illustrator 中实现并不难，所用到的工具只有两个，即椭圆工具和矩形工具，下面我们就来介绍 logo 的制作过程。

（1）启动 Illustrator CS5，执行“文件”→“新建”菜单命令，在弹出的对话框中进行如图 4-4-2 所示的设置后单击“确定”按钮。

图 4-4-1　logo 最终效果图

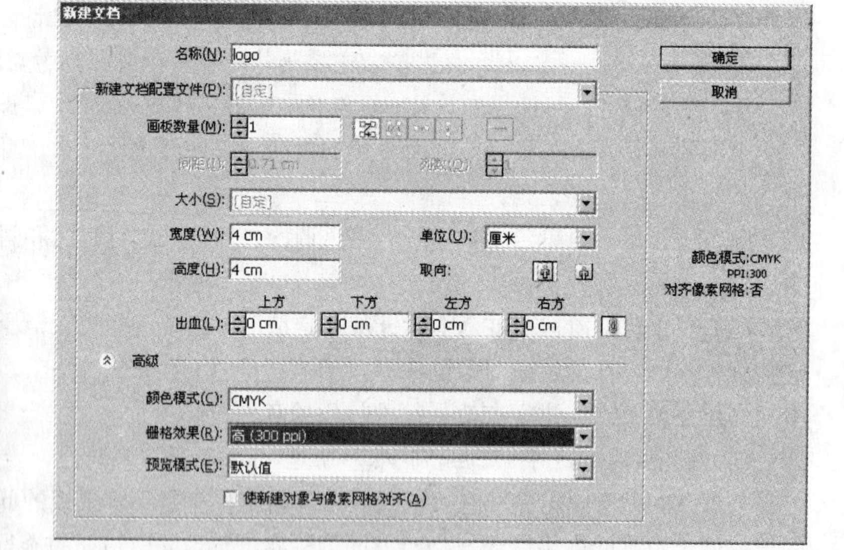

图 4-4-2　“新建文档”对话框

（2）设置前景色为 C60、M92、Y85、K53，描边颜色为无，按“Ctrl+R”组合键调出标尺，绘制水平和垂直方向的参考线，如图 4-4-3 所示，选择矩形工具，按照参考线及设计草图绘制图形，如图 4-4-3 所示。

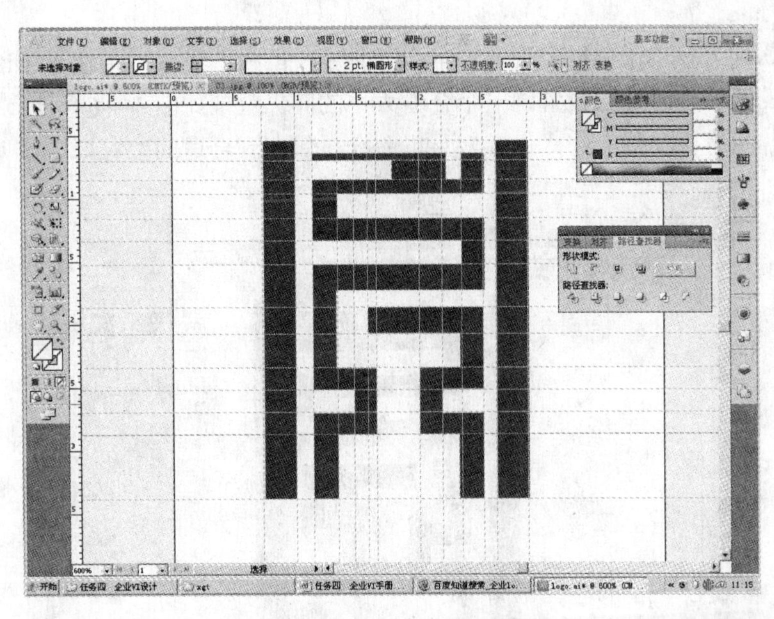

图 4-4-3 绘制参考线和图形

（3）执行“视图”，“参考线”→“隐藏参考线”菜单命令，如图 4-4-4 所示，将所有的参考线隐藏起来，单击工具箱中的选择工具，用鼠标拖动的方法选中图形中间的部分，如图 4-4-5 所示。

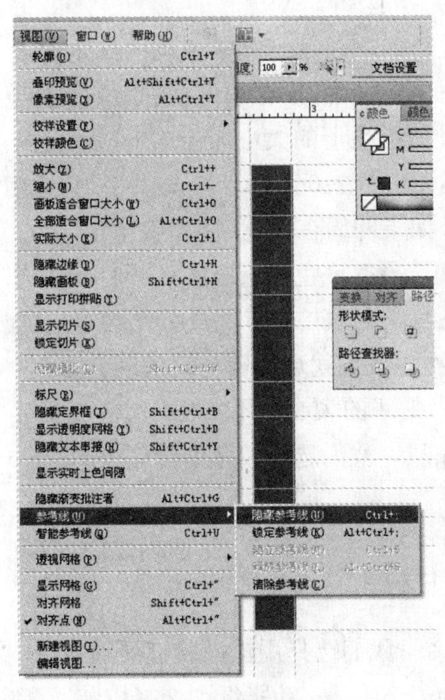

图 4-4-4 隐藏参考线

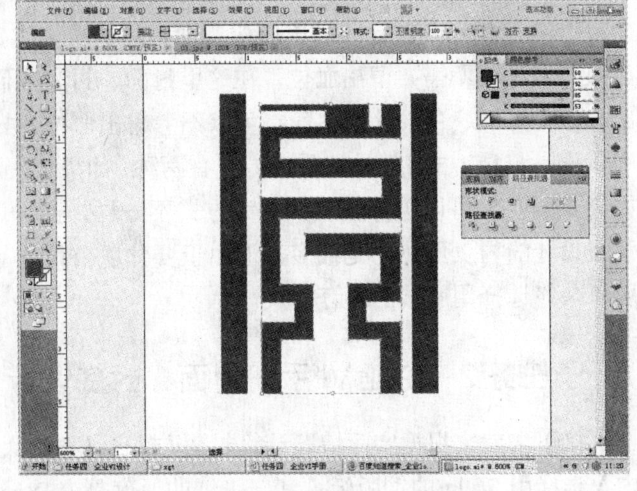

图 4-4-5 选中图形中间的部分

（4）执行“窗口”→“路径查找器”命令，打开“路径查找器”面板，单击“形状模式”中的左边第一个按钮“联集”，将所有的矩形框交界处都连接起来。将鼠标移动到图案外边空白的地方，单击鼠标左键，再单击工具箱中的椭圆工具，按住“Shift”键不放，用鼠标拖动的方法在合适的位置画一个合适大小的圆，效果如图 4-4-6 所示，至此 logo 就制作完成了，执行“文件”→“保存”菜单命令，保存到合适的位置即可。

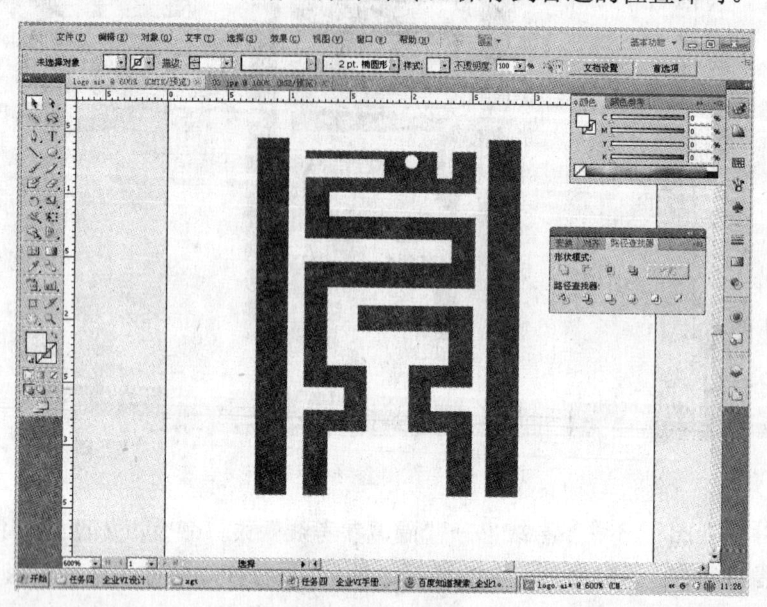

图 4-4-6　绘制圆

logo 设计定稿后，我们再进行 VI 手册基本色调的确定，VI 手册基本色调的确定一般与 logo 的色调相统一。确定了基本色调后就可进行封面、封底的设计和内页的版式设计，接下来我们就先来学习封面、封底的设计。首先要确定 VI 手册的大小后计算出封面、封底的大小，在这里公司决定用国际通用的 A4 纸张，其大小是 210mm×297mm，是否考虑上下左右各 2mm 或 3mm 的出血位要由具体情况来定，如果四周有底色、底图就留出血位，如果是白底就不需要留出血位，在这里封面、封底我们选择有底色，所以在设计时应考虑出血位，内页底色设计为白色，可以不考虑出血位。封面、封底的设计另外一个要考虑的因素便是装订方式，常见的装订方式有两种，如果页码不多我们就选择骑马钉的装订方式，如果页码较多可以选择胶装，装订方式不一样，封面、封底的大小也不一样，本公司 VI 手册设计的内页虽然不是很多，但由于要体现公司的品质，我们选择较厚的纸张来印刷，所以最终选择用胶装的装订方式。

子任务 2　企业 VI 手册封面、封底设计

接下来就来根据实际情况计算封面、封底画布的大小，我们选择用横向装订硬质封面，内页选择用 200g 的铜版纸，其一张纸的厚度是 0.18mm，如果是 20 张纸则选择胶装，那么书脊的厚度即是 20×0.18mm=3.6mm，所以封面、封底的画布大小宽度为 297mm（画册宽度）×2+3.6mm（书脊厚度）+6mm（左右两边各 3mm 出血位）=603.6mm；高度为 210mm+6mm(上下各 3mm 出血位)=216mm。这些预备工作做好后，接下来即可在 Illustrator

中进行封面和封底的设计。

（1）启动 Illustrator CS5，执行“文件”→“新建”菜单命令，在弹出的对话框中进行如图 4-4-7 所示的设置后单击“确定”按钮即可。

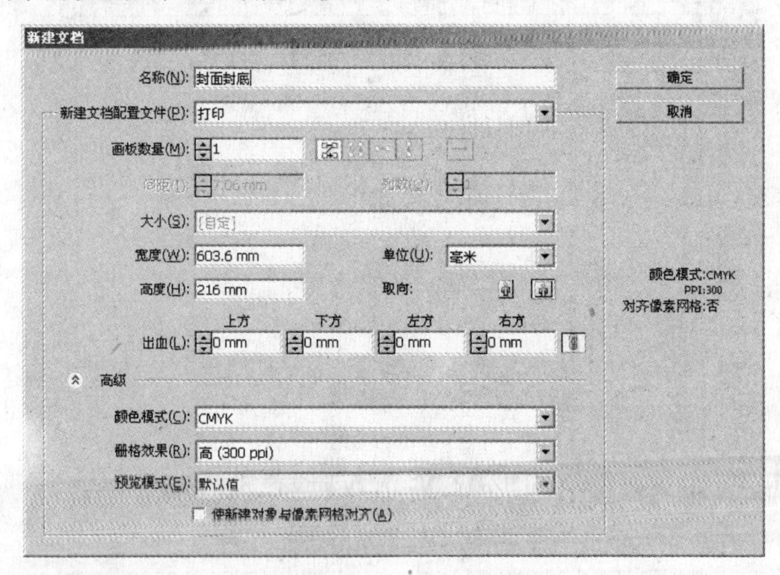

图 4-4-7 “新建文档”对话框

（2）在新建的文件中按“Ctrl+R”组合键调出标尺，如果标尺的度量单位不是毫米，将鼠标移动到标尺上，单击鼠标右键，在弹出的快捷菜单中选择“毫米”选项即可，如图 4-4-8 所示。用鼠标拖动的方法拖出一条垂直方向的参考线，单击工具箱中的选择工具，移动鼠标到刚拖出的参考线处单击选中该参考线（未选中的参考线是淡绿色，选中的参考线是蓝色），单击属性栏中的“变换”按钮，在“X”处输入“3mm”即可，如图 4-4-9 所示。

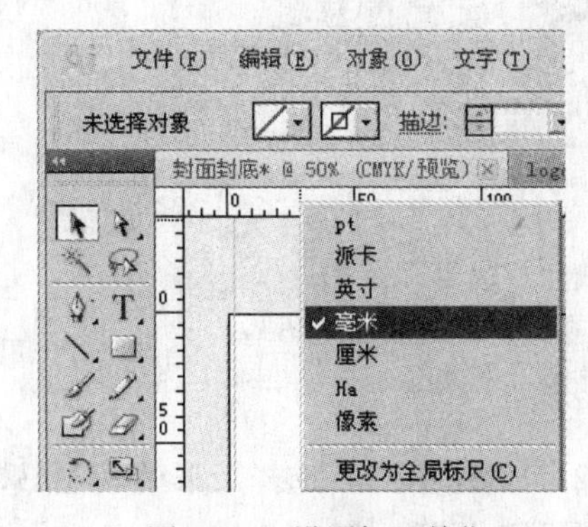

图 4-4-8 设置标尺单位

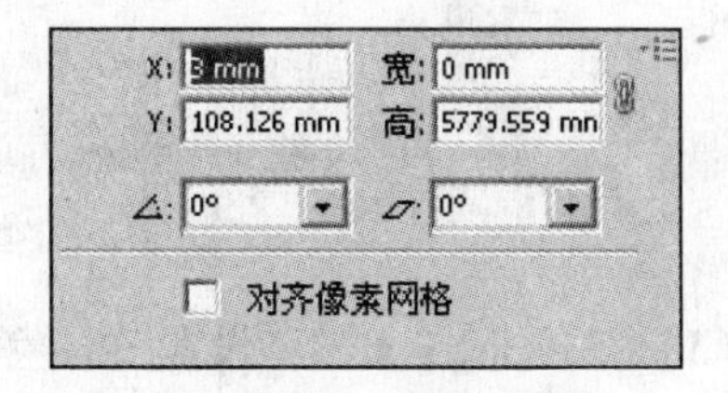

图 4-4-9 设置参考线

（3）用同样的办法分别建立垂直方向 3mm、300mm、303.6mm、600.6mm4 条参考线，水平方向 3mm、213mm 两条参考线，如图 4-4-10 所示。

（4）设置前景色为 C50、M62、Y71、K5，无描边颜色，单击工具箱中的矩形工具，从左上角往右下角拖动鼠标，绘制一个矩形，如图 4-4-11 所示。

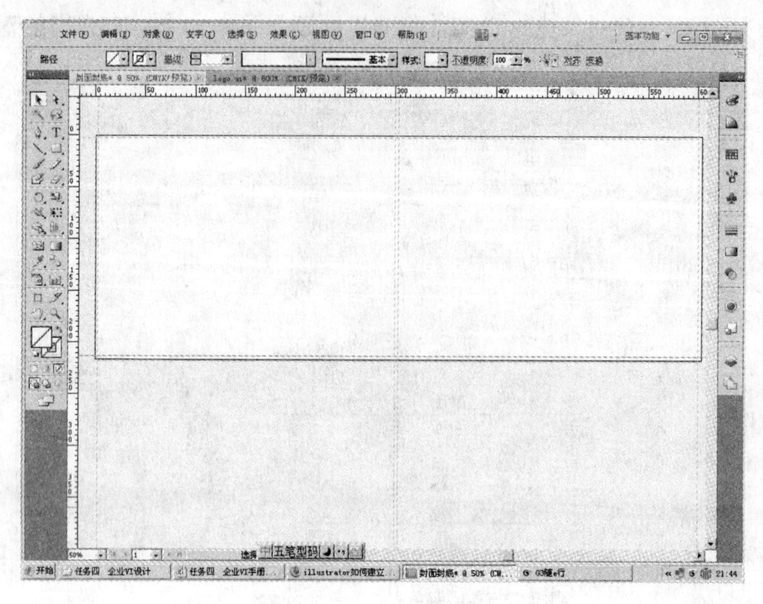

图 4-4-10 建立参考线

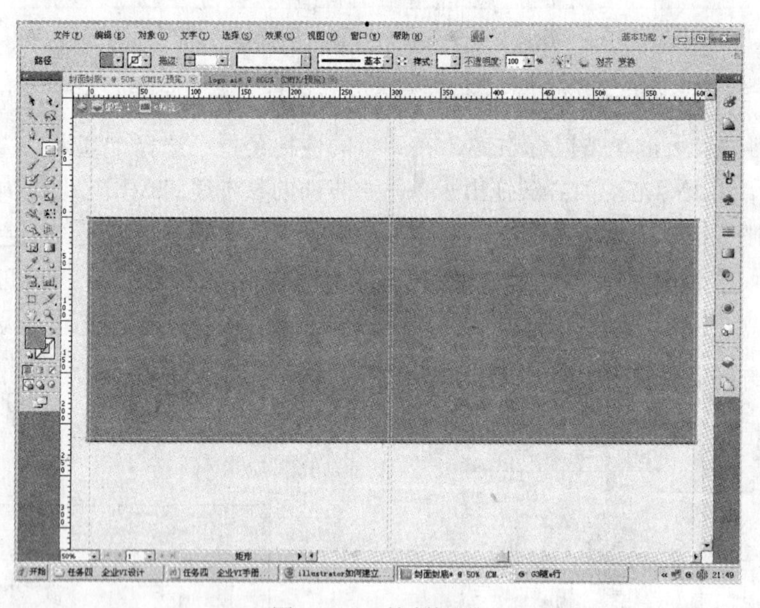

图 4-4-11 绘制矩形

（5）打开 logo 文件，设置前景色为 C60、M92、Y85、K53，选择矩形工具在书脊部位画一个矩形。打开“图层”面板，单击“创建新图层”按钮，新建一个“图层 2”，再执行“文件”→“置入”菜单命令，将 logo 文件置入文件中，调整 logo 的大小和位置（在画布的右边即封面部位），再单击“图层”面板中的“图层 2”，按住鼠标左键不放，将“图层 2”拖动到“创建新图层”按钮上创建“图层 2 副本”，调整其大小和位置（在画布的左边即封底部位），如图 4-4-12 所示。

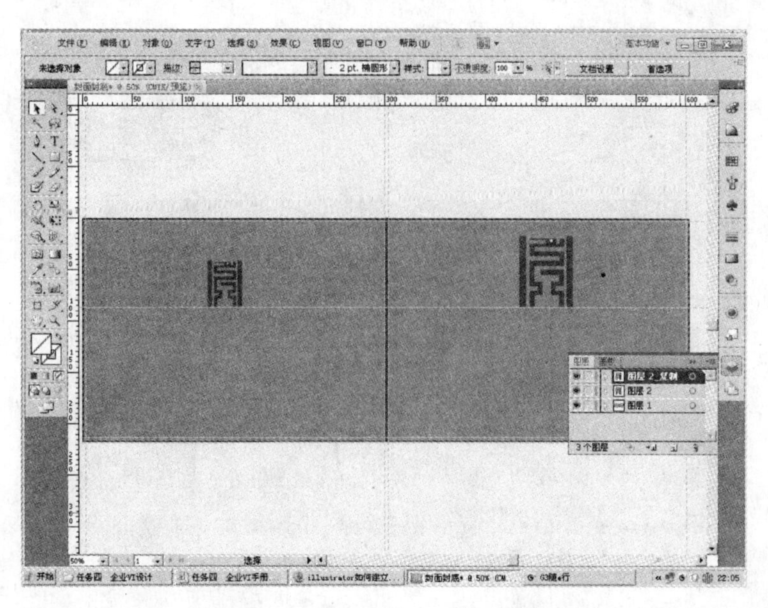

图 4-4-12　将 logo 拖入文档后的效果

（6）打开“图层”面板，单击“创建新图层”按钮，新建一个“图层 4”，单击工具箱中的文字工具，在属性栏中单击中间的“字符”按钮，选择“方正琥珀繁体”，大小设为“60pt”，在封面部位单击鼠标左键，当出现竖向闪烁光标后输入“天鼎红木家具有限公司”，用吸管工具吸取字体颜色为 logo 颜色，调整字的位置后将光标移动到“图层 4”，按住鼠标左键不放，拖动鼠标到“创建新图层”按钮上，建立“图层 4 副本”，单击工具箱中的选择工具，将“图层 4 副本”拖动到封底部位，并调整其大小，如图 4-4-14 所示。

图 4-4-13　字符设置

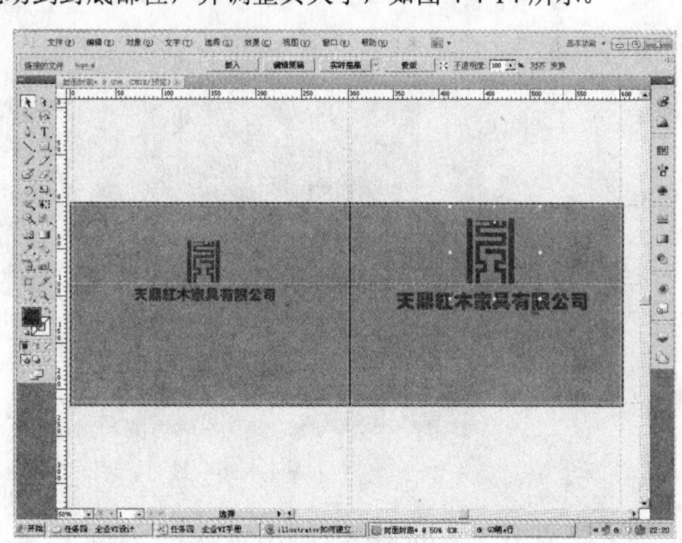

图 4-4-14　添加文字后的效果

（7）设置前景色为 C0、M0、Y0、K10，分别输入“VI 手册”和地址、电话等信息，如图 4-4-15 所示。

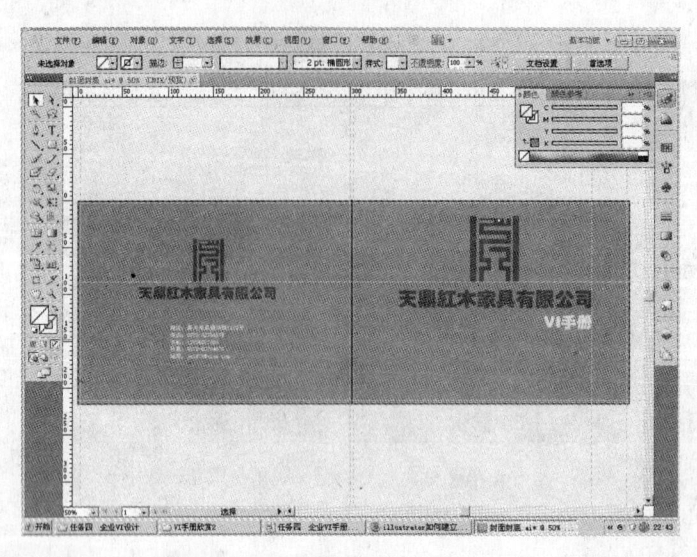

图 4-4-15　添加其他文字后的效果图

（8）设置前景色为 C0、M20、Y40、K0，选择矩形工具，绘制如图 4-4-16 所示的图案并按住“Shift”键不放，选中所有的矩形图案，执行“窗口”→“路径查找器”命令，单击“联集”按钮，将所有的图案连接起来，然后设置图案的不透明度为 30%，再调整“VI 手册”文字的位置，执行“视图”→“参考线”→“隐藏参考线”菜单命令，最终效果如图 4-4-16 所示。

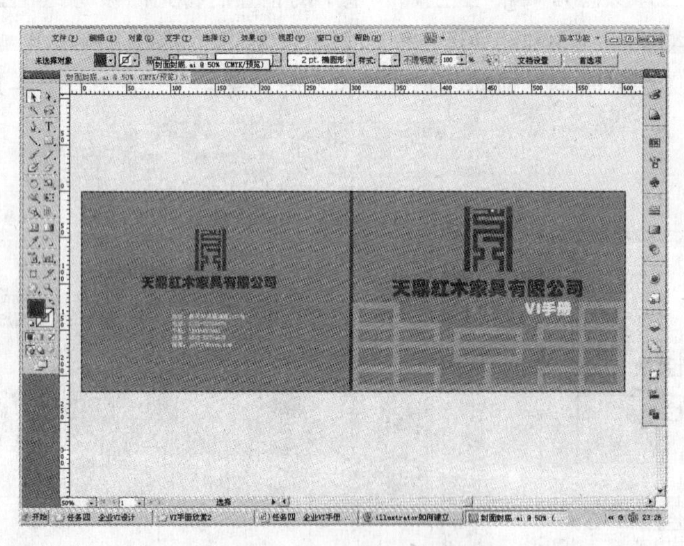

图 4-4-16　封面、封底效果图

子任务 3　企业 VI 手册内页版式设计

至此，封面、封底的设计制作即告完成，接下来我们再来学习内页的版式设计，由于选择胶装方式，内页又是白色为底色，所以设置画布大小为 297mm×210mm 即可。

（1）执行“文件”→“新建菜单”命令，在弹出的对话框中进行如图 4-4-17 所示的设置，单击“确定”按钮即可。

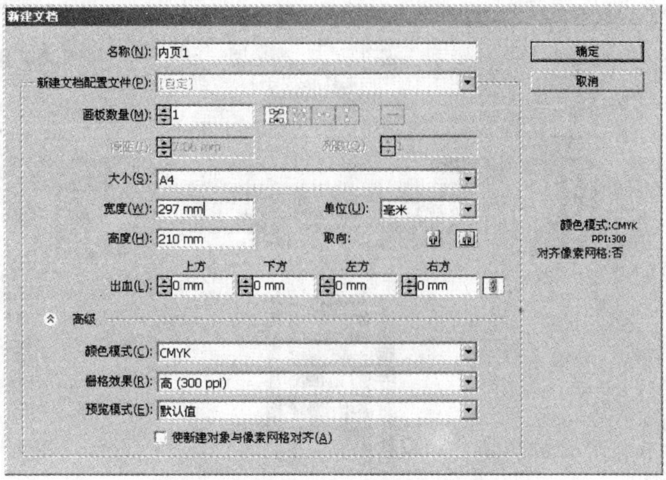

图 4-4-17 “新建文档”对话框

（2）将画布放大到 300%，执行“文件”→“置入”菜单命令，将 logo 置入文件中，按“Ctrl+R”组合键调出标尺，分别用鼠标拖动的方法拖出两条水平方向和 3 条垂直方向的参考线，水平方向参考线为 10mm、200mm，垂直方向参考线为 10mm、148.5mm、287mm，单击工具箱中的吸管工具，吸取 logo 颜色为前景色，单击工具箱中的矩形工具，在画布中绘制如图 4-4-19 所示的图案，调整其位置，执行“窗口”→“路径查找器”命令，单击“联集”按钮，将所有的矩形框连接起来，选中这个图案，按“Ctrl+C”组合键进行复制，按“Ctrl+V”组合键进行粘贴，执行“对象”→“变换”→“对称”菜单命令，在弹出的对话框中进行如图 4-4-18 所示的设置。单击“确定”按钮后调整图案的位置，如图 4-4-19 所示。

图 4-4-18 “镜像”对话框

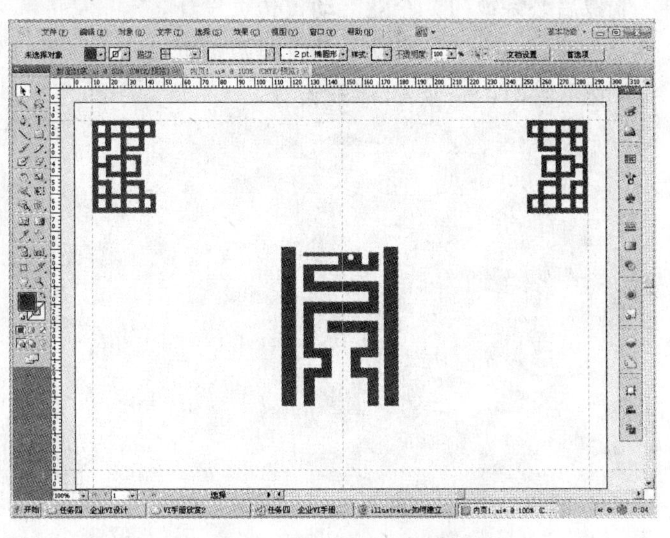

图 4-4-19 绘制并调整图案

（3）在下面居中的位置设置页码，选择用多边形工具来绘制，然后输入文字，在“基础要素”与下面的具体内容之间选择用矩形工具绘制一条细长的线进行分割，内页 1 最终效果如图 4-4-20 所示。

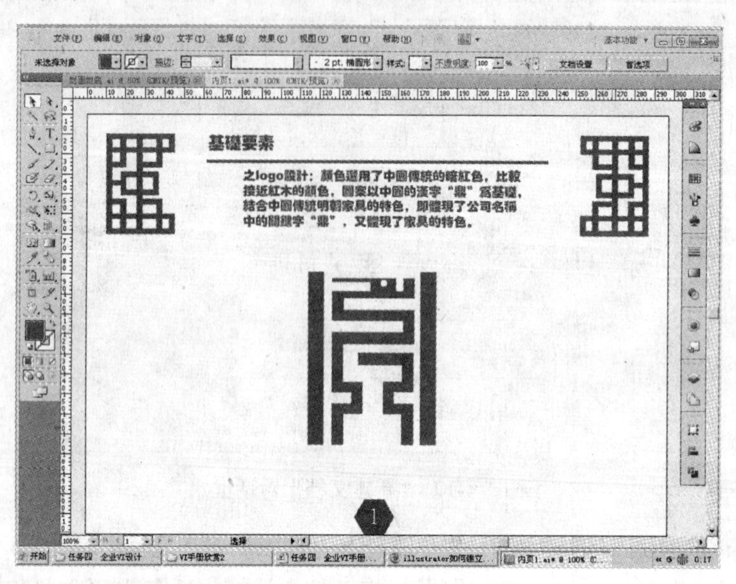

图 4-4-20　内页 1 最终效果图

按照这种布局将所有的内页都设计制作完成，这里需要说明的是，应用要素的设计有很多素材都不需要自己去绘制，具体内容的设计都是有模板的，下载需要的模板后再对其进行简单的处理，如更换颜色、加上 logo 或 logo 与名称的组合等即可。但也有一些是需要设计处理的，如一些公司专用的票据、公司各种不同形式的广告模板等，就需要根据公司的具体情况来进行设计。

课后必练：（1）企业活动宣传页设计。

（2）企业产品宣传两折页设计。

拓展练习：企业 VI 手册设计。

项目五

淘宝网店装修和网站页面设计

- 任务一 淘宝网店装修
- 任务二 网站页面规划设计
- 任务三 网站背景设计

[素材位置]：光盘：//教学情境五//任务一//素材（以任务一为例）

[效果图位置]：光盘：//教学情境五//任务一//效果图（以任务一为例）

[教学重点]：目前图形图像的处理技巧在网络方面的应用主要体现在两个方面，一方面是现在发展的欣欣向荣的淘宝网店的装修；另一方面对于网站建设来说，已来到了追求个性化、追求质量的网站建设时代，不管是淘宝店铺的装修也好，还是建立高质量的网站也好，这些都要求有一定的设计感和视觉冲击力，有很强的文字组织能力和图文排版能力。

对教师的建议

[课前准备]：这一教学情境对于教师来说，更重要的应该是要多找一些设计比较好的淘宝店铺和网站，分析它们的制作技术、色彩搭配、创新点等。

[课内教学]：在教学过程中，首先采用“比较法+实际案例展示法”向学生展示自己提前收集到的一些设计或装修比较好的网站、淘宝店铺和一些普通网站及淘宝店铺，让学生们通过比较学会分析其优劣。之后可以让学生提出这些案例中自己不知道如何实现的地方，教师再来进行分析和演示操作技巧，分析演示完后由学生自己动手操作。

[课后思考]：教师要随时了解学生的学习难点并进行演示，让学生多动手操作，在学生动手操作的过程中，教师要与学生多进行交流，还要及时引导学生做一些总结。

对学生的建议

[课前准备]：提前预习教材提供的案例，了解每次课练习的主要内容，也可以在了解本教学单元的教学内容后，自己去找一些比较有特色的网店或网站。

[课内学习]：学生可以将自己提前收集到的一些有特色的网店或网站在教师教学过程中展示出来，并能够通过分析它们的优点来增加自己的口语表达能力和自信心。

[课后拓展]：学生们在学会分析操作技巧的同时，也要手亲动自制作，要知道只有自己动手操作了，才能验证我们的分析是否正确，是否能设计制作出与网上看到的一样或更好的网店或网站。

[教学设备]：电脑结合投影仪，学生保证一人一台电脑。

任务一 淘宝网店装修

现在越来越多的人通过网络进行购物，也有越来越多的人在网上开店，出售自己的商品。淘宝给很多商家提供了一个平台，很多商家都在淘宝上开设自己的店铺，但如何让自己的店铺能够与众不同，有自己的个性，就需要自己动手进行店铺装修。大多数新开淘宝网店的商家都是抱着试试看的心态在运作，不愿意花钱装修，扶植版是淘宝为新商家提供的一个免费平台，其中有很多的装修模块都是免费的。这里就以淘宝扶植版店铺装修为例，设计免费的淘宝店铺。

本任务是装修一个扶植版的淘宝店铺，要求完成一个防晒手套和围巾销售的店铺装修。完成店铺开设后，打开卖家中心后台，单击“店铺管理”下的“店铺装修”链接，如图 5-1-1 所示。

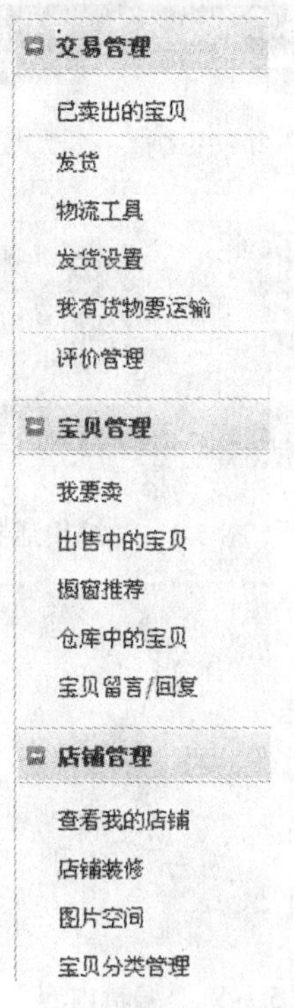

图 5-1-1 “店铺装修”链接

1. 风格设置

（1）打开页面，查看页面顶部，若显示“切换到普通店铺”按钮表示已成为扶植版用户，如图 5-1-2 所示，若显示“免费升级到旺铺”按钮就单击该按钮进行升级，如图 5-1-3

所示。

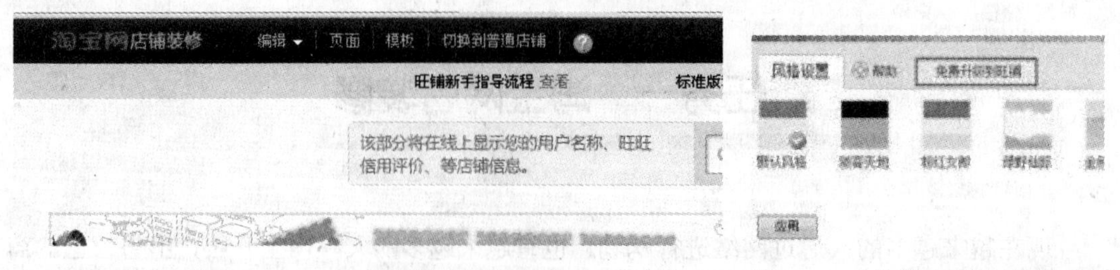

图 5-1-2 “切换到普通店铺”按钮　　图 5-1-3 “免费升级到旺铺”按钮

（2）在风格设置上，可以根据店铺销售的产品性质和客户群进行设置，本店铺销售的是防晒手套和围巾，女性客户比较多，所以采用了“粉红女郎”的风格设置。

2. 店招设计

店招是一个店铺的招牌，要选择一个适合自己店铺的店招。

（1）在店招的位置上单击右上角的“编辑”按钮，如图 5-1-4 所示，在弹出的对话框中单击“在线编辑”按钮，如图 5-1-5 所示。

图 5-1-4　编辑店招

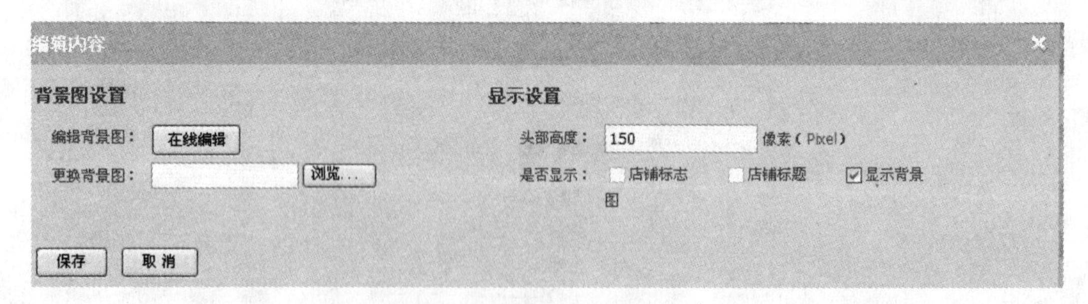

图 5-1-5 “编辑内容”对话框

（2）进入新的“Banner maker”页面，如图 5-1-6 所示，单击“免费店招”按钮。

（3）现有旺铺扶植版可使用 11 个免费店招，挑选自己喜欢的店招后单击“开始制作”按钮可以修改店名，如图 5-1-7 所示，单击需要修改的部分进行修改，修改完成后单击“预览/保存”按钮，如图 5-1-8 所示，然后单击“输出获取设计”按钮，如图 5-1-9 所示，在画面切换后单击“应用到店招”按钮，如图 5-1-10 所示，页面将自动切换到装饰页面后台，就可以看到做好的店招。

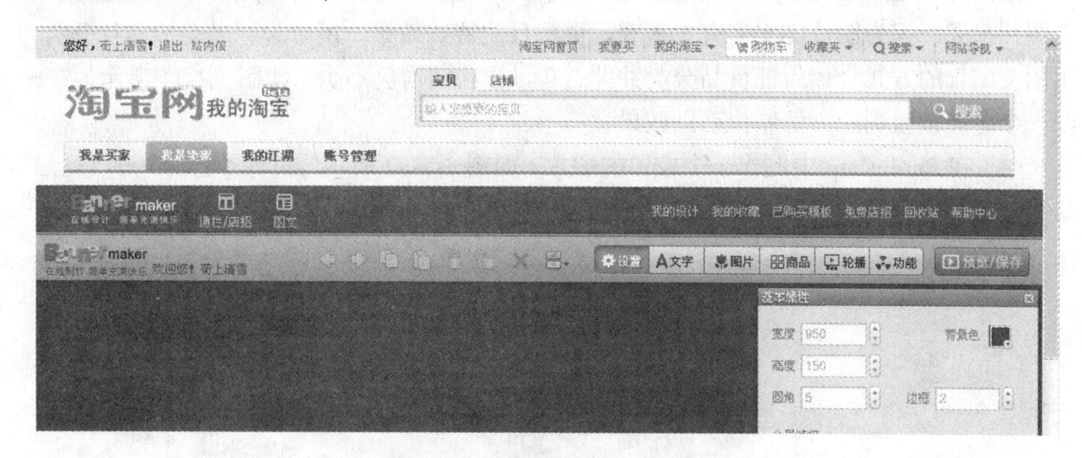

图 5-1-6 “Banner maker”页面

图 5-1-7 修改店名等需要修改的部分

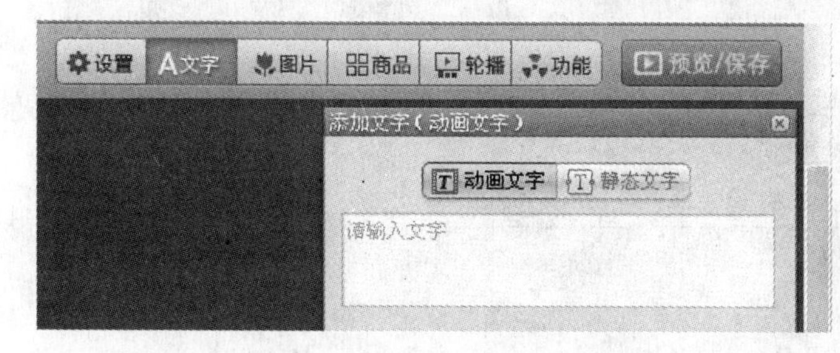

图 5-1-8 单击“预览/保存”按钮

图 5-1-9 单击“输出获取设计”按钮

图 5-1-10 单击“应用到店招”按钮

3. 宝贝分类

宝贝分类是店内商品的目录指示牌、导航员，是店铺左侧的店铺类目，可以是文字或者图片形式，因为图片比文字有更直观、更醒目的特殊效果，所以设计精美的图片分类，用图文结合的方式会让店铺货品分类井井有条，让店铺增色不少，如图 5-1-11 所示。在此以一个分类按钮图片为例制作动画效果。

（1）在 Photoshop 中制作一个按钮的图片，如图 5-1-12 所示。执行“窗口”→“动画”命令，打开“动画”面板，如图 5-1-13 所示。

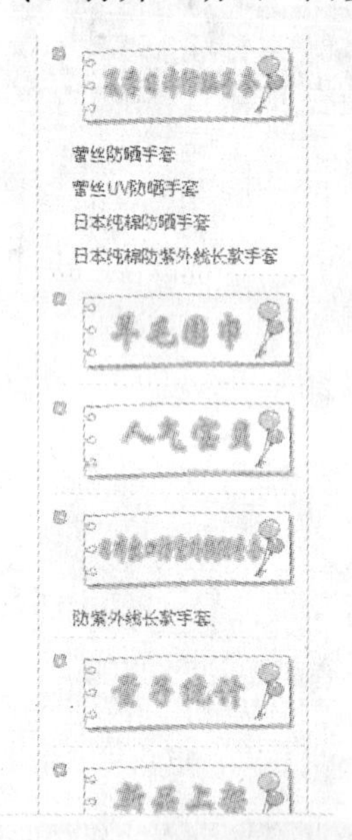

图 5-1-11　宝贝分类效果图

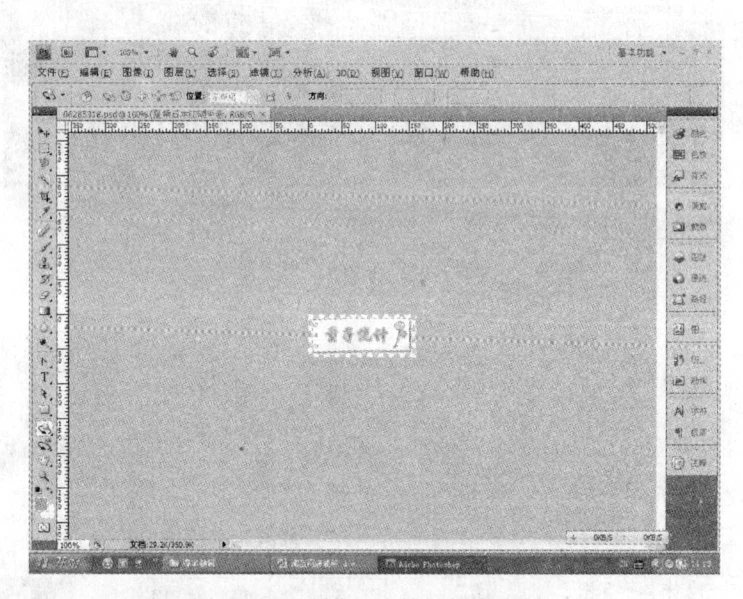

图 5-1-12　制作一个按钮的图片

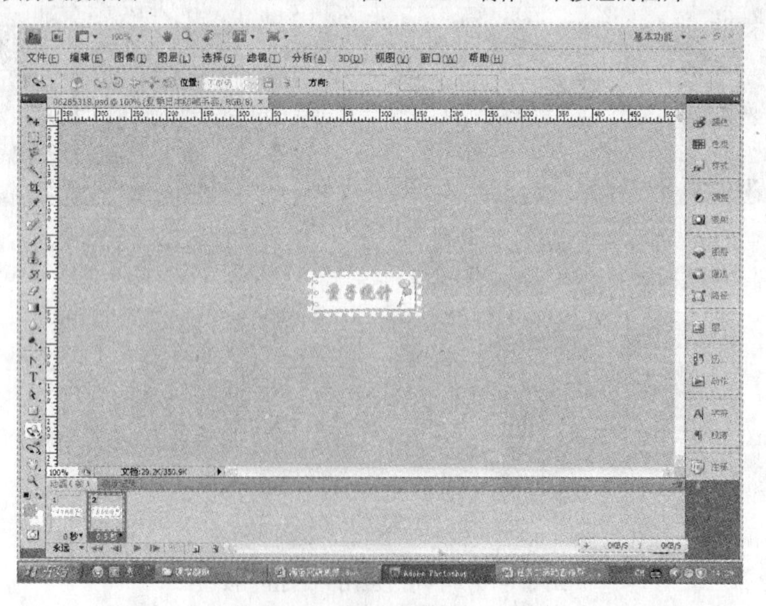

图 5-1-13　打开“动画”面板

（2）在“动画”面板中单击“复制所选帧”按钮，复制第一帧，将第二帧的时间改为0.5s，当然时间可以根据自己的需要进行修改，如图 5-1-14 所示。

图 5-1-14　设置时间

（3）在第一帧上对文字添加描边，在第二帧上将描边去掉，使两帧有所区别，导出 gif 图片，使用时就会生成简短的动画。

（4）制作完成后存储时，执行“文件”→“存储为 Web 和设备所用格式”命令，如图 5-1-15 所示。在弹出的窗口中选择 GIF 格式保存即可，如图 5-1-16 所示。

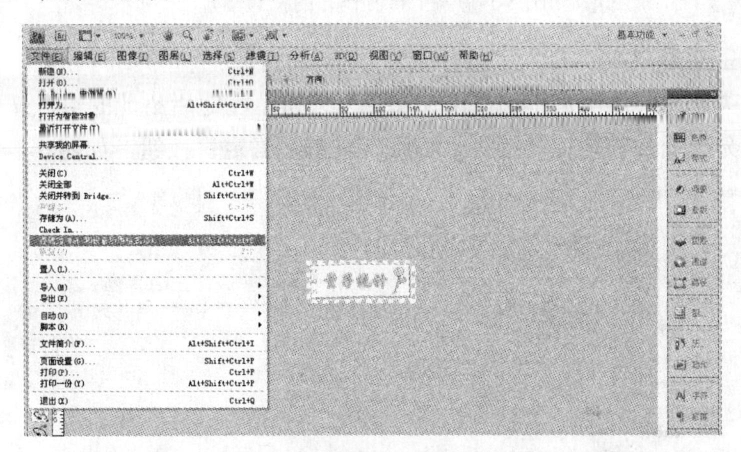

图 5-1-15　“存储为 Web 和设备所用格式”选项

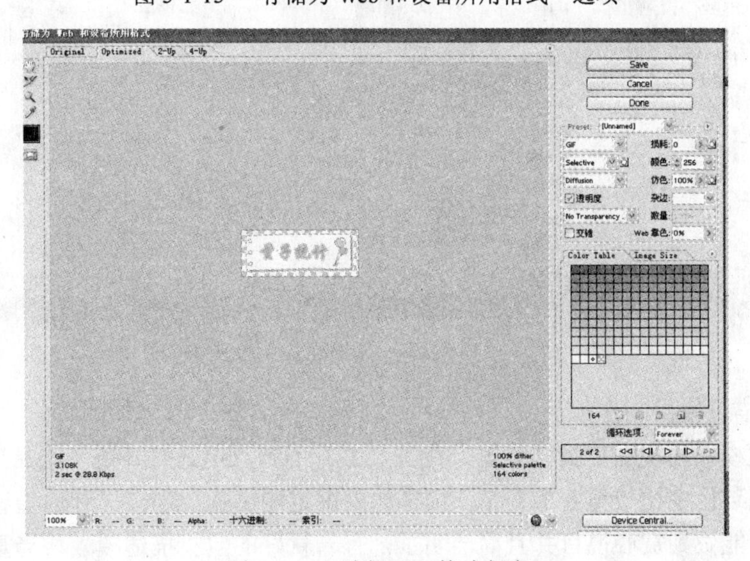

图 5-1-16　选择 GIF 格式保存

（5）将制作好的按钮图片上传到淘宝卖家中心的图片空间中，将图片的地址链接进行复制，如图 5-1-17 所示。

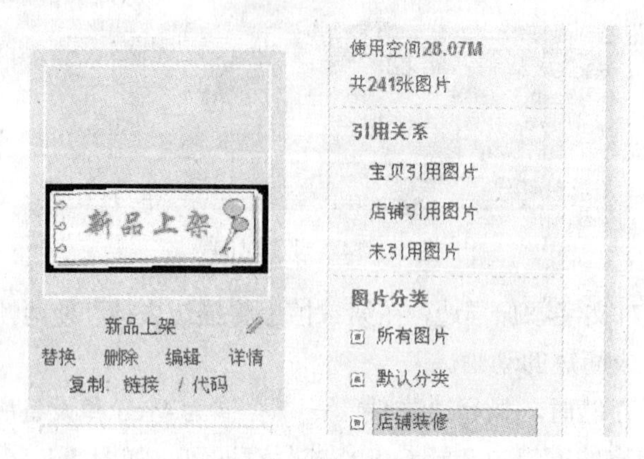

图 5-1-17 上传制作好的按钮图片

（6）在淘宝卖家中心打开“宝贝分类管理”，设置店铺所需要的分类，并在相应分类名称后进行分类图片的添加。单击“添加图片”按钮，在随后出现的输入文本框中将步骤（5）中复制的分类图片的地址链接进行粘贴，单击“确定”按钮，如图 5-1-18 所示。

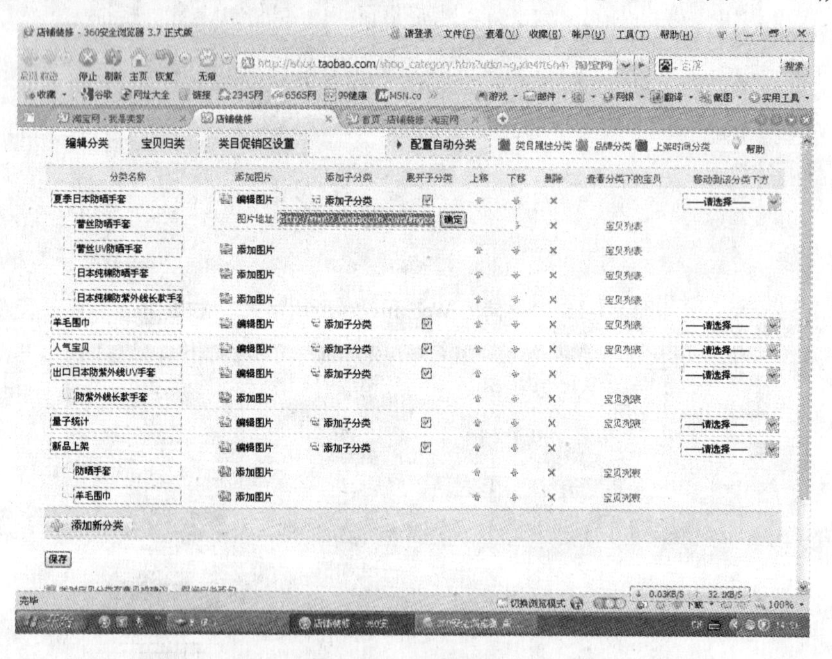

图 5-1-18 添加图片

4．宝贝描述模板制作

宝贝描述模板出现在宝贝详情里，在首页上看不到，但是打开每个产品后都会呈现，因此这是店铺装修中比较重要的环节。顾客如果决定购买就一定会详细地查看宝贝的展示和描述，如何能做到赏心悦目并且简洁明了，有一款好的宝贝描述模板相当重要。产品宣传要讲究“包装”，好的宝贝描述模板会有合理的布局构图和精美的图片装饰，往往会让产品增色不少，并且把固定出现的一些栏目都能井井有条地一一呈现。

（1）用 Photoshop 制作出模板 JPEG 图片，将图片宽度设置为 750 像素，如图 5-1-19 所示。对这个步骤就不再详细说明，大家可以用以前学过的知识进行制作。

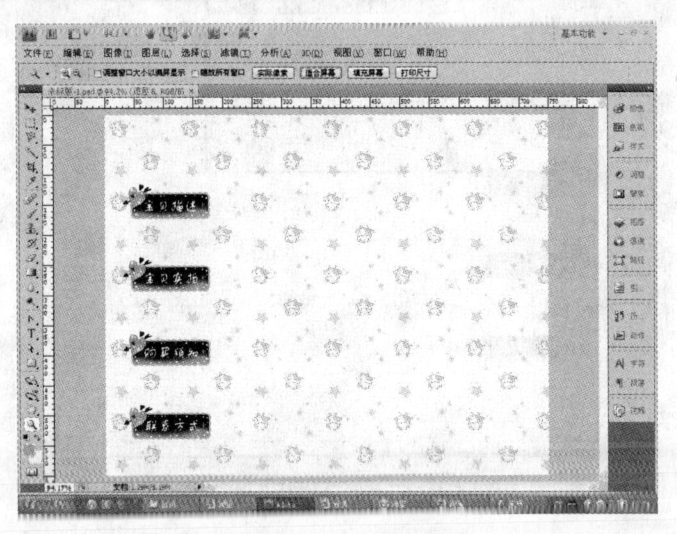

图 5-1-19 制作模板

（2）为了打开网页时加快模板显示的速度，需要把模板切成片，分别上传到图片空间上，这样打开网页时，每个模板切片同时显示，大大减少了页面打开的时间。切片前要先考虑好如何切片，凡是需要放入图片文字的地方都必须单独切为一片，这里选择水平划分为 9 片。

（3）选择切片工具下的切片选择工具，单击图片，如图 5-1-20 所示，单击“划分”按钮，弹出“划分切片”对话框，选中“水平划分为”复选框，并在文本框中输入划分的片数，这里输入“9”，如图 5-1-21 所示。

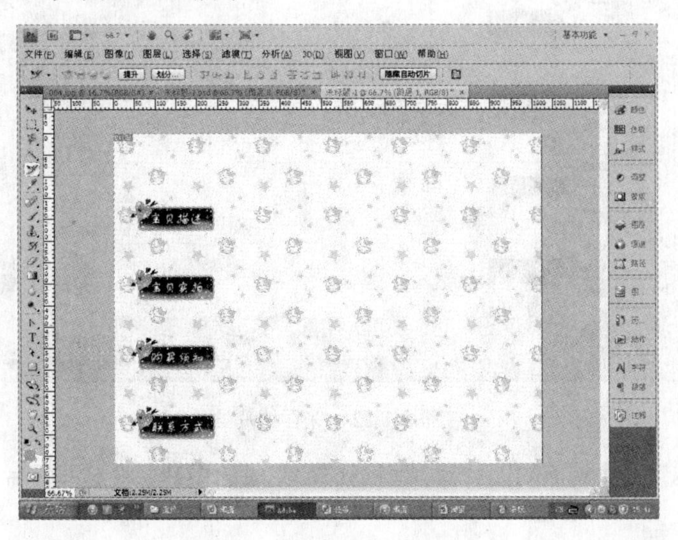

图 5-1-20 选择切片选择工具

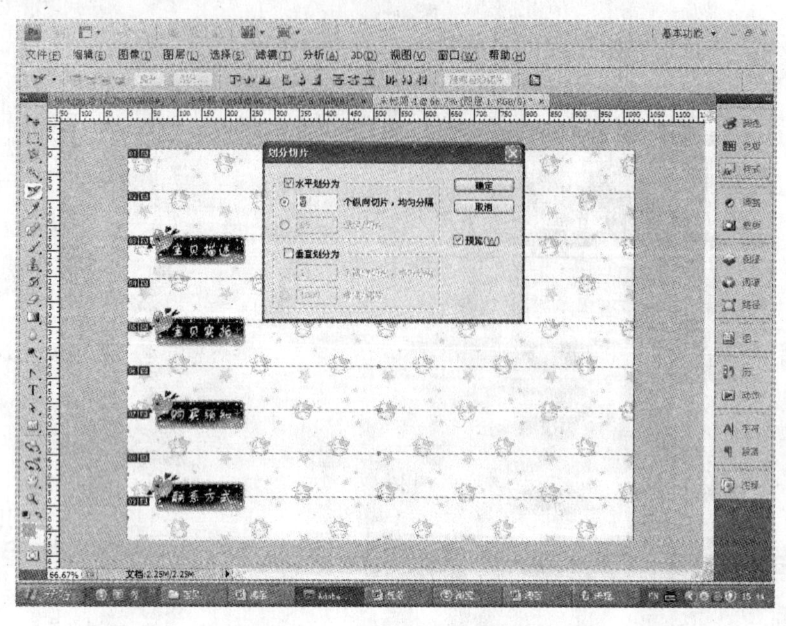

图 5-1-21 “划分切片”对话框

（4）将鼠标移动到图 5-1-22 中的黄色小点上会变成箭头状，拉动切割线调整到适当的位置，如图 5-1-22 所示。切片完成后需要存储，执行“文件”→“存储为 Web 和设备所用格式”命令，即可生成一个存放切片的文件夹和一个模板 HTML 网页。

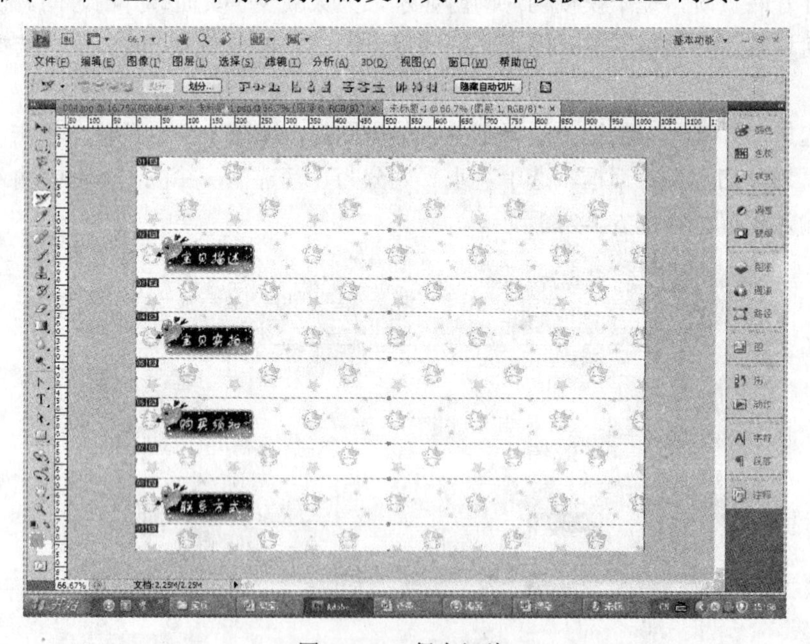

图 5-1-22 保存切片

（5）“images”文件夹下的图片就是刚刚切片完成的图片，将这些图片上传到淘宝店铺的图片空间中。

（6）用 Dreamweaver 打开刚刚生成的切片页面，在页面中插入一张 9 行 1 列的表格，表格宽度设为750像素，边框粗细设为0像素，单元格间距设为0，如图5-1-23所示。

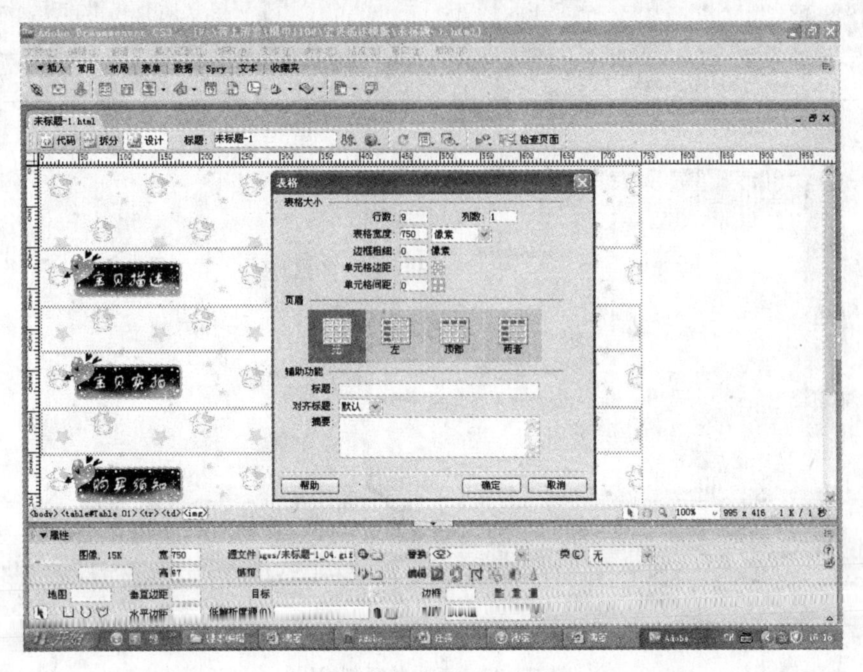

图 5-1-23　插入表格

（7）将图片按顺序插入表格的单元格背景中，如图5-1-24所示。查看此页面的HTML代码，并进行复制，如图5-1-25所示。

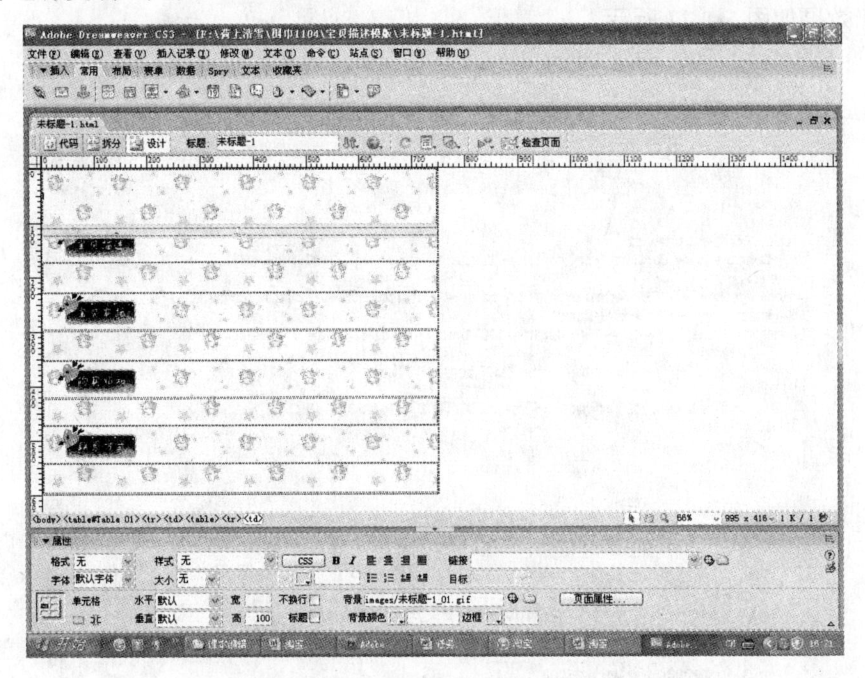

图 5-1-24　将图片按顺序插入表格的单元格背景中

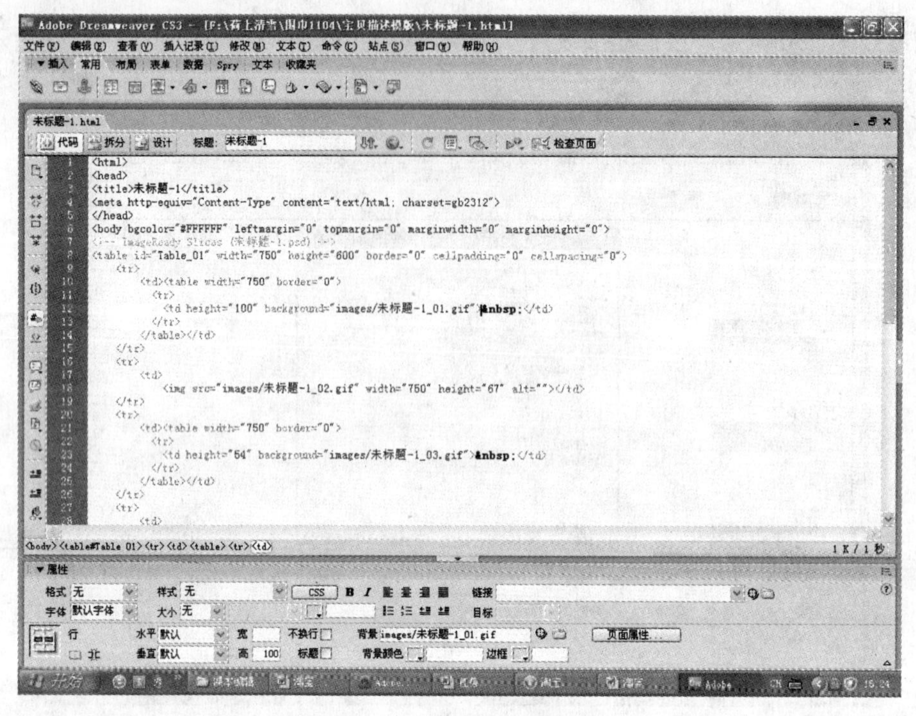

图 5-1-25　查看并复制代码

（8）在淘宝店铺的商品编辑中，单击“源码”按钮，将步骤（7）复制的代码粘贴到文本框中，如图 5-1-26 所示。将代码中图片本地链接的地址都修改成图片空间中图片的地址即可，效果如图 5-1-27 所示。

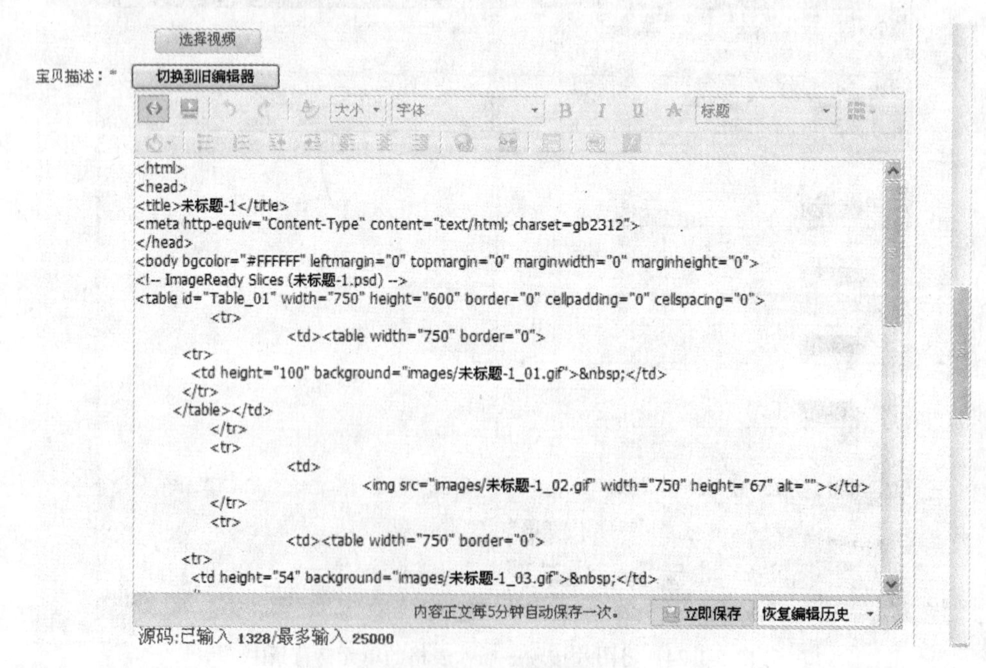

图 5-1-26　粘贴代码

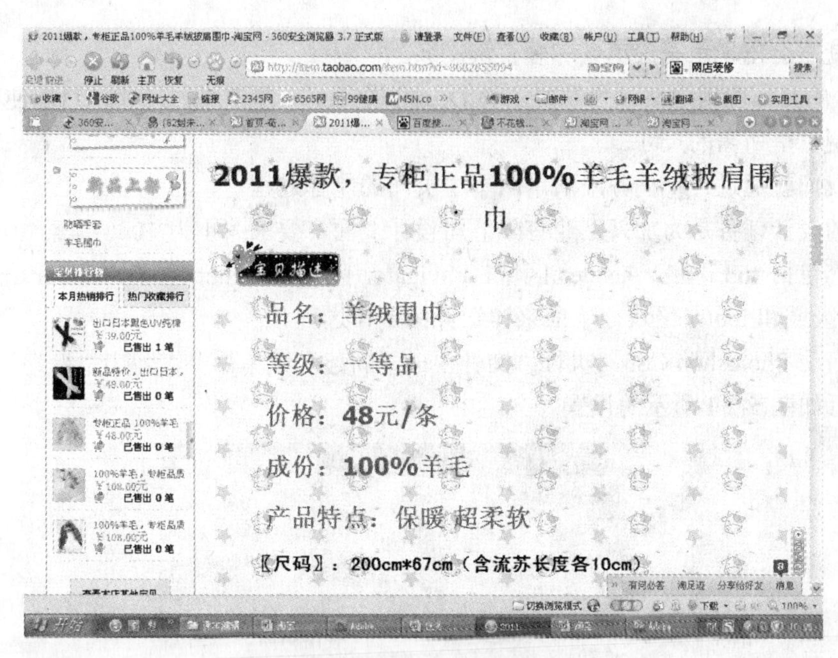

图 5-1-27　宝贝描述效果图

任务二　网站页面规划设计

随着信息化技术的迅猛发展，网络的重要性愈发凸显。企业为了达到宣传、电子商务等功能，都积极开发与公司相适应的网站。在后台操作满足用户需求的同时，页面设计的美观性往往能吸引更多的用户。对于网站页面设计来说，主页的应用范围日益扩大，几乎涵盖了所有的行业，但归纳起来大体分为新闻机构、政府机关、科教文化、娱乐艺术、电子商务、网络中心等。对于不同性质的行业，应体现出不同的主页风格，就像穿着打扮，应依不同的性别及年龄层次进行挑选。例如，政府部门的主页风格一般应比较庄重，而娱乐行业则可以活泼生动一些；文化教育部门的主页风格应该高雅大方，而商务主页则可以贴近民俗，使大众喜闻乐见。

网页页面设计包括网站中主页面及次级页面等一系列页面的设计，页面之间应保持色调的协调和视觉效果的统一。每个页面中又包括头部区域、导航区域、主体区域和页脚区域等。

与书籍封面设计、广告设计等类似，网页设计也有一定的标准尺寸。

（1）800mm*600mm，网页宽度保持在 778mm 以内，就不会出现水平滚动条，高度则由版面和内容来决定；

（2）1024mm*768mm，网页宽度保持在 1002mm 以内，如果满框显示，高度为 612～

615mm，就不会出现水平滚动条和垂直滚动条。

在 PS 的具体应用中，首先需要了解 Dreamweaver 里各模块的尺寸，然后使用切片工具来实现网页里所需的尺寸。

下面我们就通过一个任务来演示网页主页面的制作过程。

本次的设计任务是为加兴工业有限公司设计页面，要求大小为 1000 像素*915 像素，主页面内容包括 top 区域、header 区域、navigator 区域、banner 区域、container1 区域、container2 区域和 footer 区域，下面来详细介绍制作过程。

（1）启动 Photoshop CS5，执行“文件”→“新建”菜单命令，弹出“新建”对话框，在其中进行如图 5-2-1 所示的设置。

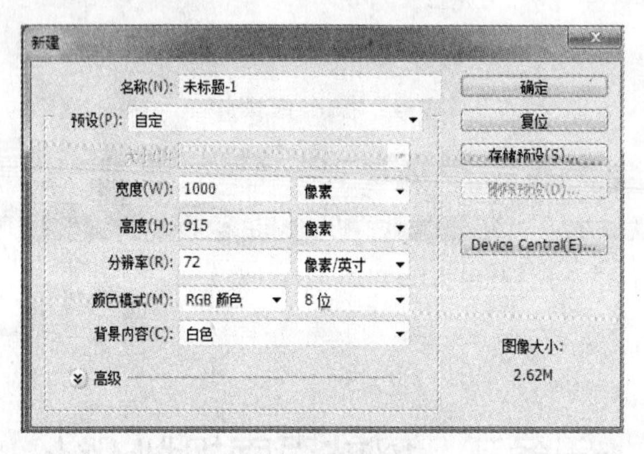

图 5-2-1 “新建”对话框

（2）为页面添加辅助线。top 区域、header 区域、navigator 区域、banner 区域、container1 区域、container2 区域和 footer 区域的高度分别为 39px、75px、36px、240px、315px、160px 和 50px。因此，执行“视图”→“新建参考线”命令，辅助线均为水平方向，位置分别为 0px、39px、114px、150px、390px、705px 和 865px。其中，container1 区域还需进一步细分，宽度分别为 10px、320px、10px、320px、10px、320px 和 10px。另外，添加纵向辅助线，位置分别为 10px、330px、340px、660px、670px 和 990px，效果如图 5-2-2 所示。

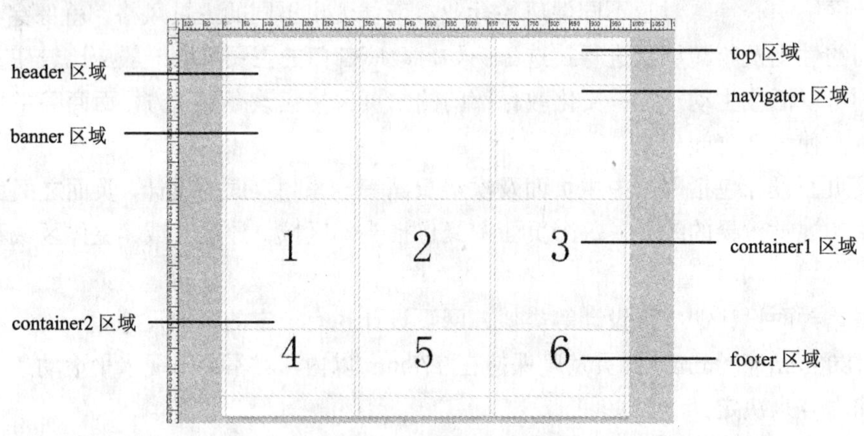

图 5-2-2 添加辅助线

（3）绘制 top 区域。单击圆角矩形工具，单击公共栏中的“路径”按钮，将半径设为 3px，在 top 区域绘制宽为 1000px，高为 39px 的圆角矩形，按“Ctrl+Enter”组合键，将路径转换为选区。在“图层”控制面板中，单击“创建新的填充或调整图层”按钮，选择“渐变”选项，渐变填充为从前景色到背景色渐变，颜色选择 e2dddd→000000，添加不透明度色标，调整范围，效果如图 5-2-3 所示。

图 5-2-3　绘制 top 区域

（4）绘制 header 区域。单击矩形选框工具，绘制宽为 1000px，高为 75px 的矩形，使用步骤（3）的操作填充渐变色，效果如图 5-2-4 所示。

图 5-2-4　绘制 header 区域

（5）绘制 header 区域 logo。新建“图层 2”，选择矩形选框工具绘制矩形，设置前景色为 e2dddd，用油漆桶工具填充颜色。复制“图层 2”，得到“图层 2 副本”。按住“Ctrl”键的同时单击图层缩略图选中矩形选区，设置前景色为 o692ce，填充颜色。使用横排文字工具输入书体坊米芾体文字“JX”，调整文字的相应位置。同时选中“图层 2 副本”和“JX”

图层，按“Ctrl+T”组合键变形，单击鼠标右键，在弹出的快捷菜单中选择“斜切”选项，效果如图 5-2-5 所示。选择“图层 2”，进行斜切变形操作，效果如图 5-2-6 所示。同时选中“图层 2”、“图层 2 副本”和“JX”图层，按“Ctrl+Alt+E”组合键执行盖印操作，生成图层“JX（合并）”，并将选中的 3 个图层隐藏，最终效果图如图 5-2-7 所示。

图 5-2-5　书籍封面效果图

图 5-2-6　书籍封底效果图

图 5-2-7　书籍最终效果图

（6）为 header 区域添加文字。选择“书体坊米芾体”字体，输入文本“加兴工业有限公司”，将图层重命名为“公司名称”。选择“宋体”，输入文本“jia xing Industrial Co., Ltd.”，将图层重命名为“公司英文名称”。复制“公司英文名称”图层，执行“编辑”→“变换”→“垂直翻转”命令，调整位置，并将透明度调整为 15%。使用“方正稚艺简体”为公司添加标语“以质量为依托　以产品为保证”，如图 5-2-8 所示。

（7）选定“渐变填充 2”图层至最上一个图层，按“Ctrl+G”组合键将其放在同一个组，将组命名为“header”。header 组最终的图层效果图如图 5-2-9 所示。

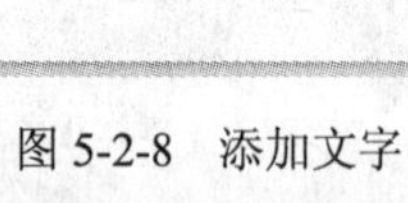

图 5-2-8　添加文字

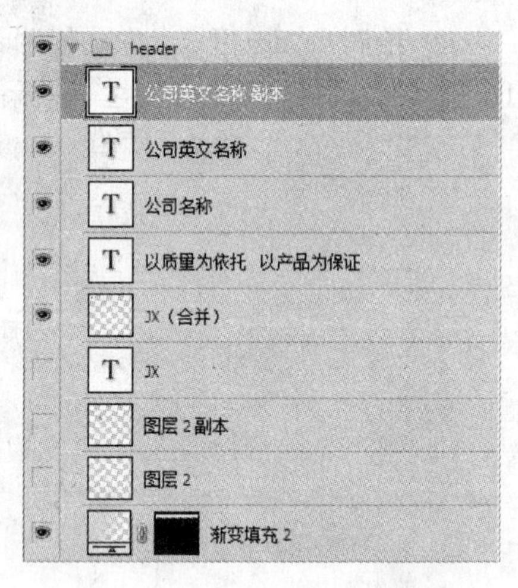

图 5-2-9　header 组图层效果图

（8）绘制 navigator 区域。选择圆角矩形工具，属性值选择“路径”，设置半径为 5px，绘制宽为 1000px，高为 36px 的圆角矩形，按“Ctrl+Enter”组合键将路径转换为选区，设置前景色为 0692ce，填充颜色。

（9）绘制分隔线。新建“图层 4”，选择直线工具，按步骤（8）的方法绘制前景色为 32bbf0 的直线。复制“图层 4”，得到“图层 4 副本”，设置前景色为 0272c0。按住“Ctrl”键的同时单击图层缩略图，填充颜色，调整直线位置使两条不同颜色的直线组合在一起，达到凹陷的效果。同时选中“图层 4”和“图层 4 副本”，按“Ctrl+Alt+E”组合键执行盖印操作，将新的图层重命名为“分隔线”。复制 4 个“分隔线”图层副本，调整位置，得到导航条，如图 5-2-10 所示。

（10）选定“图层 3”至最上一个图层，按“Ctrl+G”组合键将其放在同一个组，将组命名为“navigator”。navingator 组图层效果图如图 5-2-11 所示。

图 5-2-10　导航条

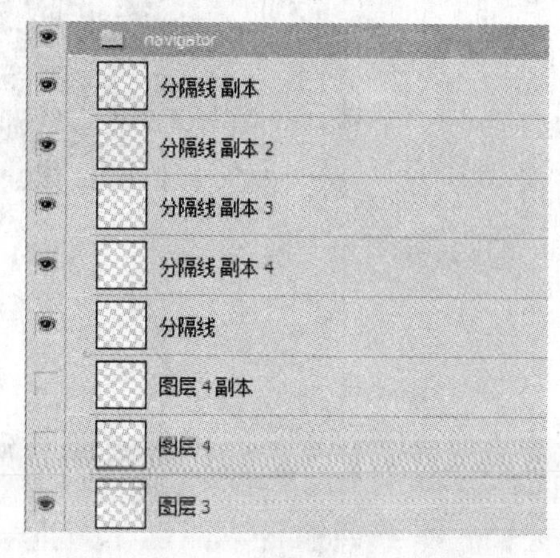

图 5-2-11　navigator 组图层效果图

（11）打开图片“banner.jpg”，将其拖入页面 banner 区域。打开辅助线，按“Ctrl+T”组合键进行变形，调整到宽为 1000px，高为 240px，将图层重命名为“banner”，banner 区域效果图如图 5-2-12 所示。

（12）绘制内容区域标题栏。选择直线工具，公共栏选择“图层”按钮，前景色设置为 e2dddd，在区域 1（见图 5-1-2）标题栏中绘制宽为 320px 的直线，产生“形状 1”图层。选择自定义工具，公共栏选择“横幅 3”形状，前景色设置为 ef6838，绘制标题图标，产生“形状 2”图层。同时选中“形状 1”、“形状 2”图层，使用盖印操作生成“形状 2（合并）”图层，重命名为“标题”，隐藏另外两个图层，标题栏图层显示如图 5-2-13 所示。

图 5-2-12　banner 区域效果图

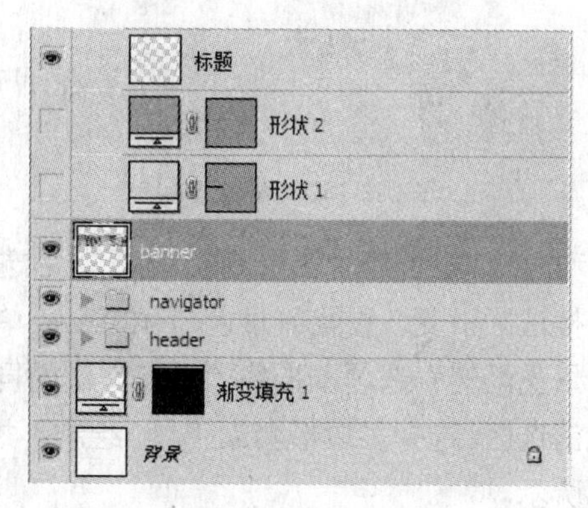

图 5-2-13　标题栏图层显示

（13）复制5个“标题”图层副本，将其移动到合适的位置，按“Ctrl+;”组合键隐藏辅助线。标题栏图标显示5-2-14所示。

图5-2-14　标题栏图标显示

（14）选择“形状1”图层至最上一个图层，按“Ctrl+G”组合键将其放在同一个组，将组命名为“标题”。

（15）按“Ctrl+;”组合键打开辅助线，绘制6个矩形路径（图5-2-2中6块矩形区域）。新建“图层8”，选择画笔工具，设置画笔直径为1px，前景色为e2dddd，选择“路径”控制面板，单击“用画笔描边路径”按钮，如图5-2-15所示，按“Ctrl+H”组合键隐藏路径。

（16）新建参考线，参数设置如图5-2-16所示。

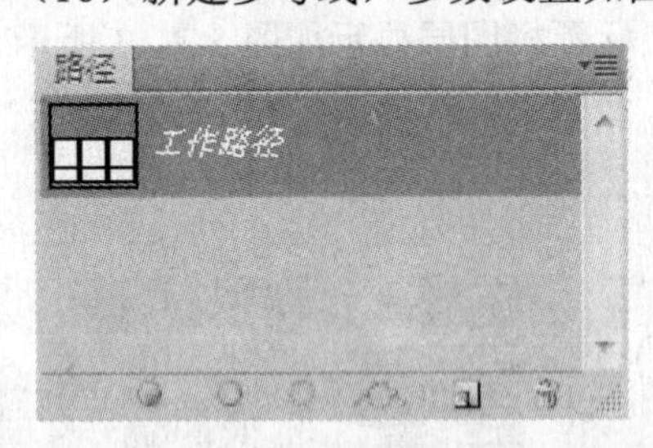

图5-2-15　“路径”面板

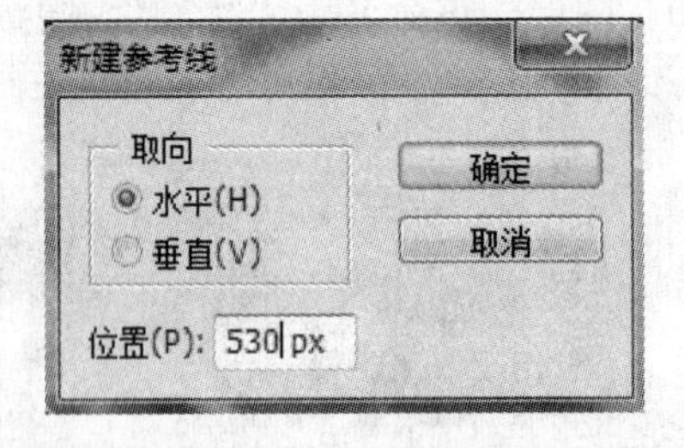

图5-2-16　新建参考线

（17）新建“图层9”，选择矩形选框工具，绘制宽为320px，高为100px的矩形，保持选区不变。设置前景色为4f78aa，单击渐变工具，单击鼠标右键，选择“从前景色到背景色渐变”选项，按住“Shift”键的同时从左往右绘制一条直线，按“Ctrl+D”组合键取消选区。选择多边形套索工具，绘制不规则形状，设置前景色为白色，填充形状，如图5-2-17所示。

图 5-2-17 绘制不规则矩形

（18）打开素材文件 column1.jpg，将图层重命名为“column1”，按“Ctrl+T”组合键调整图像的高度与“图层 9”中的不规则矩形大小相适应。单击图层蒙版工具，选择渐变工具，按住“Shift”键的同时从左往右填充渐变色。单击图层蒙版缩略图，设置前景色为黑色，选择画笔工具，修补下方边缘区域。

（19）按同样的方法制作区域 2 和区域 3 的效果，如图 5-2-18 所示。

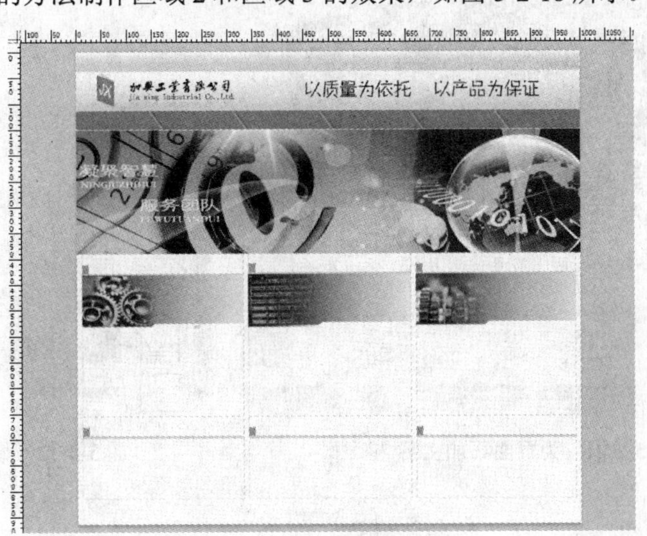

图 5-2-18 制作内容区域图片

（20）选择组“标题”至最上一个图层，按“Ctrl+G”组合键将其放在同一个组，将组命名为“container”。container 组图层显示如图 5-2-19 所示。

（21）新建“图层 12”，选择矩形选框工具，绘制宽为 1000px，高为 50px 的 footer 区域，设置前景色为 e2dddd，填充颜色，效果图如图 5-2-20 所示。

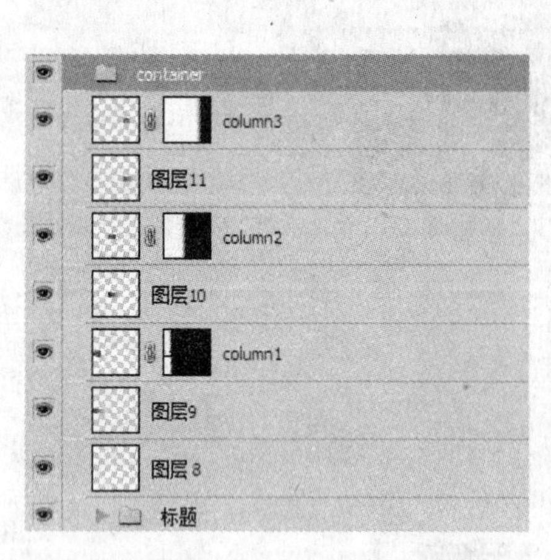

图 5-2-19　container 组图层显示

图 5-2-20　footer 区域效果图

（22）为页面添加文字。调整文字大小、颜色、段落对齐方式等，如图 5-2-21 所示。

（23）选择“业内动态”图层至最上一个图层，按“Ctrl+G”组合键将其放在同一个组，将组命名为“文字”，最终图层显示如图 5-2-22 所示。

图 5-2-21　为页面添加文字

图 5-2-22　最终图层显示

任务三　网站背景设计

任务二中介绍了如何规划和设计一个企业网站。首先要做一个整体布局的规划，然后就要进行设计，在这里将设计的重点放在了 banner 区域上。一个网站建得是否优秀，除了规划和设计外，网站的背景设计是否漂亮和贴合主题也是很关键的，在本教学任务中我们就来设计并制作完成一个网站的背景。

（1）启动 Photoshop CS5，按“Ctrl+N”组合键新建文件，在弹出的对话框中进行如图 5-3-1 所示的设置。

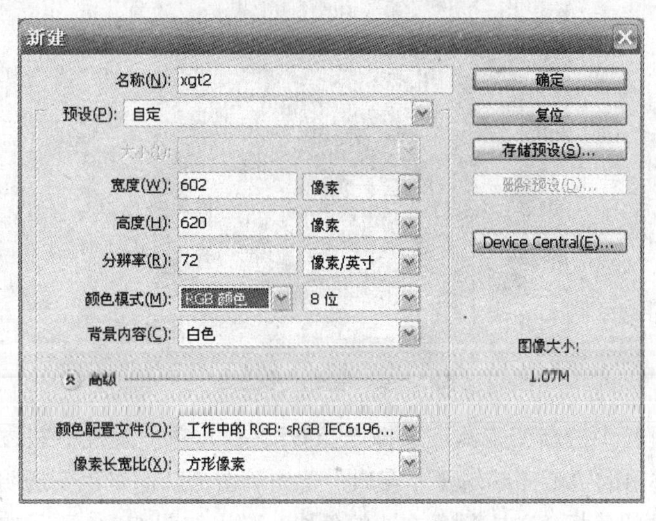

图 5-3-1 “新建”对话框

（2）单击工具箱中的“前景色”按钮，在弹出的“拾色器（前景色）”对话框中设置其前景色为 C58、M100、Y100、K52，如图 5-3-2 所示。

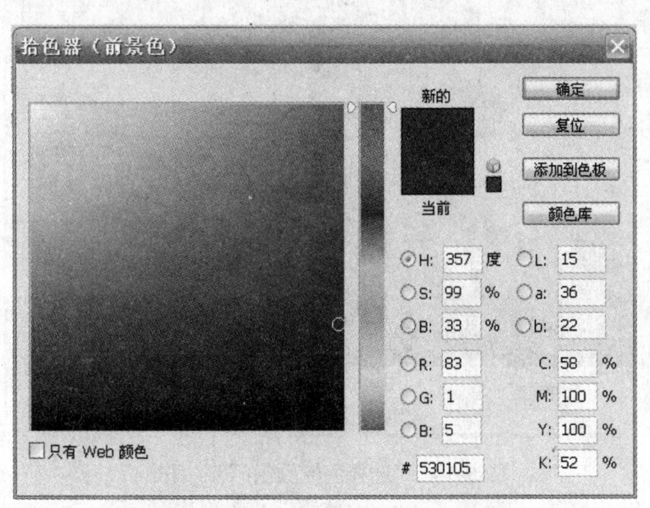

图 5-3-2 “拾色器（前景色）”对话框

（3）单击工具箱中的矩形选区工具，利用鼠标拖动的方法在白色背景上绘制一个与背景一样大小的矩形选区，单击工具箱中的油漆桶工具，将光标移动到矩形选区内的任意位置单击鼠标左键，为矩形选区填充前景色，如图 5-3-3 所示。

图 5-3-3　绘制矩形选区

（4）单击工具箱中的渐变工具，选择“径向渐变”，单击属性栏左边的“点按可编辑渐变”按钮，在弹出的“渐变编辑器”窗口中首先单击“从前景色到透明背景”按钮，然后再选择位置 0 处的色标，单击颜色右边的色块，弹出如图 5-3-4 所示的对话框，设置其颜色为 C0、M96、Y96、K0。

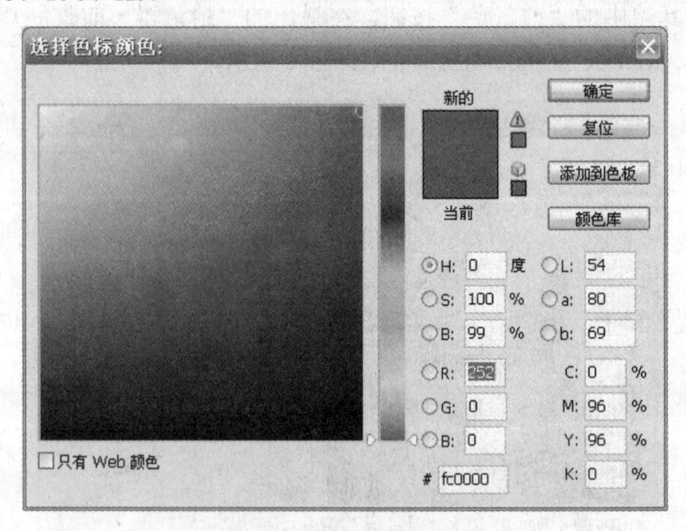

图 5-3-4　“选择色标颜色:”对话框

（5）单击“确定”按钮后，返回如图 5-3-5 所示的“渐变编辑器”窗口，单击“确定”按钮。按“Ctrl+R”组合键调出标尺，当标尺的单位不是像素时，可以将光标移动到标尺所在的位置，单击鼠标右键，在弹出的快捷菜单中选择“像素”选项即可将标尺的单位更改成像素。执行“视图”→“新建参考线”菜单命令，在弹出的对话框中分别新建水平方向和垂直方向各 301 像素的参考线，将中心点位置定出来，将光标移动到中心点处后，向右上角拖动鼠标即可以中心点开始进行从前景色到透明的渐变填充。

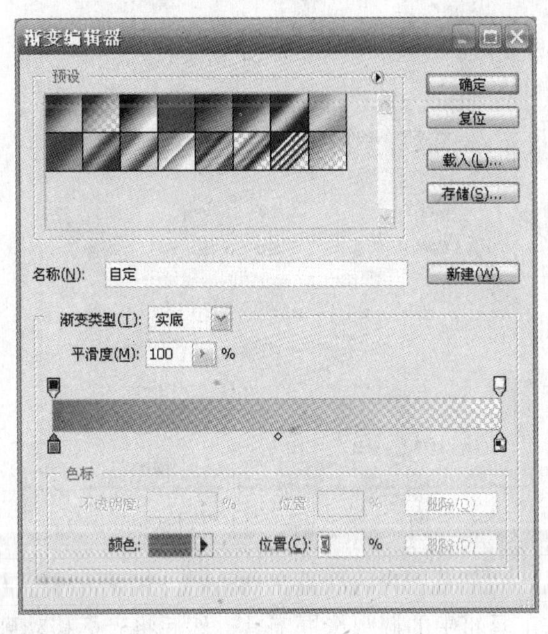

图 5-3-5 “渐变编辑器”窗口

（6）单击“确定”按钮后，执行“视图”→“新建参考线”菜单命令，分别建立水平方向 310px，垂直方向 301px 的参考线，然后将光标移动到两条参考线交叉的地方向右上角拖动鼠标，最终的效果如图 5-3-6 所示。

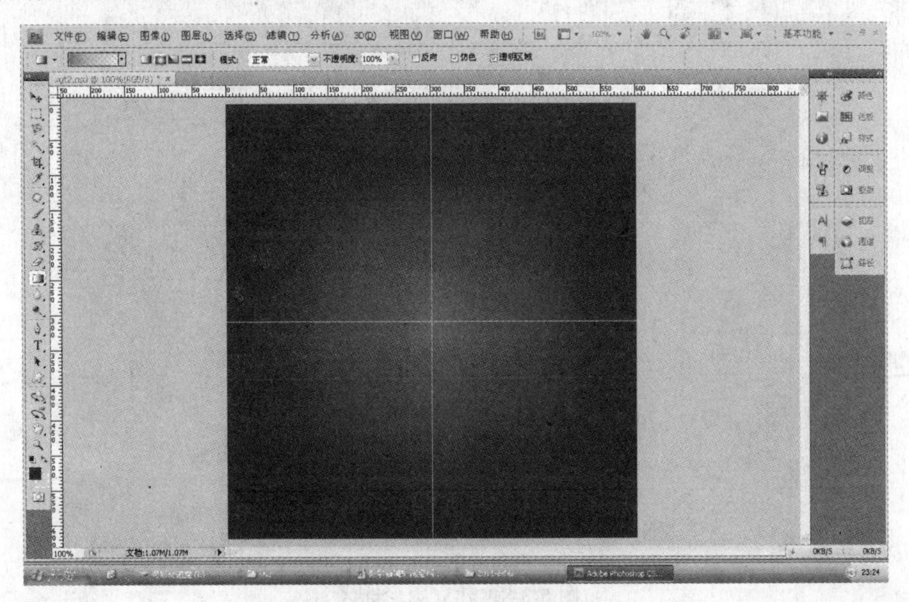

图 5-3-6 径向填充效果图

（7）按“Ctrl+O”组合键打开素材文件夹下的 sc1.jpg 文件，执行“图像”→“画布大小”菜单命令，从弹出的对话框中可以看到画布的宽度和高度都是 488 像素，如图 5-3-7

所示。

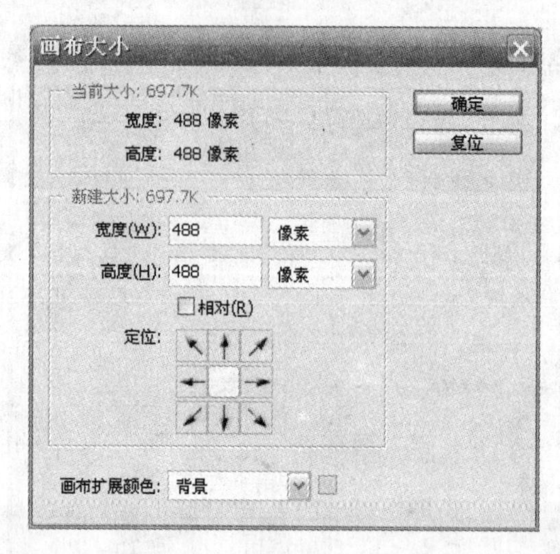

图 5-3-7 “画布大小”对话框

（8）执行“视图”→“新建参考线”菜单命令，分别建立水平方向 244px，垂直方向 244px 的参考线，单击工具箱中的椭圆选框工具，然后将光标移动到两条参考线交叉的地方同时按住“Shift+Alt”组合键，从中心点开始向右上角拖动鼠标，最终建立如图 5-3-8 所示的圆形选区。

图 5-3-8 建立圆形选区

（9）打开“图层”面板，按“Ctrl+C”组合键复制选区，单击“创建新图层”按钮，新建“图层 1”，单击“图层 1”，按“Ctrl+V”组合键粘贴选区，并使“背景”图层不可见，效果如图 5-3-9 所示。

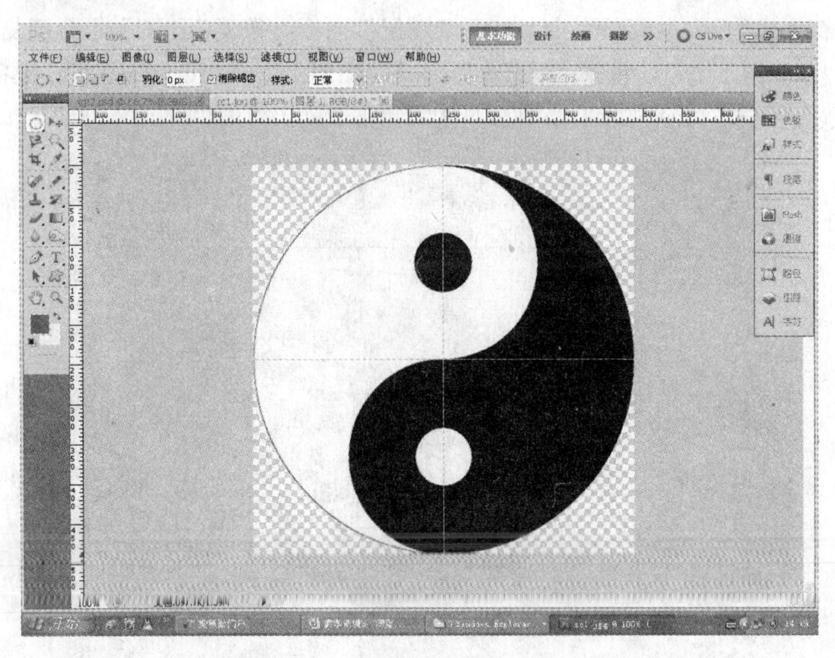

图 5-3-9　删除圆形选区以外的背景

（10）单击工具箱中的移动工具，将阴阳图利用鼠标拖动的方法移动到 xgt2 文件中，按“Ctrl+T”组合键调出自由变换框，利用鼠标拖动的方法使阴阳图中心点与背景图中心点重合，按住“Shift”键不放，调整阴阳图的大小，打开“图层”面板，将阴阳图所在的图层即“图层 1”的不透明度改为 30%，如图 5-3-10 所示。

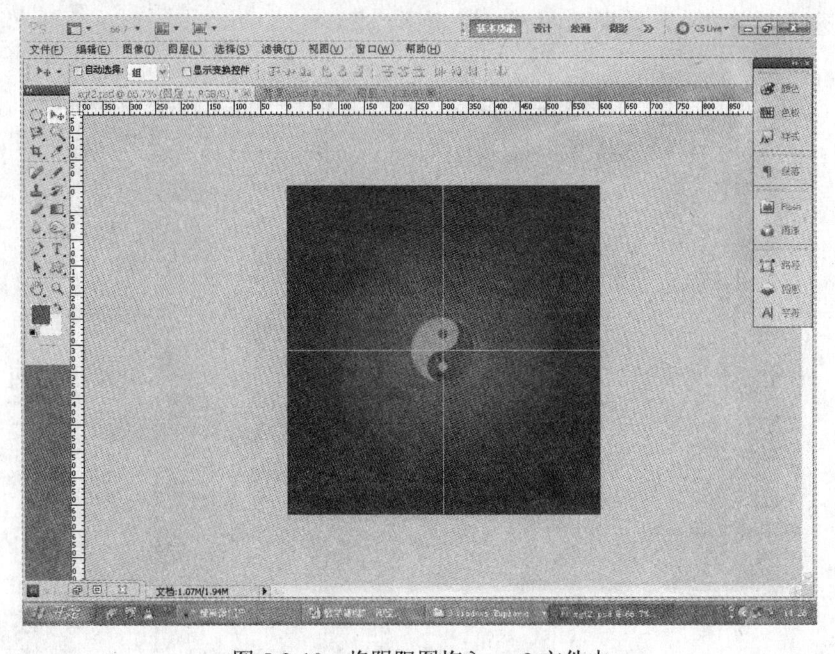

图 5-3-10　将阴阳图拖入 xgt2 文件中

（11）打开 sc2.jpg 图片，单击工具箱中的魔术棒工具，在白色背景上单击鼠标左键，执行“选择”→“反向”菜单命令，打开“图层”面板，按“Ctrl+C”组合键复制选区，单击“创建新图层”按钮，新建“图层 1”，单击“图层 1”，按“Ctrl+V”组合键粘贴选区，并使“背景”图层不可见，效果如图 5-3-11 所示。

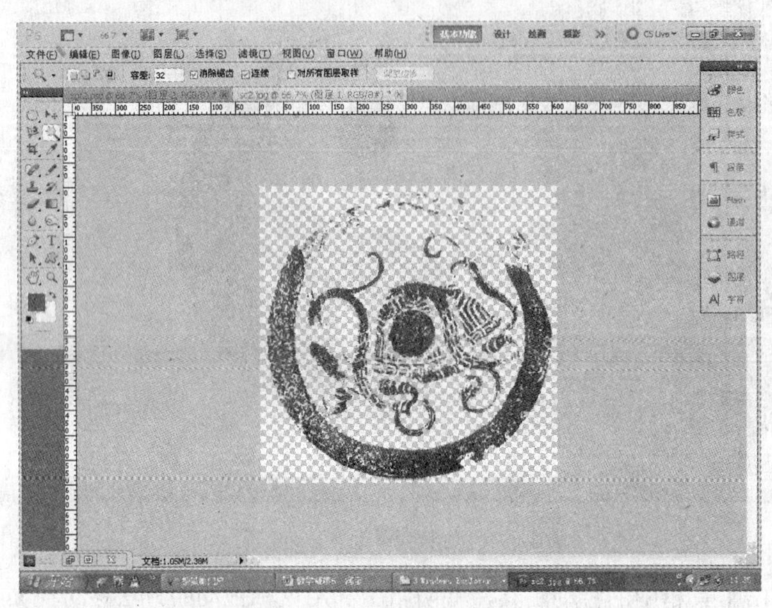

图 5-3-11　打开并设置 sc2.jpg 图片

（12）单击工具箱中的移动工具，将玄武图利用鼠标拖动的方法移动到 xgt2 文件中，按“Ctrl+T”调出自由变换框，调整其大小和位置，打开“图层”面板，单击“图层 2”，设置其不透明度为 30%，效果如图 5-3-12 所示。

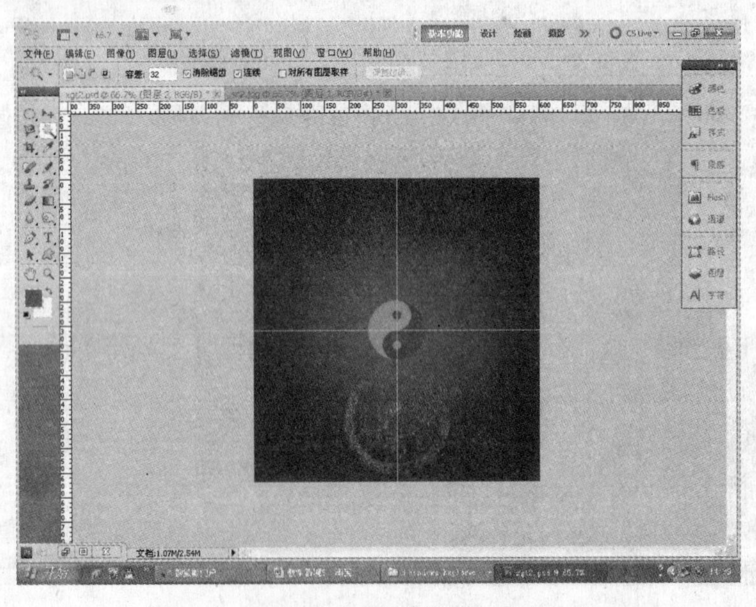

图 5-3-12　将 sc2.jpg 图片拖入 xgt2 文件中

（13）使用相同的方法将其他几个素材也一一处理过后拖动到 xgt2 文件中，并调整这些图层的不透明度，最终的效果如图 5-3-13 所示。注意，左白虎图片要旋转 90°，上朱雀图片要执行“编辑”→“变换”→“垂直翻转”菜单命令，右苍龙图片先旋转 90°后，再执行“编辑”→“变换”→“水平翻转”菜单命令。

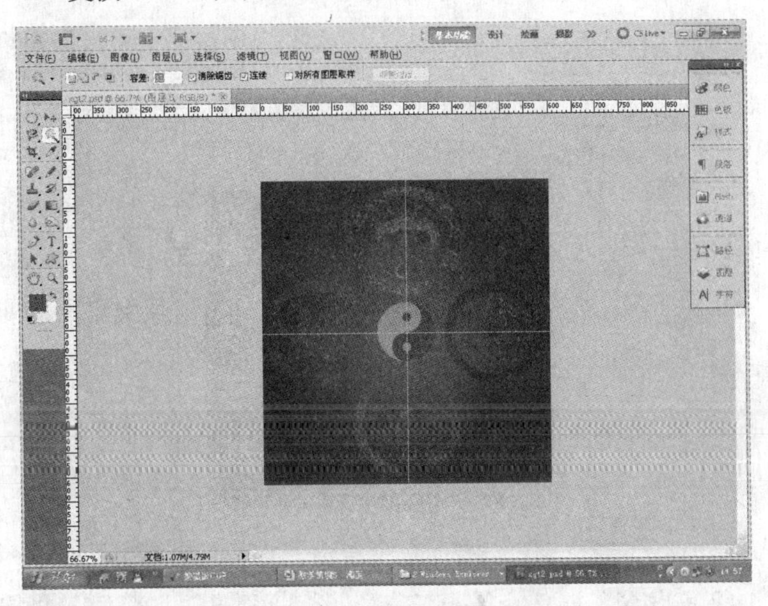

图 5-3-13　将其他几个素材文件拖入 xgt2 文件中

（14）单击工具箱中的横排文字工具，在属性栏中选择“华文行楷”字体，字体颜色设为黑色，在背景左上角的任意位置单击鼠标左键，输入“国”字后按“Ctrl+T”组合键调出自由变换框，调整字的大小和位置，并设置其不透明度为 30%，效果如图 5-3-14 所示。

图 5-3-14　输入文字“国”

（15）打开“图层”面板，选中“国”图层，按住鼠标左键不放，将其拖动到“创建新图层”按钮上3次，并将它们分别拖动到右上角、左下角和右下角的位置，单击文字工具后将右上角和左下角的两个“国”字分别改为“医”和“药”，调整它们的大小和位置，如图5-3-15所示。

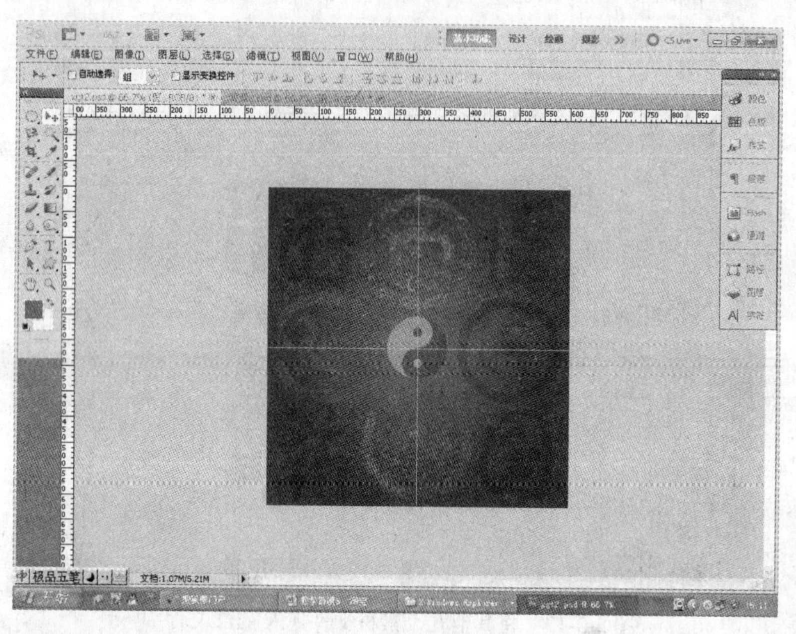

图5-3-15　输入其他文字

至此网站背景设计已制作完成，将其在背景中进行平铺即可。

课后必练：（1）服饰类网店的装修设计。

（2）食品类网店的装修设计。

拓展练习：电器类网站页面规划设计。

项目六

书籍装帧设计和包装设计

- 任务一　书籍装帧设计
- 任务二　食品包装装璜设计

[素材位置]：光盘：//教学情境六//任务一//素材（以任务一为例）

[效果图位置]：光盘：//教学情境六//任务一//效果图（以任务一为例）

[教学重点]：对于书籍装帧和包装设计来说，第一个重点是如何计算出所建立文件的宽度和高度，之后再来考虑如何进行整体规划，最后考虑如何进行设计与制作。

对教师的建议

[课前准备]：可以准备一些设计比较独特的各种不同类型的书籍和包装，以便在上课过程中展示给学生们。

[课内教学]：教师在上课过程中首先向同学们展示一些实物，选出一套大家都认为设计较好的实物来分析它的制作技巧，在同学们真正动手操作之前，就要向同学们介绍怎样计算出所建文件宽度和高度的方法。可以分层次进行教学，根据学生的具体情况因材施教。

[课后思考]：及时了解学生的学习动态，让学生多动手操作，教师只演示难点。

对学生的建议

[课前准备]：提前预习教材提供的案例，了解每次课练习的主要内容，如果对教材上的案例已掌握，可以提前准备好另外的素材，在课堂内制作时选择做自己选定的内容。

[课内学习]：学生的课内学习可以分层次来进行，根据自己的具体情况进行学习。

[课后拓展]：请同学们自己选定题材，来分别设计制作一本书的封面、封底和产品的包装，注意产品的包装除了要有平面展开图以外，还要有立体效果图，平面展开图是面向印刷行业的，而立体效果图是面向产品生产厂家的。

[教学设备]：电脑结合投影仪，学生保证一人一台电脑。

任务一　书籍装帧设计

书籍装帧设计是书籍造型设计的总称，一般包括选择纸张、封面材料，确定开本、字体、字号，设计版式，决定装订方法及印刷和制作方法等。这里主要用 PS 进行设计与处理的一般是书籍的封面，封面设计是书籍装帧设计的重要组成部分。一般又会根据书籍性质的不同选择不同的设计风格。

（1）儿童类书籍：形式较为活泼，在设计时多采用儿童插图作为主要图形，再配以活泼稚拙的文字，来构成书籍封面。

（2）画册类书籍：开本一般接近正方形，常用 12 开、24 开等纸张，便于安排图片。常用的设计手法是，选用画册中具有代表性的图画再配以文字。

（3）文化类书籍：较为庄重，在设计时，多采用内文中的重要图片作为封面的主要图形，文字的字体也较为庄重，多用黑体或宋体；整体色彩的纯度和明度较低，视觉效果沉稳，以反映深厚的文化特色。

（4）丛书类书籍：整套丛书设计手法一致，每册书根据介绍的种类不同来更换书名和主要图形，这一般是成套书籍封面的常用设计手法。

（5）工具类图书：一般比较厚，而且经常使用，因此在设计时，为了防止磨损多用硬书皮；封面图文设计较为严谨、工整，有较强的秩序感。

封面设计是书籍装帧设计艺术的门面，它是通过艺术形象设计的形式来反映书籍的内容。在当今琳琅满目的书海中，书籍的封面起了一个无声的推销员作用，它的好坏在一定程度上将会直接影响人们的购买欲。书籍封面又往往是和封底、书脊作为一个整体一起设计的，所以接下来我们就将这 3 者的设计统称为封面设计。

图形、色彩和文字是封面设计的三要素。设计者就是根据书的不同性质、用途和读者对象，把这 3 者有机地结合起来，从而表现出书籍的丰富内涵，并以一种传递信息为目的和一种美感的形式呈现给读者。

当然有的封面设计则侧重于某一点，如以文字为主体的封面设计，此时，设计者就不能随意地将一些字体堆砌于画面上，否则只仅仅按部就班地传达了信息，却不能给人一种艺术享受。殊不知，没有读者就没有书籍，因而设计者必须精心地考究一番才行。设计者在字体的形式、大小、疏密和编排设计等方面都比较讲究，在传播信息的同时给人一种韵律美的享受。另外，封面标题字体的设计形式必须与内容及读者对象相统一。成功的设计应具有感情，如政治性读物设计应该是严肃的、科技性读物设计应该是严谨的、少儿性读物设计应该是活泼的等。

好的封面设计应该在内容的安排上要做到繁而不乱，就是要有主有次，层次分明，简而不空，意味着简单的图形中要有内容，增加一些细节来丰富它。例如，在色彩上、印刷上、图形的有机装饰设计上多做些文章，使人看后有一种气氛、意境或格调。

书籍不是一般商品，而是一种文化。因而在设计封面中，哪怕是一条线、一行字、一个抽象符号，一块色彩，都要具有一定的设计思想，既要有内容，同时又要具有美感，达到雅俗共赏。

下面我们就以《嘉兴职业技术学院学报》的封面设计为例来介绍书籍装帧设计的步骤。

在正式设计之前，首先要充分了解学报封面的设计要求，《嘉兴职业技术学院学报》于 2009 年 6 月创刊，它是由嘉兴职业技术学院主办的综合性学术刊物，是广大教师、学校行政管理人员理论探讨、科学实践及其研究成果交流的园地，是学院与兄弟院校、合作企业交流沟通的桥梁。学院想对学报的封面做一定的修改，其设计要求主要如下：

（1）庄重、简朴、美观，以蓝色为主色调。

（2）最好能体现学校办学及学术刊物特色。

（3）原封面上的 logo 及嘉兴职业技术学院、JOURNAL OF JIAXING VOCATIONAL AND TECHNICAL COLLEGE、学报等信息不做更改，其余内容都可根据设计需要进行增删。

根据上述设计要求，我们来进行《嘉兴职业技术学院学报》的设计与制作。

（1）首先要计算出要建立文件的宽度和高度。书的宽度是 21cm，高度是 29.7cm，厚度是 0.4cm，上下左右各加 0.3cm 的出血位，那么所建立文件的宽度应该是 21×2+0.4+0.3×2=43cm，高度是 29.7+0.3×2=30.3cm，接下来启动 Photoshop CS5，按“Ctrl+N”组合键新建文件，在弹出的对话框中进行如图 6-1-1 所示的设置。

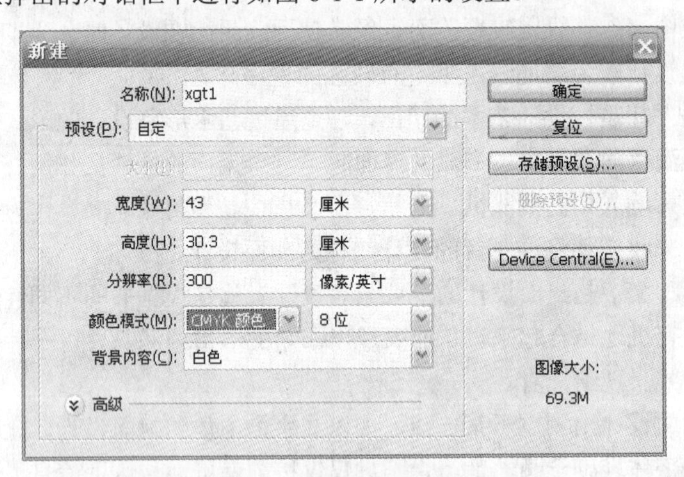

图 6-1-1 “新建”对话框

（2）按“Ctrl+R”组合键显示标尺，仔细观察标尺的单位是否为厘米，如果不是，将光标移动到标尺上后单击鼠标右键，在弹出的快捷菜单中选择“厘米”选项即可。执行“视图”→“新建参考线”菜单命令，在垂直方向分别建立 0.3cm、21.3cm、21.7cm、42.7cm 的 4 条参考线，在水平方向分别建立 0.3cm、30cm 两条参考线，如图 6-1-2 所示。

图 6-1-2 律立参考线

（3）按“Ctl+O”组合键打开素材文件夹下的 sc2.psd 文件，展开“封一（2）”图层组，单击“图层 33”后按住“Shift”键不放再单击“图层 35”，同时选中这几个图层，将光标移动到图层上任意一条蓝色条上后单击鼠标右键，在弹出的快捷菜单中选择“复制图层”选项，弹出“复制图层”对话框，如图 6-1-3 所示，在目标文档处选择“xgt1”后单击“确定”按钮。

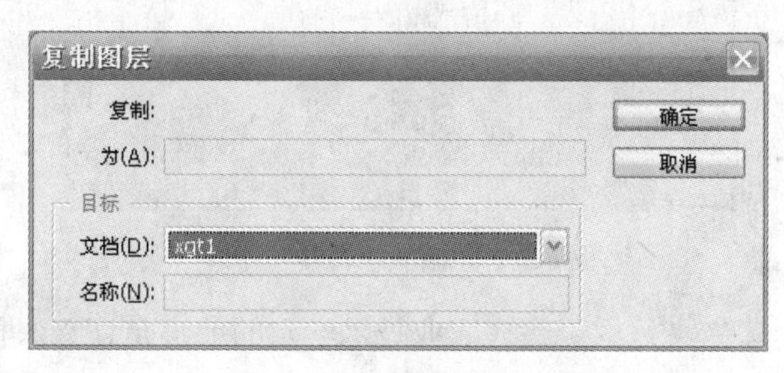

图 6-1-3 “复制图层”对话框

（4）打开 xgt1 文件后的效果如图 6-1-4 所示。打开 sc2.psd 文件，打开“图层”面板，选中“学报文字”图层组后单击鼠标右键，在弹出的快捷菜单中选择“复制组”选项，弹出对话框，同样在目标文档中选择“xgt1”后单击“确定”按钮即可，打开 xgt1 文件后的效果如图 6-1-5 所示。

（5）单击工具箱中的渐变工具，在弹出的“渐变编辑器”窗口中选择第一行中第三个黑白渐变，在位置 0 的色标处单击后再在“颜色”右边的矩形框内单击，弹出“选择色标颜色:”对话框，这时我们直接将光标移动到学院 logo 上的黄色上用吸管工具吸取黄色后单击“确定”按钮即可，用同样的方法将位置 100 处的色标吸取 logo 上的蓝色，利用鼠标拖动的方法将颜色中点往左移动一些，位置如图 6-1-6 所示。

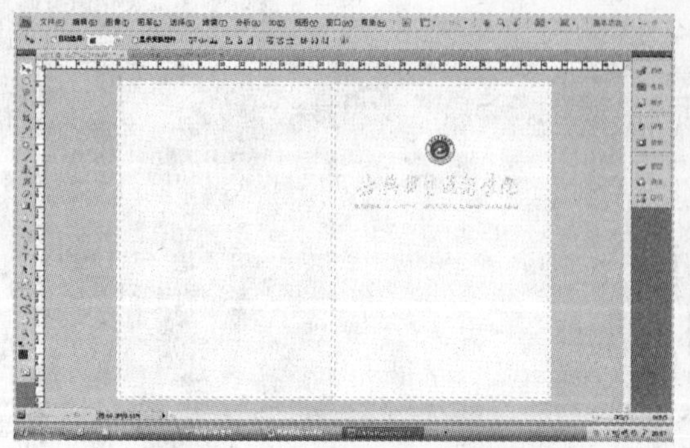

图 6-1-4　打开 xgt1 文件后的效果

图 6-1-5　复制组后 xgt1 文件的效果

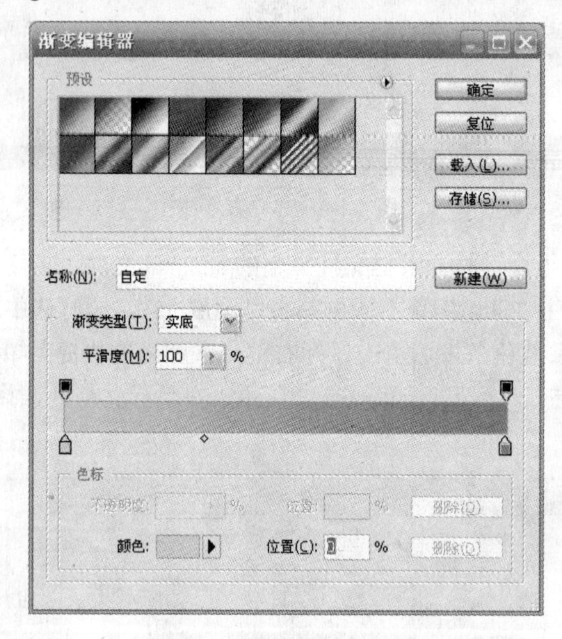

图 6-1-6 “渐变编辑器”窗口

注意在这里选择黄色，是由于嘉兴职业技术学院的前身是嘉兴农校，是一个有着 60 年历史的以农为主的中专院校，黄色代表了土地，而蓝色象征着天空、大海，说明嘉兴职业技术学院的未来发展前景很广阔。

（6）打开“图层”面板，选中“背景”图层，单击“创建新图层”按钮新建“图层 6”，选中“图层 6”，单击工具箱中的矩形选框工具，在其属性栏上将羽化半径设为 0，利用鼠标拖动的方法在封面的部分建立矩形选区，单击工具箱中的渐变工具，在属性栏中选择线性渐变，从左往右水平拖动鼠标进行线性渐变填充，将其不透明度改为 70%，打开“图层”面板，选中“图层 6”，按住鼠标左键不放，将其拖动到“创建新图层”按钮上，生成“图层 6 副本”，选中“图层 6 副本”，执行“编辑”→“变换”→“水平翻转”菜单命令，单击工具箱中的移动工具，将“图层 6 副本”的矩形填充移动到封底部分，效果如图 6-1-7 所示。

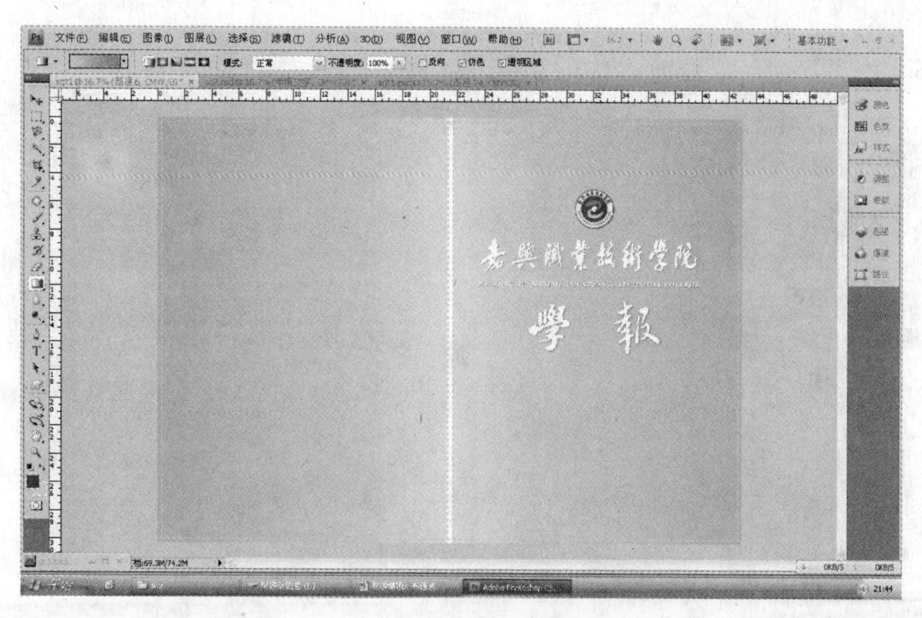

图 6-1-7　封面和封底渐变填充后的效果

（7）打开“图层”面板，选中“图层 6 副本”，单击“创建新图层”按钮新建“图层 7”，单击工具箱中的矩形选框工具，在书脊部分利用鼠标拖动的方法建立矩形选区，单击工具箱中的“前景色”按钮，用吸管工具吸取 logo 中间圆内的深蓝色为前景色，单击工具箱中的油漆桶工具，为选区填充前景色，效果如图 6-1-8 所示。

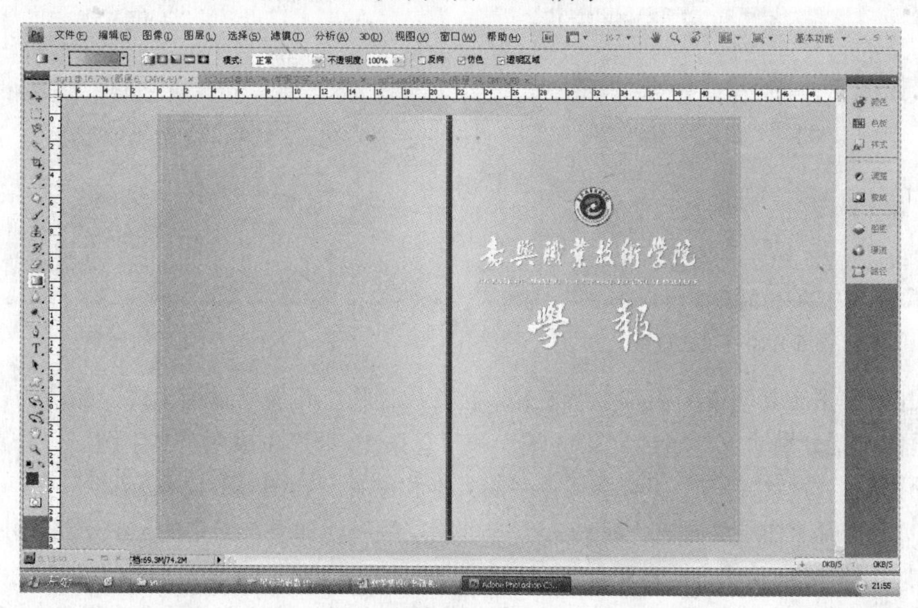

图 6-1-8　对书脊进行颜色填充后的效果

（8）打开 sc3.jpg 照片，单击工具箱中的移动工具，将其移动到 xgt1 文件中，按“Ctrl+T”组合键调出自由变换框，调整大小和位置，如图 6-1-9 所示。

图 6-1-9　将 sc3.jpg 拖入 xgt1 文件中

（9）单击工具箱中的矩形选框工具，将其属性栏上的羽化半径设为 150px，在照片的上半部分利用鼠标拖动的方法建立一个如图 6-1-10 所示的选区，连续按 8 次“Delete”键后的效果如图 6-1-11 所示，按“Ctrl+D”组合键取消选区。

图 6-1-10　建立矩形选区

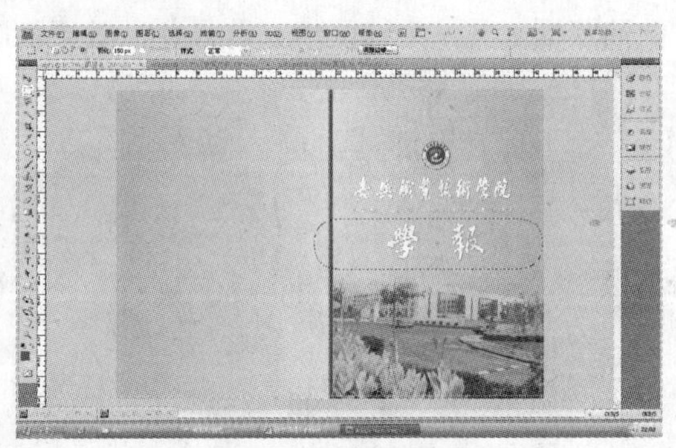

图 6-1-11　羽化后的效果

（10）单击工具箱中的横排文字工具，在其属性栏上设置字体为黑体，颜色为白色，在合适的位置分别输入“2011 年第 3 期”和“总第 10 期”生成两个文字图层，分别选中这两个图层，按“Ctrl+T”组合键调整字的大小和位置，如图 6-1-12 所示。

（11）打开“图层”面板，观察 xgt1 中的图层顺序，如果与给定的 xgt1 图层顺序不一样，则利用鼠标拖动的方法对图层进行调整。单击“图层 6 副本”，打开 sc2.psd 文件，打开“图层”面板，选中“图层 30”，单击鼠标右键，在弹出的快捷菜单中选择“复制图层”选项，目标文档选择“xgt1”，再打开 xgt1，按“Ctrl+T”组合键调出自由变换框，调整图片位置后的效果如图 6-1-13 所示，再利用鼠标拖动的方法在水平方向增加 5 条参考线，在垂直方向增加两条参考线，效果如图 6-1-13 所示。

图 6-1-12　输入文字

图 6-1-13　设置参考线

（12）打开 sc4.jpg 文件，单击工具箱中的移动工具，将其移动到 xgt1 文件中，按“Ctrl+T”组合键调出自由变换框，调整照片的大小和位置，再单击工具箱中的横排文字工具，在其属性栏上设置字体为宋体，颜色为黑色，输入“生物与环境分院：”文字，效果如图 6-1-14 所示。

（13）通过学院网站收集有关生物与环境分院的简介，并对其进行精简，其文字描述为：“生物与环境分院成立于 2000 年 8 月，目前全分院共有应用生物技术及应用、动物防疫与检疫、食品药品监督管理、商品花卉、园林技术、环境检测与治理技术和工程造价等七个专业，其中动物防疫与检疫和商品花卉两个专业被列为省财政资助的重点建设专业，同时动物防疫与检疫专业还被列为省重点专业。”

图 6-1-14　封底加图片和文字后的效果

选中上述文字，按“Ctrl+C”组合键进行复制，再在 Photoshop 中单击工具箱中的横排文字工具，在适当的位置单击鼠标左键，按“Ctrl+V”组合键进行粘贴，选中这些文字，在属性栏中将字的大小设为 10 点，在合适的位置单击鼠标左键后，按“Enter”键进行换行，经过多次调整后的效果如图 6-1-15 所示。

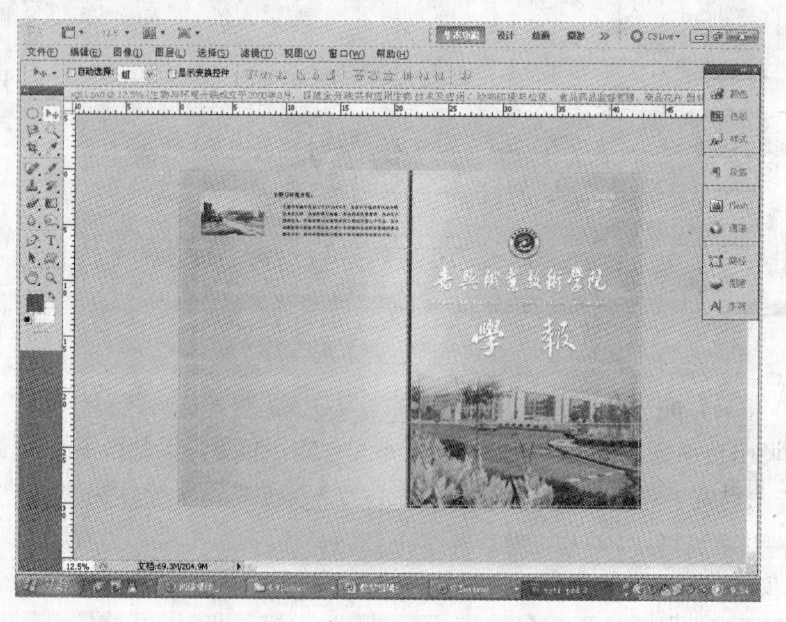

图 6-1-15　添加分院介绍后的效果

（14）按照相同的方法将其他几个分院也做同样的处理，最终的效果如图 6-1-16 所示。

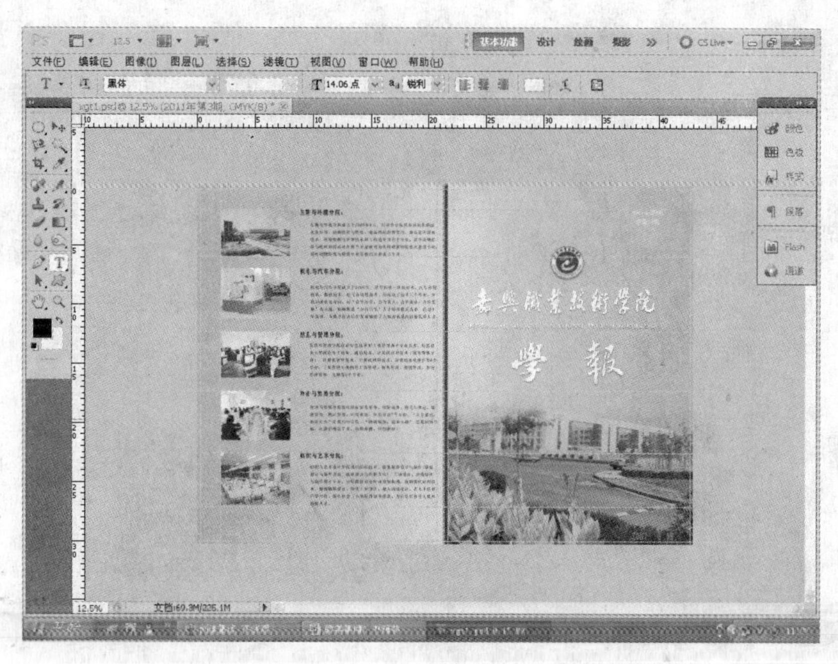

图 6-1-16　添加所有分院介绍后的效果

（15）单击工具箱中的横排文字工具，在封底底部适当的位置单击鼠标左键，在属性栏中选择字体为黑体，字号为 14 点，输入“浙内准字第 F026 号　内部资料　免费交流”文字，效果如图 6-1-17 所示。

图 6-1-17　封底输入文字后的效果

（16）分别单击工具箱中的竖排文字工具，在书脊部位适当的位置单击鼠标左键，在属性栏中选择字体为黑体，字号为 10 点，分别输入“嘉兴职业技术学院学报”、“第卷　　　　　第　期”、“3”、“1”、“二〇一一年三月”文字，效果如图 6-1-18 所示。

图 6-1-18　书脊部位输入文字后的效果

（17）按住“Shift”键不放，同时选中步骤（16）建立的文字图层，执行“图层”→“图层编组”菜单命令，生成组 1，将组 1 重命名为“书脊”，“图层”面板的效果如图 6-1-19 所示。单击“书脊”左边的三角形箭头键，展开图层组后的“图层”面板如图 6-1-20 所示。

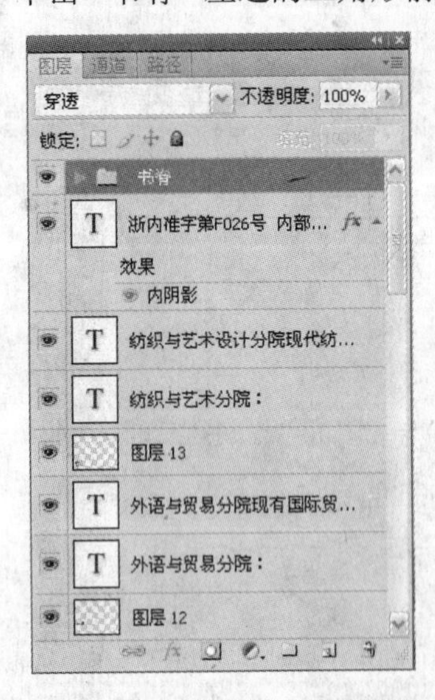

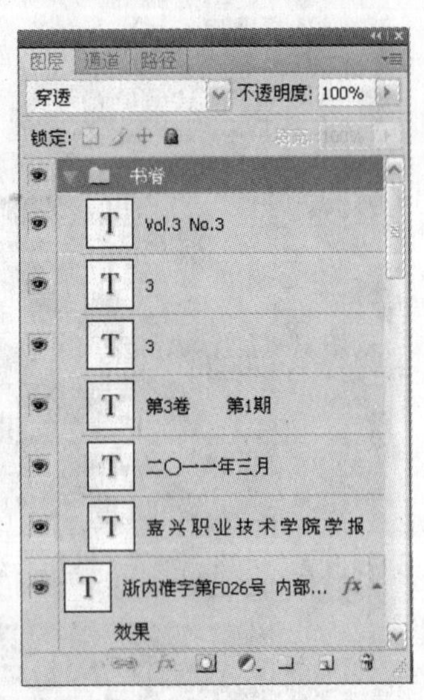

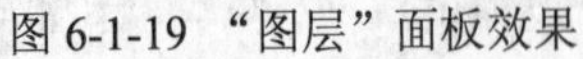

图 6-1-19 “图层”面板效果　　　　图 6-1-20 “书脊”图层组展开后的“图层”面板

至此，学报的封面和封底已设计完成。在这里我们可以看出，从技术上来说，没有什么特别难的地方，要强调的是做任何设计都应该注意细节，从某种意义上来说，细节决定着成败。

任务二　食品包装装璜设计

包装盒（袋）的设计与制作技巧分为两步，首先要设计包装盒（袋）的结构图，专业术语叫刀板图，这是一个相当专业的知识，在这里我们主要介绍包装的设计部分，一般我们要做出它的平面展开图和立体效果图。

本任务是为一个容量为 250ml 易拉罐装的果啤设计包装，其品牌是“南湖”，有自己的 logo。易拉罐的直径是 54mm，高度是 135mm，所以在设计其包装时新建文件的宽度应该是 54*3.14=169.6mm，高度是 135mm。

另外对于包装设计师来说，它要面向两个方面的客户，一个是生产易拉罐的生产商，它要平面展开图，另一个是使用易拉罐的客户，它要看立体效果图，要分别进行设计。一般来说应该先设计平面展开图，然后再将平面展开图“贴”在易拉罐上。

下面我们就先来详细说明平面展开图的设计与制作过程。

（1）启动 Photoshop CS5，执行“文件”→“新建”菜单命令，新建一个名为“易拉罐果啤”，宽度为 169.6mm，高度为 135mm，分辨率为 300dpi 的文件。按“Ctrl+O”组合键打开 sc1.jpg，选择移动工具，将 sc1.jpg 拖动到易拉罐果啤文件中，按“Ctrl+T”组合键调出自由变换框，调整图片的大小与背景一样大，效果如图 6-2-1 所示。

图 6-2-1　将 sc1.jpg 拖入易拉罐果啤文件中

（2）打开 sc2.jpg，选择移动工具，将 sc2.jpg 拖动到易拉罐果啤文件中，按“Ctrl+T”组合键调出自由变换框，调整图片的大小，打开“图层”面板，选中“图层 2”，将其混合模式设为叠加，效果如图 6-2-2 所示。

图 6-2-2　将 sc2.jpg 拖入易拉罐果啤文件中

（3）在 10mm 处建立一条水平参考线，打开“图层”面板，单击“创建新图层”按钮建立一个新图层即“图层 3”，单击“前景色”按钮，弹出“拾色器（前景色）”对话框，我们只需要将光标移动到麦穗上颜色较为鲜亮的地方用吸管工具吸取颜色即可完成用颜色拾色器拾取麦穗的颜色并设其为前景色的操作，单击工具箱中的矩形选框工具，用鼠标拖动的方法在参考线处画一个矩形选区，再单击油漆桶工具为选区填充前景色，如图 6-2-3 所示。

图 6-2-3　绘制矩形选区

（4）打开 logo.psd，选择移动工具，将 logo.psd 拖动到易拉罐果啤文件中来，按“Ctrl+

T”组合键调出自由变换框，调整图片的大小和位置，如图 6-2-4 所示。

图 6-2-4　将 logo.psd 拖入易拉罐果啤文件中

（5）选择文字工具，选择字体为“方正胖娃简体”，输入“果啤”文字，按“Ctrl+T”组合键调整字的大小并旋转一定的角度。打开 sc3.jpg，选择移动工具，将其拖动到易拉罐果啤文件中，在易拉罐果啤文件中生成一个新的图层即“图层 5”。按“Ctrl+T”组合键调出自由变换框，调整图片的大小正好盖在“果啤”两个字上。打开“图层”面板，选择“图层 5”，单击鼠标右键，在弹出的快捷菜单中选择“创建剪贴蒙版”选项，按“Ctrl+T”组合键调出自由变换框，调整图片的大小和位置，最终效果如图 6-2-5 所示。

图 6-2-5　“果啤”文字的效果图

（6）打开“图层”面板，选择“果啤”图层，单击“*fx*”按钮，在弹出的菜单中选择

"外发光"选项，将其颜色设为红色，扩展设为8%，大小设为15，效果如图6-2-6所示。

图6-2-6　为"果啤"文字添加外发光效果

（7）打开"图层"面板，选择"果啤"图层，单击鼠标右键，在弹出的快捷菜单中选择"栅格式文字"选项，选择多边形套索工具，在"果啤"两个字的下面画一个斜向的多边形，按"Delete"键删除字的最下面一部分，效果如图6-2-7所示，按"Ctrl+D"组合键取消选区。

图6-2-7　删除"果啤"文字的下面部分

（8）打开"图层"面板，选中"果啤"图层，单击"*fx*"按钮，在弹出的菜单中选择"描边"选项，将描边颜色设为黄色，效果如图6-2-8所示。

图 6-2-8　为“果啤”文字添加描边效果

（9）打开“图层”面板，单击“创建新图层”按钮新建“图层 6”，利用吸管工具将前景色的颜色设置为黄色横条的颜色，单击工具箱中的矩形选框工具，在图案右下角利用鼠标拖动的方法拖出一个矩形选区，选择油漆桶工具为选区填充前景色，效果如图 6-2-9 所示。

图 6-2-9　绘制黄色矩形选区

（10）选择文字工具，输入“[南湖牌]果啤”和原料等文字信息，按“Ctrl+T”组合键调出自由变换框，调整图片的大小、方向和位置，如图 6-2-10 所示。将这些文字和下面的矩形框同时选中，执行“图层”→“图层编组”菜单命令，生成组 1，将这几个图层合成一个图层组。

图 6-2-10　在黄色矩形框内添加文字

（11）选择文字工具，输入“净含量：250 毫升”，将字的颜色设为白色，字体设为方正细圆简体，按“Ctrl+T”组合键调出自由变换框，调整文字的大小和位置，如图 6-2-11 所示。

图 6-2-11　添加文字后的效果图

至此易拉罐的平面效果图已制作完成，接下来要做的就是将这个效果图贴在易拉罐上做易拉罐立体效果图。

（12）选择除“背景”图层以外的所有图层，按“Ctrl+Alt+E”组合键对选中的图层进行盖印操作，按“Ctrl+T”组合键调出自由变换框，单击“变形”按钮，选择“拱形”，角度设为–20。使除盖印图层以外的图层都不可见，效果如图 6-2-12 所示。

图 6-2-12　图像变形处理

（13）打开 sc4.jpg，利用钢笔工具将易拉罐抠出来后新建一个图层，建立透明背景易拉罐效果图，如图 6-2-13 所示。

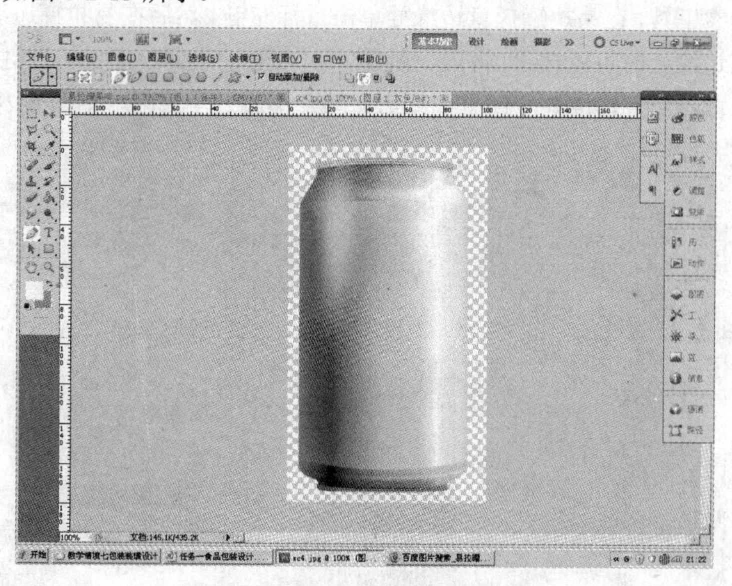

图 6-2-13　抠出易拉罐

（14）单击工具箱中的移动工具，将透明背景易拉罐拖动到易拉罐果啤文件中，生成“图层 7”，打开“图层”面板，选中“图层 7”，利用鼠标拖动的方法将“图层 7”拖动到盖印后的图层即“组 1（合并）”图层下面，按“Ctrl+T”组合键调出自由变换框，调整易拉罐的大小和位置，如图 6-2-14 所示，易拉罐的高度和文件的高度基本一致。打开“图层”面板，选中“组 1（合并）”图层，按“Ctrl+T”组合键调出自由变换框，执行“编辑”→“变换”→“变形”菜单命令，利用鼠标拖动的方法调整图片的形状，如图 6-2-14 所示。

图 6-2-14　通过变形处理将图像放在易拉罐上面

（15）按“Enter”键结束图案的变形工作，使“组 1（合并）”图层不可见，选择工具箱中的磁性套索工具，在易拉罐任意边缘处单击鼠标左键，然后在易拉罐边缘处移动鼠标，发现线条不在边缘处时可以按“Delete”键删除，在附近位置单击鼠标左键增加一个点后再继续移动鼠标，直到形成一个闭合曲线后自动会形成一个选区，如图 6-2-15 所示。

图 6-2-15　为易拉罐建立选区

（16）打开“图层”面板，使“组 1（合并）”图层显示，选择“组 1（合并）”图层，单击鼠标右键，在弹出的快捷菜单中选择“创建剪贴蒙版”选项，并设置该图层的混合模式为正片叠底，效果如图 6-2-16 所示。

图 6-2-16　创建剪贴蒙版并设混合模式为正片叠底

注意： 如果对现在的易拉罐效果图不是很满意，可以选择工具箱中的移动工具，利用鼠标拖动的方法左右移动图片来调整图片的位置，使得图片的效果最佳即可。

至此易拉罐的立体效果图已制作完成，现在的背景是一个透明背景，如果保存成 jpg 格式的图片，展示给客户看时效果不是太好，所以我们要对这个立体效果图再做一定的美化工作。

易拉罐立体效果图的制作在 Photoshop CS4 及以上版本中还有另外一种处理技巧，即可以选择用软件扩展版当中的 3D 功能。具体操作方法如下：

① 启动 Photoshop CS5，打开易拉罐果啤.psd 文件，将“图层 7”和“组 1（合并）”这两个图层删除，使“背景”图层不可见，按住“Shift”键不放，选中除“背景”图层以外的所有图层，按“Ctrl+Alt+E”组合键进行盖印操作，生成“组 1（合并）”图层，如图 6-2-17 所示，并将文件存储为“易拉罐果啤平面效果图”。

图 6-2-17　易拉罐果啤平面效果图

② 按“Ctrl+N”组合键新建一个名为“3D---易拉罐”的文件，“新建”对话框的设置如图 6-2-18 所示，要特别提醒的是，颜色模式必须选择灰度，否则 3D 的很多功能都不能用。

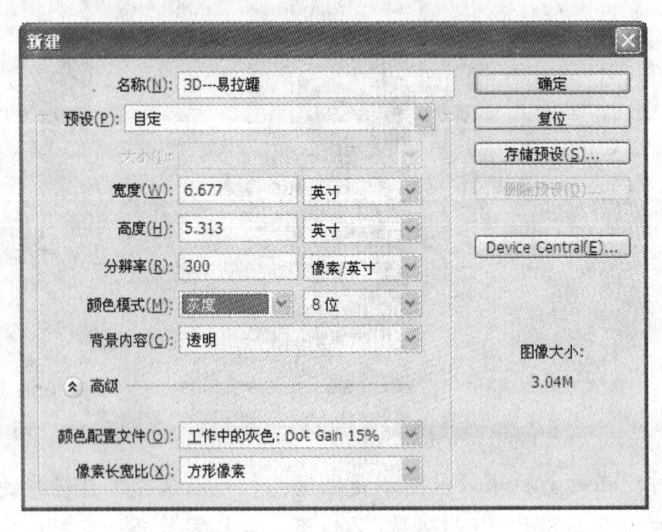

图 6-2-18 “新建”对话框

③ 执行“3D”→“从图层新建形状”→“易拉罐”菜单命令，如图 6-2-19 所示，即会自动生成一个如图 6-2-20 所示的易拉罐。

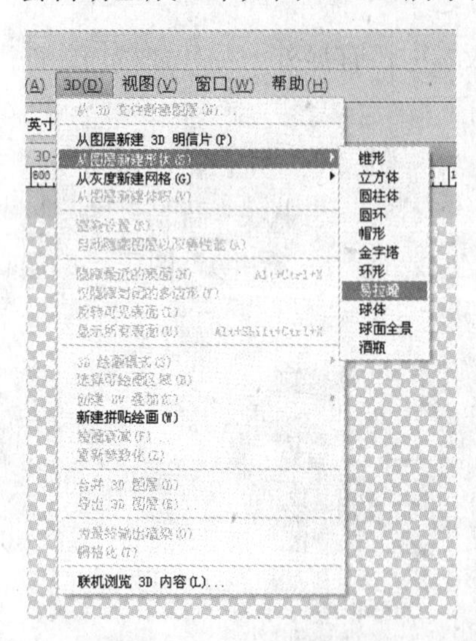

图 6-2-19 “易拉罐”选项　　图 6-2-20 自动生成易拉罐

④ 打开“图层”面板，如图 6-2-21 所示，双击最下面的“图层 1”，会自动生成一个图层 1.psd 的文件，执行“图像”→“模式”→“CMYK 颜色”菜单命令，将图层 1.psd 文件的颜色模式改为 CMYK 颜色模式。单击工具箱中的移动工具，将“易拉罐果啤平面效果图”文件拖入图层 1.psd 文件中，按“Ctrl+T”组合键调出自由变换框，调整大小和位置，如图 6-2-22 所示。

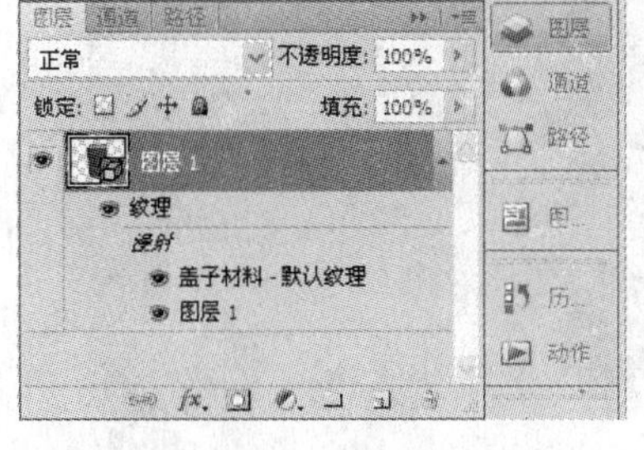

图 6-2-21 “图层”面板

图 6-2-22 将易拉罐果啤平面效果图拖入图层 1.psd 文件中

⑤ 单击图层 1.psd 文件的“关闭”按钮，在弹出的对话框中单击“是”按钮，回到“3D---易拉罐”文件中，如图 6-2-23 所示。

图 6-2-23 添加平面图后的效果

⑥ 单击工具箱中的 3D 旋转工具，如图 6-2-24 所示，将光标移动到易拉罐上，拖动鼠标来旋转易拉罐，最终的效果如图 6-2-25 所示。

至此利用 3D 来制作易拉罐操作已完成，接下来进行美化工作。

（17）按住“Shift”键不放，单击“组 1（合并）”和“图层 7”这两个图层，按“Ctrl+Alt+E”组合键对选中的图层进行盖印操作后生成一个新的图层“组 1（合并）（合并）”，打开 sc5.jpg 素材，再单击易拉罐果啤文件，打开“图层”面板，单击“组 1（合并）（合并）”图层，单击工具箱中的移动工具，将易拉罐立体效果图拖入 sc5.jpg 文件中，按“Ctrl+T”组合键调出自由变换框，调整易拉罐的大小和位置，如图 6-2-26 所示。

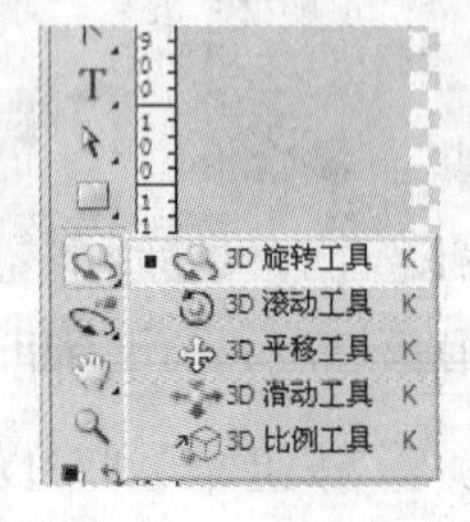

图 6-2-24　3D 旋转工具

图 6-2-25　最终的效果图

图 6-2-26　将易拉罐立体效果图拖入 sc5.jpg 文件中

（18）选中“组 1（合并）（合并）”图层，将其拖动到“创建新图层”按钮上创建一个“组 1（合并）（合并）副本”，选中这个副本，执行“编辑”→“变换”→“垂直翻转”菜单命令，单击工具箱中的移动工具，将这个翻转后的易拉罐立体效果图往下拖，按“Ctrl+T”组合键调出自由变换框，单击属性栏右边的“在自由变换和变形之间切换”按钮，然后在属性栏左边的“变形”下拉菜单中选择“拱形”，在弯曲属性栏中输入“−10”即可，然后再打开“图层”面板，将不透明度改为 60%，效果如图 6-2-27 所示。

图 6-2-27　添加倒影后的效果

（19）选择椭圆选区工具，将羽化半径设为 50，在下半部分绘制一个选区，多次按“Delete”键删除后的效果如图 6-2-28 所示。

图 6-2-28　羽化处理倒影后的效果

至此，按“Ctrl+D”组合键取消选区后，立体效果图的美化工作即可完成，最终的效果图大家可以参考易拉罐果啤立体效果图文件。

课后必练：（1）儿童类书籍装帧设计。

（2）日用品包装设计。

拓展练习：电器类产品包装设计。

广告设计

- 任务一　电器类大幅广告设计
- 任务二　超市 POP 广告设计
- 任务三　商场 DM 广告设计
- 任务四　楼盘户外广告设计
- 任务五　公益广告设计

[素材位置]：光盘：//教学情境七//任务一//素材（以任务一为例）

[效果图位置]：光盘：//教学情境七//任务一//效果图（以任务一为例）

[教学重点]：对于 Photoshop 软件来说，广告的设计与制作是它的重要应用领域之一，其重点是在创意上，而并不是在制作技巧及难度上，所以我们应该将学习的重点放在多去欣赏好的广告创意上。

对教师的建议

[课前准备]：教师应该多收集一些实物广告或电子稿的广告，为学生充分地营造广告的氛围。

[课内教学]：课内教学首先采用“实物展示法”，展示教师和同学们收集的各种不同的广告，接下来便采用“分析法”，先由学生自己分析这些广告的特点和亮点，如果有必要教师可以进行补充，教师可以对学生提出的一些操作技巧进行一定的“演示”，最后学生可以根据自己的具体情况来进行实际操作。

[课后思考]：及时根据学生的学习情况来因材施教，让学生多动手操作，教师只演示难点。

对学生的建议

[课前准备]：提前预习教材提供的案例，了解每次课学习的主要内容，如果对教材上的案例已掌握，可以提前准备好另外的素材，在课堂内制作时选择做自己选定的内容。

[课内学习]：学生首先应该学会欣赏好的广告创意，学会分析它们的制作技巧，学生的课内学习可以分层次来进行，根据自己的具体情况来学习。

[课后拓展]：学生课后尽可能去收集各种不同的广告，可以拿实物，太大的可以拍成照片，也可以收集一些电子稿，要提醒同学们的是，收集不是目的，我们收集的目的最终还是要学会如何制作出这样的效果。

另外，同学要记得广告创意的来源，要求学生们要有很广泛的知识，所以课外知识的涉猎更重要，请同学们多去了解一些课外知识，知识面广了，才会有更好的创意。

[教学设备]：电脑结合投影仪，学生保证一人一台电脑。

任务一　电器类大幅广告设计

本任务是为华凌冰箱设计一幅贴在专卖场的大幅广告，具体制作步骤如下：

（1）启动 Photoshop CS5，按“Ctrl+N”组合键新建一个宽为 150 厘米，高为 100 厘米，分辨率为 50 像素/英寸，CMYK 颜色模式的名为“华凌冰箱广告”的文件，如图 7-1-1 所示，单击“确定”按钮即可。

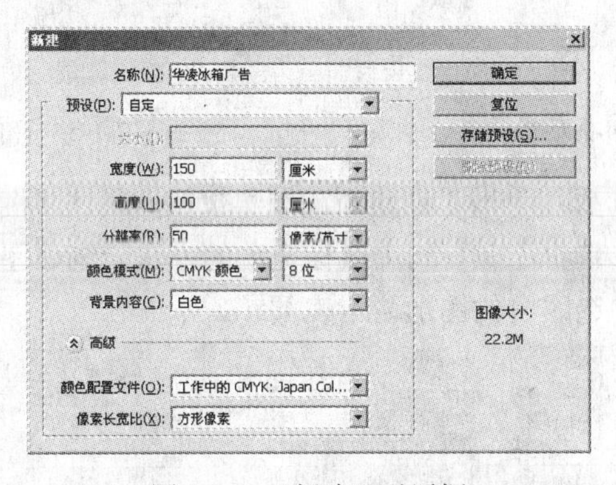

图 7-1-1 “新建”对话框

（2）单击工具箱中的渐变填充工具，在其属性栏中单击“点按可编辑渐变”按钮，在弹出的“渐变编辑器”窗口的“预设”框中选择第一行第三个黑白渐变，单击颜色滑条左下角的色标，在位置 0 处设置颜色为 C0、M0、Y0、K0 即白色，移动鼠标到右下角的色标处单击，在位置 100 处单击“颜色”右边的矩形框，在弹出的“选择色标颜色:”对话框中设置 CMYK 分别为 58、15、92、0，如图 7-1-3 所示，单击“确定”按钮后回到“渐变编辑器”窗口，再单击“确定”按钮。

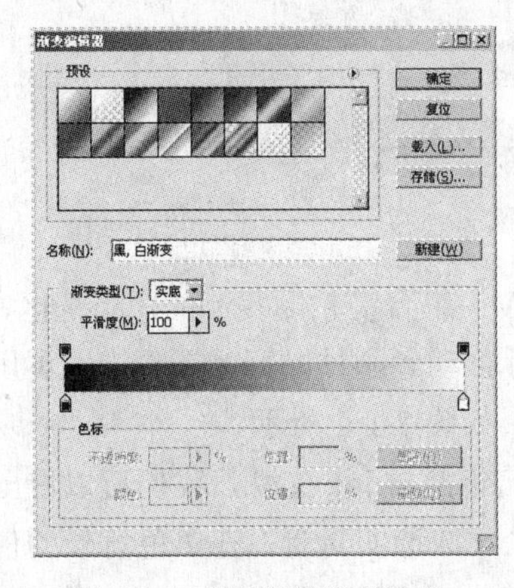

图 7-1-2 “渐变编辑器”窗口

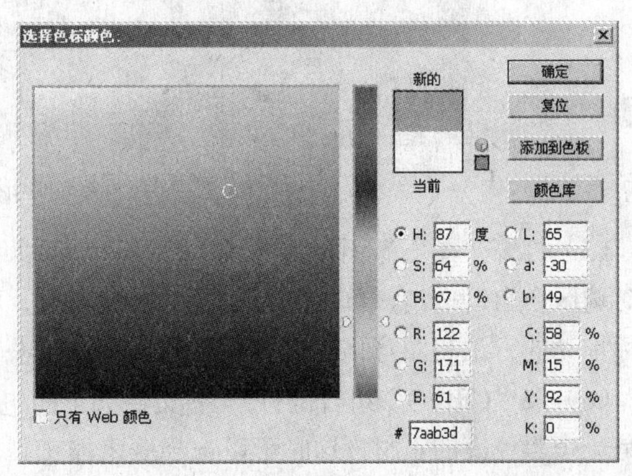

图 7-1-3 “选择色标颜色:”对话框

（3）单击属性栏上的“径向渐变”按钮，从矩形的中心点位置开始向右上角拖动鼠标，形成如图 7-1-4 所示的一条斜线，释放鼠标后，即可形成如图 7-1-5 所示的径向填充效果。

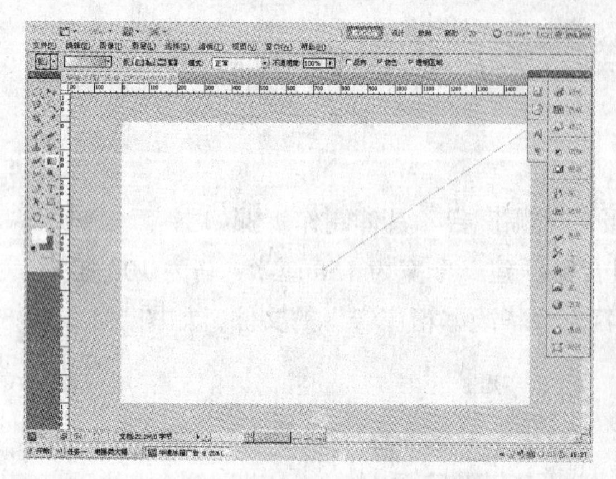

图 7-1-4　径向填充路径

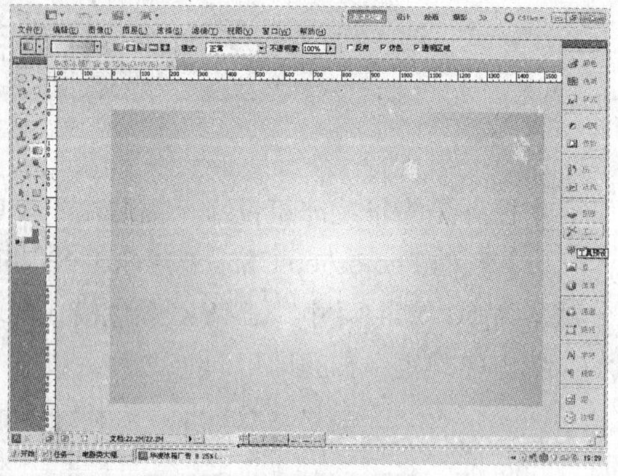

图 7-1-5　径向填充后的效果

（4）打开“图层”面板，单击“创建新图层”按钮，创建“图层 1”，选中“背景”图层，单击工具箱中的矩形选框工具，利用鼠标拖动的方法绘制如图 7-1-6 所示的矩形选区，按“Ctrl+C”组合键复制选区内的图形。

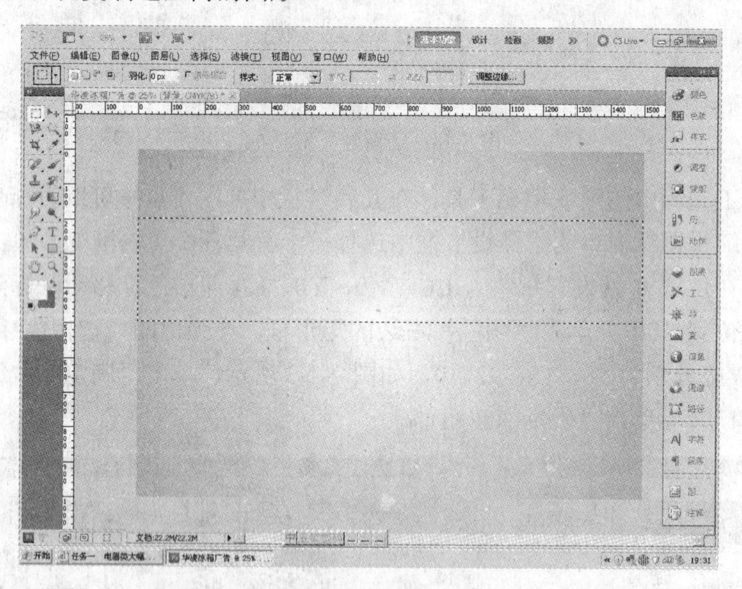

图 7-1-6　绘制矩形选区

（5）打开“图层”面板，选中“图层 1”，按“Ctrl+V”组合键粘贴复制的矩形选区，这时选区会自动取消，单击工具箱中的移动工具，将光标移动到刚粘贴好的图形上，利用鼠标拖动的方法将图形拖动到背景图形的下半部分，效果如图 7-1-7 所示。

（6）按“Ctrl+O”组合键打开 sc 文件夹下的电器类广告素材.jpg 文件，我们可以看出它是一个黑色底的素材，这时可以选择魔术棒工具将其处理成透明背景，在黑色背景的任意位置单击鼠标左键，如图 7-1-8 所示。

图 7-1-7　复制矩形选区并向下拖动后的效果

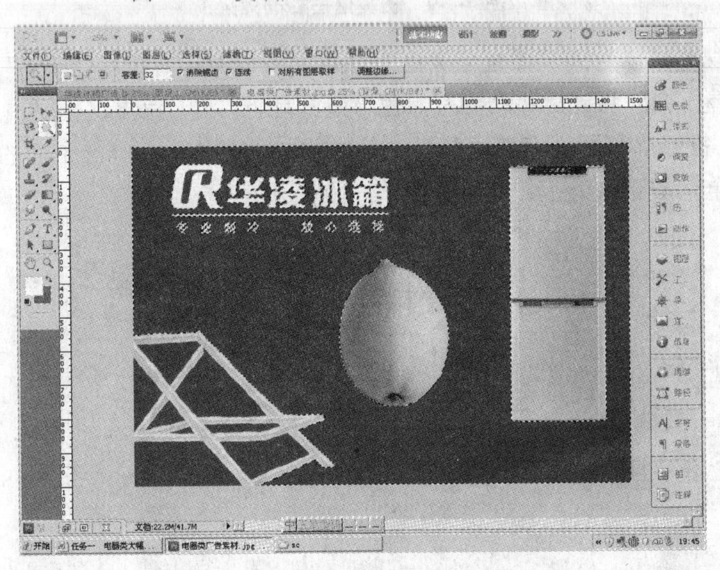

图 7-1-8　打开素材图片

（7）可以看到冰箱的上部也有一部分黑色被选中了，这时按住“Alt”键不放，将光标移动到冰箱上部黑色区域内单击鼠标左键即可将这一部分从选区中减去，若一次减不全，可继续按住鼠标左键，在未减去的部分单击。还有左下角冰椅子处有好几块黑色的区域没选中，将光标移动到未被选中的区域，按住“Shift”键不放，单击鼠标左键，直到所有的黑色区域全部被选中后再释放鼠标左键和“Shift”键。执行“菜单”→“反向”菜单命令，反向选取除背景以外的其他图形，按“Ctrl+C”组合键复制选区内的图形，打开“图层”面板，单击“创建新图层”按钮，选中新建的“图层 1”，按“Ctrl+V”组合键粘贴刚复制的图形，使“背景”图层不可见，效果如图 7-1-9 所示。

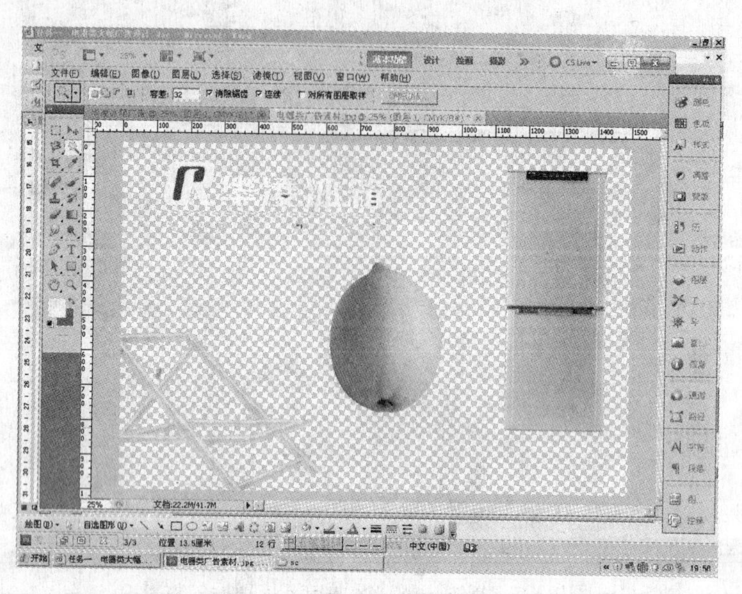

图 7-1-9　初步抠图后的效果

（8）仔细观察可以看到，还有些黑色的背景没去掉，这时按“Ctrl++”组合键放大图形，选择魔术棒工具，将光标移动到有黑色背景的地方，单击鼠标左键选中黑色背景，再单击“Delete”键删除，再继续移动鼠标到其他的黑色背景处，继续上面的操作，直到所有的黑色背景全部被删除为止，效果如图 7-1-10 所示。

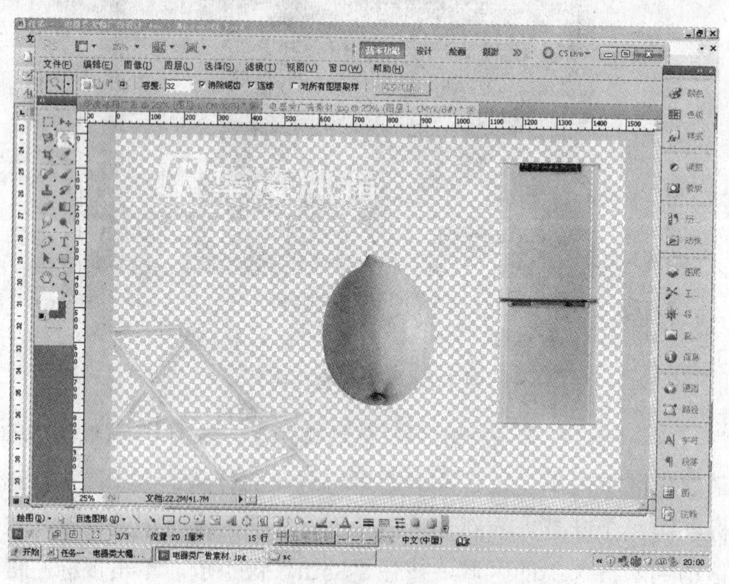

图 7-1-10　修饰抠图后的效果

（9）单击矩形选框工具，从左上角往右下角拖动鼠标左键，正好将华凌冰箱和其 logo 及下面的广告语全部选中为止，如图 7-1-11 所示。按“Ctrl+C”组合键复制选区内的图形，再单击华凌冰箱广告文件，按“Ctrl+V”组合键粘贴图形形成“图层 2”，按“Ctrl+T”组合键调出自由变换框，调整图形的大小和位置，如图 7-1-12 所示。

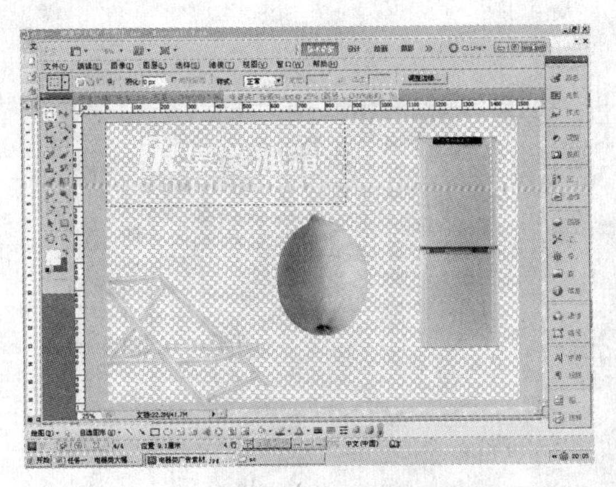

图 7-1-11　建立矩形选区

图 7-1-12　将选区内容拖入“背景”图层后的效果

（10）利用相同的方法分别将其他一些图形都复制粘贴到“背景”图层中，调整椅子的位置和冰箱的位置、大小，效果如图 7-1-13 所示。

图 7-1-13　将其他素材拖入“背景”图层后的效果

（11）接下来制作冰箱的倒影。打开“图层”面板，选中“图层 5”，按住鼠标左键不放，将“图层 5”其拖动到“创建新图层”按钮上，创建“图层 5 副本”，选中“图层 5 副本”，执行“编辑”→“变换”→“垂直翻转”菜单命令，再单击工具箱中的移动工具，将光标移动到倒着的冰箱上面，按住鼠标左键不放，将倒着的冰箱往下拖，直到两个冰箱的底部正好相连接为止，再打开“图层”面板，将“图层 5 副本”的不透明度改为 50%，效果如图 7-1-14 所示。

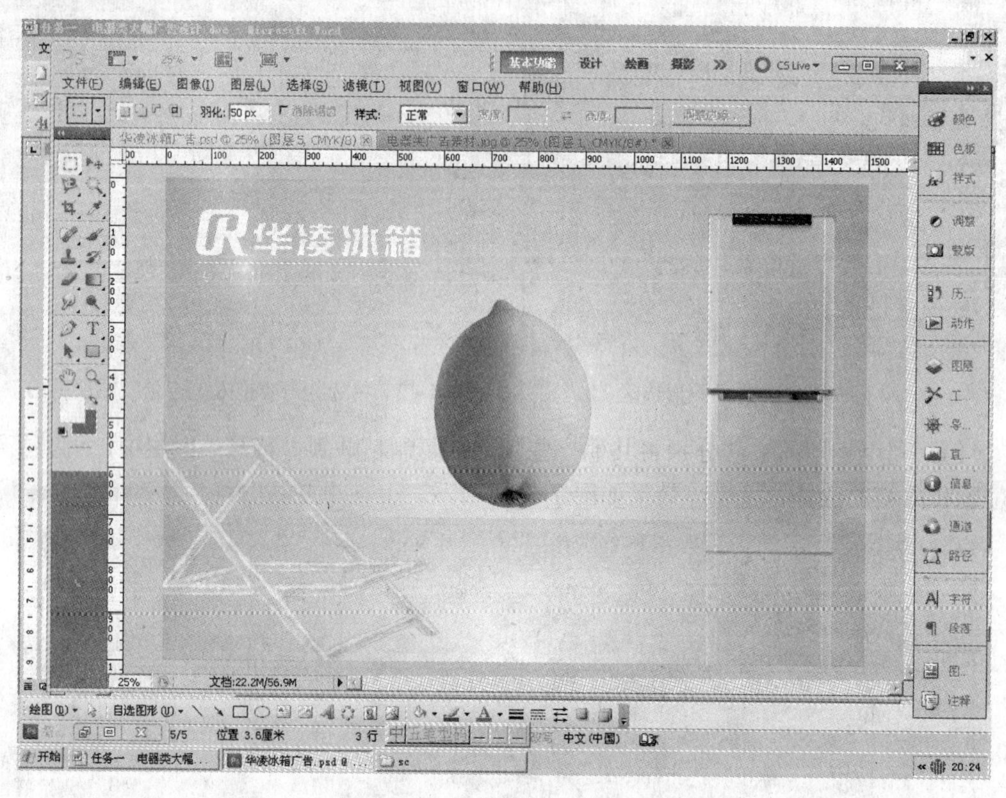

图 7-1-14　冰箱加倒影后的效果

（12）接下来在冰箱的下面制作“保鲜看得见”特殊效果字。首先在这个广告中会用到两个字体，这两个字体在素材中有提供，字体的扩展名是.TTF，我们将扩展名为.TTF的两个文件复制粘贴到 C:\Windows\Fonts 文件夹下即可将字体安装好。安装好这两个字体后，有些版本必须要将 Photoshop 重新启动后才能使用，而 CS5 版本则可以不重新启动，但选择文字工具后，它会重新设置文字信息。

选择横排文字工具，在冰箱下面的位置输入“看得”文字，按“Ctrl+T”组合键调出自由变换框，调整字的大小和位置，再选择横排文字工具后用鼠标拖动的方法选中“看得”这两个字，在属性栏中选择“方正中倩简体”，颜色选择白色。再单击属性栏最右边的“切换字符和段落面板”按钮，弹出如图 7-1-15 所示的面板，单击左下角的“倾斜”按钮，使“看得”两个字倾斜，关闭该面板。打开“图层”面板，单击左下角的“*fx*”按钮，在弹出的菜单中选择“描边”选项，进行如图 7-1-16 所示的设置。

（13）选择横排文字工具，在冰箱下面的位置输入“保鲜　　见”文字（中间空 4 个空格），按“Ctrl+T”组合键调出自由变换框，调整字的大小和位置，再选择横排文字工具后用鼠标拖动的方法选中“保鲜　　见”文字，在属性栏中选择“方正大黑简体”，颜色选择白色。打开“图层”面板，单击左下角的“*fx*”按钮，在弹出的菜单中选择“描边”选项，进行如图 7-1-16 所示的设置，设置后的效果如图 7-1-17 所示。

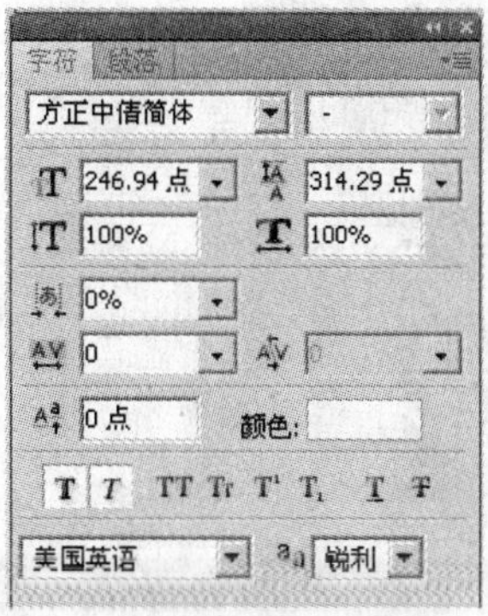

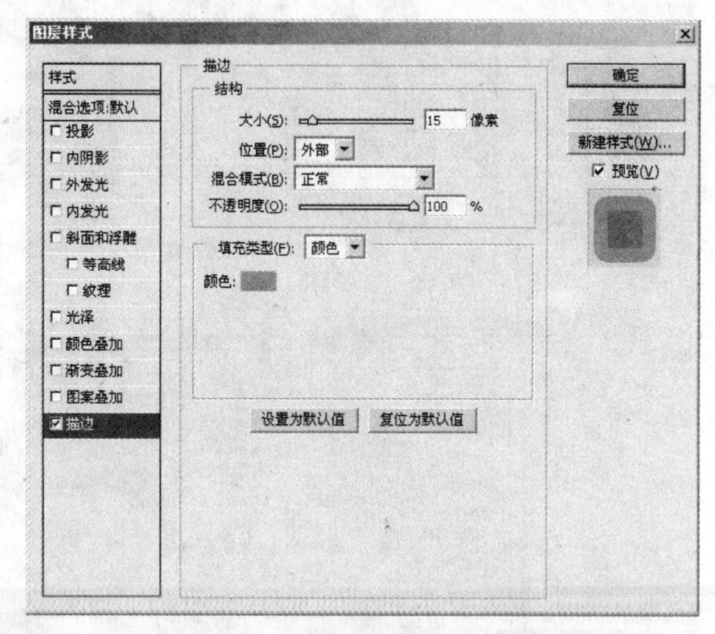

图 7-1-15　“字符”面板

图 7-1-16　“图层样式”对话框

图 7-1-17　描边设置后的效果

（14）打开“图层”面板，选择“看得”图层，单击鼠标右键，在弹出的快捷菜单中选择“栅格化图形”选项，单击工具箱中的钢笔工具，在属性栏中单击“形状图层”按钮，再单击“样式”右边的三角形箭头键，弹出如图 7-1-18 所示的面板，选择“默认样式（无）”，利用鼠标拖动的方法，结合“Alt”键绘制如图 7-1-19 所示的图形。

（15）打开“图层”面板，单击“添加图层样式”按钮，选择“描边”选项，在弹出的对话框中进行如图 7-1-20 所示的设置，效果如图 7-1-21 所示。

图 7-1-18　样式选择

图 7-1-19　绘制图形

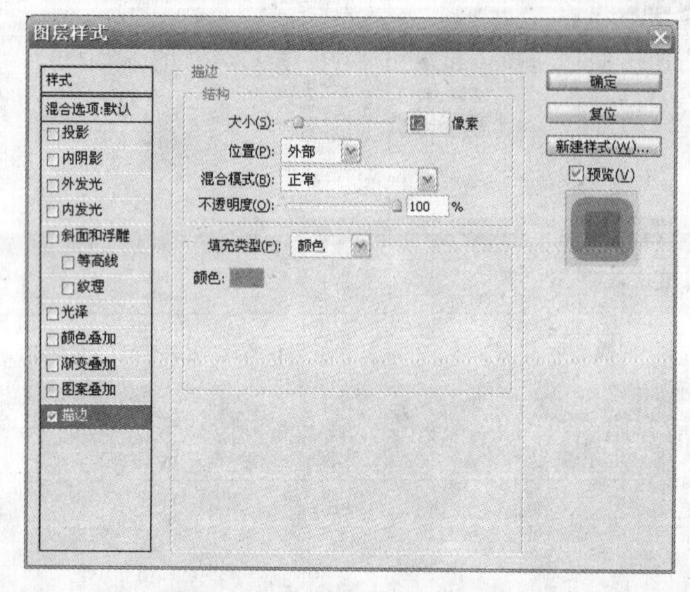

图 7-1-20 “图层样式”对话框

图 7-1-21 “看”处理后的效果

（16）用同样的方法将“见”左下角处理成如图 7-1-22 所示的效果。

图 7-1-22 “见”处理后的效果

（17）接下来制作冰椅下面的阴影。打开“图层”面板，单击最上面的图层，单击工具箱中的钢笔工具，在椅子上面绘制如图 7-1-23 所示的形状。打开“路径”面板，单击“将路径作为选区载入”按钮，将路径转换为选区，单击渐变填充工具，在属性栏中单击“点按可编辑渐变”按钮，在弹出的窗口中将位置 0 的色标值设为 C12、M9、Y9、K0，位置 100 的色标值设为 C42、M22、Y46、K0，设置好后单击两次“确定”按钮即可，在属性栏中选择线性渐变。接下来返回“图层”面板，在“形状 3”图层右边空白处单击鼠标右键，在弹出的快捷菜单中选择“栅格化图形”选项，将图层栅格化，取消属性栏中的“反向”复选框的选择，从左往右拖动鼠标，即可在选区内进行渐变填充。之后选中“形状 3”图层，将其拖动到“图层 3”和“图层 2”之间，按“Ctrl+D”组合键取消选区，效果如图 7-1-24 所示。

图 7-1-23 绘制不规则形状

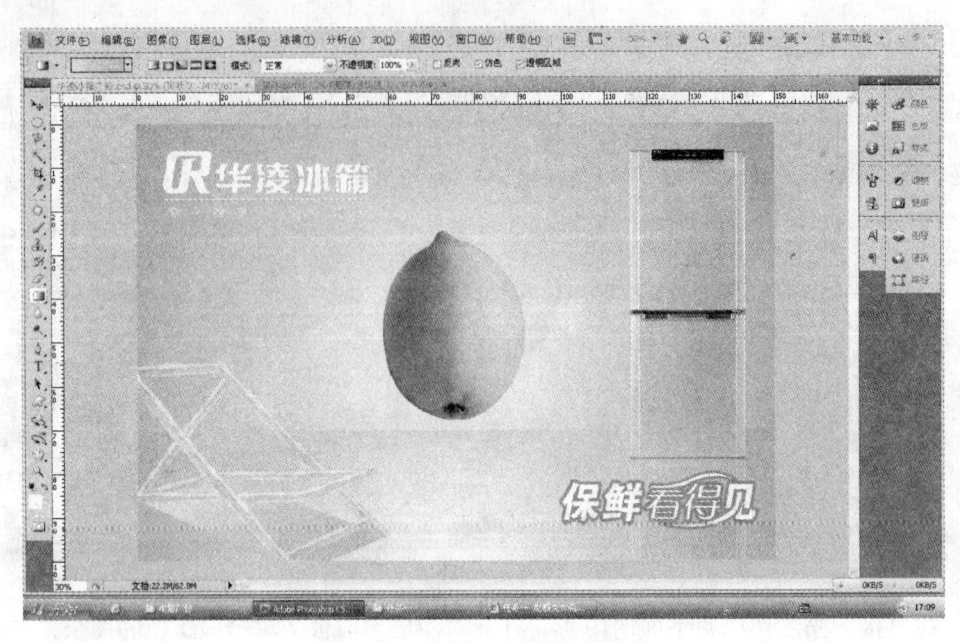

图 7-1-24　进行渐变填充形成阴影

（18）单击工具箱中的椭圆选区工具，设置其羽化半径为 50，在阴影中间部位画一个椭圆形的选区，按“Ctrl+T”组合键调出自由变换框，旋转一定的角度并调整位置，再选择渐变工具，在属性栏中选择径向渐变，从椭圆的外围向中心点拖动鼠标进行径向渐变填充，效果如图 7-1-25 所示，取消选区。

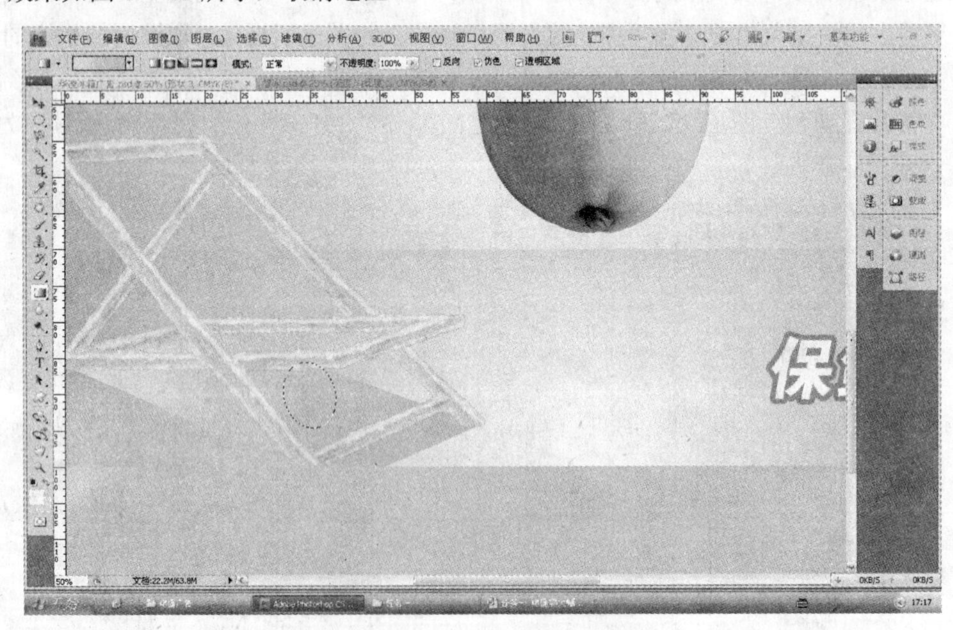

图 7-1-25　进行径向渐变填充

（19）利用相同的方法分别在前面两条椅子腿下面加两个小小的阴影，如图 7-1-26 所示。

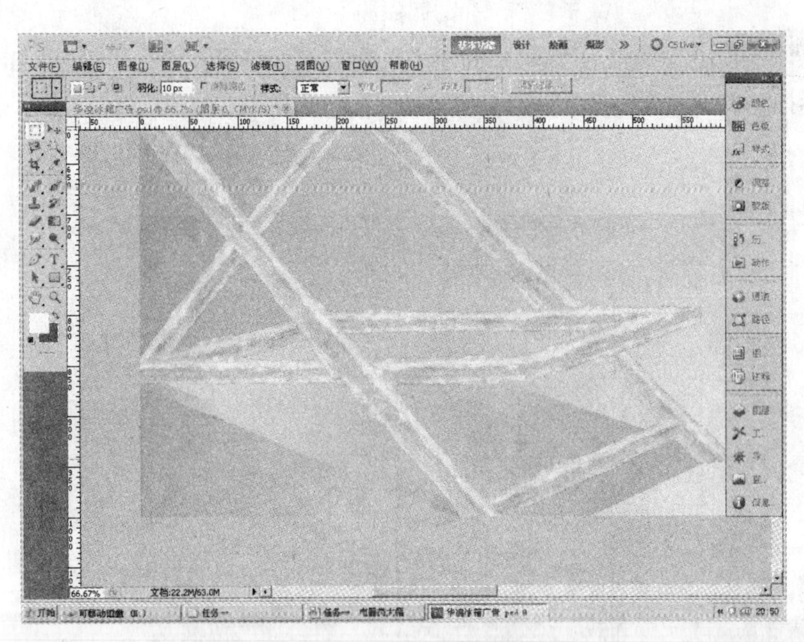

图 7-1-26　冰椅腿部的阴影处理

（20）接下来对梨进行处理。单击工具箱中的钢笔工具，将光标移动到梨上，绘制如图 7-1-28 所示的图案，打开“路径”面板，单击“将路径作为选区载入”按钮，将路径转换为选区，按“Ctrl+C”组合键复制选区内的图案，打开“图层”面板，单击“创建新图层”按钮，新建“图层 8”，按“Ctrl+V”组合键粘贴选区，这时候观察梨并没有变化，单击“添加图层样式”按钮，选择“斜面和浮雕”选项，在弹出的对话框中进行如图 7-1-27 所示的设置，效果如图 7-1-28 所示。

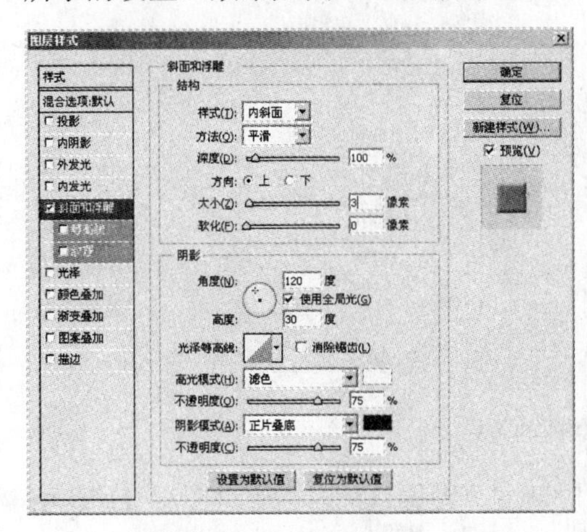

图 7-1-27　“图层样式”对话框

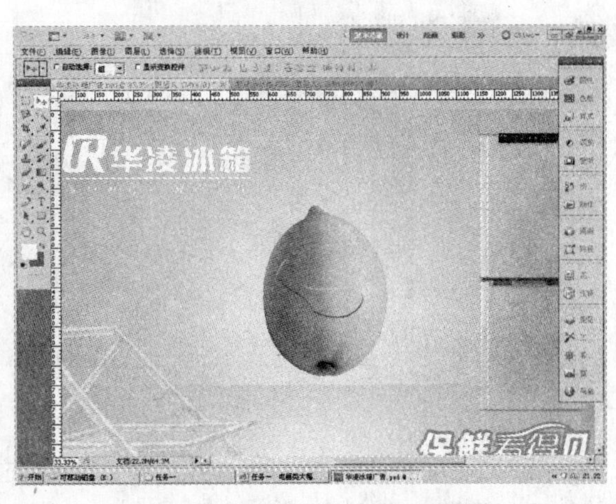

图 7-1-28　绘制一只胳膊后的效果

（21）利用相同的方法绘制另一只胳膊，这时新建一个“图层 9”，将“图层 9”选中后拖动到“图层 4”的下面，如图 7-1-29 所示。

（22）选中“图层 4”，利用步骤（20）的方法绘制一条“腿”，这时会新建一个“图层

10”，选中“图层 10”，单击工具箱中的矩形选框工具，设置其羽化半径为 20，在腿的根部利用鼠标拖动的方法画一个矩形，按“Delete”键后的效果如图 7-1-30 所示。

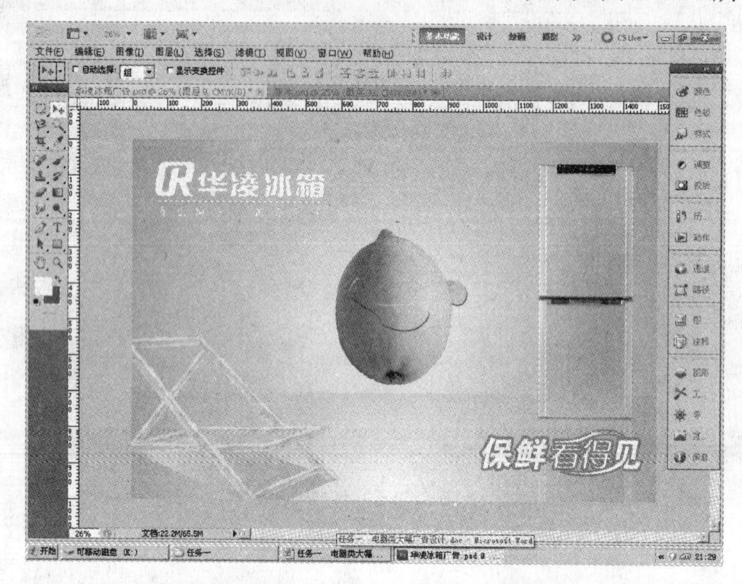

图 7-1-29　绘制另一只胳膊后的效果

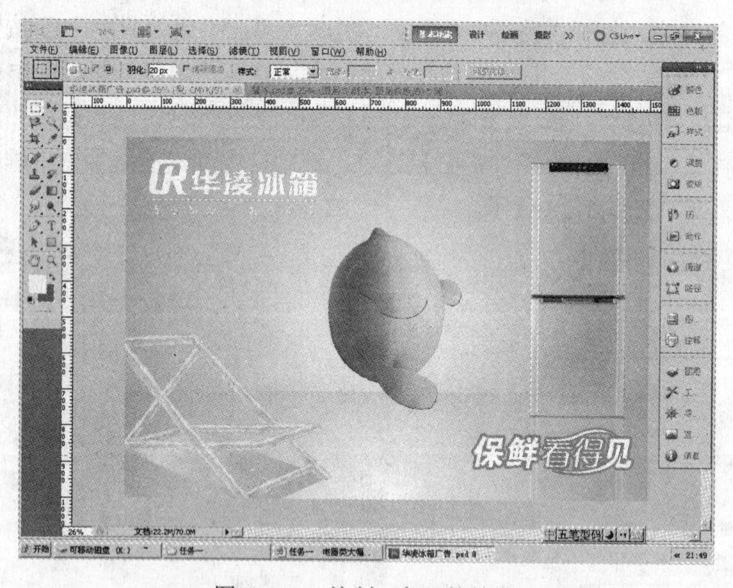

图 7-1-30　绘制一条腿的效果

（23）利用相同的方法绘制另一条“腿”，这时新建“图层 11”，选中“图层 11”，将其拖到“图层 10”的上面，效果如图 7-1-31 所示。

（24）选中“图层 8”，单击“创建新图层”按钮，新建“图层 12”，设置前景色为 C34、M27、Y25、K0，选择椭圆选框工具，在梨上画一个椭圆选区，再单击工具箱中的油漆桶工具，将前景色填充到椭圆选区内，取消选区，将“图层 12”拖到“创建新图层”按钮上两次，新建“图层 12”的两个副本，单击副本 1，调出自由变换框，将副本 1 稍缩小一些，填充白色，再单击副本 2，调出自由变换框，将副本 2 稍缩得更小一些，填充黑色，再将“图层 12”及两个副本同时选中，将其拖到“创建新图层”按钮上，单击移动工具，调整其大小和位置，即可绘制好两只眼睛，效果如图 7-1-32 所示。

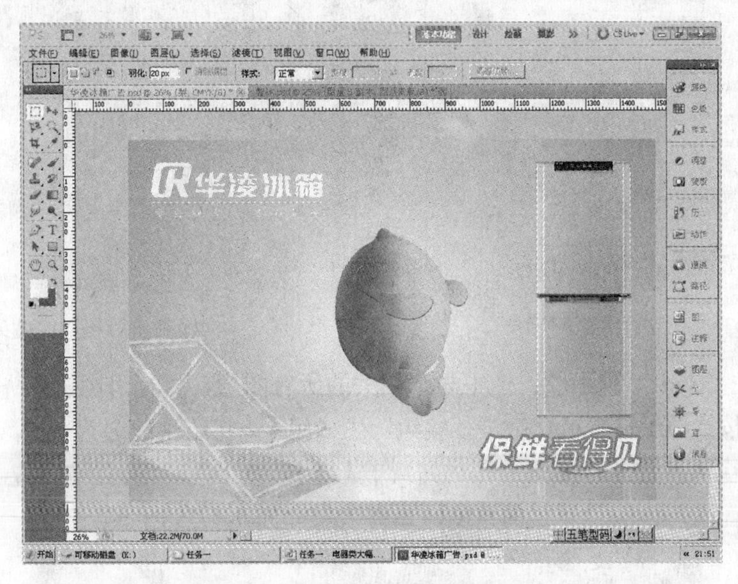

图 7-1-31 绘制另一条腿后的效果

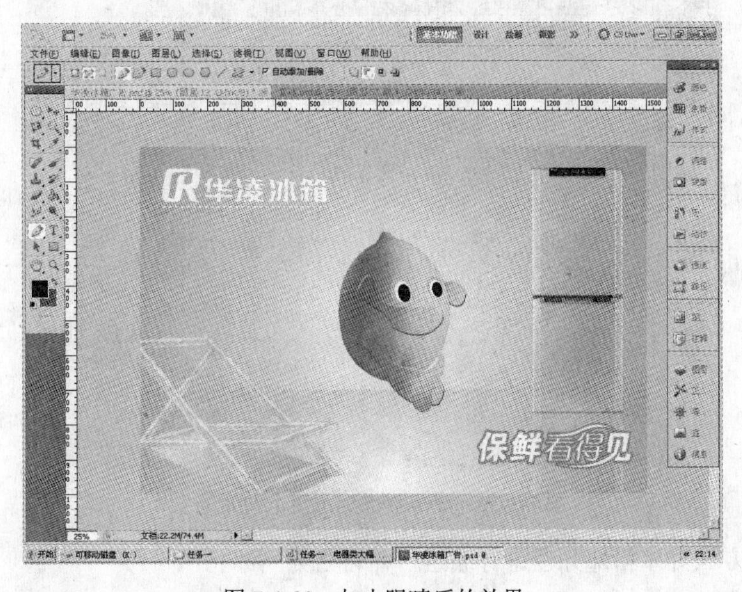

图 7-1-32 加上眼睛后的效果

（25）选中“图层 4”，用钢笔工具绘制嘴的形状，打开“路径”面板，单击“将路径作为选区载入”按钮，将路径转换为选区，按“Ctrl+C”组合键复制选区内的图案，打开“图层”面板，单击“创建新图层”按钮，新建“图层 13”，按“Ctrl+V”组合键粘贴选区，单击“添加图层样式”按钮，选择“斜面和浮雕”选项，在弹出的对话框中进行如图 7-1-33 所示的设置，效果如图 7-1-34 所示。

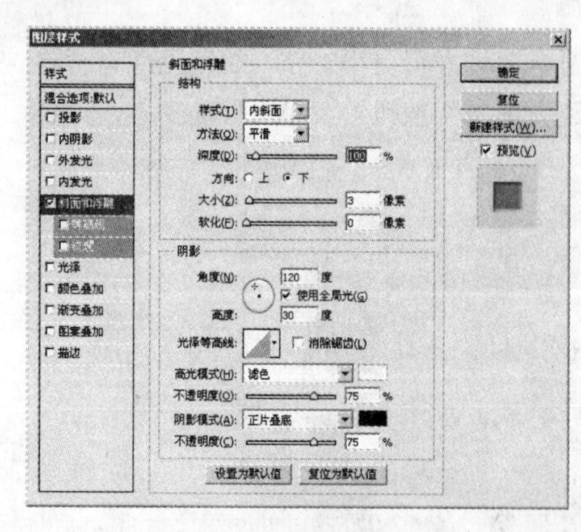

图 7-1-33 “图层样式”对话框

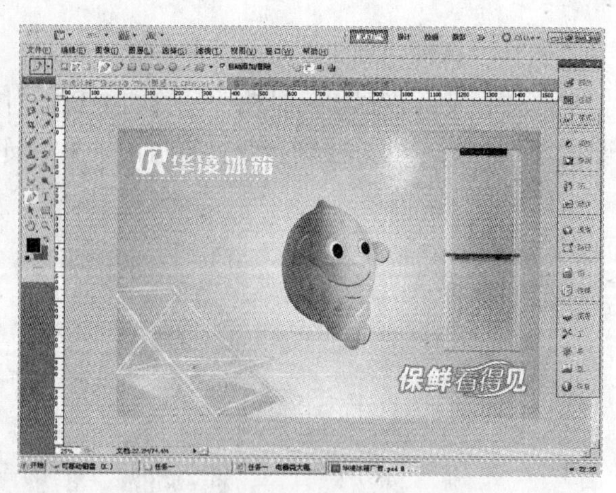

图 7-1-34 加上嘴巴后的效果

（26）按住“Shift”键不放，选中与梨相关的所有图层，执行“图层”→“图层编组”菜单命令，或按“Ctrl+G”组合键进行编组，生成组 1，将组 1 改名为“梨”。单击“梨”这个组，单击移动工具，将梨整个移动到椅子上，按“Ctrl+T”组合键调出自由变换框，将梨稍稍调扁一些，再旋转一定的角度，最终效果如图 7-1-35 所示。

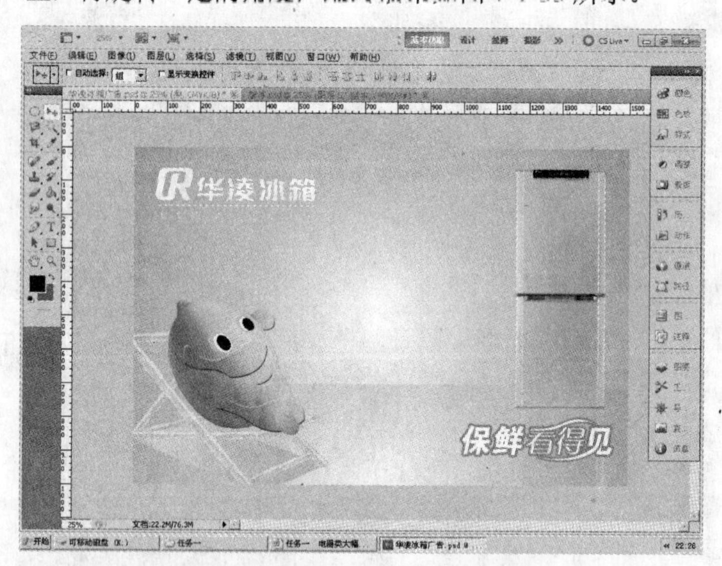

图 7-1-35 将梨移动到冰椅上的效果

用同样的方法对冰箱部分也进行编组，并命名为“冰箱”。

（27）观察图 7-1-35 我们发现它的中间部分比较空，这时可以考虑将广告语放到这里。设置前景色为 C100、M5、Y60、K50，单击工具箱中的横排文字工具，在属性栏中选择方正大黑简体，在图案中间位置单击鼠标，输入“风冷智控”文字，用鼠标拖动的方法选中这几个字后单击属性栏最右边的“切换字符和段落面板”按钮，在弹出的面板中进行如图 7-1-36 所示的设置，用同样的方法输入并设置“鲜而易见”文字并调整它们的位置，如图 7-1-37 所示。

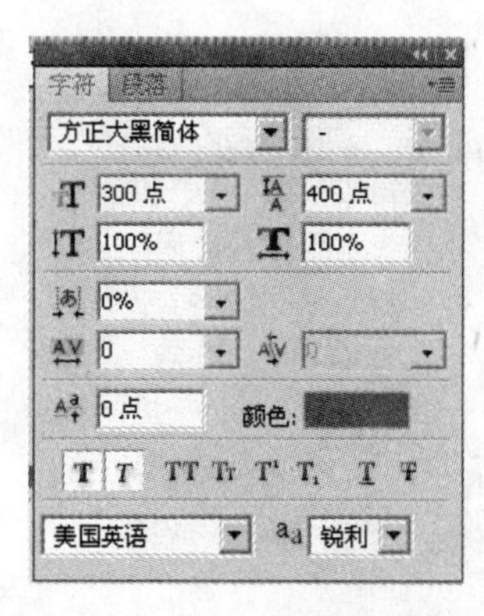

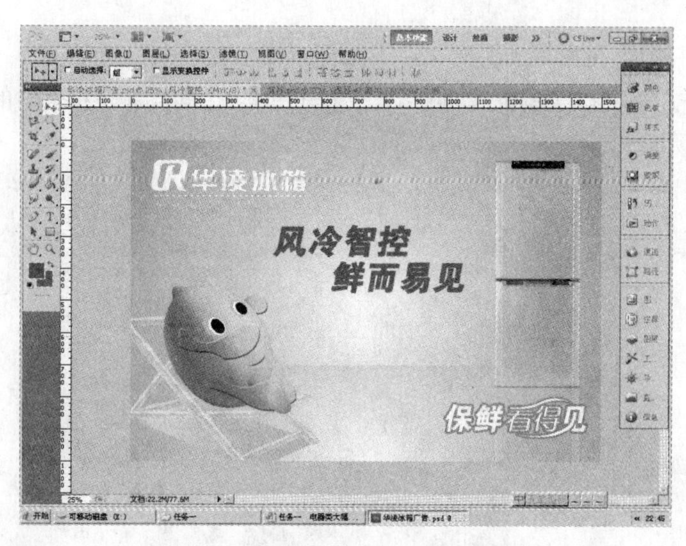

图 7-1-36 字符设置　　图 7-1-37 输入中间文字后的效果

（28）设置前景色为 C0、M20、Y100、K0，单击工具箱中的横排文字工具，在属性栏中选择方正大黑简体，输入“华凌智冰，无霜冷冻”文字，用鼠标拖动的方法选中这几个字后单击属性栏最右边的“切换字符和段落面板”按钮，在弹出的面板中设置字的大小为 150，不倾斜、不加粗，重新单击横排文字工具，选中“智冰”两个字，将字的大小设为 200，颜色设为黑色，打开“图层”面板，选中“华凌智冰，无霜冷冻”图层，将其拖到“创建新图层”按钮上创建它的副本，然后选中副本，只留“智冰”两个字，其他字都删除，再选中“华凌智冰，无霜冷冻”图层，只删除“智冰”这两个字，并在“凌”和“，”之间加大约 6 个空格，调整这两个图层的位置，使得最终的效果如图 7-1-38 所示。

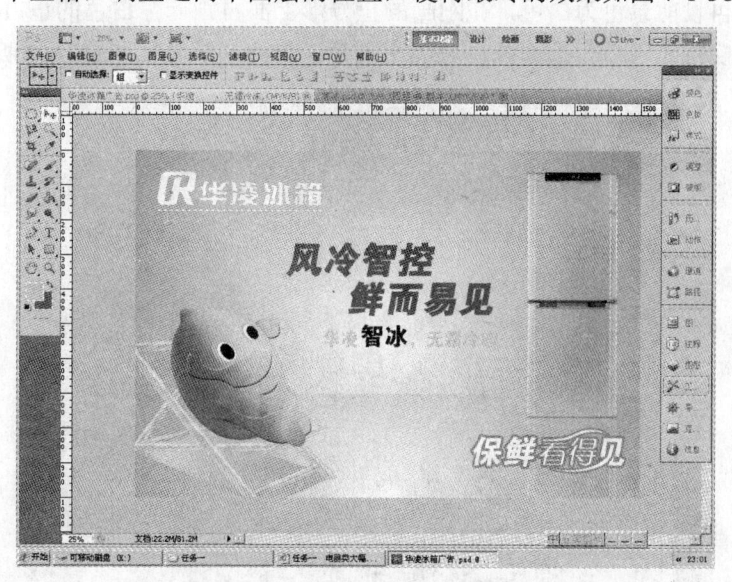

图 7-1-38 输入下面文字后的效果

（29）打开“图层”面板，选中“智冰”图层，在“智冰”这两个字的位置单击鼠标右键，在弹出的快捷菜单中选择“栅格化图层”选项，单击工具箱中的矩形选框工具，设置其羽化半径为 0，将“智”右上角的口和“冰”左上角的一点都删除，效果如图 7-1-39 所示。

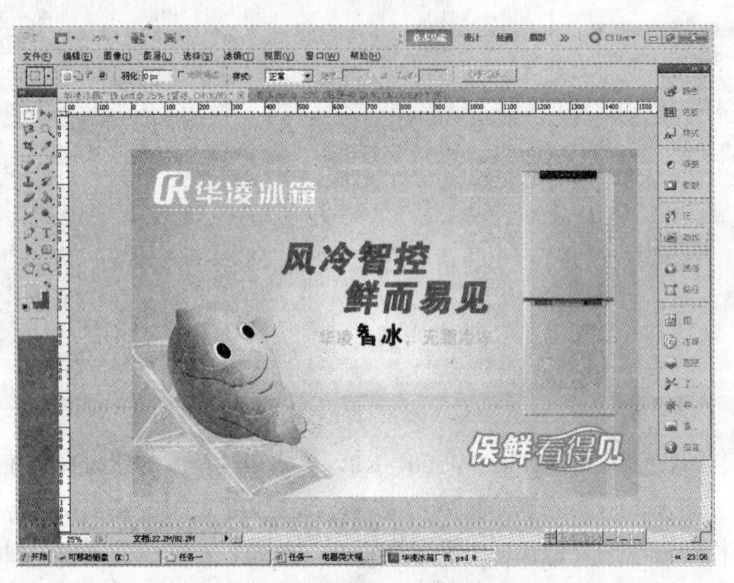

图 7-1-39　删除“智冰”部分笔画后的效果

（30）设置前景色为 C46、M27、Y50、K11，单击矩形选框工具，在“智”右上角的位置按住“Shift”键不放绘制一个正方形选区，单击油漆桶工具填充前景色。再设置前景色为 C53、M27、Y5、K1，在正方形右上角的位置绘制一个正方形选区，单击油漆桶工具填充前景色。再设前景色为白色，在刚画的正方形上面再画一个白色的正方形。用同样的方法再画一个底部是黑色，上面是白色的正方形，最终的效果如图 7-1-40 所示。

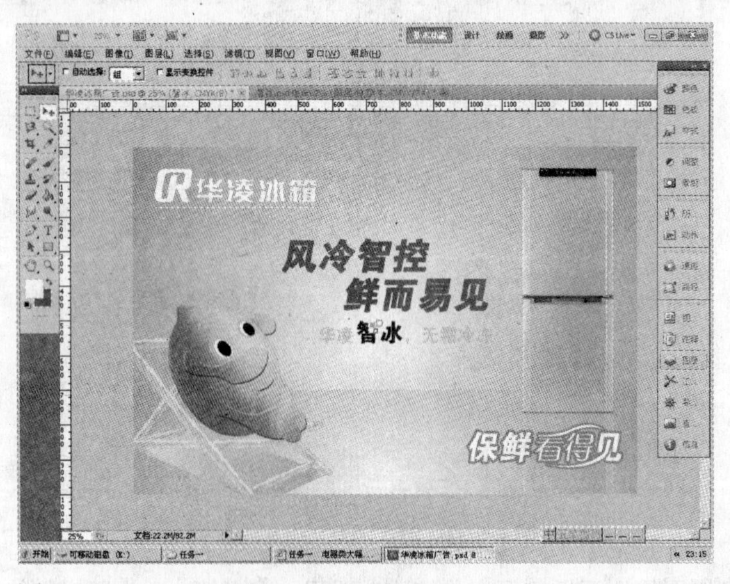

图 7-1-40　添加正方形后的效果

（31）单击工具箱中的吸管工具，吸取“华”字的黄色为前景色，单击工具箱中的横排文字工具，在属性栏中选择方正大黑简体，输入“轻松温控，生活好享受”文字，利用鼠标拖动的方法选中这几个字后单击属性栏最右边的“切换字符和段落面板”按钮，在弹出的面板中设置字的大小为 150，不倾斜、不加粗，最终的效果如图 7-1-41 所示。

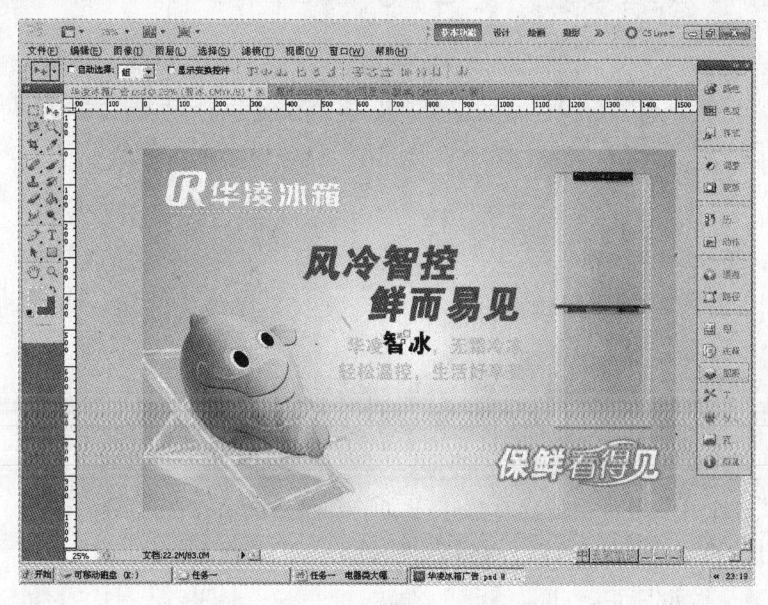

图 7-1-41　最终的效果图

任务二　超市 POP 广告设计

POP 广告是在一般广告形式的基础上发展起来的一种新型的商业广告形式，是英文 Point Of Purchase advertising 的缩写，意为“购买点广告”，简称 POP 广告。POP 广告的概念有广义的和狭义的两种，广义的 POP 广告指凡是在商业空间、购买场所、零售商店的周围、内部及在商品陈设的地方所设置的广告，都属于 POP 广告，如商店店门口门楣上挂着的牌匾、店面的装潢和橱窗，店外悬挂的充气广告、条幅，商店内部的装饰、陈设、招贴广告、服务指示，店内发放的广告刊物，进行的广告表演，以及广播、录像电子广告等都可以属于广义 POP 广告的范畴。狭义的 POP 广告仅指在购买场所和零售店内部设置的展销专柜及在商品周围悬挂、摆放与陈设的可以促进商品销售的广告。

下面我们就来制作一个超市的 POP 广告效果图。

（1）启动 Illustrator CS5，执行“文件”→“新建”菜单命令，在弹出的对话框中进行如图 7-2-1 所示的设置。

新建文档
名称(N): 超市pop广告
新建文档配置文件(P): [自定]
画板数量(M): 1
大小(S): [自定]
宽度(W): 60 mm　单位(U): 毫米
高度(H): 60 mm　取向:
出血(L): 上方 0 mm　下方 0 mm　左方 0 mm　右方 0 mm
高级
颜色模式(C): CMYK
栅格效果(R): 中 (150 ppi)
预览模式(E): 默认值
使新建对象与像素网格对齐(A)
确定
取消
颜色模式:CMYK
PPI:150
对齐像素网格:否

图 7-2-1 “新建文档”对话框

（2）按“Ctrl+R”组合键调出标尺，在水平方向 30mm、垂直方向 30mm 的位置利用鼠标拖动的方法拉出两条参考线，如图 7-2-2 所示。

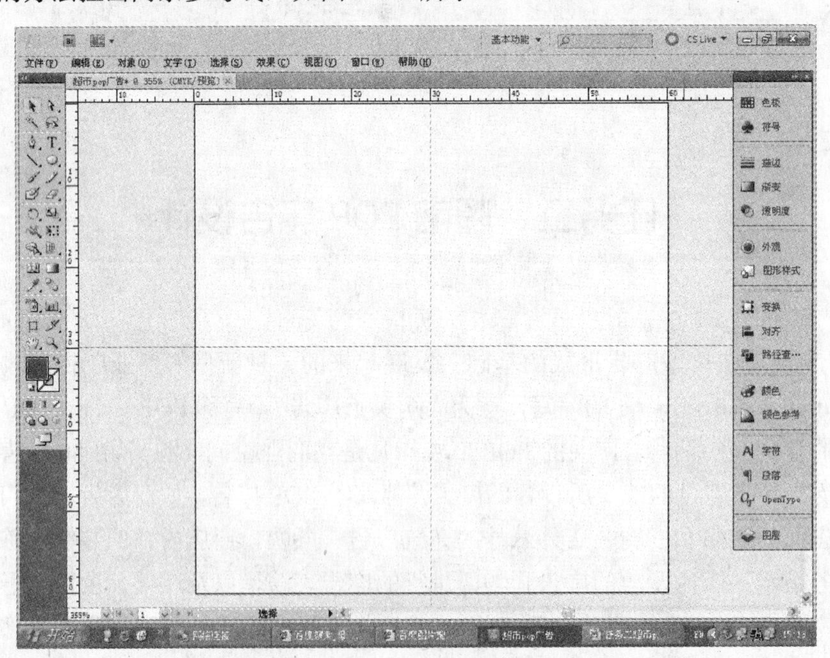

图 7-2-2　添加参考线

（3）单击工具箱中的“填色”按钮，设置前景色为 C0、M100、Y100、K0，打开“图层”面板，单击“创建新图层”按钮，单击工具箱中的矩形工具，利用鼠标拖动的方法绘制一个矩形；单击工具箱中的椭圆工具，按住“Shift+Alt”组合键不放，将光标移动到两条参考线交叉的地方，从圆心处开始画一个直径是60mm的圆。单击工具箱中的选择工具，利用鼠标拖动的方法将两个图形同时选中，执行“窗口”→“路径查找器”命令，在弹出的面板中单击“联集”按钮，效果如图7-2-3所示。

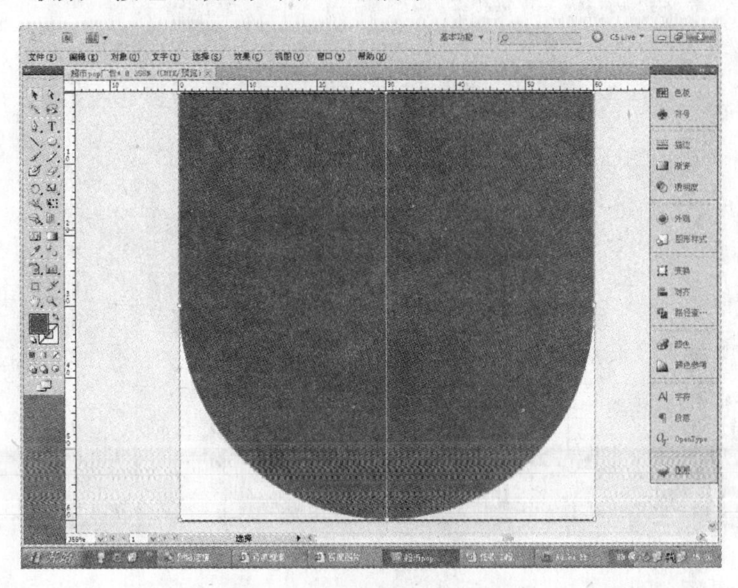

图7-2-3 绘制的图形效果

（4）打开“图层”面板，选择“图层1”，执行“视图”→“显示透明度网格”命令，如图7-2-4所示，效果如图7-2-5所示。

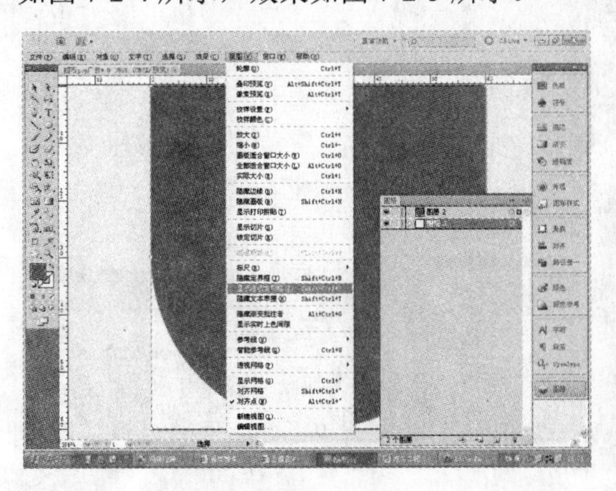

图7-2-4 执行“显示透明度网格”命令

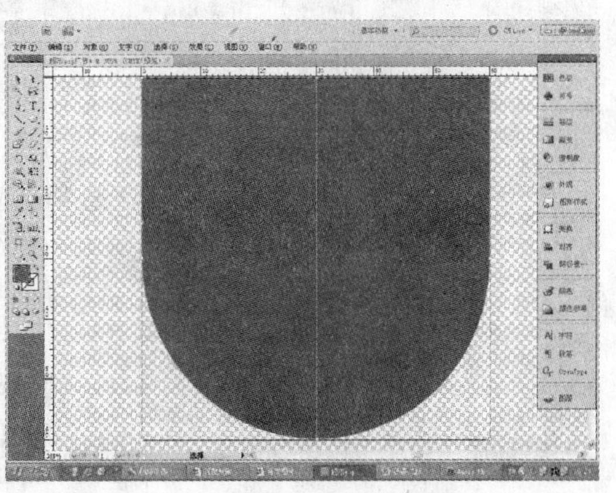

图7-2-5 显示透明度网格后的效果

（5）打开“图层”面板，选择“图层2”，按住鼠标左键不放，将其拖动到“创建新图层”按钮上生成“图层2副本”图层，按“Ctrl+T”组合键调出自由变换框，按住“Shift+Alt”组合键不放，将光标移动到右上角的空心正方形上拖动鼠标，使图形中心点不变略缩小一些，并设前景色为C0、M45、Y92、K0，效果如图7-2-6所示。

（6）单击工具箱中的文字工具，输入“新鲜　蛋”文字，设置字的前景色为白色，执行“窗口”→“文字”→“字符”菜单命令，如图7-2-7所示，在弹出的面板中进行如

图 7-2-8 所示的设置，字体和字号可以根据实际情况自己来选定，不一定非要与本任务中一样。

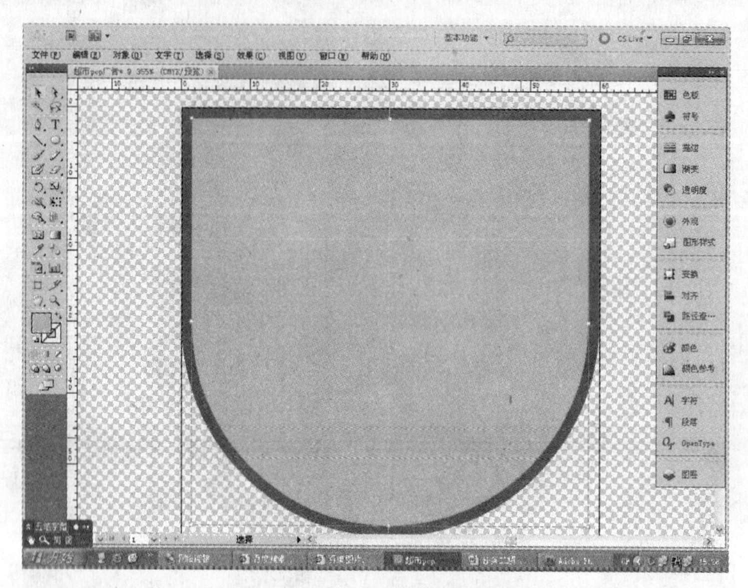

图 7-2-6　复制、缩小并填充图形

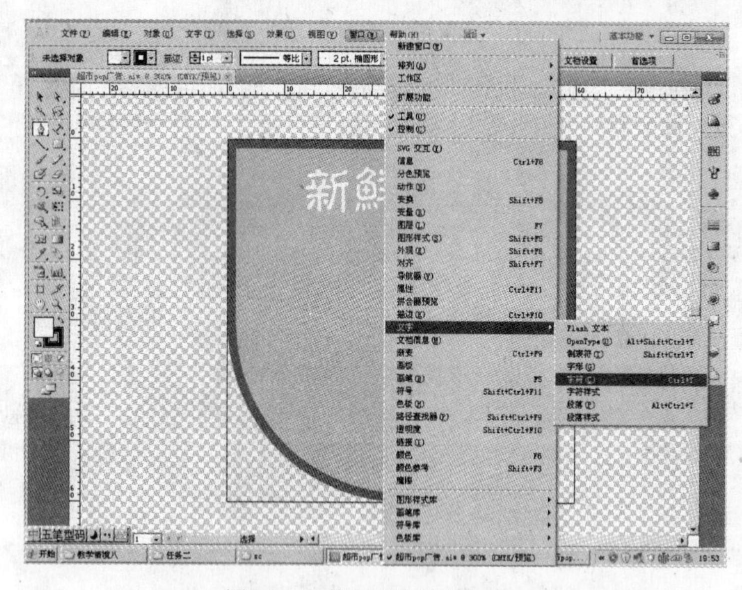

图 7-2-7　执行“字符”命令

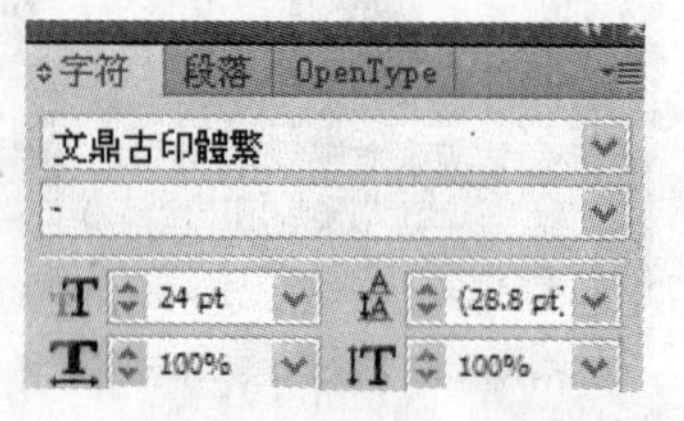

图 7-2-8　“字符”面板

（7）调整字的位置如图 7-2-9 所示。打开“图层”面板，选中“图层 4 ”，单击“创建新图层”按钮创建“图层 5”，设置前景色为白色，单击工具箱中的文字工具，输入“今日价格”文字，利用鼠标拖动的方法选中这几个字，设置其字体为黑体，字号为 12pt，效果如图 7-2-10 所示。

（8）打开“图层”面板，单击“创建新图层”按钮新建“图层 6”，选中“图层 6”，设置前景色为白色，单击工具箱中的矩形工具，绘制如图 7-2-11 所示的矩形。按“Ctrl+C”

组合键复制矩形框，按“Ctrl+V”组合键进行粘贴，执行“对象”→“变换”→“旋转”菜单命令，在弹出的对话框中进行如图 7-2-12 所示的设置。

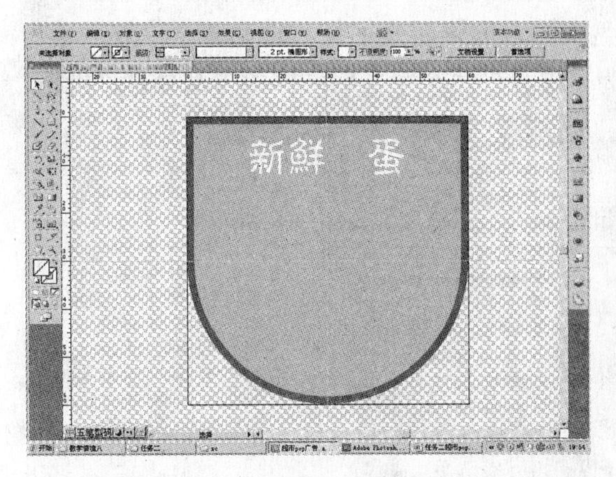

图 7-2-9　输入并调整“新鲜　蛋”文字

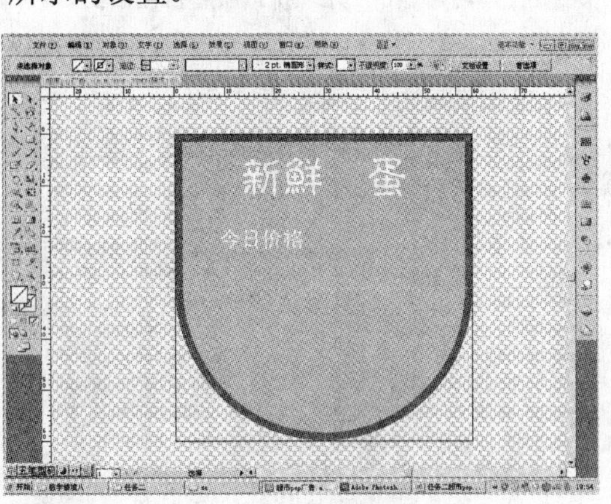

图 7-2-10　输入“今日价格”后的效果

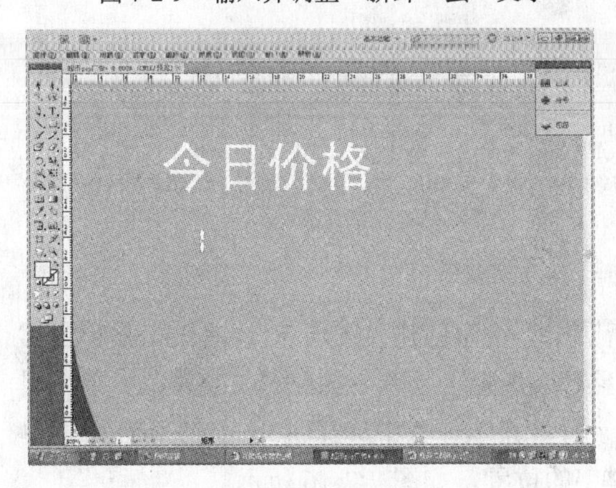

图 7-2-11　绘制矩形

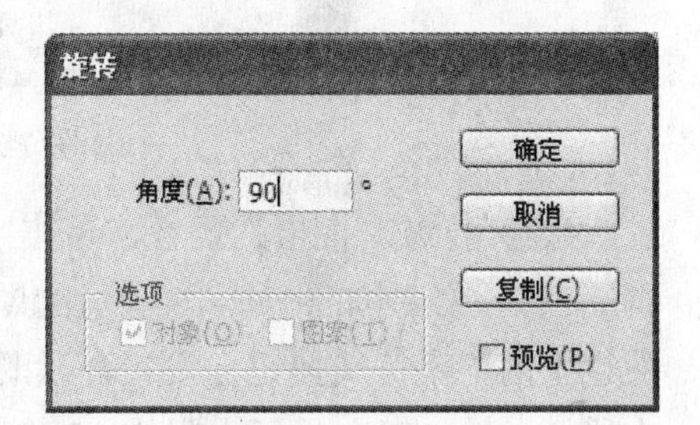

图 7-2-12　“旋转”对话框

（9）单击“确定”按钮后，利用鼠标拖动的方法将图形拖动到如图 7-2-13 所示的位置。用同样的方法继续绘制，直到完成如图 7-2-14 所示的效果为止。

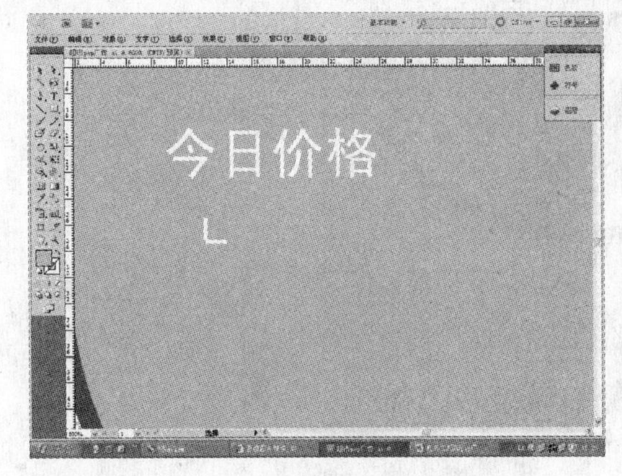

图 7-2-13　复制并旋转矩形

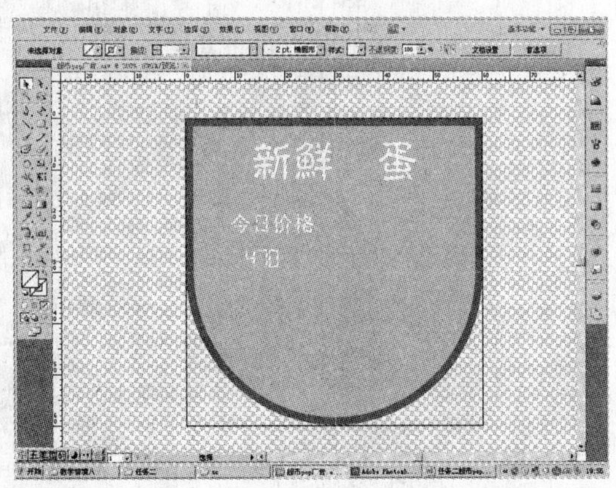

图 7-2-14　绘制完价格“4.70”后的效果

（10）打开“图层”面板，单击“创建新图层”按钮创建“图层 7”，单击工具箱中的文字工具，输入“元”后调整合适的大小和位置，选中“图层 5”并将其拖动到“创建新图层”按钮上生成“图层 5 副本”，利用键盘上的方向键将文字往右移动若干位置后单击工具箱中的文字工具，将“今日”两个字改为“破壳”两个字，用同样的方法处理“价格”和“元”文字生成“图层 6 副本”和“图层 7 副本”，效果如图 7-2-15 所示。

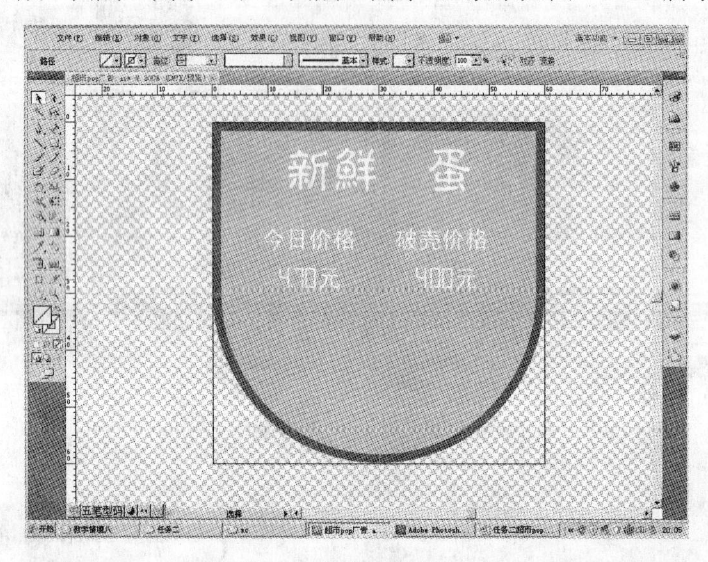

图 7-2-15 调整文字后的效果

（11）打开“图层”面板，单击“创建新图层”按钮创建“图层 8”，单击工具箱中的钢笔工具，绘制如图 7-2-16 所示的黑色弧线路径。选择工具箱中的路径文字工具，单击属性栏上的“字符”按钮，设置合适的字体和字号（在本任务中选择 12pt），在路径附近单击鼠标左键，输入“每人限购 15 枚”后调整字的位置，如图 7-2-16 所示。

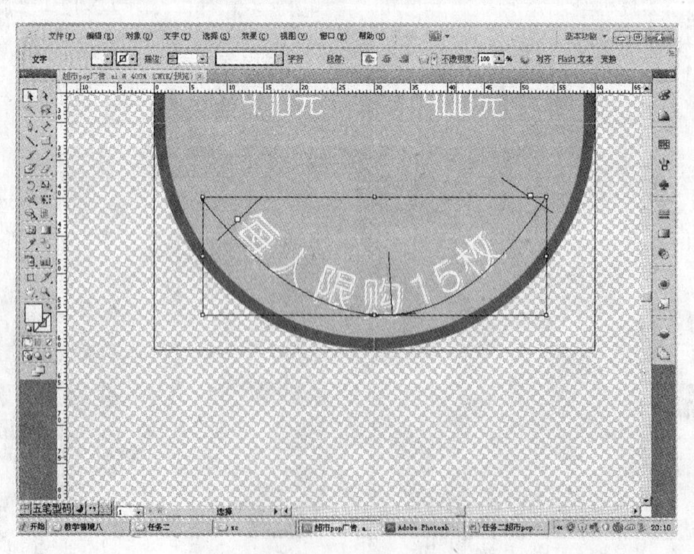

图 7-2-16 文字沿路径的效果

（12）执行“文件”→“保存”菜单命令，将其保存成 AI 格式，文件名为“超市 pop 广告”，启动 Photoshop CS5，执行“文件”→“打开”菜单命令，在弹出的对话框中选择超市 pop 广告.ai 文件，单击“打开”按钮后弹出如图 7-2-17 所示的对话框。

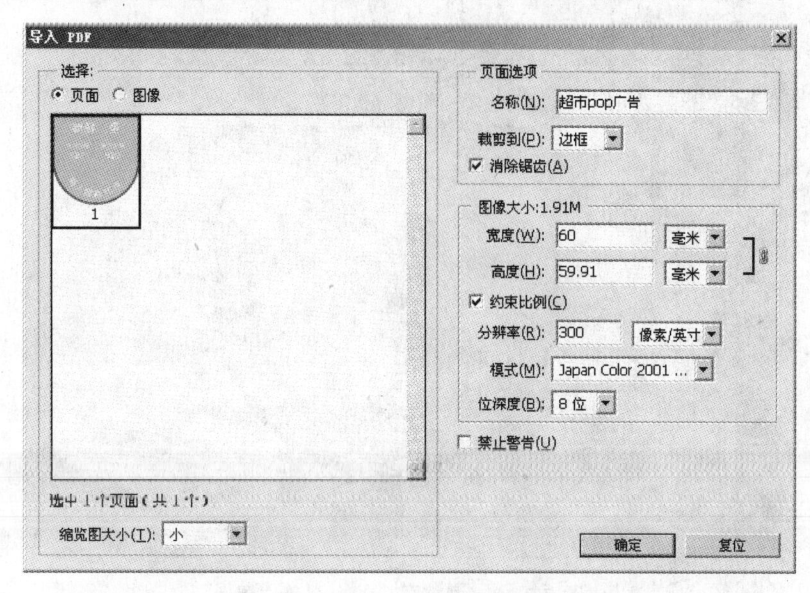

图 7-2-17 “导入 PDF”对话框

（13）在对话框的“选择”栏中选中系统默认的“页面”单选按钮，其余参数不变，单击“确定”按钮即可。打开 sc1.jpg 图片，利用魔术棒工具进行抠图，效果如图 7-2-18 所示。

图 7-2-18 打开 sc1.jpg 图片并抠图后的效果

（14）单击工具箱中的移动工具，将母鸡图片移动到超市 pop 广告文件中，按“Ctrl+T”组合键调出自由变换框，调整图片到合适大小和位置，如图 7-2-19 所示。

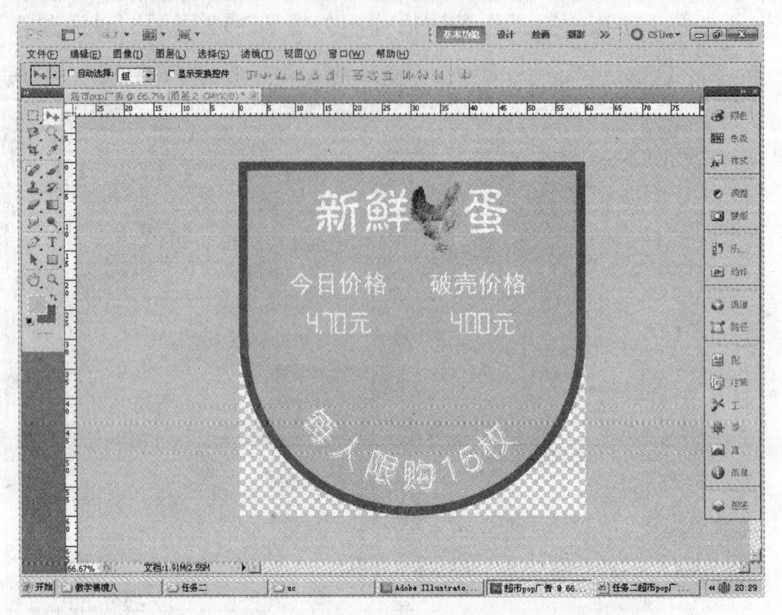

图 7-2-19　调整图片的大小和位置

（15）打开 sc2.jpg 文件，用同样的方法处理图片后的效果如图 7-2-20 所示。

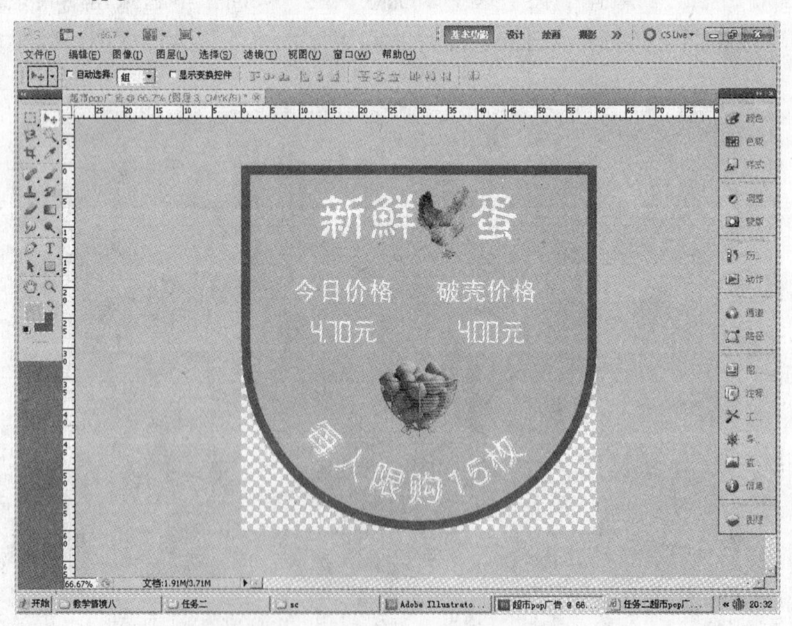

图 7-2-20　处理 sc2.jpg 后的效果

执行“文件”→“保存”菜单命令，将文件保存到合适的位置。

从超市内所用的 POP 广告我们可以看出，这样的广告制作难度并不大，但却很实用，色彩一定要鲜艳突出。接下来我们再来制作一个很简单但也很实用的广告。

（1）启动 Photoshop CS5，执行“文件”→“新建”菜单命令，在弹出的对话框中进行如图 7-2-21 所示的设置。

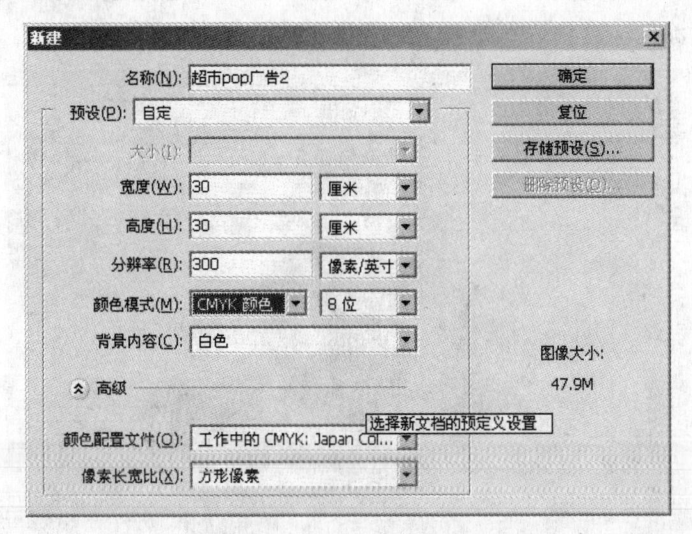

图 7-2-21　“新建”对话框

（2）按“Ctrl+O”组合键打开 sc3.jpg 素材图片，选择魔术棒工具，单击背景，执行“选择”→“反向”菜单命令，按“Ctrl+C”组合键复制选区内容，打开“图层”面板，单击“创建新图层”按钮，按“Ctrl+V”组合键粘贴选区，将背景图层删除后的效果如图 7-2-22 所示。

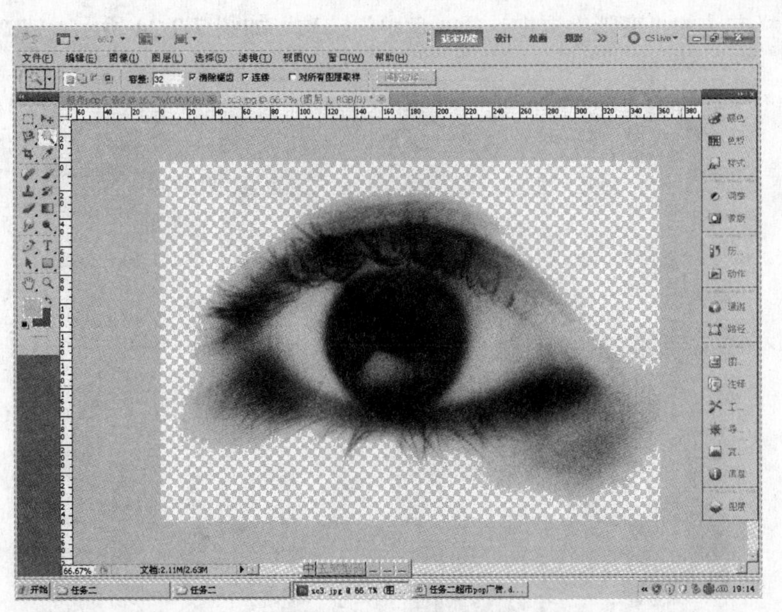

图 7-2-22　打开 sc3.jpg 素材图片并抠图

（3）仔细观察图 7-2-24 我们可以看出，利用魔术棒工具抠图时眼睛边缘处理得不是很好，单击工具箱中的橡皮擦工具，在属性栏上单击“点按可打开‘画笔预设’选取器”右边的三角形按钮，选择“柔边圆”画笔后将画笔大小调到 50px，设置其不透明度为 50%，在眼睛左下角和右下角的多余部分进行涂抹，并调整其不透明度分别为 20%、5%，继续在眼睛周围进行涂抹，直到达到如图 7-2-23 所示的效果为止。

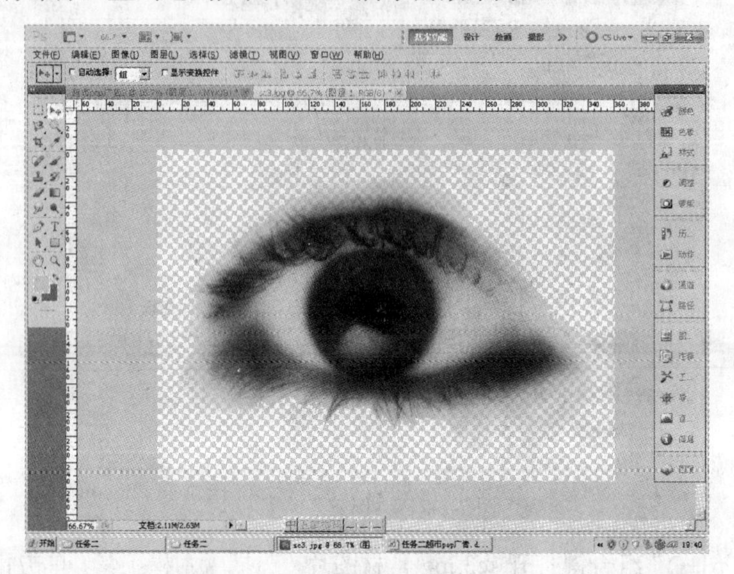

图 7-2-23　修饰眼睛边缘后的效果

（4）单击工具箱中的移动工具，将眼睛拖动到超市 pop 广告 2 文件中，按“Ctrl+T”组合键调出自由变换框，调整眼睛的大小和位置，单击“在自由变换和变形之间切换”按钮后在属性栏左边的“变形”框中选择“鱼眼”选项，如图 7-2-24 所示，按“Enter”键结束设置。

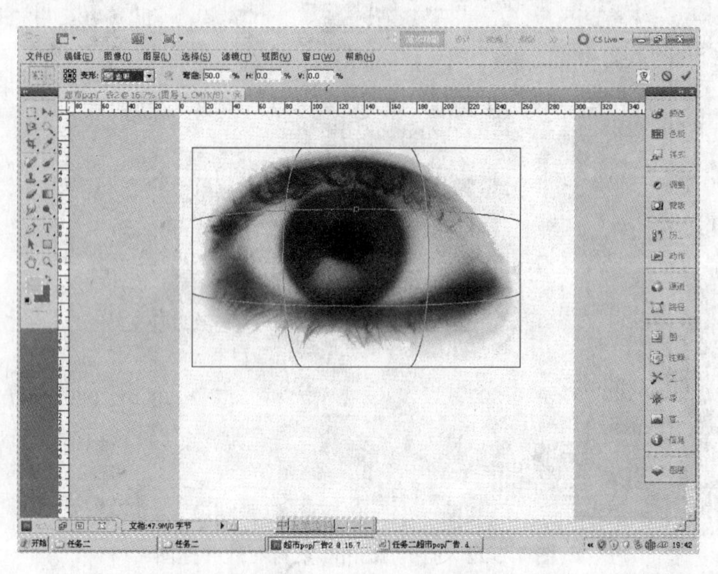

图 7-2-24　眼睛进行鱼眼变形后的效果

（5）打开 sc4.jpg 素材图片，选择魔术棒工具，单击背景，执行“选择”→“反向”菜单命令，按“Ctrl+C”组合键复制选区内容，打开“图层”面板，单击“创建新图层”按钮，按“Ctrl+V”组合键粘贴选区，将“背景”图层删除后的效果如图 7-2-25 所示。

图 7-2-25　打开 sc4.jpg 素材图片并抠图

（6）从标尺处拖出一条水平和一条垂直的参考线，对放大镜的中心点进行定位，单击工具箱中的椭圆选区工具，按住“Shift+Alt”组合键不放，从两条参考线的交叉点向外拖动鼠标绘制圆形选区，按“Delete”键删除选区内的部分，取消选区后的效果如图 7-2-26 所示。

图 7-2-26　删除放大镜中间部位后的效果

（7）单击工具箱中的移动工具，将放大镜拖动到超市 pop 广告 2 文件中，按“Ctrl+T”组合键调出自由变换框，调整放大镜的大小和位置，如图 7-2-27 所示。

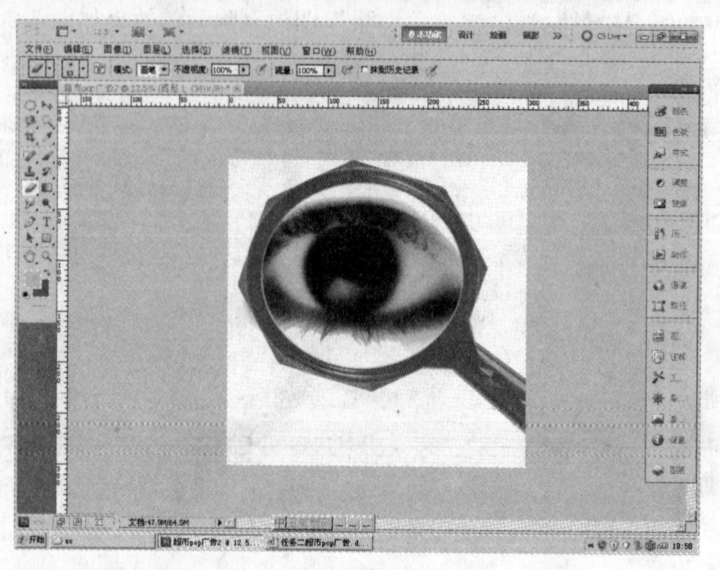

图 7-2-27　将放大镜拖到眼睛上的效果

仔细观察我们发现眼睛右下角有部分超出了放大镜，效果不是很好，单击工具箱中的橡皮擦工具，设置其不透明度为 100%，将超出的部分擦除即可。

（8）打开“图层”面板，单击“图层 2”后选择工具箱中的横排文字工具，输入“新货上架啦”文字，利用鼠标拖动的方法选中这几个字，设置字的颜色为黄色，选择合适的字体后单击工具箱中的其他任意一个工具即可结束对文字的设置，按“Ctrl+T”组合键后调整字的大小和位置，如图 7-2-28 所示。

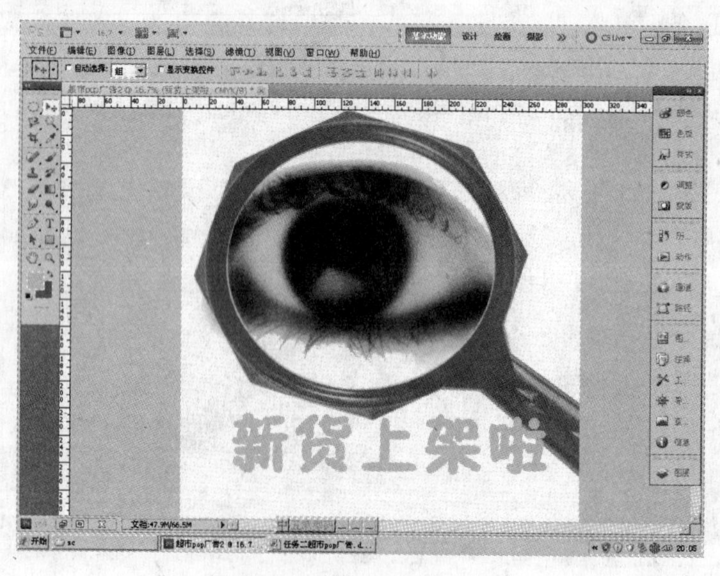

图 7-2-28　输入文字后的效果

（9）打开“图层”面板，单击“*fx*”按钮，选择“描边”选项，在弹出的对话框中进行如图 7-2-29 所示的设置，主要设置颜色和大小。

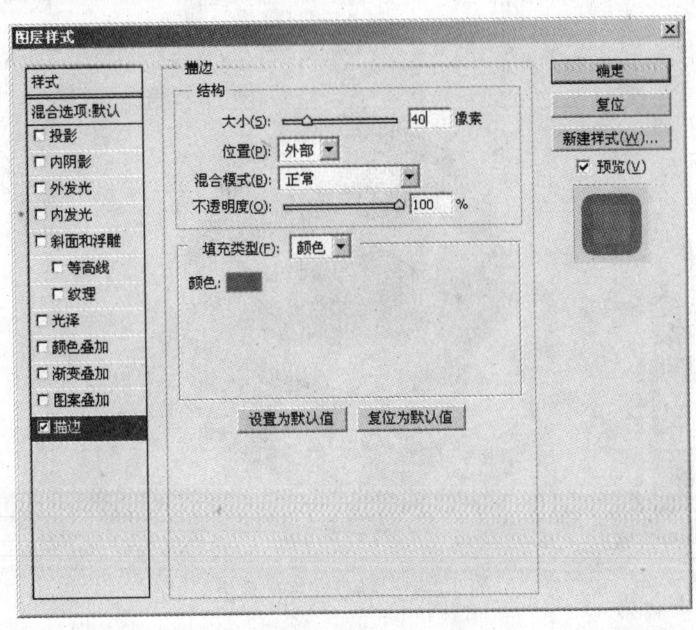

图 7-2-29 “图层样式”对话框

（10）打开“图层”面板，在“新货上架啦”图层处单击鼠标右键，在弹出的快捷菜单中选择“删格化图层”选项，按“Ctrl+T”组合键调出自由变换框，单击属性栏右边的“在自由变换和变形之间切换”按钮后在属性栏“变形”框中选择“拱形”选项，在“弯曲”中输入“–30”，效果如图 7-2-30 所示。

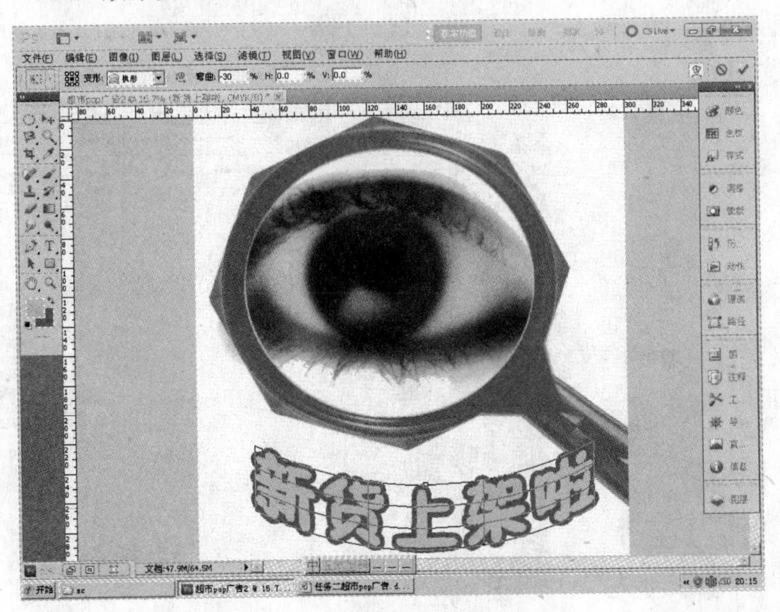

图 7-2-30 文字描边和变形后的效果

（11）按“Enter”键后，按“Ctrl+T”组合键调出自由变换框，调整其大小并旋转一定的角度，效果如图 7-2-31 所示。

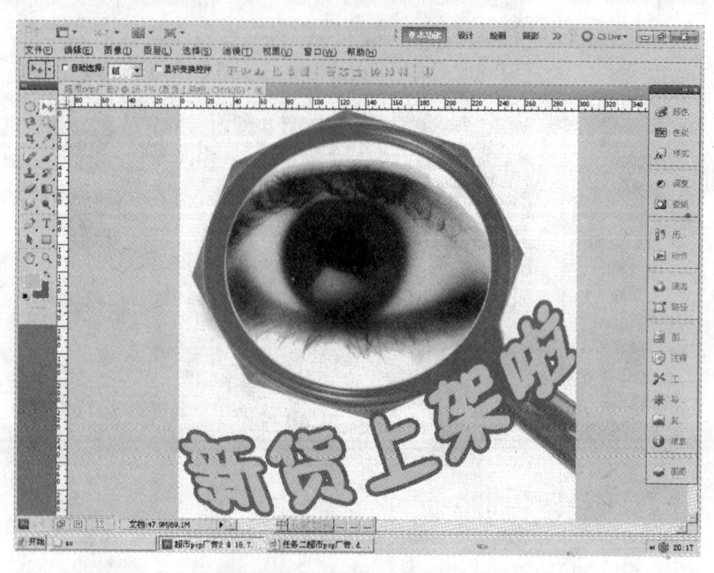

图 7-2-31 调整文字的效果

（12）如图 7-2-32 所示，单击工具箱中的自定形状工具，单击属性栏中“形状”右边的三角形箭头，弹出如图 7-2-33 所示的菜单，单击其右上角的三角形按钮，在弹出的菜单中选择“全部”选项，在弹出的对话框中单击“追加”按钮，在“形状”菜单中就会显示所有本版本中所提供的基本形状，我们可以从中选择需要的形状来进行设计工作。

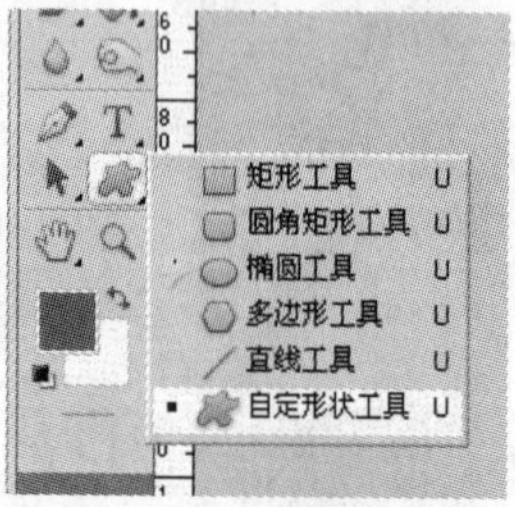

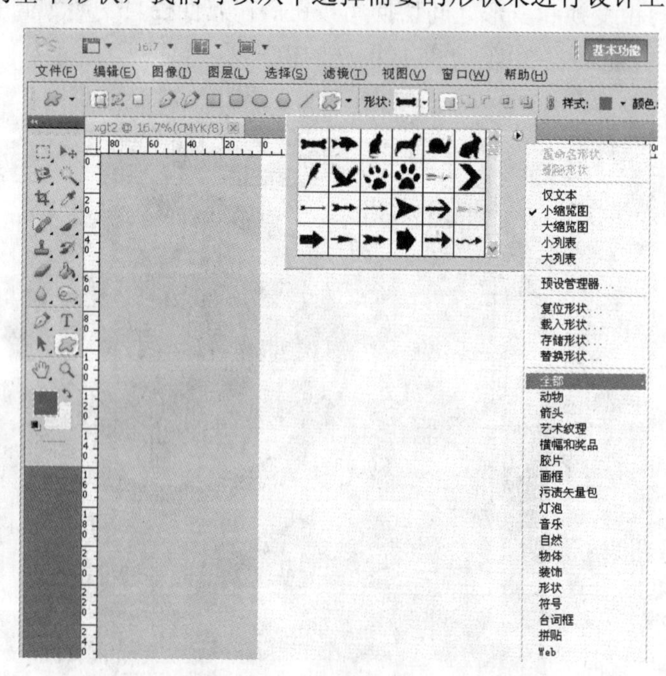

图 7-2-32 自定形状工具

图 7-2-33 载入形状

在本任务中我们选择了欢快的音乐乐符并设置符号的颜色为红色，在页面空白的地方随机地拖动鼠标绘制图形，最终的效果如图 7-2-34 所示。

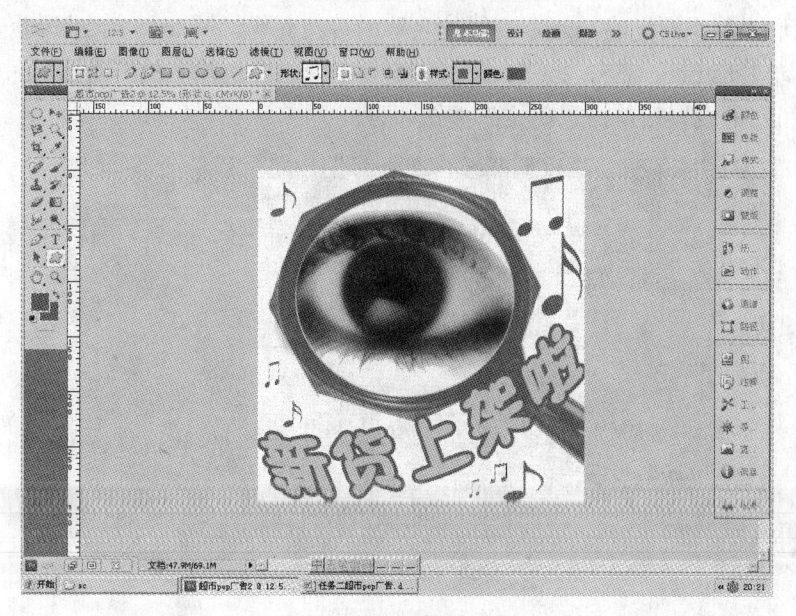

图 7-2-34　最终的效果

在本任务的 xgt 文件夹中，我们还给出了 8 个不同超市 POP 广告的效果图，从操作技巧上来说，都没什么难度，同学们可以自己练习。

任务三　商场 DM 广告设计

DM（Direct Mail advertising，直接邮寄广告）是通过邮寄、赠送等形式，将宣传品送到消费者手中、家里或公司所在地。也有的人将其表述为 Direct Magazine advertising（直投杂志广告），两者没有本质上的区别，都强调直接投递（邮寄）。除了用邮寄投递以外，还可以借助于其他媒介，如传真、杂志、电视、电话、电子邮件及直销网络、柜台散发、专人送达、来函索取、随商品包装发出等。

DM 与其他媒介的最大区别在于，DM 可以直接将广告信息传送给真正的受众，而其他广告媒体形式只能将广告信息笼统地传递给所有受众，不管受众是否是广告信息的真正受众。DM 形式有广义和狭义之分，广义上包括广告单页，如大家熟悉的街头巷尾和商场超市散布的传单，肯德基、麦当劳的优惠卷；狭义 DM 广告仅指装订成册的集纳型广告宣传画册。

这一类的广告一般来说制作技巧都不是太难，它的重点是信息量大，所以一般都做成册子，页码相对来说较多，所以在这里不可能一一给大家讲解，我们只以其中的一页为例进行讲解，其他页码都与之类似，大家只要参考制作即可。

首先我们来制作商场的logo，商场的名称叫百花商场，其logo的制作过程如下：

（1）启动Illustrator CS5，按“Ctrl+N”组合键弹出“新建文档”对话框，在其中进行如图7-3-1所示的设置后单击“确定”按钮即可。

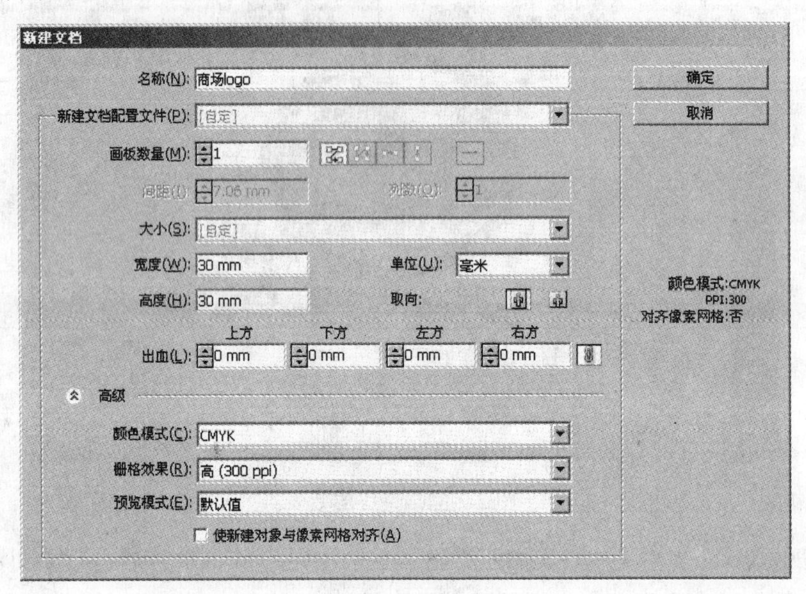

图7-3-1 “新建文档”对话框

（2）如图7-3-2所示，单击工具箱中的多边形工具，将光标移动到画布中间任意一个位置单击鼠标左键，在弹出的对话框中进行如图7-3-3所示的设置后单击“确定”按钮。

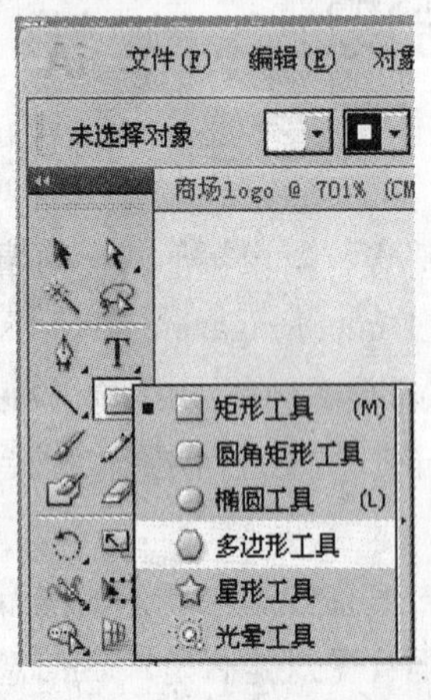

图7-3-2 多边形工具

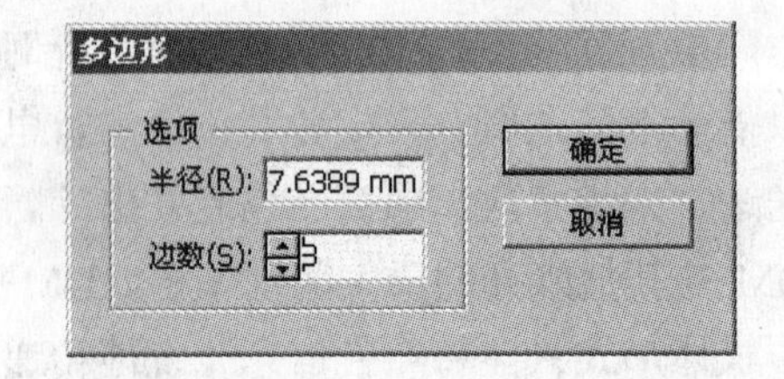

图7-3-3 “多边形”对话框

（3）单击工具箱中的选择工具，按“Ctrl+R”组合键调出标尺，利用鼠标拖动的方法拖出水平和垂直方向的两条参考线，按住“Shift”键不放，调整八边形的大小和位置，如图7-3-4所示。

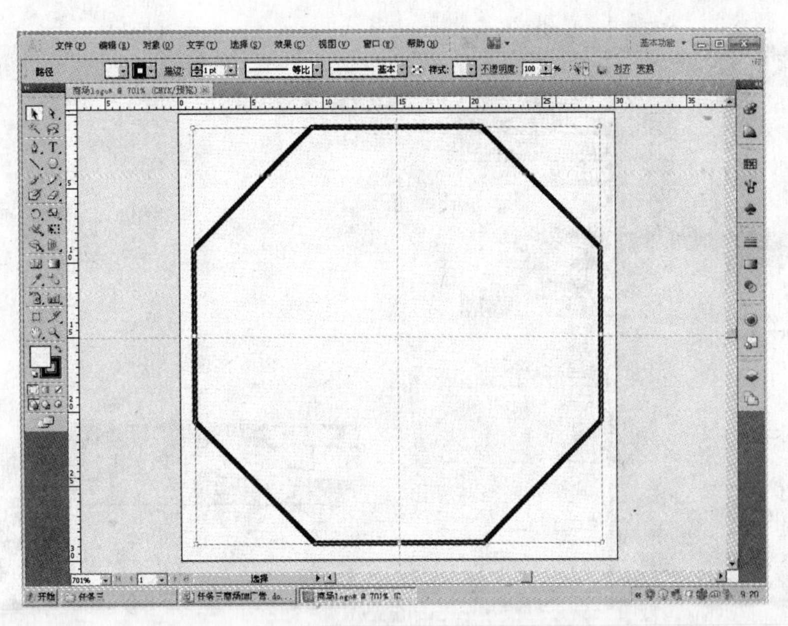

图 7-3-4　调整八边形的大小和位置

（4）单击属性栏上“描边”左边的下拉按钮，弹出如图 7-3-5 所示的列表框，选择“CMYK 红”即可将八边形的边线换成红色，效果如图 7-3-6 所示。

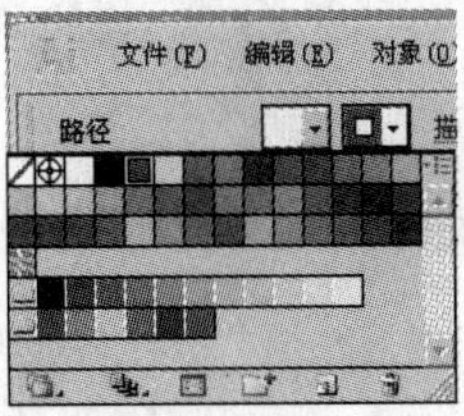

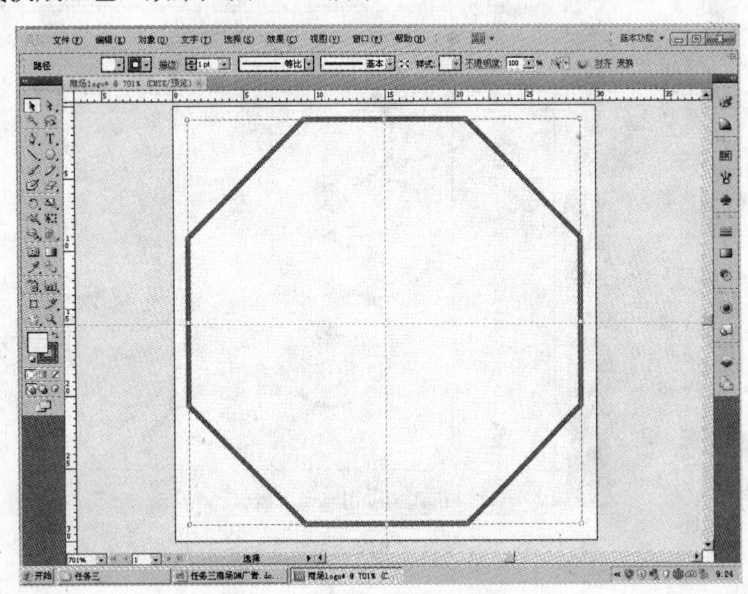

图 7-3-5　边线设置

图 7-3-6　设置边线后的效果

（5）如图 7-3-7 所示，执行“效果”→“扭曲和变换”→“收缩和膨胀”菜单命令，弹出如图 7-3-8 所示的对话框，在对话框中输入“30”后单击“确定”按钮即可。

（6）观察图形我们可以看出，八边形已变成花瓣形，但图形通过膨胀后又变大了，超出了画布的边，按住“Shift+Alt”组合键不放，使中心点不变调整其大小，如图 7-3-9 所示。

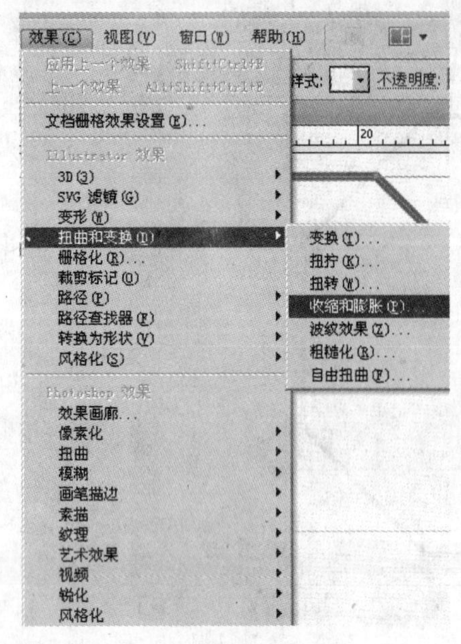

图 7-3-7 “收缩和膨胀”选项

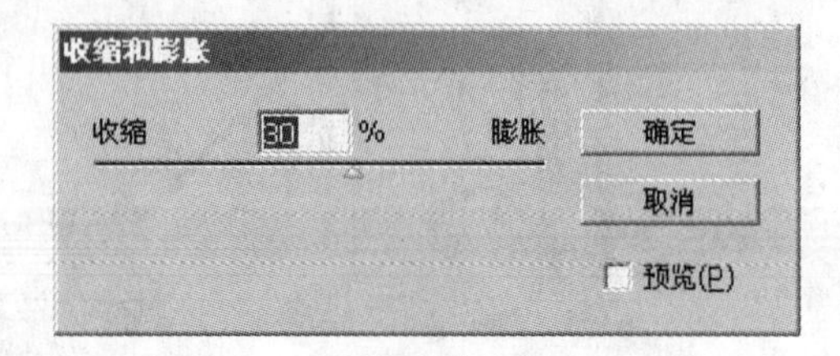

图 7-3-8 “收缩和膨胀”对话框

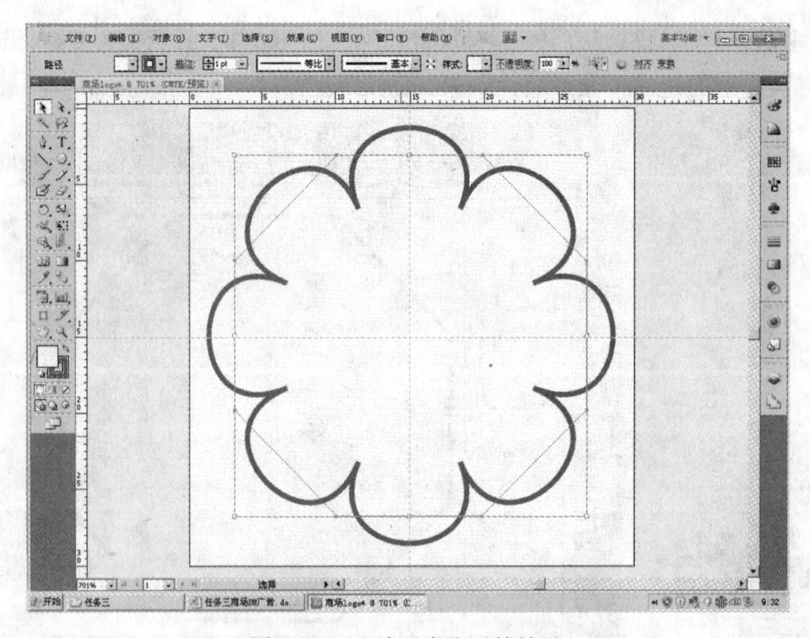

图 7-3-9 八边形膨胀后的效果

（7）打开“图层”面板，单击“创建新图层”按钮创建“图层 2”，单击工具箱中的文字工具，在花瓣的中间位置单击鼠标左键，输入“百花商场”（注意，“百花”和“商场”之间要换行）文字，用鼠标拖动的方法选中这 4 个字，单击属性栏上的“字符”按钮，主要是进行字体的设置（本任务中选择方正粗活意简体），如图 7-3-10 所示，再将属性栏上的填充色和描边颜色都设置为“CMYK 红”，效果如图 7-3-10 所示。

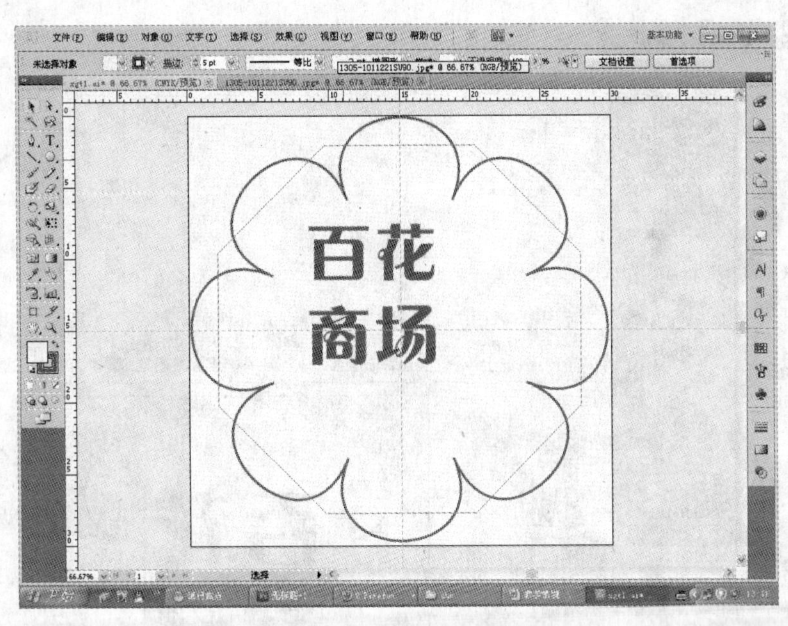

图 7-3-10　输入文字后的效果

（8）单击工具箱中的选择工具，将光标移动到右下角的空心正方形处按住鼠标左键不放，将鼠标往右下角拖动，释放鼠标后，用框选的方式同时选中花瓣和“百花商场”4 个字，这时在属性栏中单击“水平居中对齐”和“垂直居中对齐”两个按钮，效果如图 7-3-11 所示。

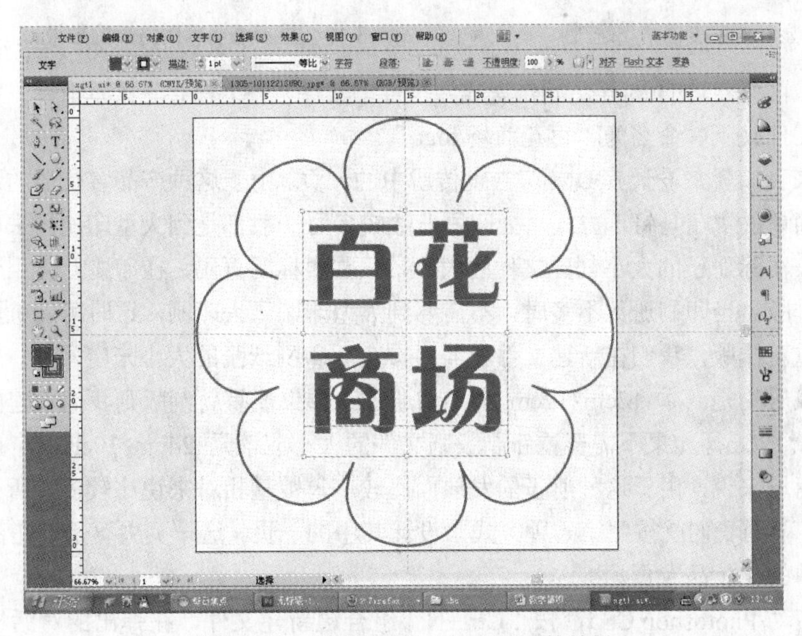

图 7-3-11　设置文字大小和位置后的效果

（9）如图 7-3-12 所示，执行“视图”→“显示透明度网格”菜单命令，出现如图 7-3-13 所示的效果。

视图(V) 窗口(W) 帮助(H)
轮廓(O) Ctrl+Y
叠印预览(V) Alt+Shift+Ctrl+Y
像素预览(X) Alt+Ctrl+Y
校样设置(F)
校样颜色(C)
放大(Z) Ctrl++
缩小(M) Ctrl+-
画板适合窗口大小(W) Ctrl+0
全部适合窗口大小(L) Alt+Ctrl+0
实际大小(E) Ctrl+1
隐藏边缘(D) Ctrl+H
隐藏画板(B) Shift+Ctrl+H
显示打印拼贴(T)
显示切片(S)
锁定切片(K)
隐藏模板(L) Shift+Ctrl+W
标尺(R)
隐藏定界框(J) Shift+Ctrl+B
显示透明度网格(Y) Shift+Ctrl+D
隐藏文本串接(H) Shift+Ctrl+Y
隐藏渐变批注者 Alt+Ctrl+G
显示实时上色间隙
参考线(U)
智能参考线(Q) Ctrl+U
透视网格(P)
显示网格(G) Ctrl+"
对齐网格 Shift+Ctrl+"
✔ 对齐点(N) Alt+Ctrl+"
新建视图(I)...
编辑视图...

图 7-3-12 “显示透明度网格”选项　　　　图 7-3-13 显示透明度网格后的效果

至此，百花商场的 logo 已制作完成，执行“文件”→“保存”菜单命令，将文件保存在效果图文件夹下并命名为“百花商场 logo”。

接下来我们就来设计其 DM 广告宣传册中的一页。由于这种产品宣传册的装订方式大多都选择简单的“骑马钉”方式，当印刷册数较多时一般都是到大型印刷厂去印刷，设计时就可以按实际册子的大小创建文件的大小，只需要标明页码，在印刷厂会用专门的制版软件重新排版。当印刷册数不多时，不需要到大型印刷厂去印刷，这时可能就没有专门的制版软件重新排版，我们在新建文件就需要按实际印刷纸张的大小来定尺寸。例如，我们最终装订成册的是一本 12cm*12cm 大小的册子，如果要重新制版则我们新建的文件大小也是 12cm*12cm，如果不需要重新制版则文件的大小应该是 24cm*10cm。一般情况下对于大型的商场来说，由于这种册子的发放面比较广，数量相对来说比较多，所以多采用第一种方式，下面我们就按照第一种方式来设计其中的一页，这一页主要是百花商场 DM 广告宣传册中的化妆品专页。

（1）启动 Photoshop CS5，按“Ctrl+N”组合键新建文件，在弹出的对话框中进行如图 7-3-14 所示的设置。

（2）启动 Illustrator CS5，按“Ctrl+N”组合键弹出“新建文档”对话框，由于我们刚建立的文件也是一个正方形的文件，所以直接单击“确定”按钮即可。单击工具箱中的矩形网格工具，将光标移动到工作区内的任意位置单击鼠标左键，在弹出的对话框中进行如图 7-3-15 所示的设置，效果如图 7-3-16 所示。

图 7-3-14 “新建”对话框

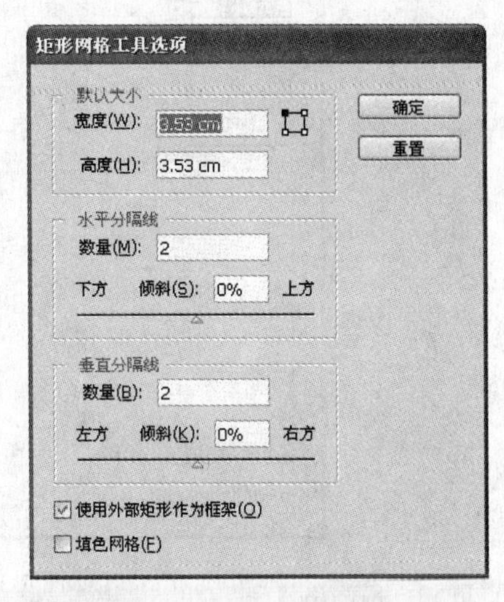

图 7-3-15 “矩形网格工具选项”对话框

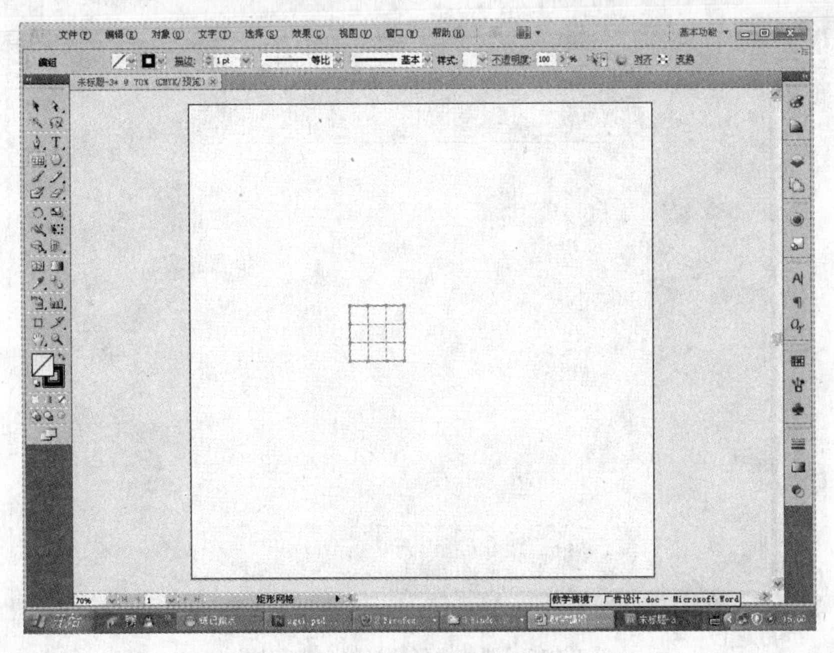

图 7-3-16　绘制矩形网格

（3）执行“文件”→“存储为”菜单命令，将其保存在素材文件夹下，并命名为“sc1”，使用系统默认的扩展名，单击“确定”按钮后，在 Photoshop 中执行“文件”→“打开”菜单命令，在弹出的对话框中进行如图 7-3-17 所示的设置后单击“确定”按钮即可打开 sc1.ai 文件。

（4）单击工具箱中的移动工具，将 sc1 图形拖动到 xgt1 文件中，按“Ctrl+T”组合键调出自由变换框，调整其大小和位置，如图 7-3-18 所示。

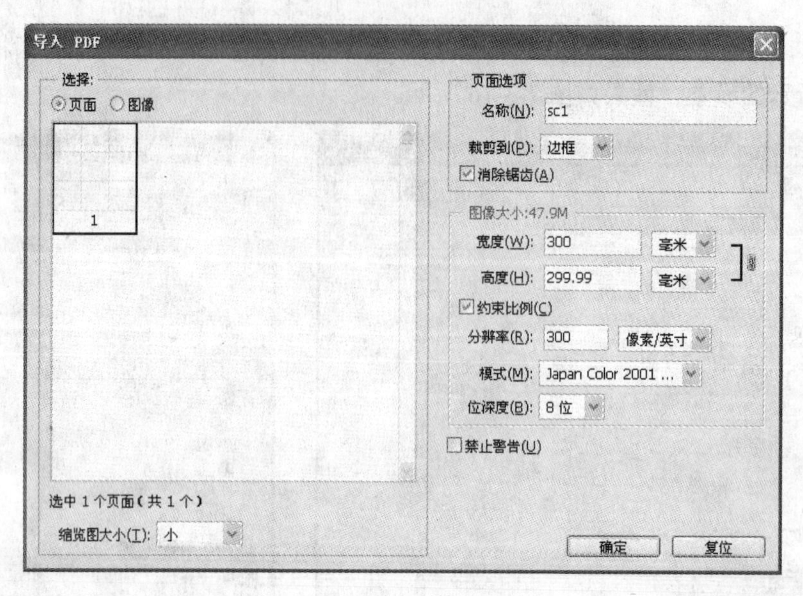

图 7-3-17 “导入 PDF”对话框

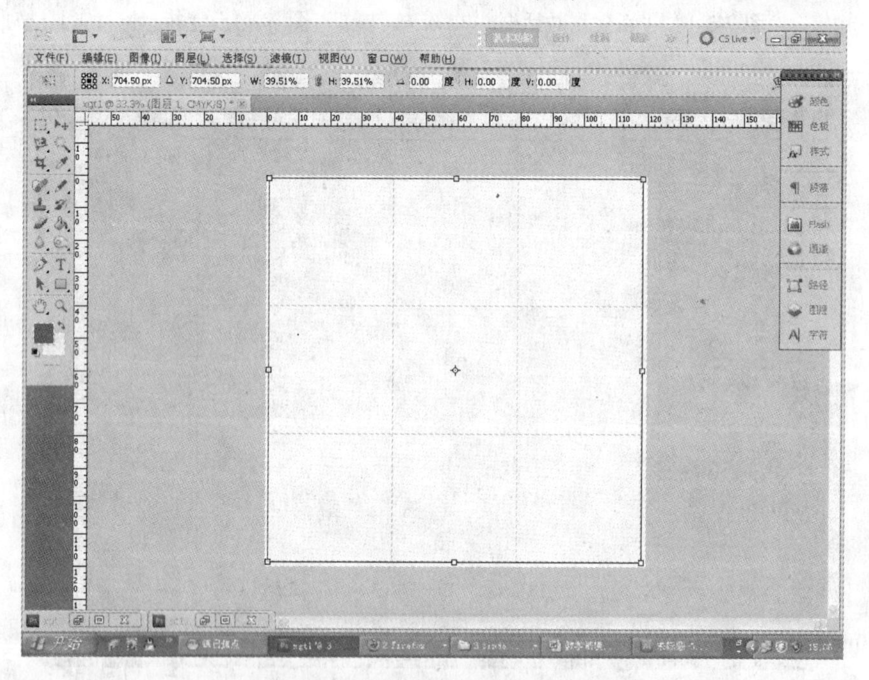

图 7-3-18 调整矩形网格的大小和位置

（5）将光标移动到图形中间的任意位置，双击鼠标左键，按“Ctrl+O”组合键打开素材文件夹下的 sc2.jpg 文件，单击工具箱中的移动工具，将其移动到 xgt1 文件中，按“Ctrl+T”组合键调出自由变换框，调整其大小和位置，如图 7-3-19 所示。

（6）打开效果图文件夹下的百花商场 logo.ai 文件，单击工具箱中的移动工具，将其拖入 xgt1 文件中，按“Ctrl+T”组合键调出自由变换框，调整其大小和位置，如图 7-3-20 所示。

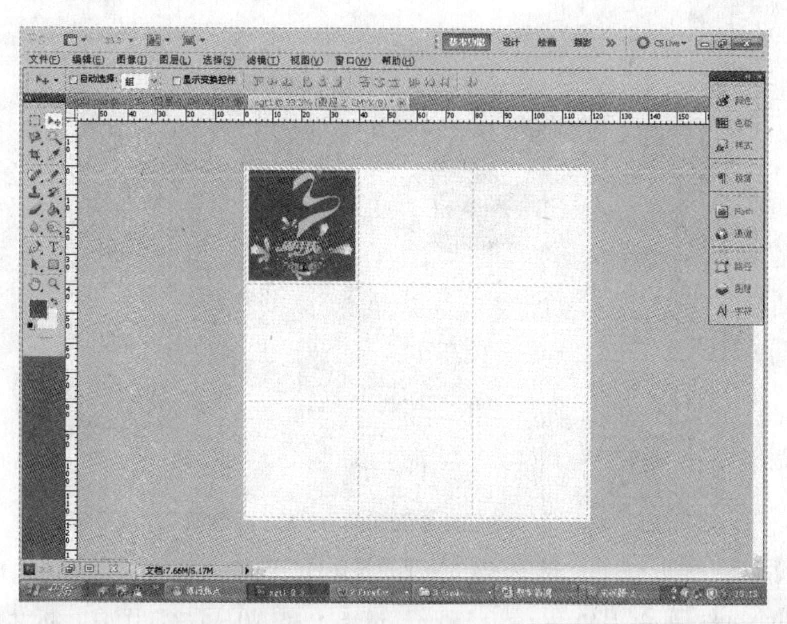

图 7-3-19　将 sc2.jpg 文件拖入 xgt1 文件中

图 7-3-20　将百花商场 logo 文件拖入 xgt1 文件中

（7）分别打开素材文件夹下的 sc3.psd 和 sc4.psd 两个文件，单击工具箱中的移动工具，将它们分别移动到 xgt1 文件中，按“Ctrl+T”组合键调出自由变换框，调整其大小和位置，单击工具箱中的横排文字工具，单击属性栏上的“字符”按钮，输入“曼秀雷敦　夏季主打产品”文字，中间用“Enter”键换行，分别调整上下两行字的大小、字符间距和行间距，选中文字图层所在的上一图层，单击“创建新图层”按钮，单击工具箱中的椭圆选框工具，按住“Shift”键不放绘制圆形选区并填充橙色，调整其位置正好让圆在“主”字的下面，效果如图 7-3-21 所示。

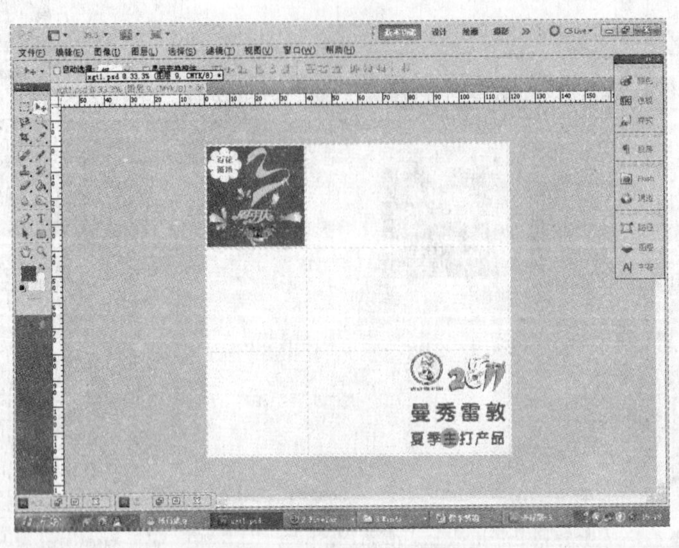

图 7-3-21　右下角设计后的效果

（8）打开素材文件夹下的 sc5.psd 文件，单击工具箱中的移动工具，将其移动到 xgt1 文件中，按“Ctrl+T”组合键调出自由变换框，调整其大小和位置，单击工具箱中的矩形选框工具，绘制矩形选区后单击工具箱中的油漆桶工具为其填充蓝色，再单击工具箱中的横排文字工具，将字体颜色设为白色，输入“清爽防晒，享受阳光就这么简单！”文字，再单击工具箱中的横排文字工具，将字体颜色设为黄色，输入“店庆价：”文字，打开“图层”面板，单击“*fx*”按钮，选择“描边”选项，为其设置描边颜色为红色，并设置描边宽度为 5px，单击“确定”按钮后，打开“图层”面板，单击“创建新图层”按钮，新建一个图层后再单击工具箱中的自定形状工具，在属性栏中的“形状”按钮右边的下拉菜单中进行如图 7-3-22 所示的选择，利用鼠标拖动的方法在工作区内拖出一个图形，按“Ctrl+T”组合键调出自由变换框，调整其大小和位置。再单击工具箱中的横排文字工具，将颜色设置为白色，输入“59.6 元”文字，调整其大小和位置，如图 7-3-23 所示。

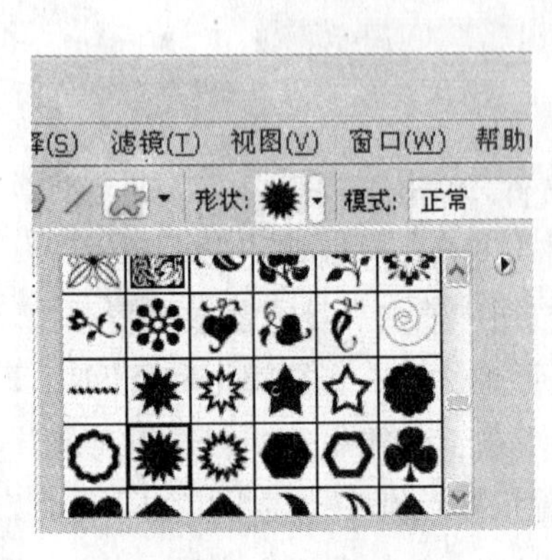

图 7-3-22　自定形状工具

图 7-3-23　中间部分设计后的效果图

（9）打开素材文件夹下的 sc6.psd 文件，单击工具箱中的移动工具，将其移动到 xgt1 文件中，按“Ctrl+T”组合键调出自由变换框，调整其大小和位置，单击工具箱中的矩形选框工具，绘制矩形选区后单击工具箱中的油漆桶工具为其填充橙色，打开“图层”面板，按住“Shift”键，同时选中步骤（8）中输入的所有文字，并将它们拖动到“创建新图层”按钮上，单击工具箱中的移动工具，将它们移动到合适的位置，再单击横排文字工具，删除需要修改的文字，输入新的文字信息，效果如图 7-3-24 所示。

图 7-3-24　右上角部分设计后的效果图

（10）利用相同的方法将其余 3 个格子中的信息也进行类似的操作，最终效果如图 7-3-25 所示。

图 7-3-25　最终效果图

至此，DM 广告宣传册中的一页已制作完成，其余各页的制作方法与之类似，在这里就不再一一详述，请同学们自己找一些现成的例子来多做练习即可。

任务四　楼盘户外广告设计

在目前房产市场如此发达的时期，房产广告的设计也是广告设计中非常重要的一部分。一般来说，房产广告按时间段来分一般至少分 3 期，即早期、中期和晚期来做，按形式来分，楼盘广告又分为户外墙体广告、道旗广告、灯箱广告、楼书广告、户型广告、高速公路口大型广告等。在本任务中，我们就来做一个宽 92cm、高 110cm 的楼盘灯箱广告。

（1）启动 Photoshop CS5，按“Ctrl+N”组合键后弹出“新建”对话框，在其中进行如图 7-4-1 所示的设置后单击“确定”按钮即可。

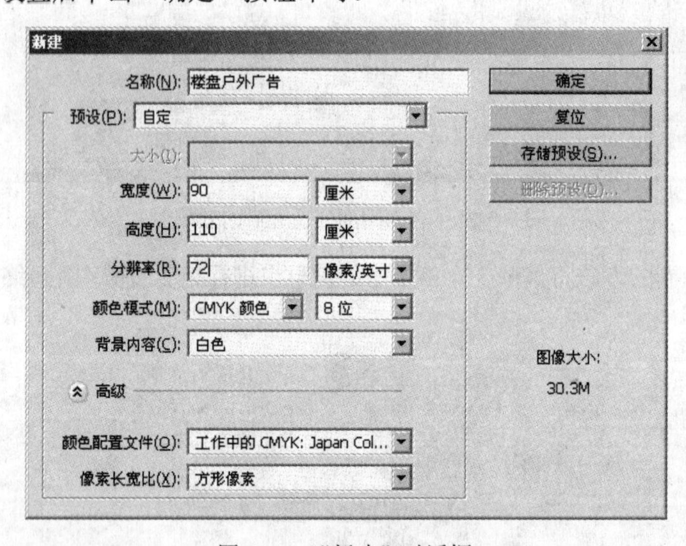

图 7-4-1 “新建”对话框

（2）打开“图层”面板，单击“创建新图层”按钮新建“图层 1”，执行“文件”→“置入”菜单命令，在弹出的对话框中选择素材存放的位置后选择打开 sc1.jpg 素材，按住“Shift”键不放，调整图片的大小和位置，如图 7-4-2 所示，双击取消自由变换框。

（3）打开“图层”面板，我们发现“图层 1”的名称改为了“sc1”，在“sc1”上单击鼠标右键，在弹出的快捷菜单中选择“栅格化图层”选项，单击工具箱中的矩形选框工具，设置其羽化半径为 100，在刚置入的图片上方用鼠标拖动的方法绘制一个矩形选区，利用鼠标拖动的方法移动矩形选区，移动一次按一次“Delete”键，最终的效果如图 7-4-3 所示。

图 7-4-2 导入 sc1.jpg 素材

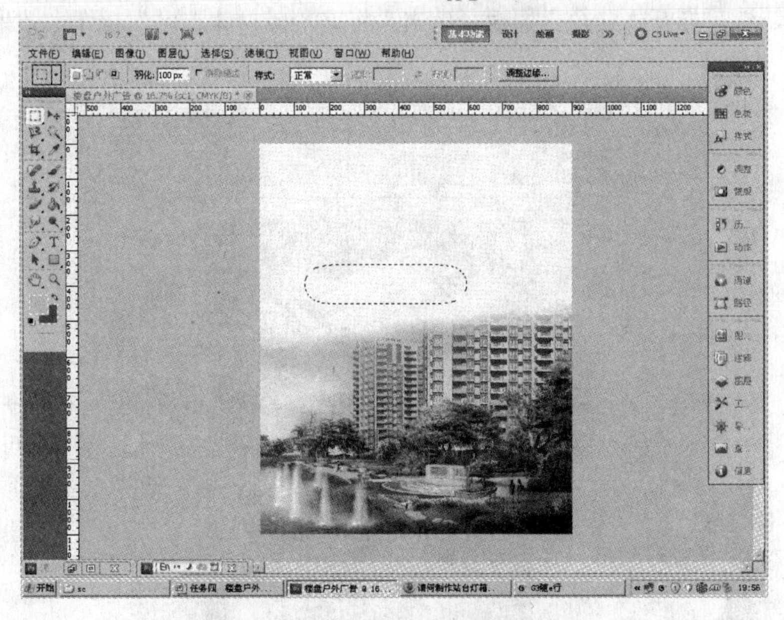

图 7-4-3 羽化处理 sc1.jpg 素材后的效果

（4）按“Ctrl+D”组合键取消选区，打开“图层”面板，单击“创建新图层”按钮新建“图层 1”，单击工具箱中的矩形选框工具，设置其羽化半径为 0，利用鼠标拖动的方法绘制一个与背景一样大小的矩形选区，单击工具箱中的渐变填充工具，弹出如图 7-4-4 所示的窗口，在“预设”中选择第一行第二个即从前景色到透明渐变，将位置 0 处的色标颜色值设为 C13、M15、Y40、K0，其他值保持不变，单击“确定”按钮后在矩形选区中按住鼠标左键不放，由上向下拖动鼠标最终形成如图 7-4-5 所示的效果。

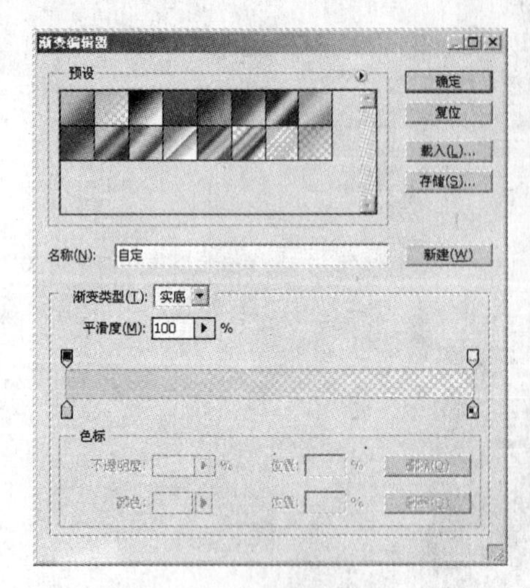

图 7-4-4 “渐变编辑器”窗口

图 7-4-5 渐变填充后的效果

（5）打开 sc2.jpg 素材，按“Ctrl++”组合键放大图片后单击工具箱中的钢笔工具，单击属性栏上的“路径”按钮，利用钢笔工具将手表进行抠图，先沿着手表的边缘结合“Alt”键绘制路径，然后打开“路径”面板，单击“将路径转换为选区”按钮，效果如图 7-4-6 所示。

图 7-4-6 将手表进行抠图

（6）选择工具箱中的移动工具，将光标移动到手表所在的选区内，利用鼠标拖动的方法将手表拖动到楼盘户外广告文件中，按“Ctrl+T”组合键调出自由变换框，按住“Shift”键不放，调整图片的大小和位置，如图 7-4-7 所示，双击鼠标左键取消自由变换框。

图 7-4-7　将抠出的手表导入新建文件后的效果

（7）打开 sc3.jpg 素材，选择工具箱中的横排文字工具，在 sc3 文件上单击鼠标左键，输入“贵方园第　　期”（中间是空格，空格数可调），利用鼠标拖动的方法选中这些文字，单击属性栏右边的“切换字符和段落面板”按钮，在弹出的对话框中选择华文隶书字体，并加粗，关闭面板。打开“图层”面板，单击“创建新图层”按钮新建“图层 1”，选中“图层 1”，单击工具箱中的横排文字工具，在属性栏上选择字体为华文琥珀后输入数字“5”，调整图片的大小和位置，如图 7-4-8 所示。打开“图层”面板，按住“Ctrl”键不放，在 3 个图层上分别单击鼠标左键将其选中，执行“图层”→“合并图层”菜单命令将 3 个图层合并为一个图层，单击工具箱中的移动工具，将处理过的 sc3 文件移动到楼盘户外广告中，按“Ctrl+T”组合键调出自由变换框，调整图片的大小、方向和位置，如图 7-4-9 所示。

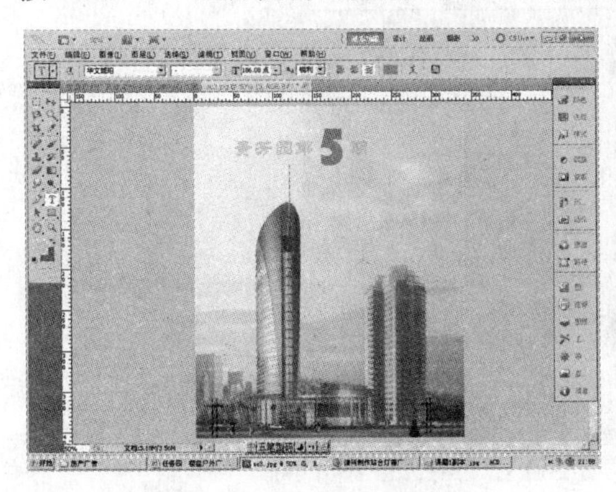

图 7-4-8　输入文字

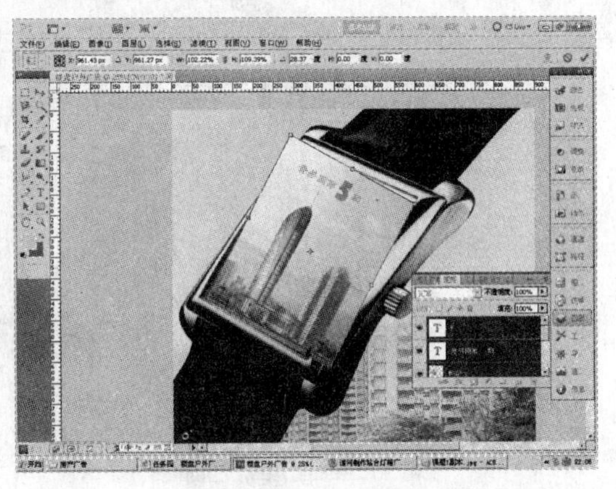

图 7-4-9　将图案导入后的效果

（8）单击属性栏最右边的“在自由变换和变形之间切换”按钮，切换成变形模式，这时在导入图片的 4 边各有 4 个控制点，分别将 4 个角上的控制点与手表表壳内部的 4 个角对齐，这时边可能还有点不完全对齐，仔细观察4个角上的点处，每个点上都有两个控制柄，我们可以将光标移动到控制柄终点的黑色小方框上，使用鼠标拖动的方法来调整图片，直到完成如图7-4-10所示的效果为止。

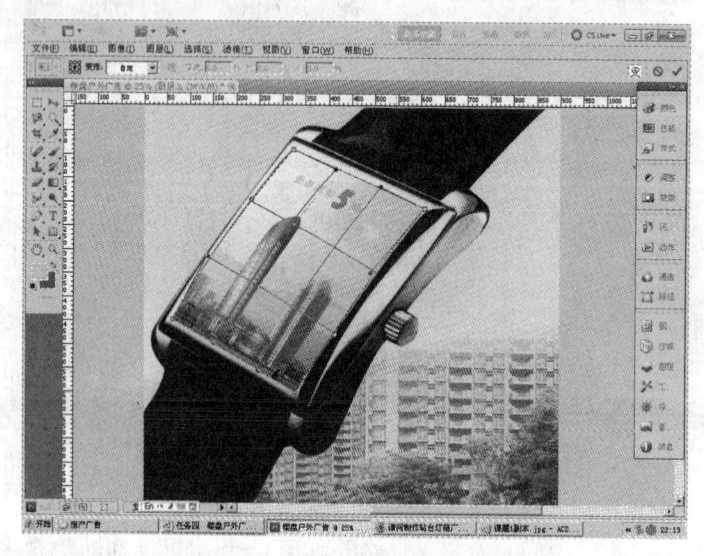

图7-4-10　图案变形处理后的效果

（9）按“Enter”键，再打开“图层”面板，使“图层3”不可见，按“Ctrl++”组合键放大图片，单击工具箱中的钢笔工具，在属性栏中单击“路径”按钮，在钢笔的指针边缘结合“Alt”键绘制路径，然后打开“路径”面板，单击“将路径转换为选区”按钮，效果如图7-4-11所示。

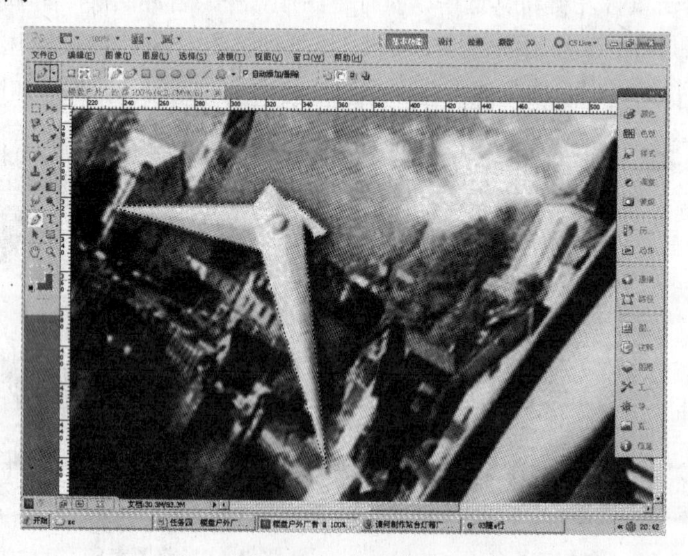

图7-4-11　绘制指针

（10）打开“图层”面板，让“图层3”可见，按“CTRL+–”组合键缩小图片到合适大小，按“Delete”键删除选区内的部分图片，按“Ctrl+D”组合键取消选区，效果如

图 7-4-12 所示。

图 7-4-12　显示指针

（11）单击工具箱中的横排文字工具，在属性栏中设置字体为方正水注简体，颜色为 C69、M69、Y100、K44，在合适的位置输入“精工细作”文字，按“Ctrl+T”组合键调出自由变换框，调整字的大小和位置，再次单击工具箱中的横排文字工具，输入“注重于每一细节的琢磨　贵方园　　　期经典佳作”，在“磨”字后进行换行，“园”和“期”之间输入几个空格，调整行间距和字间距等，最终的效果如图 7-4-13 所示。

图 7-4-13　输入文字后的效果

（12）再次单击工具箱中的横排文字工具，在属性栏中选择一种英文字体，将颜色设为 C4、M35、Y90、K0，在合适的位置输入数字“5”，按“Ctrl+T”组合键调出自由变换框，调整字的大小和位置，效果如图 7-4-14 所示。

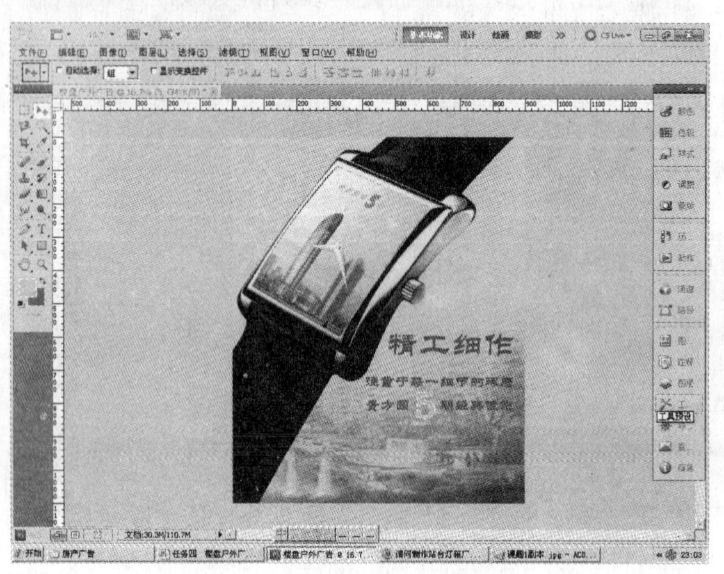

图 7-4-14　输入“5”后的效果

（13）按“Ctrl++”组合键放大图片，再次单击工具箱中的横排文字工具，在下面的表带位置输入“Tel-”字符，按“Ctrl+T”组合键调出自由变换框，调整字的大小和位置，效果如图 7-4-15 所示。

图 7-4-15　输入“Tel-”后的效果

（14）再次单击工具箱中的横排文字工具，在下面的表带位置输入“82889288”数字，注意每输入一个数字都按一次“Enter”键，效果如图 7-4-16 所示。再次单击工具箱中的横排文字工具，单击属性栏上的“切换字符和段落面板”按钮，进行如图 7-4-17 所示的设置后关闭面板。

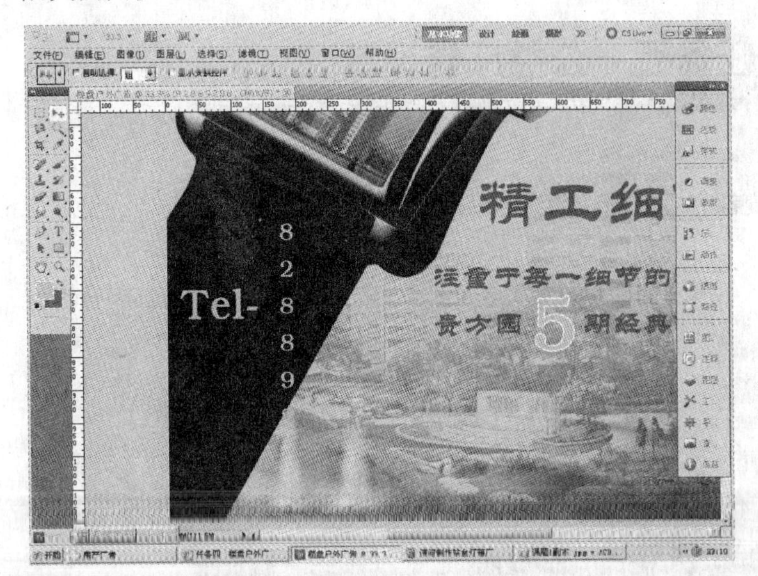

图 7-4-16 输入“82889288”后的效果

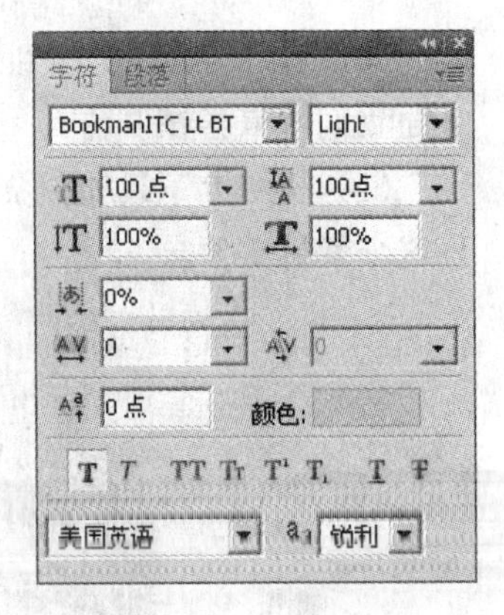

图 7-4-17 字符设置

（15）按“Ctrl+T”组合键调出自由变换框，调整字的大小和位置，并旋转一定的角度，最终效果如图 7-4-18 所示。

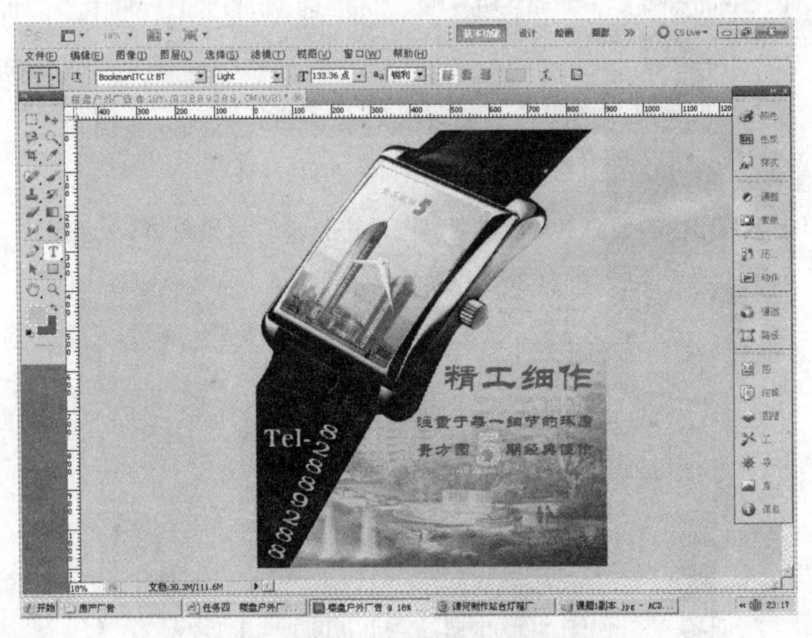

图 7-4-18 数字旋转后的效果

至此，一个楼盘户外灯箱广告已设计制作完成，在本任务的制作过程中，关键要学会的技术是对文字工具的熟练运用和设置。

任务五　公益广告设计

2011 年上半年，全国到处都有旱情，如何用 Photoshop 制作出这种干旱土地的效果呢？下面我们就来尝试制作。

（1）从网上下载如图 7-5-1 所示的图片，启动 Photoshop CS5，按“Ctrl+O”组合键打开这个素材文件。

图 7-5-1　打开素材文件后的效果

（2）单击工具箱中的裁剪工具，对素材图片进行裁剪，如图 7-5-2 所示。

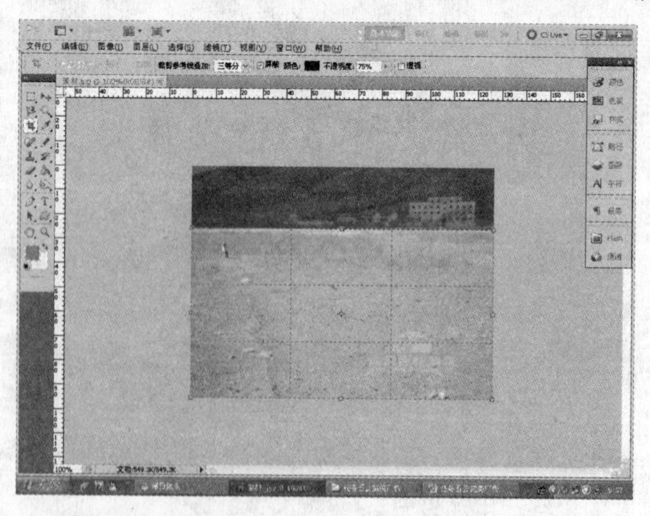

图 7-5-2　对素材图片进行裁剪

（3）双击鼠标左键后，单击工具箱中的仿制图章工具，多次按“Alt”键选取信息源，释放“Alt”键后在需要进行处理的地方用鼠标拖动的方法对素材图片进行一定的处理，最终的效果如图 7-5-3 所示。

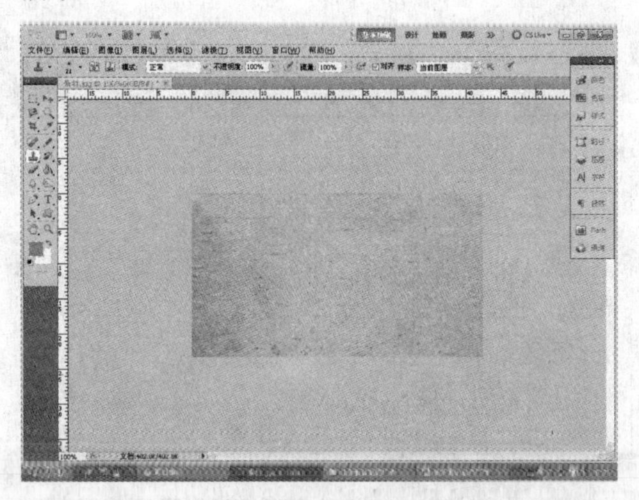

图 7-5-3　对裁剪后的图片进行处理后的效果

（4）从网上下载制作干旱土地所用到的裂纹笔刷，在本任务中已提供给大家，只要将笔刷载入画笔即可。选择画笔工具，单击“点按可打开‘画笔预设’选取器”按钮，在弹出的菜单中单击右上角的三角形箭头按钮，在弹出的菜单中选择“载入画笔”选项，如图 7-5-4 所示，将裂纹笔刷载入。

（5）按“Ctrl+N”组合键新建一个文件，文件的宽度和高度可以根据具体情况来定，分辨率为 300 像素/英寸，颜色模式为 CMYK 颜色，如图 7-5-5 所示，单击“确定”按钮即可。

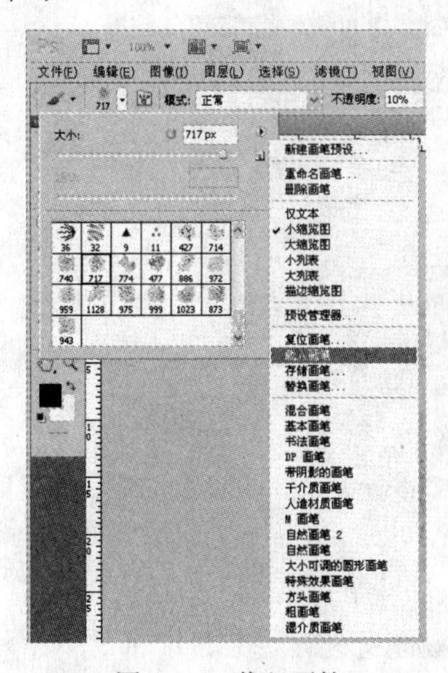

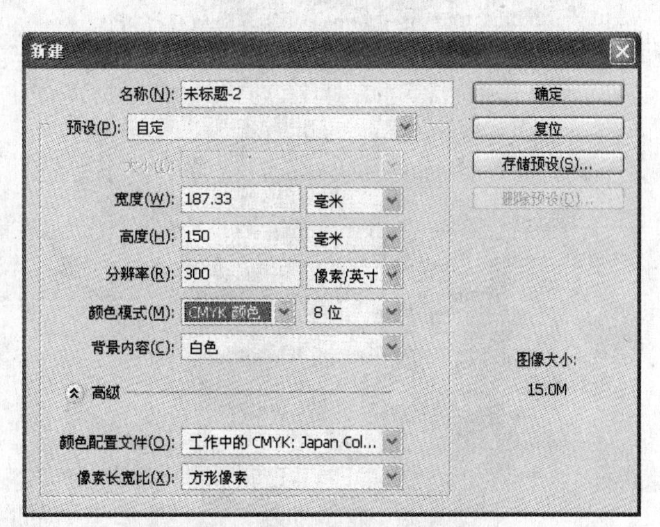

图 7-5-4　载入画笔　　　图 7-5-5　“新建”对话框

（6）选择工具箱中的移动工具，将步骤（3）中处理过的素材拖动到这个新建的文件中，按“Ctrl+T”组合键调出自由变换框，将素材调整到与背景一样大小，如图 7-5-6 所示。

图 7-5-6　导入处理过的素材并调整大小

（7）打开“图层”面板，单击“创建新图层”按钮，新建一个“图层 2”，单击“点按可打开‘画笔预设’选取器”按钮，在弹出的菜单中找到载入的画笔，这个裂纹笔刷总共有 15 个，将前景色设为黑色，选择 999 笔刷，在图片上的任意位置单击后按“Ctrl+T”组合键调出自由变换框，调整画笔的大小，如图 7-5-7 所示。

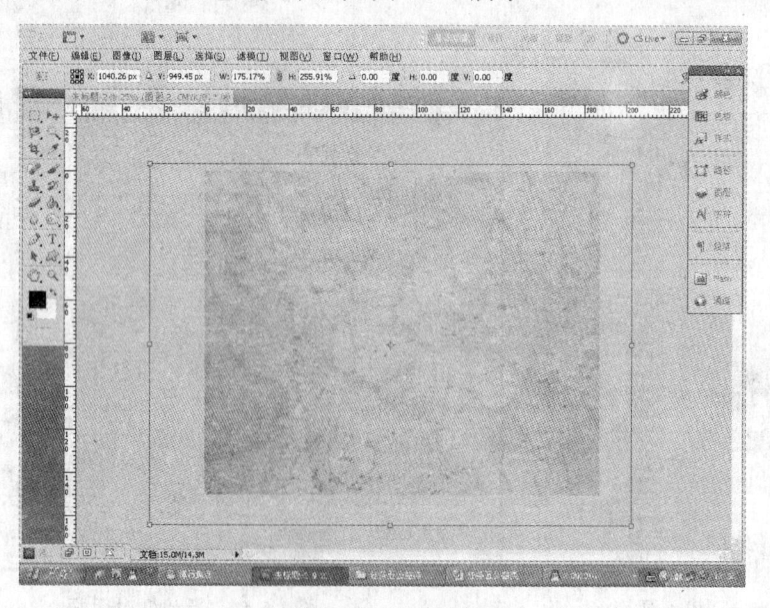

图 7-5-7　添加裂纹

（8）双击鼠标左键结束调整，打开“图层”面板，如图 7-5-8 所示，设置其混合模式为正片叠底。单击“*fx*”按钮，选择“投影”选项，在弹出的对话框中将距离和大小均设为 5 像素，其余值保持不变。

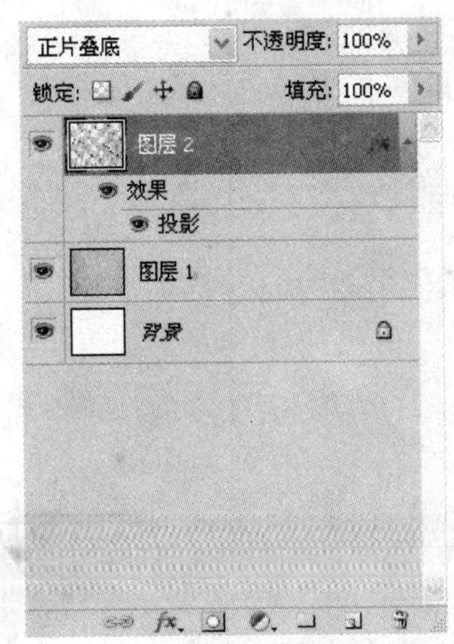

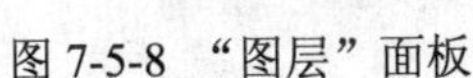
图 7-5-8 “图层”面板

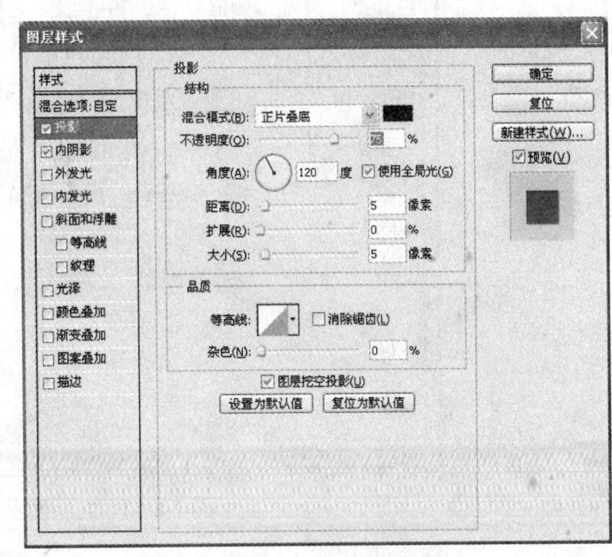

图 7-5-9 “图层样式”对话框

（9）再次单击“*fx*”按钮，选择“内阴影”选项，进行如图 7-5-10 所示的设置。

（10）再次单击“*fx*”按钮，选择“斜面和浮雕”选项，进行如图 7-5-11 所示的设置。

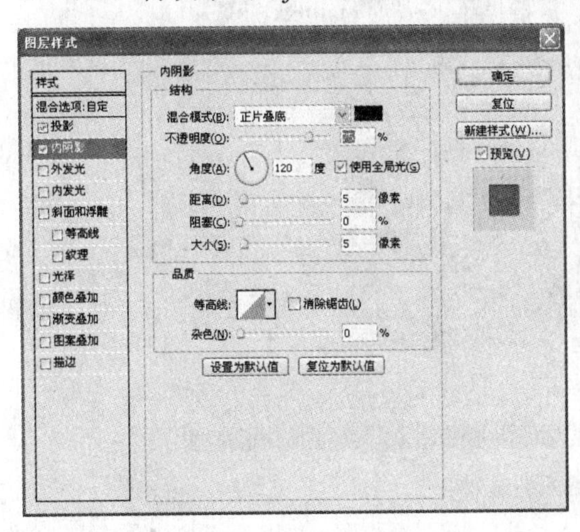

图 7-5-10　内阴影设置

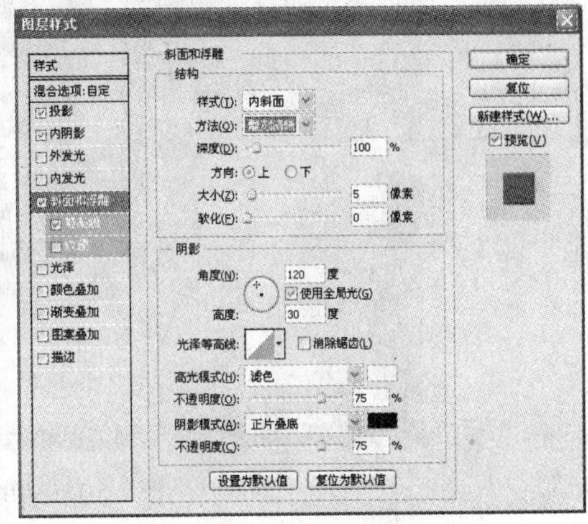

图 7-5-11　斜面和浮雕设置

（11）再次单击“*fx*”按钮，选择“光泽”选项，进行如图 7-5-12 所示的设置，经过这些设置后，最终的裂纹效果如图 7-5-13 所示。

至此，一个干涸土地的效果已制作完成，我们在做一些节约用水等的公益性广告中就可以以此为素材进行创作。

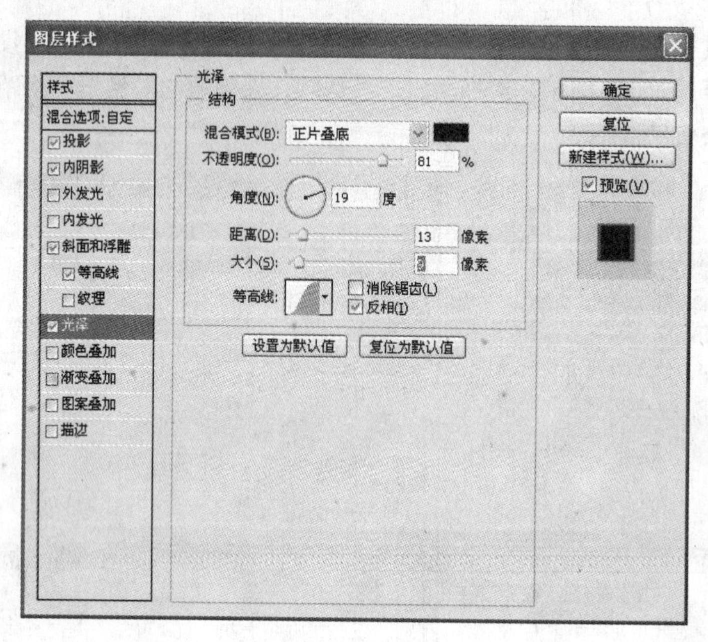

图 7-5-12　光泽设置

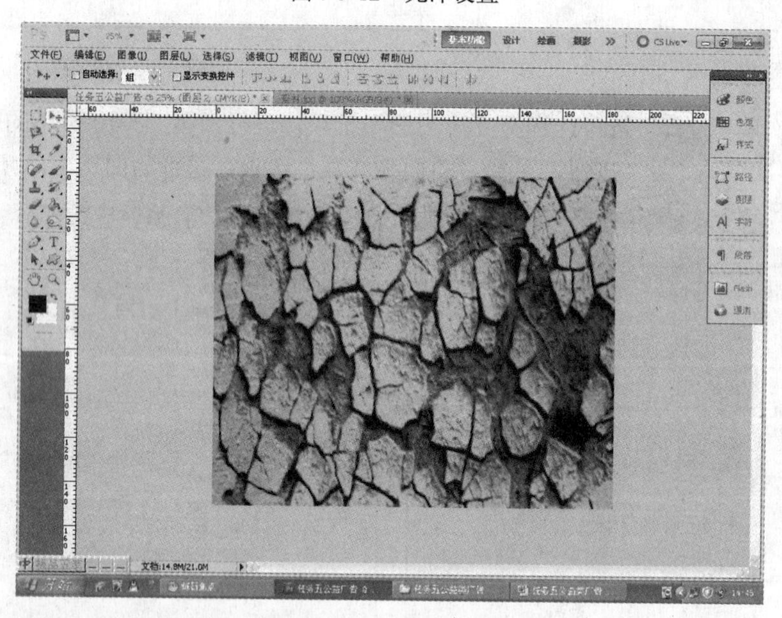

图 7-5-13　最终的裂纹效果

课后必练：（1）超市 POP 广告设计。

（2）楼盘户外广告设计。

（3）公益类广告设计。

拓展练习：网络广告设计。